Challenging Nature

The Clash of Science and Spirituality at the New Frontiers of Life

人類最後のタブー

バイオテクノロジーが直面する生命倫理とは

Lee M. Silver

リー・M・シルヴァー　楡井浩一［訳］

NHK出版

人類最後のタブー

バイオテクノロジーが直面する生命倫理とは

ブックデザイン ✣ MalpuDesign（清水良洋・佐野佳子）
装画 ✣ 星野勝之

デイヴィッド・ブラッドフォード(一九三九—二〇〇五)の名声に捧ぐ。

氏は、プリンストン大学経済学教授であり、同校ウッドロー・ウィルソン公共国際問題研究科副主任であり、同校科学技術環境政策プログラム創設メンバーであり、学者にして教師にして紳士にして友人だった。


そして、わたしに絶対の信を置いた母エセル・シルヴァーに捧ぐ。

わたしが本書の執筆に費やした年月のあいだに、母の思い出はゆっくりと遠ざかっていった。

目次

第二部　人間

第三部　母なる自然

本文中の〔　〕は訳者による注を表し、引用文中の［　］は著者による補足を表す。

序文

わたしは、受けた教育からいっても、気質からいっても、根っからの科学者だ。七歳のとき以来、アマチュアからプロへと立場は変わったが、ずっと一貫して（科学者風に言うと）〝科学して〟きた。幼いころ、自分の科学志向の考えかたが、生地フィラデルフィアのテラスハウスが並ぶ人口密集地域で暮らす家族や友人たちとは、ずいぶん違っていることに気づいた。自分が異星に迷い込んだよそ者のように思えたものだ。その異星では、みんながある信仰を持っているらしいが、誰もその信仰を、わたしの納得がいくようには説明してくれない[1]。教師や権威ある大人たちのむっとしたような視線には、明確なメッセージが込められていた。「面倒に巻き込まれたくなかったら、口を閉ざしておいたほうがいいよ、坊や」だから、信仰への疑問に関して、わたしは〝口を閉ざし〟た。学校ではそしらぬ顔をして、クリスマスの季節になると主を称える賛美歌を歌い、宗教・宗派を超えた毎日の黙禱の時間には、ほかの生徒みんなと同じように頭を垂れて、宗教・宗派を超えた〝天上の〟霊的支配者からうやうやしく視線をそらした。この支配者は、あらゆる空間に等しく存在するらしかった（「なんのことやら、さっぱりわからない」と祖母は言っていた）。振り返ってみると、子どものころの経験は、人間の行動に対する興味をふくらませるとともに、旧来の英知に対する懐疑を募らせるという形で、わたしに、きわめて霊的な世界で生き延びるすべを授けてくれたのだった。

高校以降は、科学に携わるうちに、自分と同じくらい懐疑的な教師や友人たちと知り合った。その中には、わたしと同じような経験をして人格を形成してきた人もいた。結局、わたしは分子生物学界の一員となった。この仕事の基礎をなすのは、生命を物理的現象として解釈することであり、そのような解釈は、科学以外の分野で高度な教育を受けた一部の人を含めて、ほとんどの人々が抱く世界観とは相容れない。科学者はたいてい、論争を巻き起こすのを好まず、ほとんどは――ノーベル賞受賞者のジェイムズ・ワトソンや、著述家としても人気の高いオックスフォード大学の生物学者リチャード・ドーキンスのような、注目に値する少数の例外を除いて――科学者ではない人やメディアの人間と同席しているときには、自分の考えを胸にしまい込んでいる。尋ねられたら、自分の考えの拠りどころを説明するかもしれないが、さらに踏み込んで他人の霊的信条をあれこれ言うのは、現在の世俗的知的文化においてはマナー違反だと考えられている。

歴史を通じて、人々は強力な新技術に対し、希望と恐怖の入り混じった反応を示してきた。熱烈な技術至上主義者は、科学が全速力で進歩するよう促した。それに劣らず熱烈な技術恐怖症者や伝統主義者は、現状維持の砦を固めた。この両極端のどちらにも属さない中間層は、葛藤ないし混乱を感じていた。にもかかわらず、技術の価値が民衆に知れ渡ると、普通ではなかったものが普通になった。極論の支持者はしだいに数を減らしていった。そして、時が経つと、以前の論争は忘れ去られた。新しい機械技術、化学技術、電子技術に関して、現在、ある程度の議論はなされているものの、それとは比べものにならないほど憎悪に満ちた戦いを巻き起こしたのが、バイオテクノロジーという新技術だ。これは、生物体を操作もしくは制御することを土台とした技術で、問題は、このバイオテクノロジーが、自然界に対する人間の知識と力には限界があるという最も根強い宗教的・霊的主張に、真っ向から異議を申し立てている点にある。

一般人の考えとは異なり、バイオテクノロジーは、最大級の物議をかもすいくつかの発明を含みながら、同時に、最も古く、最も幅広く使われてきた技術であるという側面も持ち合わせている。人間以外の生物体の遺伝的な細胞特性を改造する行為が、すべての人間文明の基盤を築いてきた。しかし、つい最近まで、それに使われる道具は精度が低く、利用法も不透明だった。そのおかげで、二十世紀の生物医学・農学分野の科学者は、子どものころのわたしと同様、事を荒立てないようにして、うまく論争を避けることができた。皮肉なことに、分子生物学の発達によって、バイオテクノロジー実践の場に正確性と透明性がもたらされたとき、同時に、これまで論議されてきた生命と霊性(スピリチュアリティ)との関係に強力なスポットライトが当たることになったのだ。(2)

多くの人々は、わたしたち人間という種に、生命の創造または特定生物の発生を意図的にコントロールする権利はないと信じている。アメリカの福音主義運動――二〇〇四年のジョージ・W・ブッシュ再選の要となった――は、ひとかけらのちりより小さく顕微鏡でしか見えない胚を、生物医学研究目的で胚性幹細胞(ES細胞)へと転換することに、精力的に反対を唱えた。福音主義運動と同盟を組む新保守主義者(ネオコン)たちも、精神疾患を克服するために開発された向精神薬に困惑していた。なぜなら、こういう薬物は、摂取者が〝正常な状態を上回る〟気分になったり活動ができたりする副次効果をもたらしうるからだ。一方で、西ヨーロッパやアメリカの有機(オーガニック)食材愛好者の多くは、遺伝子組み換え作物に本能的な嫌悪を表明する。イギリス人は遺伝子組み換え作物を〝フランケン食材〟と呼ぶ。反対活動家は概して、動物の遺伝子を科学の力で改造することも全面的に否認する。改造の目標が、動物や人間の苦しみを軽減したり、環境悪化を避けることであっても、この態度は変わらない。それでいながら、遺伝子組み換え作物に反対する人々のほとんどは、食肉にするために育てられた動物の肉を料理して食べることになんの問題も感じていないようだ。

うわべだけを見ると、右派のアメリカ人と遺伝子組み換え作物に反対するヨーロッパ人のあいだには、共通点はほとんどないように思える。保守主義者は植物や動物の遺伝子操作のことをたいして心配していないし、〝自然〟食品の擁護者は人間の胚を守るのに時間を費やしたりはしない。それどころか、さまざまな面で、右翼と左翼の反バイオテクノロジー活動家は、互いに軽蔑し合っているというのが実情だろう。にもかかわらず、根底の部分で、多くの人々が共通の感情に突き動かされている。それは、個としての人間と種としての人間を超越した目に見えない崇高な実体が、バイオテクノロジーに侵されつつあるという恐怖感だ。右翼の人間が思い描くその実体は、聖書に登場する創造主としての神であり、天上から人間を支配する。かたや左翼の側では、西ヨーロッパ人の大半と一部のアメリカ人が、教会の教えに叛旗を翻してきた。しかし、霊魂を否定したことによって生じた空白を、多くの人は、この地球に存在する女神、つまり母なる自然というあいまい模糊とした実体に忠誠を誓うことで埋めるようになった。もっとも、当人たちはふつう、自分の気持ちをそういう言葉で表わそうとはしないが。

誠実な神学者をはじめ、宗教や霊魂を信じる多くの人々は、人間を超越した高次の、または深遠な権威を信じる心がバイオテクノロジーへの敵意の拠りどころになっていることを、あっさりと認める。イギリスのチャールズ皇太子は、バイオテクノロジーを植物と動物に応用する行為を糾弾し、国民にこう告げた。「あいにくわたしの考えでは、この種の遺伝子組み換えは人類を神の領域に、神のみに委ねられた領域に踏み込ませるものだ……わたしたちは権利の時代に生きている。わたしたちの創造主もなんらかの権利を持っていていい時代だと、わたしには思える(3)」ブッシュ大統領の生命倫理諮問委員会（カス委員会）の委員長、シカゴ大学教授レオン・カス〔二〇〇二年から二〇〇五年まで委員長を務めた。二〇〇七年二月現在も委員会メンバー〕は、バイオテクノロジーが最も道徳に反するのは、知識を得るために、あるいは幸福感のような人間の本質的特徴を修正するために使用されるときだ、と断じている。カスの主張によると、人間の幸福は本来、「霊魂が感じ取るもので、それは、充実した人生を送った報いであるべきだ」。カスは、〝バイオテクノロジーによる操作〟で幸福を達成することが可能になった現状に、大いなる不満を抱いている。[4]

しかし、老練な政治評論家たちのあいだに、はるかによく見受けられるのは、西欧諸国で一般大衆に話しかける際、宗教や霊魂にまつわる用語を努めて使わないようにするという傾向だ。カトリック教徒や福音主義キリスト教徒は、胚研究への反論を唱えるとき、自分たちを理性的かつ科学的に見せようと躍起になっている。また、ポスト・キリスト教の立場から〝伝統的〟農業と薬草による健康療法を擁護する人々は、母なる自然がいちばんよく知っているという――往々にして無意識に抱く――自分たちの信念が、非宗教的で理性的なものであることを声高に主張する。しかし、どちらの見解も、生命の未来に関する〝人智を超えた基本計画〟への全面的な信頼感の表われだ。この信頼感は、キリスト教というルーツを通じて、西洋文化全般に深く根づいている。これに対して、アジア全域に見られる東洋精神の根底を流れる思想は、この世界に支配者たる創造主も支配者による計画も認めない。そのかわりに、それぞれの霊的存在がみずからの未来に責任を負い、永遠に輪廻（りんね）を繰り返して存続する。そういう文化的環境においては、〝神を演じている〟という非難は無意味で説得力を欠き、バイオテクノロジーが西洋のように言下に否認されることはない。

霊的観念は、公然と認められているものも、秘められたものも、無意識のものも、一見単純そうな単語――〝有機〟〝自然〟〝種〟〝人類〟、そしてずばり〝生命〟――に、科学的論考で使われる場合とはまったく異なる意味を付与する。その結果、合理主義者とロマン主義者の話は、気づくことすらないままに、すれ違ってしまう可能性がある。教養を備えた人の大多数が、〝自然〟という語を善の同義語と理解する一方で、その対立概念――不自然、人工、合成――には、反射的に負の反応を示す。広告主は、〝すべて自然の材料を使っています〟〝人工調味料、人工着色料、人工保存料はいっさい使用していません〟という宣伝文句を食品に添付するメリットをよくわかっているし、遺伝子組み換え作物は決まって、批判勢力から〝自然に反する〟と酷評される。わたしがここで指摘しておきたいのは、バイオテクノロジーに反対する自然主義者の主張はすべて、実は霊性の主張だということだ。ときには、宗教の教義を土台にした政治的目標を隠蔽するために、意図的にそういうすり替えが行なわれる。また、分厚く塗り重ねられた自己欺瞞の漆喰の下に、霊性の壁面が隠されていることもある。

わたしは、霊性の表明がすべて有害だとか悪だとか主張しているわけではない。バイオテクノロジーの適用がすべて本質的に善だとか倫理的だとか安全だとか考えているわけでもない。現実問題として、バイオテクノロジーの適用を受け入れるか拒否するかの決定には、人間の自主性、文化的伝統の維持、社会福祉、環境保護などの倫理的価値との折り合いという、むずかしい要素が絡んでくる。しかし、そういう妥協点を明確に見きわめる姿勢は、民主主義社会において優れた政策決定を行なうのに欠かせないものだろう。自然に存在するものは完全無欠であるという妄信は、これから本書で説明するように、人類の幸福とわたしたちの住む環境を本気で気遣うのなら、賢明な態度とは呼べない。

科学者という職業に就いてすぐのころは、ほとんどの時間を実験室で過ごし、学生や科学者がころころ入れ替わるチームを指揮して、分子生物学の技術をマウスに応用させていた。マウスは、哺乳類の発生、生殖、進化、遺伝、行動という難問を探査するにはうってつけの生物だ。しかし、わたしはやがて、科学と人間性の分水嶺の向こう側で生命がどう扱われているかという好奇心に突き動かされ、二〇〇〇年五月に始まったサバティカル休暇中に、妻と三人の子どもを連れて、八カ月半に及ぶアジア横断バックパック探検旅行に出かけた。わたしたちはバリ島に着陸し、そこからゆっくりと、数々の都会や町や村を通って、ロンボク島、ジャワ島、スマトラ島、シンガポール、マレーシア、タイ、ベトナム、カンボジア、ミャンマー(ビルマ)、そして、インド亜大陸のコルカタ(カルカッタ)からコーチンへと進んでいった。徒歩で移動したり、人力車やタクシー、バス、列車、ゾウ、ラクダ、そして、カヌーから大きなフェリーに至るさまざまな大きさの船に乗ったりした。すべての国で、人々が家庭や寺院や心を開放して、生命と霊魂、さらに現世における自分たちの居場所についての信念を披露してくれた。そして、夜、子どもたちは訪問先の文化に関する本を読み、日記をつけ、アップルのパワーブックのソフトウェアで苦労しながら数学講座を学んだ。これ以外にも数回の長期旅行で、さまざまな地域の人々に会い、話をしてきた。例えば、北アフリカのモロッコ、チュニジア、エジプト。東アジアの台湾、日本、韓国。西アフリカのガーナ、トーゴ、ベニン。ロシアを含む、ヨーロッパのほとんどの国々。ベリーズ、メキシコ、グアテマラ、ペルーという、中南米の国々。珍しい行程をたどる旅――子連れで――の道案内と、この本の内容に関連する個人的写真を、以下のウェブサイトで見ることができる(http://www.leemsilver.net)。

　わたしはたぶん、何人かの人の話を誤って解釈するという愚を犯してしまったことだろう。それでも、物事を見たとおり、聞いたとおりに説明しようと、つまり、科学者の耳と目を使って説明しようと、誠実に努めてきた。信仰心に篤い西洋人から、霊魂とは何かを知るには、まず霊魂の存在を信じることが絶対不可欠だと言われたこともある。そういう堂々巡りの論証で結束を固める人々は、思うに、自分たちの信仰に存在するあいまいな部分から目を背けようとしているのだろう。幸運なことに、わたしは世界じゅうで積極的に口を開いてくれる人々を数多く見つけた。しかし、自分が〝アマチュア人類学者〟であることは認めなければならない。嫌悪感を込めてわたしをそう呼んだのは、社会学者でニューヨーク市立大学教授であるバーバラ・カッツ・ロスマンだ。ロスマンをはじめとする知識人たちは、科学の幅広い有用性を軽んじ、〝文化〟に基づく信念は論理的分析や解釈的な説明の埒外(らちがい)にあると主張する。曰く、もしわたしたちの頭上の青空で完結する宇宙が特定の文化のために〝機能する〟のなら、その宇宙は、コペルニクス以来の宇宙物理学によって築き上げられ、広げられてきた宇宙像に劣らず、〝妥当〟なものだ、と。[5] 多くの文化的状況において、わたしは、ある信仰体系がすべての面で社会に害を及ぼさないのであれば、その体系の科学的な妥当性は問題にしなくていいという意見に同調する。しかし、現代科学の知識は、人々に力強い恩恵をもたらすし、逆に科学知識の欠如は、本来避けられるはずの肉体的・精神的苦痛をもたらす可能性がある。ロスマンなどの反科学知識人が、科学的事実を思考の立脚点にすることを拒絶するのは、政治的立場に見せかけた神秘主義的自然主義イデオロギーを護持するためでしかない。

以下に記すのは、ひとりの科学者がたどった旅の記録だ。複雑な分子とその分子間の情報の流れとを組み合わせたものが生命であると決めてかかる閉鎖的な学界から、魂と霊性に支配された人間界へ、そして母なる地球全般という混沌きわまりない世界へと旅した記録だ。最初に、合理主義者であるわたし個人の世界観は変わっていないと言っておこう。しかし、わたしは、人類にとって最も有用なのは民主主義的な意思決定の過程であって、技術至上主義的な決断でも宗教的な臆断でもないと確信するようになった。民主主義に必要なのは、理性と情緒の厄介な絡み合いを——解消することではなく——うまくかみ合わせることだ。そういう絡み合いは科学と信仰心に根を発したもので、たいていの人がそれを心に抱えている。信仰心に基盤を置く左右両極の原理主義者たちは、おそらくこの先もずっと歩み寄ることはないだろうが、そういう人々が隠し持っている過激な思想を、ほかのすべての人に知らしめることはできる。

これから数百年、数千年、数百万年にわたって人類が繁栄するには、バイオテクノロジー、特に遺伝子工学を〝賢明に〟利用して、生物医学と生物圏を地球規模で管理していく必要がある。科学は、おそらく科学者が望むよりはゆっくりと、しかし着実に前進し続けるだろう。わたしがそう確信する根拠は、単純だ。バイオテクノロジーは人間の苦しみを和らげ、すべての社会における生活の質を向上させ、生物圏の健全性を最大化する可能性を秘めている。科学を信じないなら、母なる自然に絶大な信を置くしかないが、自然はいかなる生物のことも、いかなる種のことさえも顧慮しない。人類は、しかし、それを顧慮する。多くの自然状況で、わたしたちは総じて、特定の成り行きをほかのものより好む傾向がある。今、さいころを手に取り、自分の好きな目を上にしてテーブルに置くことができるのに、わざわざ母なる自然に賽（さい）を振らせる必要があるだろうか？　望みの賽の目を出しても、毎回勝てるわけではない。むしろ、かなりの率で負けることを覚悟しなくてはならないだろう。それでも、無作為に賽を振るより、あるいは、超越的な作為に命運を委ねるより、はるかに勝率は高いはずだ。

地球は限りある場所であり、何億、何兆もの人間が直接的・間接的に利用してきたせいで、すでにかなりの度合まで改造が進んでいる（意識的に改造を始めたのは、つい最近のことだが）。植物を栽培し、動物を飼育するという〝伝統的〟な方法は、より多くの人間を養うためにより多くの耕地を消耗させ、森林面積の縮小、環境の劣化、絶滅種の増加という犠牲を払ってきた。[6] 原野と野生生物を保存・保護する——その一方で人類を養う——のに最も有望な手段は、バイオテクノロジーを禁止することからではなく、これを受け入れて適切に導くことから生まれる。

過去にも例があるように、ある世代にとって不自然きわまりない営為も、次の世代にとっては自然なものとなり、そのサイクルは何度も何度も繰り返されるだろう。ゆっくりと、必然的に、人間の本能は母なる自然のすべてを、わたしたち自身の心の中に存在する理想化された世界像に合わせて作り変える。それこそが、ほとんどの人が潜在意識下で本当に欲していることだ。突き詰めると、人間の霊魂は変わることなく同じであり続けるのか、それとも、自然を作り変える過程でやはり作り変えられるのか、という問いが浮かんでくる。この問いかけそのものが、多くの人々の心に恐怖を生じさせる。しかし、魂や霊性に関するそういう問いを深く掘り下げる前に、〝霊〟や〝魂〟という大上段に構えた言葉を、人々がどれほど多種多様な意味に解釈し、使っているかを嚙み砕いてみることが、まずは肝要だろう。

第一部

霊魂

第一章　霊と魂の物語

インドネシア、バリ島

母権制社会であるインドネシアのバリ島、ここの富裕上流階級に属するある一族は、七十五歳の女性を族長に戴いていた。わたしが彼女を見たのは、二〇〇〇年の六月九日。当の老婦人の心臓の鼓動がやみ、最後の呼吸が止まってから、六カ月後のことだった。わたしには死んでいるようにしか見えなかった。しかし、案内役の地元民たちは、彼女の霊はいまだ地上にあり、防腐処理された肉体の内部や周囲に囚われていると主張した。彼女を——彼女の霊を——解き放ち、最終的な休息所たる天界へ旅立たせることができるのは、唯一、炎だけだという[1]。一族の長にふさわしく、はなむけとなる葬儀にはそれなりの格式が求められるため、一日がかりで行なう火葬の儀を準備するのに、半年もの長い時間が必要となったわけだ。

棺桶が安置された一族の屋敷の前には、朝から数百人もの親族、知己、村民などが三々五々集まってきた。お祭り気分の会葬者たちは、頻繁に相手を替えながら、数人ごとのグループでおしゃべりに興じていた。女性たちがバナナの葉で包んだバリ島特有の小さな菓子を配り歩き、売り子たちが何度も使い回されたガラス瓶入りの〈コカ・コーラ〉を売り歩いた。地元のガムラン音楽の演奏者が、ひとりまたひとりとやって来て、群衆のとぎれるあたりにバンドを組み、伝統的な打楽器——太鼓や木琴のようなもの、重々しい青銅製の鐘、横棒から吊された大きさも音色も違うさまざまな銅鑼——を奏で始めた。旋律を成す金属の打撃音が響き合い、重なり合って、この世のものと思えぬ無調音が創り出され、われわれの体の奥深くにまで響き渡った。

群衆の中心には、高さ四・五メートルの三重の塔が見えた。細筆を使って鮮やかな赤色と金色に手塗りされた塔は、小さな絹布、金糸銀糸、花冠、鏡などで優美に飾り付けられ、晴れ渡った空から降り注ぐ陽光の下できらきらと輝いていた。塔の本体を支える基部は、竹を井桁状に組んだもので、竹と竹とのあいだは、ちょうど人間の体が入るだけの幅があった。正午、太陽が真上に来たとき、息子や孫たちの肩に担がれた棺桶が屋敷の中から現われ、三重の塔の中段に納められた。神に仕える女たちが祈りを唱え、別の女性集団が果物や織物など進物の籠を持って最前列に並んだ。屈強な男が十数人、竹の井桁の中に入り込み、いっせいに、基部ごと三重の塔を肩に担ぎ上げる。驚いたことに、男たちは塔を荒っぽく揺すり始めた。はじめは左右に、それから、円を描くように……。これは、霊の方向感覚を狂わせ、塔から飛び降りるのを防ぐための動作だ。霊——あるいは彼女——がこの世にとどまれば、一族の将来に禍根を残すことになりかねない。

葬列は速い足取りで村外れの火葬場を目指した。楽器をごろごろと押しながら、塔の後ろを一列でついていくガムラン・バンドは、一拍たりともリズムを乱したりはしなかった。棺桶は繰り返し繰り返し揺さぶられ、霊を肉体の中に封じ続けていた。儀式が行なわれる広場では、男たちが特殊な技能で、切り倒したバナナの木の幹を積んでいき、屋根のない丸太小屋を思わせる火葬用の柩を作り上げた。巨大な柩の正面部分には、木で彫られた牛の頭がついており、柩の四方の角に立つ長い竿が、蜘蛛の糸で織ったような白布を、頭上三メートルの高さに掲げていた。防腐処理された族長の体は、棺桶内の織物マットの上から、丸太小屋の真ん中へと移された。親族や友人や隣人は、彼女に歩み寄り、口々に言葉をかけ、最後の別れを告げた。

会葬者が後ろに下がったあと、灯油が撒かれ、丸太小屋の底に火がつけられた。セレナーデ調の重低音をガムラン・バンドが奏でるなか、炎の舞いが巨大な柩をなめ、ゆっくりと肉体を消し去っていく。突然、一陣の風が吹き、白布に波紋が生じた。それを待ち受けていたかのように、バンドの演奏音はしだいに激しさを増し、完璧なタイミングで霊を送り出した。霞（かすみ）となった霊は体を離れ、白布を通り抜け、最終的かつ永久的な安息の場へと昇っていった。

「霊はどこへ行くんですか」と、わたしは案内人に尋ねた。

「天界です」間髪容れず、群衆のひとりから答えが返ってきた。

「天界はいったいどこにあるんです？」

周りの人々の指先がいっせいに上へ向けられた。

「霊が天界に着くまで、どれぐらいかかりますか」

今度は、即答というわけにはいかなかった。親族や友人は自分が立っている地面と、霊が溶けていった青空との距離を考え、一時間から数日間まで、ばらつきのある答えを返してきた。

インド、ガンジス川

バリ島から海と陸を越えて北西へ四千八百キロ、ヒマラヤ山脈を源とするガンジス川は、インドの国土を貫くように流れている。数億の人々にとって、この川はヒンズー教の女神、ガンガが実体化したものであり、川の水にはガンガの精が宿っているとされる。数千年前、ガンジス川の湾曲部にできた巡礼場所のひとつが、聖なる街ヴァラナシ（別称ベナレス）へと発展した。かの仏陀も、ヴァラナシの近くで初めての説法を行ない、涅槃（ニルヴァーナ）と呼ばれる純粋な悟りの境地に達するための「八正道」を説いた。ガンジス川のこのあたりでは、北側の岸にガーツを見ることができる。ガーツとは、街の外縁部から川の中まで続く、長さ三十メートルほどのセメントの階段で、その幅はなんと数キロにも及ぶ。

　川面から三段目のところにござが広げられ、衰弱しきった老女が静かに横たわっている。ござを取り囲む大人たちは、老女の息子や娘だ。老女にはまだ息がある。しかし、死が近いことを家族は知っている。ガーツを見渡してみると、あちこちで同じ場面が見受けられる。インドじゅうから死にかけた老人が運ばれてきて、ここガンジス川のほとりで家族に最期を看取られるのだ。いったい、なぜか。それは、息が絶えたとき、まだ魂の残る体をガンジス川に浸し、ガンガの精を少しでも吸い込ませるためだ。ガンガによって霊力を強められた遺骸は、乾燥させたあと、材木の山の上に置かれて火葬される。ハーヴァード大学で神学を教えるダイアナ・エック教授は、このあと数時間に起こる出来事を次のように説明している。「死体がほとんど燃え尽きたあと、喪主がカパラクリヤ――〝頭蓋骨の儀式〟――と呼ばれる儀式を行なう。長い竹の棒で頭蓋骨を砕き、肉体に囚われた霊を解き放つのだ」[2]

　インドのヒンズー教徒はバリ島民と同じく、火葬の炎が霊を解放し、天界へ「鳥のごとく飛んでいかせる」と信じている。しかし、ヒンズーの伝統的な考えかたによれば、霊は天界にいつまでもとどまっているわけではない[3]。地上と天界は相互通行であり、天界にたどり着いた霊は、向きを変えて地上へ送られ、新しく生まれた赤ん坊、あるいは――前世の生きかたに徳が足りなかった場合は――新しく生まれた動物の肉体に宿る。前世の徳が低いほど、宿り先の動物のレベルも低くなる。ヒンズー教では、すべての動物に霊があると考える。動物の霊も輪廻のはしごを、業（カルマ）の増加とともにのぼっていき、やがては人間の肉体へと到達するのだ。ある人によれば、生、死、再生を繰り返すらせん状のサイクルは永遠に続くという。またある人によれば、非の打ちどころのない徳を積んだり、必要充分な向上を遂げた霊は、輪廻のサイクルを破って天界あるいは涅槃にとどまり、梵（ブラフマン）と呼ばれる宇宙普遍の霊と同化できるのだという。(4)

中央アメリカ、ベリーズ

インドから見て地球の裏側、かつて偉大なマヤ文明が栄えた中米の国に、「石墓の洞窟」を意味するアクトゥン・トゥニチル・ムクナルという場所が存在する。洞窟の唯一の入口は、幅六メートル、高さ三・六メートル。山腹のジャングルの奥深くに位置し、中からは地下河川の水が流れ出ている。過去数千年間、この奥地へ入り込むだけの技術を持つ者は現われなかった。入り込もうという愚かな考えを持つ者も現われなかった。一九八六年、ニューハンプシャー大学の考古学者、ハイメ・アウェ博士によって発見されたのも、洞窟内の人工遺物にとっては幸運だったと言える。(5)発見から十年間は、アウェ博士と教え子の学生だけが洞窟に入って、その考古学的な意義を読み解き、記録する作業にあたった。しかし、研究中もマヤの遺物は発見時のままに保たれた。次の千年紀も洞窟が乱されずにいてほしいというのが、博士たちの願いだった。一九九六年、アウェ博士はベリーズ政府を説得し、考古学的財産を金儲けに利用しつつ保護するための最善策、すなわちきびしく管理されたエコツアーの実現にこぎつけた。洞窟までの秘密の道順は、許可を受けたひと握りの地元ガイドにだけ明かされ、一回のツアーに参加できる人数も十二名に制限された。実際、最寄りの町とアクトゥン・トゥニチル・ムクナルを隔てる密林を踏破できたとしても、ガイド以外の者が洞窟内部への進入経路を見つけるのは事実上不可能。だから、入口をふさぐフェンスやゲートさえ必要がなかった。

二〇〇二年の十二月、わたしは妻と娘と息子ふたりを連れ、ベリーズのエコツアーに参加した。川の増水のため、ツアー一行は五十キロほど離れたサンイグナシオで三日間足止めを食っていたが、ようやく川の流れが少し緩やかになると、ガイドのアーロン＝ホアンはこの小康状態を絶好機と捉え、探検に出かけることを決定した。妻と娘と残りの成人参加者は、いかつい〈ランドローバー〉の車内に詰め込まれ、わたしと息子ふたりは、金属製の柵で囲われた車の屋根を占拠した。〈ランドローバー〉は霧の立ちこめるジャングルを進んだ。川の浅瀬を走り、ぬかるんだ沼地で前後左右にスリップし、巨石を乗り越えたり回り込んだりした。密生する植物に前進を阻まれると、われわれ一行はバックパックを背負って車から飛び降り、洞窟入口までの残り八キロを歩き始めた。先頭に立つアーロン＝ホアンは鉈（マチェーテ）を振り回し、蔓や枝をなぎ払って道を切り開いていった。前回のツアーからそれほど経っていないのに、生長の速い植物が行く手をふさいでしまっていたのだ。アーロン＝ホアンは、噛まれると二時間で死に至るという猛毒を持つ蛇、フェルドランスの姿にも目を光らせなくてはならなかった。

ツアー一行は、渡河する必要がある三本の川のうち、一本目の川岸にたどり着いた。胸の高さまでの水が、かなりの速さで押し寄せてきており、われわれ十二名はアーロン＝ホアンの指示どおりに、上流へ向かって三角形の隊列を組むと、各自が前の人の腰をしっかりとつかみ、三角形の中にわたしの子どもたちを囲い込んだ。そして、急流に抗いつつ、一歩ずつ横へ進み、どうにか川を渡りきった。二本目の川も同じ方法で渡河したが、三本目はそれほど流れが速くなかったので、一列になって手と手をつないだまま渡った。川の真ん中の最深部に差しかかったとき、十歳になる息子のマックスが足を取られた。骨折必至の急流下りを免れたのは、ひとえに、両親に左右の手首をがっちりと握りしめられていたからだった。

洞窟の入口は、広くて冷たく穏やかな水流に守られていた。騒動のもとが入り込もうにも、おそらくは場所の見当さえつかないはずだ。マックスを先頭に一行は次々と水中へ飛び込み、緩やかな流れに逆らって十メートルほど泳ぎ、狭い石灰岩の岩棚によじ登った。アーロン＝ホアンの引率による洞窟巡りは三時間続いた。地下河川をさかのぼりながら、迷路のような滝を抜け、深い淵を横切り、鍾乳石と石筍（せきじゅん）でいっぱいの狭い通路を進んだ。ヘルメットの電池式防水ライトがなければ、あたりは真っ暗闇で何も見えなかっただろう。ツアーの締めくくりに、われわれは地下河川から壁をよじのぼり、巨大な階段式劇場を思わせる乾いた一角にたどり着いた。ヘルメットのライトが照らし出したのは、何百もの壺と骨と髑髏（どくろ）。過去の遺物は、千年以上ものあいだ動かなかったせいで、石灰化して地面とくっついてしまっていた。霊の離脱を促すため、壺にも髑髏にも不連続の穴がうがたれている。さらに上方の小さな洞穴には、両腕と両脚を大きく開き、仰向けで横たわる若い女性の完璧な骸骨があった。おそらく、ここまで人骨を運んできたあと、今と同じ姿勢で絶命したと思われる。

マヤ文明では、死者の霊は炎の翼に乗ってまっすぐ天界へ送られるわけではない。死者はまず土の中に埋葬され、シバルバという地下世界に置かれる。シバルバに住む悪の神々は、霊を吸い出して拷問を加え、九層に分かれた灼熱の苦難で責めさいなむ。真に有徳な霊は、最終的にシバルバを抜け出し、自発的に大気中を昇っていって、バリ島版の天界によく似た永遠の安息の地に到達する。他方、徳のない霊は地下にとどまり、永久に拷問を受け続ける。

話を聞くかぎり、シバルバはみずから進んで訪れるような場所ではない。しかし、西暦八〇〇年から九五〇年にかけて、長い長い干魃(かんばつ)に見舞われたマヤでは、農耕の営みが持続不能となり、飢饉も悪化する一方だったため、追い込まれた宗教的指導者たちが、アクトゥン・トゥニチル・ムクナルを通って、地下世界シバルバへ踏み入らざるをえなくなった。親族と領地を維持するべく、なんとか雨を降らせてほしいと、悪の神々のところに直談判に行ったのだ。古代マヤの直訴団は戦争捕虜数名を伴い、重い儀礼用の陶器を運びながら、われわれ一行と同じく真っ暗な地下河川遡上ルートをたどり、アクトゥン・トゥニチル・ムクナルとシバルバの中心部に到達した。岩壁の上には、生け贄の霊と陶器を捧げるのにおあつらえ向きの場所があった。しかし、不幸にも神官たちの願いは叶えられず、飢饉によって人口の九十五パーセント以上が失われ、伝統的なマヤ文明は崩壊してしまった。とはいえ、飢饉を生き抜いた者たちの末裔は、五十世代のちの現代でもなお、はるか昔の祖先とほとんど変わらぬ霊性信仰をかたくなに守り続けている。

〈スターバックス〉店内

ベリーズから三千六百キロ北、わたしの家の近所の〈スターバックス〉店内で、わたしはラビのアイタン・ウェッブ師と向かい合い、トールサイズのエスプレッソを飲みながら、ユダヤ教における魂の考えかたを拝聴している。ウェッブ師は旧世界と新世界が混じり合った興味深い人物で、〈GAP〉の服をさりげなく着こなす一方、もじゃもじゃのあごひげにユダヤ教徒のつばなし帽という格好は、十八世紀の東欧で暮らしていた祖先そのままだ。彼のもっぱらの仕事は、プリンストン大学のユダヤ人学生を捕まえて、信仰と儀礼をもっと真剣に受け止めるよう説くこと。とはいっても、ウェッブ師は回心を信じてはいない。ただ、失われたユダヤ教の魂を元に戻したいだけなのだ。国際的なユダヤ教宗派のひとつであるハバドによって、若いウェッブ師の一家はプリンストンに派遣された。世界じゅうで、同じような家族使節が数千カ所へ送られ、ユダヤ人がよりよきユダヤ人になるための手助けをしている。(6) 毎週金曜の日暮れどき、大学キャンパスにほど近い彼の狭いアパートでは、長卓の周りに十人から十二人の学生が集まって、マグロのスシや、ごまだれの冷し中華麵や、祝祭日の特製パンであるハッラーなど、安息日の晩餐がふるまわれる。

「どの時点で神は人間に魂を与えるんです?」わたしはウェッブ師に尋ねた。

「誕生後、初めて息をするときです」と、彼はためらいなく返答する。「誕生の前ではありません」どうしてわかるのかとわたしが訊くと、今度は聖書の引用の形で答えが返ってくる。実に多くの人々が、人間性への見かたのよりどころを聖書に求める。ウェッブ師の場合は、まずヘブライ語でそらんじてから、英語で言い直す。「神は地面のちりから人間を作り、その鼻に生命の息を吹き込んだ。かくして人間は生ける存在となった」(7) 彼の主張によれば、この聖書の一節は文字どおり解釈すべきだという。胚や胎児は生けるヒト細胞かもしれないが、人間とは見なせない。理由は、まだ呼吸をしていない、もしくは、まだ「生命の息」を吹き込まれていないからだ。それがあって初めて、人間は生ける存在となる。

「では、どの時点で魂がなくなったり消えたりするんでしょう?」というのが、わたしの次の質問だ。

「魂はけっして死にません。しかし、死にゆく人が最後の息を吐き出したとき、魂は人体から離れます」ウェッブ師はみずからの信条を裏づけるべく、ふたたび聖書の一節をヘブライ語と英語訳でそらんじる。臨終のとき、「霊魂は与え主(ぬし)たる神のもとへ戻る」[8]。これはウェッブ師にとって、議論の余地のない真実だ。人間の最初と最後の息のあいだに、非物質的な魂が創造されて回収されるという考えは、ユダヤ教の信仰から導かれる論理的必然ともいえる。

彼の話を聞きながら、わたしは興味を募らせる。アメリカのキリスト教原理主義者は、聖書の一言一句を文字どおり真実と捉え、それを固守せよと主張するのに、ウェッブ師が引用したのと同じ「生命の息」という言葉は、隠喩としてしか解釈していない。キリスト教原理主義者によれば、生命の息あるいは魂が吹き込まれるのは、単一のヒト胚細胞の段階であり、だからこそ堕胎は、どの発生段階であろうと殺人に等しいとされる。一方、ウェッブ師の主張によれば、みずから呼吸する能力がない胚や胎児（妊娠二十週目までが当てはまる）は、母親の求めによって取り除くことができる。なぜなら、母親の肉体なしには生存不可能な単なる細胞と見なされるからだ。

クリスチャン・サイエンス読書室(リーディングルーム)

〈スターバックス〉から少し先にある酒屋の隣に、クリスチャン・サイエンス信者たちの静かな〝読書室(リーディングルーム)〟がある。わたしは革張りの特大ロッキングチェアを揺すりながら、サムを相手に魂について語り合っている[9]。サムはプリンストン大学で研究員として働き、引退後、クリスチャン・サイエンスに入ったいわば新参者だが、わたしの故郷ボストンの、母教会代表に選ばれた実力者でもある。クリスチャン・サイエンス信者は、ウェッブ師が尊ぶ旧約聖書と、キリスト教徒すべてが奉ずる新約聖書の真実性に、絶対的な信仰を寄せている。しかし、繰り返すようだが、同じ言葉でも人によって解釈のしかたが大きく違ってくる。

サムの話によれば、全宇宙にはたったひとつの魂しかない。それは神の魂で、われわれはその一部だ。この唯一無二の魂は、全宇宙的な精神もしくは意識であり、どこにでも存在するがどこにも存在せず、常に存在するが一度も存在せず、時間と空間を超越している。さらに、サムが目を輝かせて語るところによると、物質的な宇宙――わたしの肉体をはじめ、目に見えるすべての有形物を包含する――は現実には存在していないという。あらゆるものは想像の産物にすぎない(10)。唯一実存するのは魂だけなのだ。

わたしは混乱した。どうやったら数十億の個別の人間を、唯一の全宇宙的な魂に調和させることができるのだろうか？　もし物質的な宇宙が想像の産物で、魂が時間を超越しているなら、人間の生と死にはなんの意味があるのだろう？

サムが説明してくれる。われわれはふたりとも神の一部で、神の愛情が込められた創造物だ。われわれは一時的に、想像上の地球に送られ、想像上の肉体に宿され、神への忠誠を試される。なぜ人間の魂に想像上の形態を与えるのか、それを慮れば神の御心が見えてくる。神の魂の一部たる人間は、ときとして罪深い考えを抱き、それが病気という形をとって表われる。病気もけがもわれわれの想像の産物なのだから、薬はなんの役にも立たず、信仰と祈りでしか治すことはできない。病気が快方へ向かわない場合は、否応なく、祈りに真摯さが足りないと断定される。想像上の肉体が想像上の死を迎えるとき、個々人の魂――そもそも、はじめから存在していないが――は、いつもの場所へと戻り、全宇宙的な神の魂とふたたび合体する。

わたしはまだ混乱していた。神がみずからの構成要素を試し、力量を試させることなどあるのだろうか？　もし病気の人々が「神の一部」で、病気が罪深いものなら、神自身が罪深いということにならないか？

もちろん違う、とサムは答えた。神は完璧であり、罪とは「心の中の誤謬（エラー）」なのだ、と。わたしの脳裏に、でき損ないのコンピュータソフトのバグが思い浮かぶ。

どんな質問に対しても、サムからは穏やかな笑みとともに、自信満々の答えがすばやく返ってくる。そして、どの答えのあとにも、『科学と健康』からの引用が続く。『科学と健康』はクリスチャン・サイエンス教会の始祖、メアリー・ベイカー・エディが十九世紀に著した聖書解説の本だ。何百回も読み返したサムは、一瞬で適切なページをめくることができる。エディの教えのすべて——聖書の記述のすべて——は、どれもみな絶対的真実である。だから、矛盾は錯覚と見なされる。神の魂が唯一存在する精神世界のみが真の現実であり、物質世界はまがいものなのだ。

パリ、ノートルダム寺院

パリの街は何世紀ものあいだに、世界じゅうのどの都市よりも多く、ひと目でそれとわかる象徴的建築物を抱えるようになったが、時代を超えた至宝として突出しているのは、シテ島のノートルダム大聖堂だろう。セーヌ川に浮かぶ小さなシテ島の歩みは、先史時代、ガリアのパリシイ族が村を築いたのが始まりとされる。聖堂の正面入口前にある広い公共広場（プラス・デュ・パルヴィ）は、隠喩的にも、行政的にも、地理的にもフランスの中心をなしている。

　滞在目的であれ通過目的であれ、わたしはパリに足を踏み入れると必ず、午後遅くのプラス・デュ・パルヴィを訪れたいという衝動に駆られる。沈みゆく太陽で黄金色に輝くノートルダムを見たいからだ。フランス初の超弩級ゴシック寺院は、西暦一一六三年に着工されると、たちまち、フランス全土のあらゆる人工建造物をちゃちに感じさせた。教会幹部は、建物の寸法と重量を巨大化することにより、ちっぽけな個々人とは比べものにならない教会の権勢を、目に見える象徴の形で確固たるものにしようとした。一二二五年に完成した西向きのファサードは、そびえ立つ二十八階建ての塔二本を従えており、塔を見上げていくと、さらに上の天国へ視線が届く。一階に設けられた入口は合計三カ所。ばかでかい扉と石積みのアーチとのあいだには、ティンパヌムと呼ばれる奥まった空間があり、浅浮き彫りの連続彫刻があしらわれている。これは、読み書きのできない中世フランスの庶民に、聖書の教えを視覚で学ばせるための方策だった。中央玄関――〝審判の扉〟とも〝ポルト・ドゥ・ジュジュマン〟とも呼ばれる――上のティンパヌムに、精緻なのみ使いで描かれているのは、ローマ・カトリック信仰にとって最も重要な物語、すなわち、やがて来るであろう神聖な肉体の復活と、その後に万人がたどる二者択一の道の物語だ。

　復活の物語は、未来に訪れる最後の「審判の日」から始まる。これに先立って、イエスは長きにわたる壮絶な戦いに勝利を収める。天国と地上で戦いを繰り広げるのは、イエスの天使たちと、悪魔に忠誠を誓った堕天使や人間たちだ[11]。三段構成のティンパヌムのうち、いちばん下のパネルに描かれているのは、羽を広げた天使が天国から舞い降りてらっぱを吹き鳴らし、すべての死者に対してキリストの「再臨」を告げる場面。らっぱの音によって、骸骨には人間の肉が戻り、復元された体には魂が戻り、人々はすっかり元どおりになる。[12] よみがえった王、女王、司教、騎士、平民たちは、重い柩の蓋を押しのけ、墓から外へ踏み出し、イエスが待つ天国の一層下の「計量所」へ向かう。

中段のパネルでは、イエスの使者たちの長である大天使ミカエルが、悪魔とともに個々人の最終的な命運を決定している。ひとりひとりの魂の重さを量るのは、ミカエルの手に持たれた秤（はかり）。もし魂の持ち主が生前にイエスへの帰依を公言し、ほかの人々に教えを広めていたなら、合格者として左側へ（イエスの右側へ）移動し、上を見上げながら天国への上昇を待つことになる。[13] しかし、前世でイエスを軽んじていれば、秤の反対側に立つ悪魔の所有物として右側へ押しやられ、悪魔の手下によって鎖で一列につながれる。あらゆる階層に属する不信心者たち――農民、貴族、聖職者――は、「炎と硫黄で燃えさかる池」へ放り込まれて「第二の死を迎える」[14]のだ。

すべての魂が審判を受けたあと、罪深い原初の地上と、空の頂上に鎮座する原初の天国は破壊され[15]、イエスは廃墟の上に新たなる無謬（むびゅう）のエルサレムを建設する。ティンパヌムのパネルでは、聖ミカエルと悪魔の頭上に、完全に左右対称の都市が浮かんでいる。救われたすべての魂は、「さらなる死も、さらなる悲嘆も、さらなる嗚咽も、さらなる痛みもない」[16]この場所で、第二の生を生きる。

三段構成のティンパヌムの最上段では、イエスが新たな都市国家の王として玉座についており、両脇に付き従う天使たちが、十字架と釘と槍を手にしている。これらは、イエスが磔（はりつけ）で第一の死を迎えたとき、最後の苦しみを与えるために使われた代物だ。イエスは手を顔の高さまで上げ、掌にうがたれた穴を見せつけている。霊魂の再生だけを約束するほかの宗教と違い、キリスト教では肉体も再生される、という証拠を示しているのだ。

この飴と鞭の論法は、誤解の余地を与えない。決まり事を守り、イエスに忠誠を誓え。そうすれば、今の自分の肉体を保ったまま、完璧な物質世界で永遠に生き続けることができる。さもなくば、肉体は生きながら焼かれるために短期間だけ復元され、きびしい罰を受けることによって、間違いなく第二の死に至る。第一の死でも経験しなかったような苦しみの末に……。これは聖書全体を通じて明らかにされる絶対的真実だ。現世にしろ来世にしろ、人間の魂が存在しうるのは、物質世界という現実の中だけなのだ。

ユニテリアン教会とアッパー・ウェストサイド

〈スターバックス〉とクリスチャン・サイエンス読書室と大学キャンパスから数キロ離れた場所に、わたしは数百名のユダヤ人とともに集っている。周りの人々が口ずさむ聖歌は、聖書の冒頭部の執筆者が使っていたのと同じ、三千年の歴史を持つ古い言語で書かれたものだ。わたしは子どものころに、右から左へ綴る大昔の文章を音読する方法を憶えさせられた。似たような環境でしつけられた友人たちはみんなそうだった。同じ歌を同じ旋律で何度も何度も歌わされてきたので、今では譜面を見なくても口ずさむことができる。詩の意味についてはほとんど習わなかったが、繰り返し神を礼賛し、褒めちぎり、寵愛を懇願し、与えられたものに対して感謝する、という内容であることはわかっている。わたしのお気に入りの短い聖歌――ユダヤの風習に則り、礼拝後もしくは自宅での夕食前に、なみなみと注がれたワイングラスを手に持って歌う――では、ブドウをアルコールという名の鎮静剤に変化させる魔法に対して感謝が捧げられる。

この集会の精神的指導者、ダニエル・ブレナーは現代的なラビであり、猥褻(わいせつ)な味付けをされた反宗教的な漫談をするコメディアンのジョージ・カーリンについても、聖書の隠喩や神の本質について語るときと同じく、冷静な熟考の末に解釈を行なってみせる。成人の集会参加者の多くが高い学歴を持ち、筋金入りの無神論者でないにしても左寄りの懐疑論者であることを、ブレナー師はよく知っている。いずれにせよ、集会参加者の多くはわたしと同じで、祈りの力や、高みから人間に霊感を与え続ける超越的な神の類を信じていない。そのくせ、毎年秋になると、ユニテリアン——三位一体説を排し、イエスの神性を否定するプロテスタントの一派——の教会を一日借りあげ、世界のどの国も採用していない太陰暦の新年を大勢で祝う。そして、十日後にはもっと大勢で毎年恒例の祈願を行ない、自分の名が確実に神の「生命の書」に記されるようふるまうのだ。最後の歌がやみ、羊の角笛が吹き鳴らされると、人々はおしゃべりに興じる。話題になるのは、政治や、地元の噂や、開店したばかりのレストランだ。神や信仰や宗教が語り合われることはない。

集会参加者の多くは、神を信じていないのに宗教的儀礼には参加するという矛盾を、あまり深刻に捉えてはいない。もちろん、中には考えている人たちもいて、彼らはわたしに理屈をこねてみせる。宗教的儀式は、共同体意識を喚起してくれ、幼少時から深く刷り込まれてきた文化や伝承とのつながりを感じさせてくれる。祝日は、同じ民族的アイデンティティを持って育った人々とともに過ごせる機会を提供してくれる。歌は、祖先が実践した儀式を再現し、それに参加する機会を提供してくれる。結局のところ、どの理屈にも神が染み込んでいるわけだが……。われわれは、慣れ親しんだ音楽や儀式から、霊あるいは魂の安らぎを与えられ、あいまいな事柄に対して、よく言葉を隠喩として使う。

ダニエル・ブレナー師は熟慮の結果として、わたしに魂の意味を語ってくれる。個人個人の精神生活を通じて表現されるひとつひとつの魂は、きちんと機能する脳があって初めて存在することができる。

個々人の魂は、成長とともにゆっくりと現出し、肉体が死ぬと同じように死ぬ。しかし、「民族の魂」は文化の中に漠然と生き残り、ひとつの世代から次の世代へと伝えられていく。

無神論を奉ずるユダヤ人の中には、ブレナー師やウェッブ師やほかのラビたちが示す、ありとあらゆる伝統と信条を断固として拒む者たちがいる。それでもなお、彼らはみずからをユダヤ民族として識別する。この矛盾は、しかし、水面下に潜ったまま、取りざたされずに終わるのかもしれない。インターネットで人気を博す作者不詳の自嘲的ジョークのように……。

〔ニューヨークの〕アッパー・ウェストサイドに、過激な無神論者の同化ユダヤ人が住んでいた。しかし、彼は息子をトリニティ・スクールに通わせた。もともと特定宗派が創設した学校とはいえ、名門校であり、今は宗教教育を行なっていないからだ。入学一カ月後、帰宅した息子がなにげなく言った。「ねえ、父さん、三位一体（トリニティ）ってどういう意味か知ってる？　父と子と聖霊のことなんだってさ」父親は怒りを制御しきれなくなり、息子の両肩をがっちりつかんで言い放った。「ダニー、今から言うことを、けっして忘れるんじゃないぞ。いいか、神の子のイエスは神じゃない。父なる神だけが神なんだ！」〔ユダヤ教では、三位一体説すなわちイエスの神性は否定される〕

不敬なる分子

二〇〇二年九月二十一日、午後も遅い秋の陽射しが、寄り添って立つ新郎新婦を、暖かな黄金色の光で染めていく。芝生を埋め尽くす折りたたみ椅子には、百五十人の招待客が座っている。これは、プリンストン大学分子生物学科の教授であり、わたしの友人でもあるジム・ブローチと、スーザン・クラフトとの結婚式だ。印刷されたプログラムによれば、式を執り行なうのは、やはり分子生物学科教授の「ドクター・ボニー・バスラー師」。科学者としてのボニーは以前から知っているが、まったく畑違いの仕事で役割を演じる彼女に、わたしは驚きを禁じえない。おごそかな式を通じて、神や魂に話が及ぶことは一度もなく、そのかわりにボニーは愛と美を説く。式のあとの披露宴でわたしはボニーを捕まえ、科学者の前に聖職者をやっていたとは初耳だと打ち明ける。ボニーは腹の底から笑い、スシの皿をわたしに持たせ、ポケットからユニバーサルライフ教会牧師の身分証を取り出す。「インターネットだと一ドルよ」と、彼女がにこっとして言う。「しかも、ニュージャージー州公認なの！」あとから考えてみると、この日ボニーの気分がやけにハイだったのは、勝手なノミネートでおなじみのマッカーサー財団の〝天才(ジーニアス)賞〟が授与されるという内定情報が入っていたからなのかもしれない。

　割り当てられた宴席のテーブルでは、わたし以外の五人の分子生物学教授が、無神論者の一ドル牧師の不敬さを大いに楽しんでいる。それから、霊魂が生命体を動かし、肉体の死後も生き続けるのだと「本当に信じている」人々の話を、各自が順番に披露していく。分子生物学界には暗黙の了解がある。同じ研究に従事する者たちは、自分と同じ考えを持っているに違いない、と。なぜなら、分子生物学の実践は、ほかの学問分野、科学分野に比べて、霊的信仰と最も相容れない分野だからだ。

　分子生物学者の仕事は、生物の創成に必要となる信じられないほど複雑な化学作用を研究すること。コンピュータに支援されたありとあらゆるナノテクノロジーを、実験室の中で使用し、生命体の構成要素を原子レベルで解明する。得られた実験データは、生命過程を再現するソフトウェアに入力され、コンピュータの中でシミュレートされる。分子生物学者が有機体を見るとき、心の目は、対象物の内部深くを見通している。物理と化学の法則から予測されるとおりに、お気に入りの分子がほかの分子に衝突、粉砕、接合するのを観察している。顕微鏡のレンズをわずかにズームアウトするとき、彼らは脳裏に思い描くことができる。数十億の分子がきっちりと振り付けられたダンスを踊る姿を。化学的エネルギーを伝達し、情報を交換し、ＤＮＡに記述されたデジタル遺伝コードをもとに、生物学的目標へ向かって極限の仕事を行なう姿を……。分子生物学者にとっての有機生命体は、多くの神学者が主張するような「神秘」ではない。すでにかなりのピースが組みあがった単なるパズルなのだ。だから、空白のピースをいかにはめるか、あるいは、既存のピースの塊同士をいかに組み合わせるかが、新しい研究の論点になる。複雑な進化を続けるバイオテクノロジーのツールにより、研究のスピードと効率性の向上もめざましい。有機体が生きていくうえで、神もしくは霊がどんな役割を演じているか、世界じゅうの研究機関の分子生物学者に訊いてみるといい。わたしの知り合いのほぼ全員が、数学者のラプラスと同じように答えるはずだ。森羅万象の営みについてナポレオン・ボナパルトから質問されたとき、ラプラスは次のように即答した。「陛下、そんな仮説は無用です」

第二章　科学と信仰と宗教

錯綜する信仰

霊というものは、科学者や合理主義者が取り組むべき問題なのだろうか？　わたしの同僚である分子生物学者の大半は、そうは思っていない。彼らはよく言っている。われわれの務めは、一にも二にも、人々を教育することで、きちんと教育すれば、科学の美点と技術の利点を納得させられるはずだ、と。二〇〇四年、DNA構造の共同発見者であるフランシス・クリックは記者に語った。「人間を『魂の』〝依代（よりしろ）〟とする見地は、太陽が地球の周りを回っているとする見地と、同じように間違っている。この種の言説は、たいてい数百年で消え去る。時が満ちれば、教育を受けた人々は、肉体から独立した魂や、死後の世界における生を信じなくなるだろう[1]」わたしはこの発言を、分子生物学者の独断に過ぎると思う。霊性（スピリチュアリティ）は、人類が連綿と継承してきた感情の欠くべからざる一部分であり、感情から霊性が放逐される可能性はきわめて低い。植物、動物、人間の各領域にバイオテクノロジーを用いようとする場合、どの領域にどの科学技術を使っていいか、あるいは悪いかがよく論議されるが、霊性はそれらの論議に対して、あるときは過剰な、あるときは目に見えない、あるときは無意識な影響を与えてしまっている。

霊性を経験できる場は、ただひとつ、個人の頭の中だけだ。しかし、人類の歴史が始まって以来、共同体と文化は精巧な信仰システムを構築し、調整してきた。共同体における霊的信仰の体系化、というのは宗教のひとつの定義だ。だから、霊性と科学との関係を理解するには、ありとあらゆる装いをした宗教を理解する必要がある。もちろん、なまやさしい仕事ではない。なぜなら、ひとつの物差しだけで宗教を定義するのは不可能だからだ。[2] わたしにとって、これは初めての宿題と言える。人類の心の中に存在する宗教世界は、あまりに広くてバラエティに富んでおり、わたしが収集した証言だけでは上っ面を撫でることしかできない。英国国教会の司祭であるデイヴィッド・バレットは、人生の四十年間を費やし、〝他と識別可能な〟現存の宗教をリストアップした。その数たるや合計一万以上。これは、三万三千八百三十の宗派を持つキリスト教を一宗教とカウントしての数字だ。[3] 霊魂に対する個人的信条のうち、特定宗教の教義や慣例に当てはまらないものを、バレットの数字に加えれば、宗教観はさらなる奥行きと多様性を獲得するだろう。『ブリタニカ大百科事典』の宗教関連の項目は、バレットの研究データをもとにしている。しかし、バレットの目的はあくまでも、調査した二百三十八の国で改宗者をひとりでも増やすべく、キリスト教福音主義者たちの布教活動を手助けすることだった。

旧約聖書のバベル後の混乱を彷彿させる宗教界の錯綜に、科学はどう組み込まれるのだろうか？科学と宗教は双方とも、西洋の知性的思想に深く根をおろしており、もともとは相容れぬ存在ではなかった。宗教は形而上学(metaphysical philosophy)あるいは道徳哲学(moral philosophy)に相当し、純粋な思考や啓示によって知識を生み出した。科学は自然哲学(natural philosophy)、あるいは、人間観察から得られる知識と見なされた。[4] 科学と宗教からもたらされた叡智同士が矛盾を生じても、科学的解釈と宗教的解釈に確固たる基準がない時代には、もっともらしい理屈づけをすることが可能だった。中世の学者の大半は、心の中に唯一無二の真理を持っていた。どんな種類の学者(philosopher)であろうと、どんな見地に立っていようと、真理はその者の前に現われた(カトリック教会は今日もこの考えを採用している)。この現代においてさえ、自然科学、人文科学、社会科学の分野の最高学位は、哲学博士(Doctorate in Philosophy)あるいは、Ph.D.という無節操な呼ばれかたをすることもある。

十七世紀のヨーロッパで始まった「啓蒙の時代」は、科学の実践と解釈の過程に、秩序と体系をもたらした。今日、成功を収めている現場の科学者は、世界じゅうどこにいても同じ専門用語を使い、同じ物理学・化学・生物学の基本原理を学び、同じ学術雑誌や機関誌を読み、数学という世界共通言語に基づく同じ基準で互いの業績を評価する。対照的に、異文化間で宗教を解釈するとき、どこにも基準は存在しない。あるいは、存在しえない。ある宗教に属する者は、他宗教の信者が「納得」しない事柄も、当然のこととして信じなければならないのだ。

西アフリカの平和な国であるガーナには、宗教的混迷が風土病のように蔓延している。国民の心と魂を昔ながらの土着信仰から奪い取るため、キリスト教の〝兵士たち〟が隠喩的闘争に明け暮れているのだ。地元民が信じるのは、まじないの力や、呪術人形(西洋ではヴードゥーと呼ぶ)の効き目や、この世界を長寿の樹に変えた祖先や、大地を飛び回る多種多様な神々。首都や海岸沿いの観光都市から一歩外へ出たら、非アフリカ系の顔の持ち主はほぼ全員が教会関係者だと思っていい。彼らは礼拝所、教区学校、診療所の建設要員か、ほかの神と違ってイエスだけは本物だと地元民を言いくるめる説得要員だ。

ガーナのコフォリデュアという小さな町で、わたしは有力な呪術師を父親に持つキリスト教の黒人司祭と出会った。司祭の話では、父親が施していた昔ながらの療法は、実際に病人を治癒させることもあったらしい。それは、ハーブに含まれる薬効成分の働きなのだが、父親は敬虔な信奉者たちに対し、自分の黒魔術の力が癒しをもたらすと公言していたという。父親を含めて呪術師はみんないんちきだ、と黒人司祭は語った。奇跡を行なう力を持ち、薬の効かない病人を治せるのは、主イエス・キリストだけである、と。

しかし、カトリック教会で働く事情通のオランダ人ボランティアによれば、争いの構図はキリスト教対異教という単純なものではない。カトリック教会と長老教会が相争い、その両派がメソジスト教会と反目していて、イエス・キリストが唯一の救済の道を示すという基本線では一致しながらも、細かな方法論の違いを前面に押し立て、ガーナ人信者獲得競争にしのぎを削っているのだ。この内輪もめだけでもうんざりなのに、オランダ人ボランティアが軽蔑を込めて語ったとおり、「数えきれないほどの〝こしらえもの〟のキリスト教セクト」が混戦に拍車をかけている。わたしはあえて声に出さず、心の中で問いかけた。「キリスト教のさまざまな解釈はどれもこれも、歴史上の一時点で作り上げられた〝こしらえもの〟ではないのか?」と。ある人にとっての宗教や宗派は、別の人から見れば、いんちきか、こしらえものの戯れ言にすぎない。

宗教を定義するのはむずかしいが、宗教によく見られる顕著な付属物――すなわち信仰――は、比較的簡単に説明が可能だ。しかし、信仰そのものと、信仰と宗教との関係を説明するには、科学の意味と、科学と信仰との関係を理解しておく必要がある。

科学の意味

啓蒙運動初期の哲学者フランシス・ベーコンとルネ・デカルトは、科学と宗教の結びつきを断ち切ることと、科学の定義や実践に必要なルールを確立することに、主導的役割を果たした。フランシス・ベーコンは、自然に対して解釈を加える際、自説に有利な主観的バイアスをかけがちな同時代の知識人たちをたしなめ、それに代わる研究法として、今日で言う〝科学的方法〟を提示してみせた。自然の仕組みを検証する場合、真の科学者なら、経験的に実証する過程を経なくてはならない。実験、データ収集、反復測定を行ない、その結果を客観的に分析する。この方法でのみ自然世界の真理が明らかにされる、とベーコンは主張した。一方、ルネ・デカルトの提示した研究法は、厳格な数学を科学知識に適用するものだった。自然界における種々のプロセスの理解は、乱雑な現実世界における実験を通じてではなく、数学的に表わされる純粋な論理と、対論的な問題解決を通じてなされる、とデカルトは主張した。

ベーコンとデカルトの後継者は互いに切磋琢磨し、黎明期の科学者たちの人心掌握を競ったが、近代における科学の進歩はすべて、経験主義的研究法と合理主義的研究法がめまぐるしく主役の座を入れ替わることによって生み出された。たいていどの時代でも、職業科学者の大半はベーコンの経験主義を採用し、実験を行なってデータを分析してきた。純粋な経験主義は、自然の因果関係を見通す洞察力を提供してくれる場合もあるが、説明力に関しては限界を内包している。以下の架空の実験がそれを例証してくれるはずだ。

肥満の人を千名集め、四週間毎日、正体のわからぬ錠剤を与え続ける、という状況を想像してほしい。被験者の半数が飲む錠剤には、どんぐりの実の抽出物が含まれている。残りの半数が飲む錠剤は、見た目も感触も味も同じだが、抽出物は入れていない。どちらのグループにどちらの錠剤を与えたかは、実験が終わってデータが記録されるまで、実験者にも被験者にも知らされず（この形式は二重盲検法と呼ばれる）、実験後に初めて錠剤の内容物が明かされる。データに統計的な分析を加えると、とても重要で興味深い相関関係が示される。どんぐりの実の抽出物を与えられたグループに、平均四・五キロの体重減が見られたのに対し、残りのグループは平均して同じ体重を保っていたのだ。この結果に基づき、実験者はどんぐりの実の抽出物が体重減を引き起こす、という暫定的な仮説を立てることができる。しかし、抽出物が体重を減らす理由と仕組みは、この方法では解明の糸口さえつかめない。これが先に触れた経験主義の説明力の限界だ。もちろん、経験主義的手法で得られた実験データは、仮説の正しさの支持材料となる。事物の観察から普遍的な因果関係の仮説を立てる、という科学分析における論理形式は、帰納法と呼ばれる。

当然のことながら、科学者ひとりひとりは単なる人間だ。過ちを犯すこともあれば、意識下のバイアスによって誤った方向へ導かれることもあるし、感情的もしくは金銭的理由から間違った結論や着想に固執することもある。ことさら科学を主張してさまざまな「健康グッズ」を売り込む、科学者でもなんでもないフリーランスの悪徳商人も存在する。しかし、誰がどんな経験主義的主張を叫ぼうと、それは常に批判的な分析を浴びる可能性をはらむ。独自の研究について、確立された科学理論に適合する結果を得ようと、実験と追試を繰り返す科学者たちが、虎視眈々と批判の機会を狙っているからだ。重要性のある経験主義的主張は、受け入れられて支持を伸ばしていくか、科学界から根拠なしの烙印を押されて放逐されるか、ふたつにひとつの道をたどる。いくら実験を重ねても絶対的な証拠が得られるとは限らないが、再現性の高い相関性は、仮説が唱える因果関係を「合理的疑義をはさむ余地なし」の領域へと近づける。

科学は経験主義の顔だけでなく、もうひとつ理論主義(合理主義)の顔も持つ。理論的科学は、〝どんなものがどんなふうに動くか〟を考えるとき、〝どんなものが〟よりも〝どんなふうに〟を集中的に理解しようとする。一般的に理論というものは、今まで説明できなかった結果を説明するために構築される。しかし、理論は、未来の出来事、または自然界の事物の属性、または実験結果について、それ以外の方法では得られないような予測を経験的データから導き出した場合にのみ、科学的理論となる。理論を検証可能な予測へ移行させる論理形式は、演繹法と呼ばれる。二十世紀を代表する科学哲学者カール・ポッパーは、本物の科学理論と非科学的概念を区別するため、〝反証可能性〟という専門用語を使った。[5] ポッパーによれば、本物の理論は潜在的に〝反証可能〟でなければならない。〝反証可能性〟とは、ある斬新な実験予測が存在するとき、それが真にも偽にも確認されうることを意味する。アイザック・ニュートンが運動と重力の法則を使って計算した、不規則に発生する月蝕の日時と、アルバート・アインシュタインが一般相対性理論を使って計算した、日蝕時に太陽の裏側となる星々の修正位置。このふたつは、潜在的に反証可能な予測の典型例だ(どちらも、本来は蝕の現象を説明するのが目的の理論ではない。両理論の有用性を示すため、あえてわかりやすい事例を挙げさせてもらった)。万が一、予測が外れてしまった、すなわち反証されてしまった場合、真の科学者はどんな個人的困難が伴おうとも、最初に提示した理論を破棄もしくは修正しなければならない。自然界の仕組みについて、よりよい予測とよりわかりやすい解釈をもたらす理論は、科学的発想を取り扱うアイデア市場で最終的な勝利を収める。

長いあいだ使われ続けてきた理論が廃用されるのは、根本的な欠陥が露呈したときばかりではない。理論によって導き出された自然界の近似値が、のちに、もっと精度を増したり、一般化してしまったりする場合もある。今でも、ニュートンの重力方程式と運動方程式は、惑星の運動、潮の干満や蝕の時期、枝から地面へ落ちるリンゴの加速を予測できる。アインシュタインの重力理論——一般相対性理論として知られる——は、ニュートンの理論を包含したうえで、ニュートンの理論が機能しない極限状況にも広く適用できる。地球と月の力の干渉を説明するとき、ニュートン理論はいろいろと問題のある「遠隔作用」の概念を必要とするが、一般相対性理論はその必要性をも消し去ってしまう。しかし、このアインシュタインの理論でさえ、素粒子の領域に足を踏み入れたとたん、量子物理学に基づく予測と齟齬をきたし、役に立たなくなる。だから、現代の理論主義者たちは、量子物理学とアインシュタインの相対性理論を包含し、なおかつ新たな予測を行なえる次世代の理論を、躍起になって構築しようとしている。一方、経験主義の天体物理学者たちは、〝暗黒物質〟や〝暗黒エネルギー〟と呼ばれる画期的な物理的実体の存在証拠を発見した。これらも現在の理論ではじゅうぶんに説明できない対象だ。

信仰の意味

ふたつの点で、科学は信仰と異なる。第一に、科学は常に観察可能な事実を基礎に据えている。経験主義から導かれる仮説も、潜在的に反証可能な理論も、事実という土俵の上で生と死を全うする。

第二に、多くの科学的予測は、動かしがたい結果よりも確率によって説明を行なう。例えば、経験主義的分析を使うと、ＤＮＡ内のＢＲＣＡ１遺伝子に先天的異常を抱える少女は、六十歳までの乳癌発症リスクが七十パーセントになることがわかる。この予測は、同じ遺伝子異常を持つ女性のうち、七十パーセントが六十歳になるまでに実際に乳癌を患っている、という事実に基づいて行なわれる。

信仰とは、自分自身の一面に関する考え、もしくは、自分よりもっと大きな世界の一面に関する事実的根拠のない考えのことだ。ふつう信仰は確率よりも絶対性に重きを置き、たいていは反証可能性を備えていない。組織化された宗教はほぼ例外なく、なんらかの信仰を土台に据えている。キリスト教の聖書の中には、信仰とは「望んだことが必ず現実になるという強い自信。まだ見ぬ事柄に対する確信[6]」というはっきりした定義がある。さらに読み進めると、イエスへの信仰を持ち続ければ――観察可能な事実が何ひとつなくても――やがて神はそれに報い、よき人生もしくはよき死後の生を、望みどおり現実のものとしてくれる、と説明が続く。

しかし、最も広い意味での信仰は、確立された大宗教の信仰よりも、組織もないような小宗教を含めた信仰よりも、はるかに深くわれわれの世界に浸透している。わたしの妻は初めての妊娠中、ふたりの望みどおり女児が生まれるかどうか、しつこくわたしの意見を求めた。入手可能な経験主義的データに基づいて、四十九パーセントの確率で女の子が生まれると思う、とわたしは言った。妻はその答えに満足せず、「あなたはどっちが生まれると〝感じる〟の？」と食い下がってきた。わたしはしかたなく、四十九パーセントの確率で女の子が生まれると〝感じる〟と答えた（結局、われわれは女の子を授かった）。

誤解しないでほしい。これは、科学者だから希望や夢を持たない、というような話ではない。わたしの場合は、何に対しても信仰を抱かないだけなのだ。経験主義的および理論主義的手法で世界を理解し、その理解に基づく確率で未来を考察する。限界はあるかもしれないが、わたしはこのプロセスを実践している。例えば、わたしの人生においても、誰の人生においても、今まで毎朝太陽は空に昇ってきた。この事実は、今後もわたしが死ぬまで太陽は毎朝昇り続けるという考えに、強力な経験主義的根拠を与える。また、昔からニュートンの重力と運動の理論が、地球の自転と公転を驚くべき精度で計算してきたことを、わたしは知っており、ニュートン理論の存在は、将来も毎日太陽が昇り続けるという考えに、さらなる根拠を与える。とはいえ、経験主義と理論主義から導かれるその予測が、百パーセント正しいとも言いきれない。われわれの宇宙が探知不能な別宇宙との衝突コースに乗っていて、あすにも起こる衝突が太陽とその周辺空間を切り裂く、という可能性は誰にも否定できないのだから（異才のSF作家ダグラス・アダムスは『銀河ヒッチハイク・ガイド』シリーズの中で、地球消失などのアイデアを次々と繰り出し、それらが人間の生にどんな意味を持つのか――あるいは持たないのか――を暗示している）。

よき科学を実践するうえで、信仰が建設的な役割を果たすことはない。時として、信仰は科学者に影響を及ぼし、誤った発見をさせたり、データの解釈を歪めさせたりする。実例として、『生殖医療ジャーナル』の編集者たちと、誉れ高きコロンビア大学医学部を挙げよう。長期間の祈りがもたらす医療効果を研究していた彼らは、その効果が実証されたと大々的に発表したのだ。実験では、不妊症の韓国女性百名の写真を、本人に知らせることなく、別大陸の敬虔なキリスト教徒に渡し、遠くから体外受精（ＩＶＦ）の成功を祈願させた。また、同じ不妊治療を受ける九十九人のグループを用意し、こちらには祈願の要員を配置しなかった。[7] 実験計画の詳細は、二〇〇一年九月二十八日、コロンビア大学が発行したプレスリリースにこう説明されている。

祈願を行なう人々は、さまざまなキリスト教宗派から選び、三つのグループに振り分けた。第一グループは、韓国女性たちの写真を持ち、受精率が上がるようにと祈願した。第二グループは、第一グループの祈願の効果が上がるようにと祈願し、第三グループは、第一グループと第二グループのために祈願した。これが最も効果的な手法であることは、他の祈願研究の成果から明らかにされている。被験者の卵子発育を促進させるため、第一回目のホルモン治療を行なったあと、五日以内に全グループは祈りを始め、これを三週間のあいだ継続した。

実験の結果、体外受精の成功率は、祈願をしなかった場合二十三パーセント、祈願をした場合五十一パーセントと、実に二倍もの大きな差がついた。祈りが他人の健康に肯定的結果をもたらす証拠とされるものは、今までにもさんざん提示されてきたが、この報告は三つの点でほかと違う重要性を持っていた。効果がきわめて大きい点、研究責任者のロジェリオ・ローボ博士が全米屈指の医学部に所属していた点、そして、論文が由緒正しい科学誌に掲載された点だ。コロンビア大学が協力的なプレスリリースを出したことにより、この話は主要紙の一面とテレビニュースで派手に扱われた。

しかし、この実験にはいくつか問題があった。中でもいちばんの問題は、実験結果が、物理・化学・生物学の基礎理論と両立しないこと。言葉を換えれば、もしコロンビア大学の祈願研究が正しいなら、現代の科学知識の大部分が間違いとなってしまうのだ。だから、『生殖医療ジャーナル』の編集者とコロンビア大学の当局は、現代科学における重要な金言、〝並々ならぬ主張には並々ならぬ証拠が必要である〟[8]を肝に銘じておくべきだった。

わたしの同僚の分子生物学者たちは、この実験を一笑に付した。第二グループと第三グループ、つまり祈る人々のために祈る人々の存在は、神が難聴だと言っているに等しいからだ。しかし、医師でもありジャーナリストでもあるブルース・フラムは、問題を笑い飛ばしたりはせず、三年のあいだ、論文執筆者と『生殖医療ジャーナル』編集長とコロンビア大学当局に手紙を送り、数えきれないほどの疑問点を指摘し続けた。どこからも答えは返ってこなかった。それでもフラムはあきらめず、三人の論文執筆者について調査を行ない、ついには、『懐疑的尋問者』誌に告発記事を書いた。『懐疑的尋問者』という雑誌は、発行部数が少ないながらも、神秘主義者や狂信者やいかさま心霊主義者の不埒な主張に対し、その嘘を暴くことを専業としている。

事態が大きく動いたのは、コロンビア大学と無関係な論文執筆者のひとり、ダニエル・ワースが連邦大陪審に起訴され、数多くの横領と窃盗の前科が明らかになったときだ。[9] 二〇〇四年、ワースは詐欺の罪(祈願実験とは別の事件)を認め、連邦刑務所での五年の懲役を言い渡された。[10] この男は実験の際、三つの祈願グループの管理を担当していたが、調査の結果、そのようなグループが存在した証拠はどこにもなく、そもそもワースには研究者を名乗る資格さえなかった。ローボ博士はといえば、実験には直接関わっていなかったと語り、論文に名前が載ったのは何かの間違いだと弁解した。結局、博士はコロンビア大学医学部の産婦人科長の座を追われた。しかし、三人目の執筆者であるキリスト教徒の韓国人医師、グァン・チャは論文の正当性をかたくなに主張し、『生殖医療ジャーナル』の編集長を務めるジョージア医科大学のローレンス・デヴォー医師も、擁護の論陣を張った。問題の論文は撤回されもせず、今でも同誌のウェブサイトから入手可能だ。

この騒動に関わった医師と科学者の作為もしくは不作為については、三通りの解釈が考えられる。いちばん好意的な解釈は、前々から祈りの有効性を信仰していたがために、そこをワースにつけ込まれて都合よく利用された、というものだ。しかし、論文との関与を否定したのはローボ博士だけであり、チャ医師とデヴォー医師はこの範疇に含まれない。次に好意的な解釈は、論文執筆者たちにとって、研究の真偽などどうでもよく、科学の完全性を保つことより、信仰に支えられた目的――祈りと神の力を人々に信じさせる――の達成を優先した、というもの。いちばん好意的でない解釈は、目的が手段を正当化すると信じ、関係者全員で意図的にぺてんを仕掛けた、というものだ。

宗教の意味

信仰に基づく単純な思いが、潜在的に反証可能である例は、枚挙にいとまがない。例えば、女児が生まれると信じる妊婦の思いは、男児が生まれることで反証される。愛する人が恐ろしい病気を克服すると信じる思いは、愛する人の病死によって反証される。しかし、すべてを超越する神が――現在の生において、もしくは死後の生において――信心深き者たちに〝神秘的な方法〟で報いる、という昔から連綿と続く信仰については、あまりにあいまいすぎるため、明確な反証テストを行なうことができない。この反証不可能な有神論信仰は、キリスト教とイスラム教の全信者――世界の人口の半数以上を占める――だけでなく、ほとんどの宗教の信者にも受け入れられている。[11]

アメリカにおける宗教信仰の強さは、今も一世紀前とほとんど変わっていない。神を信じる人の割合は九十パーセント、死後の生を信じる人の割合は八十四パーセントに達する。[12] しかし、科学者たちは、特に各分野のトップクラスの人たちは、一般の標準からずれる傾向にあり、このずれは年を追うごとに大きくなってきている。一九一四年のアメリカでは、一線級の科学者たち(すべての分野を網羅)

のうち、三十五パーセントが人間の不死性を信じていたが、一九三三年には、半減して十八パーセント、一九九八年には、さらに半減して八パーセントとなった(13)。この信仰の急落と並行して、分子に対する理解は進んできており、霊的な力が引き起こすとされていた生物学的プロセスも、今ではより詳細な科学的手法によって説明がなされている。実際、現代の科学者の中でも、分子生物学者は最も信仰を抱きにくい人種と言える(14)。

宗教信仰とひと口に言っても、究極の正義たる神もしくは宇宙を信じる、という漠然とした教えを中心に、狭義のものから広義のものまでさまざまな種類がある。極端な例として挙げられる理神論では、意識を有するひとつの存在が、ビッグバン（それ以前との説もあり）によって宇宙を創造し、物理や化学の諸法則を与えたあと、じっと成り行きを見守っている、もしくは、ほかに用事があって立ち去った、と考える。昔からの哲学論議〝宇宙を創造したのは誰か？〟まで論議を一段階さかのぼらせる。〝われわれを創造した存在を創造したのは誰か？〟に対して、理神論は解答を提供せず、矛盾を避けるように構築されているため、哲学の視点で見ると理神論はいかにも能がない。とはいえ、神の活動範囲を狭くしたがる人々は、理性とともに生きるための超越的な――ただし、いまだ顕示されない――目標を求めて、理神論の思索に深くのめり込むことがよくある(15)。

極端な宗教信仰の例としては、もうひとつ原理主義（根本主義）が挙げられる。原理主義とは、「［いかなる］基本原則群に対しても、厳格な字義どおりの解釈を強く主張する運動あるいは態度(16)」のことだ。同様に、原理主義者とは、絶対的真理に絶対的信仰を寄せる人物のことで、原理主義者の信仰は、山ほどの事実データを前にしても、経験主義から導かれる証拠を突きつけられても、微動だにしない。しかし、ときとして教養派の原理主義者は、宗教界の外からの批判をかわすべく、みずからの考えは信仰に基づくものではなく、神から直接、もしくは媒介者を通じて啓示された絶対的真実に基づくものだと主張する。イスラム教、ユダヤ教、キリスト教、ヒンズー教をはじめとする諸宗教の原理主義には、さまざまな分派が数多く存在している。

人類の誕生以来、原理主義は人間の内部に存在し続けてきたはずだが、世界観の一カテゴリーとして明確に分類されたのは、二十世紀に入ってからのことだ。これは、科学の説明力が増大の一途をたどり、自然現象に対する古来の宗教的解釈を脅かした反動と言える。史上初めて原理主義者を自称したアメリカのプロテスタント保守派たちは、聖書の厳密な字義どおりの解釈を主張し、〝原理のためのバトルロイヤル〟を唱道した。原理主義の旗のもとにキリスト教徒たちが集結したのは、進化論の台頭に対する反発からだった。人間は下等種から進化してきたという科学的説明を、人間は〝神をかたどって〝瞬時に創られたという聖書の記述への冒瀆と捉えたわけだ。〝聖書は実際の神の言葉であり、一言一句、文字どおりに解釈すべき〟と信じる成人が三十パーセントを数え、〝今から一万年ほど前のある時期に、現在とほぼ同じ姿の人間が神によって創られた〟と信じる成人が四十五パーセントを数える合衆国では、原理主義は大きな影響力を持ち続けている。[17]

長いあいだ、科学と宗教の融和から利益を得てきたローマ・カトリック教会は、さまざまな科学論争に対して他の宗派とは異なる立場をとってきた（ガリレオ裁判は例外）。ヴァチカンには教皇庁科学アカデミーと呼ばれる諮問機関があり、各分野のノーベル賞受賞者を含む八十名の世界的科学者がメンバーとなっている。ヨハネ・パウロ二世はアカデミーの助言を受け、〝科学には宗教を誤りと迷信から解き放つ可能性があり、宗教には科学を妄信と虚偽の絶対性から解き放つ可能性がある〟[18]との公式見解を出した。つまり、聖書内のエピソードを解釈する際には、全世界的に認められた科学的事実を尊重し、一言一句を文字どおりには受け取らないと宣言したわけだ。全長百三十五メートルの船体に地球生物を全種類積み込んだノアの方舟や、地上を小さな星々で包み込む固体としての天国や、天国を目指して建てられ、神の激しい怒りを買って言語分裂の原因となったバベルの塔や、その他諸々のエピソードは、寓話として受け取るべきだとローマ・カトリック教会は主張している。

寓話としての解釈が着々と進むなか、科学分析の正しさをある程度理解し、ある程度受容した信者たちは、自然現象の神学的解釈からどんどん遠ざかり、宗教は自然法則が及ばない道徳と霊性の世界だけで通用するもの、という考えかたに近づいていく。有名な著述家で現代のダーウィン擁護者、教皇庁科学アカデミーのメンバーであったスティーヴン・ジェイ・グールドは、「科学と宗教は対立などしていない。両者の解釈は〝まったく別の地所〟に住み分けている」[19]と記し、この論争はすでに解決済みだと断定した。もっと専門家らしい言葉を用いるなら、グールドは問題の本質を、〝重複なき教導領域〟[20]と看破したわけだ。

グールドは不可知論者だった。不可知論者とは、超越した存在に疑い（程度は人それぞれ）を抱きつつも、完全な無神論まで踏み込むつもりのない者が使う自己同定用語だ。彼の〝重複なき教導領域〟説は、不可知論者の立場から、科学者と宗教信仰者の寛容を望む。しかし、西洋の宗教指導者の大半には、やられた分だけやり返す傾向が見られる。「ローマ・カトリック教会の教導権は、進化論問題と切っても切り離せない関係にある。それは、人間の起源に関わる問題だからだ」[21]とヨハネ・パウロ二世は語り、いくつかの〝啓示された真理〟は、科学論争が入り込めない聖域である、との立場を鮮明にした。聖域に含まれるのは、神から地上へ遣わされた聖霊が、マリアの子宮にイエスを宿らせたこと。処刑されたイエスが復活し、死後三日目に墓から現われたこと。そして、イエスが肉体を持つ神の子であり、同時に神の一部でもあること。これらはカトリック教会にとって絶対的真理とされている。確立された原理主義の定義に照らせば、絶対性を帯びたこの種のカトリック教義は、原理主義的な信仰形態に分類される。

多くの宗教集団の成員は、外からの干渉を受けずに、組織内で信仰活動を行なうことができれば、それだけで満足を得る。信仰対象の異なるよそ者たちが、一般社会でどんな態度をとり、どんな活動を繰り広げようと、特に関心を引かれはしない。しかし、アメリカのキリスト教福音主義者は事情が違う。彼らの信仰では、非キリスト教徒を自分と同じ福音主義者に変えるという困難な任務をじゅうぶんに果たしたときのみ、イエス・キリストの形をとる神から、永遠の死後の生が与えられる。(22)改宗者は別の者を改宗させ、その者はまた別の者を改宗させ、途切れることなく改宗の輪が広がっていき、やがては世界の全人口がキリスト教徒となるわけだ。成年に達した合衆国民のうち、福音主義者に数えられる人の割合は、およそ二十五から三十パーセント。(23)アメリカの原理主義者の大半は同時に福音主義者でもあり、福音主義は、定義からすると、原理主義の一形態と見なされる。福音主義的原理主義者たちは、独自の道徳律の前に全世界をひざまずかせようとする。この道徳律は、原理主義に与しない市民の倫理観とも、現代自由民主社会の法の倫理観とも、正面からまともにぶつかり合う。彼らにしてみれば、不道徳な法とふるまいにまみれた俗世を駆逐するのは、政治的策略を使ってでも実現すべき〝崇高な〟理想なのだ。

既存の大宗教を擁護する知性派の論客たちは、フランシス・ベーコンやアイザック・ニュートンなど、過去の偉大な科学者の多くがキリスト教を信じ、自覚的に科学と宗教の区分化を行なっていた、と判で押したように指摘する。しかし、ニュートンたちが比較的たやすく区分化を行なうことができたのは、遺伝子や、自然淘汰による進化や、分子生物学や、さまざまな精神活動を司るニューロンと化学物質の働きについて、当時の科学レベルでは研究することもかなわなかったからだ。誉れ高き米国科学アカデミーに所属する現代の生物学者のうち、超越的な神を信じる人の割合はわずか五・五パーセント。とはいえ、公立学校教育への進化論の導入を訴えるパンフレットで、アカデミーの分子生物学委員会の座長、ブルース・アルバーツはこう述べている。「当アカデミーの優秀な会員の中にも、信心深い人がたくさんいます……その多くは生物学者です[24]」

わたしは別の機会にも、神へ手を差し伸べる科学者の姿を目撃した。二〇〇二年九月のニューヨーク市、「自我――魂から脳へ」と題されたシンポジウムでのことだ。ニューヨーク科学アカデミーが後援したこの催しは、三日間にわたって開かれ、科学者でない一般聴衆を中心に、数百名の参加者を集めた。シンポジウムを主催したニューヨーク大学のジョセフ・ルドゥー教授は、四十分間熱弁をふるい、人間の〝自我〟のあらゆる側面は、組織化されたシナプス――ニューロン同士の接続部で、脳内に兆単位で存在する――の働きで説明できると主張した。しかしながら、ルドゥーは議論の締めくくりでも、シンポジウムの要約の末尾でも、こう述べている。「シナプスを通じた〝自我〟の見かたは、霊魂や文化や心理などを通じた見かたを、なんら否定するものではない[25]」

現代科学、つまり知識の集合体としての科学、仕事の対象としての科学、知的進歩を達成する手段としての科学は、宗教的懐疑主義と切っても切り離せない関係にあり、ときには、他人の宗教信仰や霊的信仰を完全に否定してしまう。ルドゥーもアルバーツも、この実情は承知している。しかしながら、多くの科学者が人類の未来を切り開こうとか、健全な生物圏内であらゆる生命体を維持させようとかの高邁な希望を持っていることもまた事実だ。実際、このような愛他的希望は、基礎科学研究を実践する動機の一部となっている。もし博愛や環境保護を源とする希望(信仰ではない)を表明することが、霊性の定義に合致するなら、わたしはルドゥーの意見を認めても構わない。そして、もし霊性の全形態が宗教と見なされるなら、ブルース・アルバーツもわたしも敬虔な信徒と言える。単なる言葉遊びに聞こえるかもしれないが、社会的な対話の中で、科学者が夢と希望を示せるなら、内なる霊性を隠喩として示せるなら、コミュニケーションの壁は多少なりとも低くなるに違いない。

第三章

霊の分類

蒸気状の霊

世界じゅうのどの言語をとってみても、霊や魂の概念を表わす言葉は複数存在する。しかし、文化や宗教が違えば、その概念自体に大きな違いが出てくることがあり、アイデンティティ形成に同じ宗教的標識もしくは民族的標識を用いる人々のあいだでも、概念の乖離は珍しくはない。[1] さらに、主要とされる概念はどれも、考えかたの幅がやたらに広く、細部にこだわって検証すると、あいまいさや、論理矛盾や、最新知識から導かれる妥当性を無視するような点が見られる。たいてい、霊と魂は同じような意味合いで使われるが、それぞれに別々の意味が与えられることもある。独自の意味づけをされた霊ないし魂は、ときとして、神学の路線上を進んでいくうちに、霊ないし魂の下位概念を生み出す。この概念は新たな名称で呼ばれるが、上位との関係性や属性は不明瞭なまま放置される。[2] 先に触れたとおり、霊と魂とのあいだに明確な区分はなく、多くの文化では、両者を入れ替えて使っても問題は生じない。本書では、どちらの言葉の響きがふさわしいかを基準に、その場その場で起用の判断を下すつもりだ。[3]

実験観察の結果が無秩序の様相を呈すると、しばしば科学者は分類を通じた解明を試みる。魂にまつわるさまざまな意味を科学で説明するとき、わたしが用いるのもこの分類手法だ。〝霊〟あるいは〝魂〟の分類は、認知された機能の点からも、認知された性質の点からも行なえる。機能の点から分類した場合、最も狭い概念においては、魂は人間の意識や徳性の一側面とされ、世界じゅうの植物、動物、その他の物体には魂がないものとされる。最も広い概念においては、有機物でも無機物でも、宇宙に存在するすべての物質的実体に霊があると想定される。

歴史上最も古く、現在の世界で最も広まっている霊的信仰の様式は、この両極端の概念のあいだに位置する。その信仰の核心を占めるのは、生命の源たるエッセンスが、個々の人体組織の中に、ただし人体組織とは別個に、存在するという考えかた。隠喩を使うなら、この霊は非物質的な傀儡師(くぐつし)であり、人体の成長や、感情や、意識や、身体の動きを糸で操るわけだ。明白に異なるふたつの存在もしくは実体、すなわち物質と霊が、協力して有機生命体を動かしているという観念は、哲学者たちのあいだでは〝実体二元論〟と呼ばれる。(4) このような考えかたは、少なくとも四万年前までさかのぼることができ、有史以前の墳墓遺跡からは、死体とともに埋葬された世俗的な品々が発見されている。これは、機能の停止した肉体から離れた霊が、非物質世界へ行っても不自由しないようにとの配慮である。(5)

一般に、霊は〝非物質的〟もしくは〝非物理的〟と説明されるが、現代西洋の知識人はどちらの形容もあいまいだと思うに違いない。近代科学発生以前の文化の多くでは、風、煙、蒸留酒(霊と同じくspiritsと呼ばれる)から立ち上る揮発成分を〝非物質的〟な蒸気と見なしている。蒸気状の霊は、直接触れたり感じたりできず、この意味で〝非物質的〟なのだ。しかし、アニメーション映画に出てくる幽霊のように、識別したり視認することは可能だ。

西洋世界の合理的哲学に先鞭をつけたギリシア・ミレトスのアナクシメネスは、紀元前五四五年、霊は空気によって運搬され、生体の中へ入ったり外へ出たりすると書き記した。これと同様の想定は、創世記第二章の執筆者も持っており、神は最初に人間の体を「地面のちり」から造り、そのあと「鼻に生命の〝息〟を吹き込んだ(6)」とした。人間の命が尽きるとき、神は吐き出された最後の「〝息〟を取り去る。そして、その者たちは死んで地面のちりに戻る(7)」

聖書内の別の物語では、神は預言者エゼキエルに生命創造の力を示すべく、いくつもの骸骨の上に肉体を再生してみせた。しかし、よみがえった人体は生きているとはまだ言えなかった。「骨が集まり、骨と骨が合わさり……腱〔筋〕と肉がつき、その上を皮膚が覆った。しかし、その中に〝息〟はなかった」ここで神は霊の傀儡師を呼び出して命じた。「四方から来れ、〝息〟よ。滅びた者たちに吹きつけ、生を与えるのだ(8)」

二十世紀初頭のマサチューセッツ州で、医師として活躍したダンカン・マクドゥーガルも、霊は蒸気状の実体で死とともに人体を離れる、と確信するひとりだった(9)。その証拠を得るため、マクドゥーガルは実験を行なった。危篤状態の肺結核患者四名と、糖尿病性昏睡患者一名を、それぞれ巨大な秤の上に寝かせ、最期の息をする直前と直後での重量変化を計測したのだ(10)。魂を持つのは人間だけであり、動物が死んでも質量は失われない、と仮定するマクドゥーガルは、いわゆる対照実験として犬十五匹を用い、同じ方式で生前と死後の重量を計測した。この結果は「魂――魂と呼ばれる実体に関する仮説と、そのような実体の存在を証明する実験」と題する論文にまとめられ、現在は存在しない『アメリカン・メディシン』誌に発表された。マクドゥーガルによれば、絶命によって魂が離脱したあと、人間の体だけが重量を減らし、それは三分の一オンス、つまり二十一グラムだったという。一九〇七年三月十一日、『ニューヨーク・タイムズ』は〝魂の重量を計測、医師が仮説発表〟の見出しでマクドゥーガルの実験結果を報じた。

マクドゥーガルが記者に語ったところによれば、人間を対象とした実験五例のうち四例で、心機能と呼吸の停止と同時に重量減が発生し、残りの一例だけは、一分間の遅延が見られたという。「このケースでは、行動的にも思考的にも、被験者がのんびり屋だったことが影響した。魂が死後も体内に一分間とどまっていたのは、解放されたと気づくまでそれだけの時間がかかったからである。ほかには説明のしようがないし、のんびり屋の魂がのんびり屋なのは、当然と言えば当然だろう」

遺憾ながら、医学専門誌であろうと大新聞であろうと、無意識のバイアスを持つ思い込みの激しい医者が現われた場合、誤った方向へ導かれる危険性を常に抱えている。医学研究に統計分析が導入される前なら(導入開始は二十世紀中ごろ)、なおのことだ。マクドゥーガルの実験では、もともと変動が激しい人間の重量を、一定しない条件下でたった五例だけ計測し、〇・一パーセントにも満たぬ重量減という結果を得た。こんなやりかたは現在では通用しないし、医学誌編集者や科学ジャーナリストには見向きもされないだろう。そもそも、マクドゥーガルの実験計画はずさんで、重量と質量を混同していた。もし蒸気状の霊魂が空気より軽いなら、死後の体重は減るのではなく増えなくてはならない。ヘリウム入りの風船は、ガスが抜けると浮力のぶん重くなる。これと同じ理屈だ。とはいえ、人間の魂の重さが〝二十一グラム〟という話は都市伝説となり、二〇〇三年、同名のハリウッド映画として復活を遂げた。

人間の霊を、物質世界の特定空間を占める実体と表現することができるなら、肉体を離れて自由に地球上を飛び回る、まるで野放しの幽霊みたいな霊を想像するのも簡単だろう。幽霊というものは、元の体が埋葬された墓場に縛りつけられている――民間伝承や恐怖映画でおなじみ――か、気ままに動き回って人間と意思疎通を図ったり悪さをしたりする。黎明期の文化では欠かせないキャラクターであり、現在でも、米国人と英国人の三十から五十パーセントが存在を信じている。[11] 一九九〇年にヒットした映画『ゴースト ニューヨークの幻』では、殺された主人公の霊がニューヨークの街をさまよい、自分が死ぬに至った理由を探り出そうとする。調べを進めていくうちに、恋人の命も危険にさらされていると知るが、ゴーストになった体では直接警告することができない。ようやく幽霊の声を聞ける女性霊媒師と出会い、ウーピー・ゴールドバーグ演じるこの霊媒師を仲介して、なんとか恋人を魔の手から守り抜いたゴーストは、最後に、生前は心から愛していたけれど、もう自分のことは忘れ、新たな人生の一歩を踏み出してほしいと告げる。映画の観客にとっては、わかりやすくて心休まるメッセージだ。たとえ姿は見えなくとも、たとえ声は聞こえなくとも、愛する人たちの霊は死後も生き続けている。しかも、われわれが知らないところでこっそりと手助けをしてくれ、われわれが仲間に加わるのを辛抱強く待っていてくれる。

肉体の死後も生き残る霊を信じることと、肉体に宿らない自由気ままな霊を信じることは、紙一重だ。現代のタイでは、間抜けだが人に害を及ぼす野放しの霊、プラプームがそこらじゅうに存在すると信じられている。連中は、自分たちの居場所に新しい家やビルが建てられると、平穏を乱されたとしてしばしば報復に出てくる。プラプームが騒ぎださないよう、タイ人は〝霊の家〟と呼ばれる、新築する建物の小さなレプリカを、地所の隅に作る。現代のタイの街並みを見渡すと、台に載せられた人形の家をいたるところで目にする。米や果物や花が供えられ、華やかでかぐわしい〝霊の家〟は、プラプームをおびき寄せて、人間の住む家へ入り込むのを防ぐ。一九八四年の映画、ダン・エイクロイドとビル・マーレー主演の『ゴーストバスターズ』には、ニューヨーク版のプラプームが多数登場している。

バンコク初の大型高級ホテル――現在の名称は〈グランド・ハイアット・エラワン〉――の建設は、一九五三年、建物に見合った大きさの〝霊の家〟を作らずに着工された。すると、大理石の運搬船が沈没するなど不運な事故が続き、タイ人労働者は全員仕事を放棄してしまった。土地所有者は霊能者の助言を受け、豪華で大きな〝霊の家〟と、ホテルの名称にもあるエラワンの神（三首の象）をまつる社を建てた。それ以来、プラプームは災難をもたらさなくなった。少なくとも、わたしが聞いた話では。

死後の生

多くの文化では、人間の霊が死後に向かう最良の場所は、幸福に満ちあふれたもうひとつの崇高な世界、すなわち〝天国（天界）〟だ。少なくとも十六世紀まで、天国は空のてっぺんと同義語で、地上からそれほど高くはないため、晴れた日には肉眼で見ることができた。聖書が描写する天国は明確だ。蒼穹の中もしくは上に位置し、平らな地上世界に覆いかぶさる、透明だが固体として存在する場所。この蒼穹は、灼熱の太陽と、〝さほど偉くない〟月と、無数の小さな星と、いくつもの大海を内包もしくは支えている。星々はときどき地上へ落ち、(12) 空の青さの源である海からは、ときどき水が漏れ出してそれが雨となる。アジアの発展途上国に住む人々の大半は、今でもこれと同じような天界を想像する。しかし、聖書の時代とは違い、彼らは地球が平らではなく丸いことを知っている。また、キリスト教に改宗した西アフリカの貧しい社会では、天国は似非（えせ）現代的な様相を呈する。ガラスと鋼鉄で造られた摩天楼が林立し、各ビルの前にはもれなく豪奢な噴水が設けられ、（現実社会では見られない）きれいな大通りを、不滅の魂を乗せた〈ロールスロイス〉が疾走していくのだ。

われわれの宇宙の構造を考えるとき、地上区画と天空区画に加え、しばしば第三の区画として地下が想定される。闇と悪の世界であるこの〝黄泉（よみ）〟もしくは〝地獄〟にも、天国と同じように人間の霊魂が吸い寄せられてくる。地上世界における生を全うしたとき、上での永遠の幸福と、下での永遠の苦難とを分ける境目に至る、という考えかたは多くの文化で共通している。宗教儀式に参加したり、聖地へ足を踏み入れたりする際、バリ島民は腰に黄色い帯を巻く。これは境目を示しており、黄帯より上の霊的な心は天界へ、黄帯より下の不浄な肉体は黄泉へ向かう。死後、終（つい）の棲みかがどこになるのかは、魂が肉体につなぎ留められているあいだ、どれだけ有徳の行ないを積み重ねたかによって決まる。有史以来、人類の諸集団を率いる長たちは、徳と天国との相関関係を大いに利用し、集団内の結束と権力の保持を有利に進めてきた。

天国と地獄という構図を信じているのは、なにも発展途上国の人々ばかりではない。天国は単なる概念ではなく、実際のもしくは現実の場所であると思うか、という質問に対して〝はい〟と答えた人の割合は、アメリカ人で八十パーセント、イギリス人で五十パーセント、カナダ人で六十二パーセントを数える[13]。さらに、〝はい〟のグループに属する人々のうち、半数以上が現実の地獄も信じている[14]。彼らが天国と地獄の所在地をどこに想定しているかは判然としない。しかし、別の世論調査から類推するに、西洋の相当数の人々の考えかたは、わたしが東南アジアとインドで遭遇した考えかたと同一線上にある。アメリカ人の四十パーセントが、地球を含む全宇宙はここ一万年以内に創造されたと信じており、アメリカ人の十八パーセント、イギリス人の十九パーセント、EU加盟国の成人の二十九パーセントが、太陽は一日一回地球の周りを回ると信じている[15]。これは驚くべき事態と言っていい。西洋先進諸国に暮らすわれわれは、学校やテレビや映画を通じて、地球より大きな惑星がいくらでも存在すること、夜空の星はそれぞれがはるか遠くの太陽であること、数千万年から数億年前に恐竜は生息していたことを、イメージとして絶え間なくたたき込まれている。これらの事実は、地球を中心に回る生まれたての宇宙、という観念とは両立しないはずだ。両立できる人々の心中では、現実的知識と霊的信仰とのあいだが、いくつもの高い壁で仕切られているのだろう。

数十億の人々が気づいていようといまいと、物理の観点から見た天国(heaven)の現実性は、コペルニクス革命によって打ち砕かれてしまった。この革命(revolution)が始まったのは一五四三年。皮肉にも *On the Revolutions of Heavenly Bodies*(天球の回転について)と題された書籍の出版がきっかけだった。コペルニクスはこの優れた著書の中で、太陽と諸惑星が地球の周りを回るという、はるか昔からの人間の直観を否定し、地球自体はひとつの惑星にすぎず、他の諸惑星と同じく太陽の周りを回っていることを明示した。[16] 革命は、地球を宇宙の中心の座からはずすだけにはとどまらなかった。コペルニクスの地動説によって、地球が小さな土くれであり、数百万倍の広さの太陽系にぽつんと浮かんでいるのだと判明した結果、われわれの惑星の重要性は再評価を迫られることとなったのだ。さらなるお楽しみは、ガリレオによってもたらされた。彼が新しく開発した望遠鏡は、従来の天動説小宇宙モデルでは説明できない現象をいくつも観察した。決定的だったのは、一六〇九年、木星の周りを回る複数の衛星を発見したことだ。これは、ありとあらゆる天体がわれわれの世界の周りを回っている、というキリスト教会の長年の主張を反証することとなった。

二十世紀には、われわれの太陽系は銀河系の一部にすぎないことが判明した。太陽系の百兆倍の広さを持つ銀河系には、百億個の太陽が存在しており、それらのほとんどが独自の惑星群を抱えている。

続いて判明したのは、可視宇宙の中には少なくとも一兆個の銀河が存在し、われわれの銀河系はそのひとつでしかないこと。[17] 現在、物理学者の多くは、可視宇宙全体を一個の小さな泡ととらえ、その泡を噴出させる源として、さらに巨大な超宇宙を想定する（超宇宙も超超宇宙の泡であり、超超宇宙も超超超宇宙の……）。このような新しい科学的枠組みの中で、いったい、天国はどこに存在できるのだろうか？蒼穹が視覚的幻想なら、死にかけた肉体や死んだ肉体から離れた霊は、いったいどこへ飛んでいくのだろうか？　キリスト教徒と、天界での死後の生を信じる人々には、ふたつの選択肢が存在する。ひとつは、コペルニクスの地動説をはねつけ、空に浮かぶ物質的な天国を維持する道。もうひとつは、天国とその住人の霊たちを丸ごと、物質世界の外側である別次元へ移動させる道だ。十七世紀の数学者兼哲学者、ルネ・デカルトは解決策として後者を採用した。

コペルニクス革命は、地球がそれほど特別な存在ではないという事実だけでなく、惑星と衛星の運動が数式で説明できるという事実を暴露した。十七世紀中ごろには〝科学の時代〟が隆盛をきわめ、あらゆる無生物は、大も小も、固体も液体も気体も、〝機械〟のように機能する、との理解が広まりつつあった。しかし、デカルトは同時代人の中でも特に、機械論的世界観を深くまで読み解いていた。彼は有機体も機械のように機能すると信じ、理論上、数学的解釈を行なえるはずだと考えた。デカルトの分類では、植物と動物だけでなく、人間も有機体機械の範疇に含まれた。とすると、人間の魂などというものは単なる幻想にすぎず、人間それ自体も無生物と同じ自然法則で機能しているのだろうか？　「否！」というのがデカルトの答えだった。

デカルトは〝純粋理性〟による思考プロセス——哲学史上最も有名な一文とのちの論争を導き出した——を通し、〝分離と識別が可能な人間の魂〟の存在証拠は、人間の肉体の存在証拠よりも強力であると(少なくとも自分に対しては)証明した。「我思う、ゆえに我あり……」と彼は記した。「わたしは自分に体がないと装うことができる。自分のいる世界もしくは場所が存在していないと装うことができる。しかし、自分自身が存在していないと装うことはできない[18]」いったい、人間の魂とは本質的にどんなものなのだろう? "ゆえに我あり"の"我"なのだろうか? とにかく、大気中を漂っているような代物でないことだけは断言できる。なぜなら、一陣の風や一筋の煙は、みずからの内なる力で動くわけではないからだ[19]。"自由行為者"でない蒸気は、霊にも魂にもなりえない。

デカルトによれば、人間の心だけが唯一、自由に自然法則と立ち向かえる。そして、心が自由を獲得できるのは唯一、物質世界の拘束力が及ばない霊的領域の中だけだ。この並行世界内での心もしくは霊は、重量と物理座標を持たない。物質世界で肉体が生きているあいだ、個々の霊はひとりの人間からのみ情報を受け取り、その人間のみの動きを制御する(デカルトによれば、制御は脳の中心部のある一点を通じて行なわれる)。肉体が死を迎えても、霊は今までと同じ場所——次元を超えた霊的領域——に居続けるが、物質世界内にある肉体とのつながりは断ち切られる。このあと、霊はなんらかの方法で情報伝達能力を獲得し、神の御霊(みたま)やほかの霊たちと直接交流を行なうのだ。

物質世界にいる蒸気状の霊と、異次元の非物質世界にいるデカルト的霊魂のせめぎ合いは、プリンストン大生の頭の中にも波紋を投げかけ続けている。同大生のうち、死後の生を信じるのは三分の一。わたしは彼らに対し、不死の魂が最後に落ち着く場所はどこだと思うかと質問してみた。四十五パーセントはデカルト的非物質領域を選び、十三パーセントは物質世界の某所と答えたが、なんと四十二パーセントもの学生はどことも言えないと回答した。西洋社会で高等教育を受けている学生の混迷ぶりと、バリ島やインドやベリーズなど、前科学的かつ前デカルト的な社会の構成員の確信ぶりとは、あまりにも好対照だ。科学は混迷をもたらす原因であり、ひとりひとりの心の中にくさびを打ち込んで、本能的な信仰と啓発された知識とを分断する。

アリストテレス版の魂

古典時代の哲学者たちは、〝魂〟の概念と〝生命原理〟――有機生命体の活動を司るもの――の概念とを区別しなかった。論議の的となっていたのは、魂が存在するかどうかではなく、魂がどんな性質もしくは形態をしているかだった。アリストテレスはほぼ間違いなく、経験主義を取り入れた史上初の世界的科学者であり、師のプラトンとは違って〝純粋理性〟の能力を過信していなかった。自然現象の正確な解釈に、〝純粋理性〟が必ずしも寄与するわけではないと考え、かわりに視覚をはじめとするみずからの諸感覚を信じ、生物と無生物を観察したり分類したりした。この経験主義の手法を通じて、アリストテレスがくっきりと描き出した魂の姿は、あらゆる時代にあらゆる場所で大多数の人々が思い描いてきた自由な霊――蒸気みたいに漂っているにせよ、異次元に存在しているにせよ――の姿と、際立った差異を示していた。[20]

アリストテレスはまずひとつの前提を立てた。あらゆる物理対象物は質料と形相との組み合わせで定義できる、と。この考えかたは、本質的に、現代の科学者すべての考えかたと共通する。岩と木製椅子を例にとれば、構成要素として同じ素粒子を含んでいても、複雑な別個の〝形相〟に組み立てられることで、それぞれが岩と木製椅子という属性を持つわけだ。アリストテレスはこの論理を一歩進め、〝魂〟とは有機生命体が帯びる〝動的形相〟にすぎないとした。現在の技術用語を使うなら、〝魂〟とは生体ハードウェアによって制御かつ実行される、ソフトウェアとデータを媒介とした統合的〝情報処理〟、と言い換えられるだろう。このアリストテレスの見かたには深遠な暗示が含まれている。ハードウェアという物質的実体なしにソフトウェアが成り立たないのと同様、有機物でできた肉体という物質的実体から離れては、動物や人間の〝動的形相〟もしくは〝魂〟も存在しえない。肉体の機能が停止するとき、同時に魂は消え去る。有機的な〝質料〟は、命にとっても魂にとっても必須なのだ。

アリストテレスの生命観と、二十一世紀の分子生物学者の生命観とは、この点まで完璧に一致している。しかし、アリストテレスにとって明らかに不利なのは、現代的な科学教育を受けていないことだ。複雑な情報処理システムを、無機物の構成要素のみで組み立て、無機的な自然法則のみで機能させることができる、という知識を持っていなかった彼は、ソフトウェア的魂の活動の源を、有機生命体の肉体だけに存在する〝生命力〟に求めてしまった。もしアリストテレスが現代に生きていれば、間違いなく、経験主義的本能の導きによって、分子生物学者の生命観へと到達していたはずだ。

生命の理解に関してアリストテレスが残した第二の功績は、まったく違うふたつの生物学的プロセス、現代の専門用語で言うところの〝代謝活動〟と〝精神活動〟を区別したことだ。ほかの哲学者たちは、このふたつのプロセスを決まって混同し、多くの場合、単一の霊魂が二重の制御を行なっていると考えた。対照的にアリストテレスは、精神活動もしくは意識による指示がなくとも、草木やキノコ類などの有機体が代謝し、発育し、成長するという事実を正しく認識していた。実際、意識の介入がなくとも、われわれ人間は代謝し、発育し、成長するのだ。あらゆる生命体が持つこの基本特性を、アリストテレスは〝植物的霊魂〟と呼んだ。

アリストテレス流に言えば、動物の胚というものは、生命の植物的形相にすぎない。しかしながら、継承された遺伝情報を用いることで、動物の胚は胎児に成長し、神経系と脳の形成が可能となる。そして、脳細胞が互いに結合し、適切に機能し始めた瞬間、有機体はまったく新しい特性、つまり精神活動の特性を身に帯びる。機能する脳を備えた有機体は、草木やキノコ類と同じく、植物的な生を営んでいることに変わりはないが、脳の存在は、より深い生もしくはより高い生をもたらしてくれる。この精神的な生を、アリストテレスは〝動物的霊魂〟と名づけた。

数億、数十億の脳細胞が相互に接続し、迅速な信号の送受信が可能になって初めて、精神活動と意識生活が出現する。逆に、精神活動に必要な脳機能が失われれば、たとえ脳細胞自体が植物的に生き続けていても、〝動物的霊魂〟の存在は消え去る。アリストテレスによる魂の分類は、やがて〝遷延性植物状態〟という医学用語を生んだ。遷延性植物状態になると、人間の肉体は高次の脳機能を失ったのちも、意識と無関係な脳領域の働きによって生き続ける。しかし、自律的に食事を摂れないため、特別な栄養補給チューブを装着しないかぎり、最後には体内の化学エネルギーが底をつき、心臓の鼓動が停止し、植物的霊魂も永遠に消え去る。

ダーウィン以前の西洋知識人の例に漏れず、アリストテレスも動物と植物を分類するのと同じ感覚で、通常に機能する人間と動物を分類した。この違いをふまえて彼が提示したのは、成長した状態の人間だけに出現する第三の〝理性的霊魂〟だった。アリストテレスが聞けば驚くほど、われわれ人間は大型類人猿とよく似ているが、確かに、精神の受容力は比べものにならないぐらい高い。われわれ人間は特定の物体、概念、行動、感情、解釈を言葉に符号化しており、数千の語彙の集大成である言語体系を駆使することにより、複雑な考えかたを即座に伝え合える。また、われわれ人間はひとりの例外もなく、算数や代数や幾何の計算能力を備えている（高校で習ったことを思い出せるかどうかは別問題だが)。動物との最も顕著な差は、われわれ人間が意識を持っているだけでなく、自分が意識を持っていることを意識している点だ。とはいっても、現代では、生まれたての赤ん坊や、精神活動の特性をまったく表出しない人間も、人間の範疇に含めている。これらの例では、アリストテレスの〝理性的霊魂〟の概念を厳格に適用すると、人間と人間以外とを区別することができなくなってしまう。

第四章　魂への科学的批判

有機物＝生命本質論と有機化学

生命の本質が存在するのは、肉体を超越した場所ではなく、有機物でできた肉体の内部であるという観念と、代謝活動と精神活動はまったくの別物という観念。これらアリストテレスの残した功績は、〝理性的霊魂〟の部分に問題があるとしても、生物学体系を現代科学用語で理解したり分類したりする際に、有益な哲学的パラダイムを提供してくれる。長いあいだ、代謝活動は有機体の問題と結びつけられてきた。実際、科学者も非科学者も同じように、生きている(もしくは、最近まで生きていた)物体を定義上、有機物と見なし、生きていない物体を鉱物もしくは無機物と見なしていた。しかし、転機は訪れた。一七八〇年にアントワーヌ・ラヴォアジエが先鞭をつけ、以後五十年間にわたって展開した輝かしい発見の時代は、化学という新たな科学を生み出した。そして、当時ほぼ世界的に認知されていた有機体の特異性を、化学は真っ向から否定したのだ[1]。

第一世代の化学者たちは実験結果の詳細な分析を通じ、あらゆる物質形態——液体、気体、固体、有機、無機——が同じ元素群の組み合わせで構成されていると証明した。自然界に存在する元素の種類は百にも満たない。特定の状態に置かれた特定の元素が、がっちり結びついて分子(ふたつ以上の原子が接合したものと定義される)を形作ることも判明した。驚くべきことに、まったく同じ元素を含むふたつの物体が、まったく別の特性を持つ場合がある。原子と原子の組み合わせが違うと、できあがる分子も違ってくるからだ。純粋な炭酸水に含まれる元素は、炭素(C)、酸素(O)、水素(H)の三種類。これらが二種類の単純な分子、つまり水(H_2O)と二酸化炭素(CO_2)を形成し、常温のグラスの中では、泡を発生させる透明な液体となる。純粋なグラニュー糖に含まれる元素も、炭酸水とまったく同じ炭素と酸素と水素。しかし、外見と感触と味はまったく違う。実際、人間の肉体もほとんどがCとOとHでできている。それ以外の大部分が窒素で、あとは他の元素が少量ずつだ。

だとすると、有機物と無機物を分けるものは、いったいなんなのだろう? 化学者の多くがこの質問に興味を覚え、初期段階の研究ですぐに答えを見つけ出した。あらゆる生命体に共通するのは、数百、数千、数百万の原子が連鎖した長大な分子を多数含んでいること。そして、これら長大分子の中心では、一種類の原子、つまり炭素という元素が、結合を保持する重責を担っている。周期表(元素の特性比較に使われるスプレッドシートのような表)上の位置からわかるように、炭素は最も器用な元素であり、四本の手をそれぞれ巧みに操って、ほかの原子から差し出される手をがっちりとつかむ。化学用語で言い換えるなら、炭素原子一個は四つの共有結合に参加できるため、長大な分子内における連結の役目を果たせるわけだ。また、それと同時に、炭素原子は一本ないし二本の側鎖を用いて、入り組んだ三次元構造の分子を築き上げることができる。化学者たちは早速、このような炭素基盤の複雑な分子を説明するのに、「生物の(オーガニック)」の意味もある〝有機的(オーガニック)〟という言葉を使い始めた。

水と塩類と気体を除くと、すべての人体内の分子は原則的に有機物であり、タンパク質(アミノ酸で構成される)、炭水化物(糖類で構成される)、脂肪、核酸(DNAを含む)、その他の「小さな」諸分子(代謝産物やビタミンなど)、という五つのカテゴリーに分類できる。有機分子の中で最大級のサイズを誇るのがDNAとタンパク質だ。DNAは遺伝情報の保管装置として使われ、数えきれないほどの種類を擁するタンパク質は、その種類ごとに、想像できないほど多様な形状をとり、想像できないほど多様な特性を備える。眼球の水晶体から髪の毛に至るその多様性は、無機分子の多様性とは比べものにもならない。とはいえ、古い一般科学の本は次のように説明している。「動物の肉体の成分は、無機物の性質を帯びている。動物の細胞の中に存在する物質はすべて、岩や水や空気から抽出できるものである……。どんな動物の肉体も、究極まで分解していけば、純粋な無機物質だけになるだろう[2]」

一八一〇年代に入ると、有機物＝生命本質論を掲げる人々のうち、化学データを理解できる者たちは、有機生命体と無機物の構成要素がまったく別物ではありえないことを知っていた。彼らはしかたなく矛先を変え、生命と非生命との区別を、複雑な有機分子を〝創造〟する能力の有無に求めた[3]。化学者といえども、実験室内でこの創造プロセスを再現するのは不可能だ、と彼らは主張していたが、一八二八年、信仰に基づくその主張は、フリードリヒ・ヴェーラーによって覆された。ヴェーラーは実験室内で有機分子である尿素の合成に成功したのだ。今日では、プログラム――人間がプログラミングする場合も、ほかの機械がプログラミングする場合もある――によって制御された機械が、自動的に既成の化学物質を組み合わせ、生命体内に自然に存在する多数の有機分子を製造したり、少し前までは人間(もしくは機械)の想像の産物でしかなかった有機分子を製造したりしている。実際、生物学的に機能するウイルスを一から創造することは可能となっており、自己増殖能力を持つまったく新しい有機生命体の創造も、今まさに実現されようとしているのだ。

生命力と物理的力

今日、科学知識に少しでも通じた人間なら、岩や水や空気から見つかるのと同じ元素で生命体内の有機物質が構成されているという事実に、異を唱えたりはしない。実験室内で有機分子が合成できることも、経験主義から導き出される事実だ。現在、高学歴の人々が論争の焦点としているのは、生命体の内部で作用する力と、無生物の世界で作用する力とが、すべて同一かどうかという疑問だろう。答えは「はい」か「いいえ」かの二者択一。もしも「はい」を選ぶなら、命と心は無生物の自然法則に束縛されることになる。これは、かつて〝唯物論〟と呼ばれた考えかたの核心だ。現代の哲学者たちは、唯物論より〝物理主義〟を好んで使う。物質的な粒子と非物質的な(無質量の)光子のような粒子とが、互いに力を及ぼし合いながら物理世界を構成している、という事実を意識してのことだ。

物理主義は新しい概念ではない。その他の形而上学的な世界観と同じく、出自は古代ギリシアの哲学者たちにまでさかのぼることができる。紀元前五世紀、レウキッポスとデモクリトスの師弟は、天地万物を構成するのは目に見えない不変の粒子——原子と名づけられた——であり、原子はさまざまな配列で結合することによって、この世に存在するあらゆる物質を形成している、という考えかたを広めようとした。彼らによれば、生物と無生物の違いは原子配列の複雑さから生じ、感情や知覚は原子の相互作用から生じる。また、生命体が死んでも、構成要素である原子はひと粒たりとも消え去らず、やがては別の生物もしくは無生物の構成要素として再利用される。デモクリトス曰く、「習わしとして色があり、習わしとして甘みがあり、習わしとして苦みがある。しかし、現実に存在するのは原子と空虚のみ」。この機械論的な世界観は先見性が高かったが、純粋に言葉だけで語られる観念にすぎず、なんらかの結果を予測することがなかったため、二千年のあいだ、ほとんど評価もされないまま捨て置かれた。

しかし、一六八七年に出版されたアイザック・ニュートンの『自然哲学の数学的諸原理』は、検証可能な機械論的解釈をもたらし、物理主義を力強くバックアップした。ニュートンは、現時点での位置と運動が判明している複数の物体を仮定し、これら物体間の引力と相互作用を予測できる諸方程式を提示してみせた（彼は方程式を完成させる前に、まず微積分法を開発しなければならなかった）。ニュートンの研究成果はさまざまな方向から科学的理解を進歩させた。そのひとつは、〝力〟という言葉を数学的にきっちりと定義し、あらゆる物理事象の結果を、力を中心に詳述したこと。ニュートンは力が単独で存在しえないことを理解していた。ここが最も重要な点だ。力は個々の物体や粒子の属性ではなく、二個以上の物体間で相互に働く押す効果もしくは引く効果、と定義できる[4]。力は動的宇宙にとって必須のものと言っていい。力なくしては、どんな変化も生じないからだ。ほかの何かに引っ張られたり弾かれたりしないかぎり、静止した粒子は静止したままであり、動いている粒子はそのまま動き続ける[5]。

ニュートンの大発見は、物理世界に驚くべき絵を描き出した。十九世紀初頭、フランス人数学者のピエール＝シモン・ド・ラプラスが認識したとおり、新興の物理法則群から不可避的に導き出されるのは、あらゆる生物と無生物を構成する粒子の、現時点における位置と運動の組み合わせが、宇宙に存在する万物の将来を事前決定するという状況。つまり、現在あるすべてのもの、過去に抱いたすべての思考や信仰、未来にとるはずのすべての行動は、特定の配置が生じさせる回避不能な結果であり、この特定の配置自体も、時が始まるときから宇宙に備わっていた、もしくは宇宙に与えられていたわけだ。ラプラスはこのような宇宙を、自動操縦で動く巨大機械にたとえた。今日のわれわれが隠喩として使うとしたら、想像できないほど複雑なプログラムを走らせる超巨大コンピュータだろう。この自然法則に縛られた物理主義は、人間には自由意志が賦与されていると信じる知識人からしてみると、目の上のたんこぶのような邪魔者に違いない。しかし、皮肉なことに、ニュートンの時計仕掛けの宇宙は、「時計職人」の必要性を想起させる。もしくは、のちの世にあなたやわたしが形成されることを知ったうえで、すべての粒子に最初の動きを与える聡明な設計者が必要となってくる。

二百年にわたる決定論的物理主義の治世は、二十世紀前半、量子力学の発展によって終焉を迎えた。[6] 量子力学はニュートン力学と基本的に異なる自然の解釈を提供する。といっても、原子と原子サイズ未満のレベルに限っての話なのだが、このような極小レベルの物理世界では、物体を構成する素粒子は、物理量の不連続性と拡散の性質を同時に示す。このあいまい性(ファジーネス)は測定を不正確にもしくは不可能にする。それだけでなく、あいまい性こそが自然の本質的特性となってしまう。[7] 結果的に、素粒子間の個々の相互作用は、確率の見地でしか予測できなくなる。しかし、量子力学の方程式は、ここが腕の見せどころとばかりに、信じられないほどの正確さで確率を決める。現代社会を支える電子工学技術と電気通信技術の理論的枠組みは、この正確性によって成り立っている。[8]

実験に携わる物理学者でないかぎり、量子の不確定性の証拠を目にすることはけっしてない。なぜなら、量子の相互作用が大きな規模で合算されると、おのおのの確率論的不確定性が相殺されてしまうからだ。デジタル機器のメモリチップやプロセッサを構成するビットユニットは、人間から見れば小さいけれど、量子から見ればじゅうぶんに大規模であるため、量子の不確定性の影響を回避することができる。だからこそ、パソコンや携帯情報端末(PDA)は、ソフトウェアと入力データによって決定された値をそのまま出力できるわけだ。[9]

生体システムの構造は、目視可能レベルから原子レベルまで幅広いが、ほとんどの生命プロセスに関しては、量子の効果が重要な役割を担っているという形跡はない。[10]とはいえ、少なくとも重要なプロセスのひとつ、すなわち進化は、量子の不確定性から明白かつ決定的な影響を受けている。肉眼で見える多くのプロセスと異なり、統計的平均ではなく希有な突然変異によって引き起こされる進化は、受け手である生命体に利益をもたらす場合もあれば、不利益をもたらす場合もある。最も一般的な突然変異は、高エネルギーの宇宙線がＤＮＡ分子に衝突し、原子一個をあるべき場所から弾き飛ばすことで発生する。宇宙線とは、量子の不確定性に端を発する量子レベルの粒子であり、宇宙線と生命体のＤＮＡとの相互作用も、やはり量子の不確定性の影響からは逃れられない。

量子が引き起こす予測不能な事象には、歴史の流れを変える力さえある。それを最も劇的に例示したのが、イギリスで発生した一件の突然変異だ。発生日時は、一八一八年八月中のいつかだと推測される。突然変異を起こした精子細胞もしくは卵細胞は、融合して胚となり、やがて英国で最長の在位を誇る君主、ヴィクトリア女王へと成長した。このＤＮＡの突然変異は、保有者が男の子の場合に血友病を発症させる。保有者が女の子の場合、突然変異は悪さをしないでいてくれるが、結局は、遺伝子を通じて子どもやその先の世代に受け継がれる。ヴィクトリア女王のケースもまさにそうだった。

一九〇四年、女王の孫アレクサンドラはロシア皇帝ニコライ二世の皇后となり、ひとり息子のアレクセイに変異遺伝子を受け渡した。唯一の正統な皇位継承者である少年は、しばしば血が止まらなくなったが、当時の医者には手の施しようがなかった。とても信心深かったアレクサンドラ皇后は、「もっと神に近い」人物に、息子のための祈禱を頼まなくてはならないと思い詰めた。ロシア正教会が推薦してきたのは、無学な農民出の祈禱師だ。このラスプーチンという男は、みごとアレクセイの出血を止めてみせた（どうやって止血したのか、それとも単なる偶然だったのか、今もって定かではない）。そして、アレクサンドラとニコライ二世の厚い信頼を背景に、帝国の政治に口出しするほどの権力を獲得し、首相や皇帝側近たちの怒りを買うこととなった。怪僧ラスプーチンを巡る騒動は、三百年続いたロマノフ王朝の没落と、一九一七年のボルシェヴィキ革命の成功と、ソヴィエト連邦の誕生を招き寄せ、二十世紀の歴史にさまざまな影響を及ぼしたのだ。

この物語の教訓は、以下のとおりだ。無生物世界と同じ物理法則に縛られた生物世界の全体像を、〝物理主義〟は提示してくれる。しかしながら、物理法則といえども、さいころの一投一投の結果を〝断定〟することはできない。もし物質とエネルギーに関する量子力学の概念が正しいなら、未来を予測することは、現実的にも、理論的にも、不可能だろう。なぜなら、さいころを一回投げるたびに、その影響が全世界に及ぶ可能性があるからだ。

植物的霊魂と分子生物学

二十世紀初頭、アリストテレスの唱えた〝植物的霊魂〟は、いまだ謎に包まれたままだった。当時の科学者たちは、最も単純な生命体、単細胞生物は自然法則だけで説明できるという主張を、論理面から支援するのが精いっぱいであり、細胞の化学的および物理的特徴はある程度理解していたものの、集合体として生命を生み出す仕組みはわかっていなかった。しかし、千年紀が終わりを迎えるころ、百年前には存在もしていなかった分野の科学者が、〝植物的霊魂〟を覆う謎のベールを引きはがした。

この新分野とは、分子生物学だ。分子生物学の誕生した日とされる一九五三年二月二十八日、ジム・ワトソンを伴ったフランシス・クリックは、とあるイギリスのパブへ飛び込むなり、「われわれは生命の秘密を探り当てたぞ！」と勝ち誇ったように叫んだ。これを聞いたパブの客たちは間違いなく、クリックを頭のおかしな男だと思ったことだろう。しかし、現代の分子生物学者はほとんど全員、この突飛な主張に賛同の声をあげるはずだ。ワトソンとクリックの頭の中に像を結んだDNA構造こそが、生命の秘密だった。

DNAのどこがすばらしいかと言えば、その構造を頭に浮かべるだけ——大学生程度の化学と遺伝学の知識は必要だが——で、ふたつのことをすぐさま理解できる点だ。どんな方法で大量の情報が化学物質の中に暗号化されているのか、そして、この四十億年のあいだに、どんな方法で地球上の全生命体が複製と進化を続けてきたか。研究への貢献が評価され、ワトソン、クリックとともにノーベル賞を受賞したモーリス・ウィルキンズは、初めてDNAの像を突きつけられたときの感想をこう記している。「まるで、無生物の原子と化学結合から、ひとりでに生命が形作られたかのようだった。殴られたみたいな衝撃を受けた」(11) この時点ではまだ、実験の裏づけもない単なる理論にすぎなかったが、DNAの二重らせん構造は、現実に存在するとは思えないほど優雅で美しかった。

その後の十五年間に、小規模ながらも結束の固い分子生物学者の国際的研究グループが裏づけを提供した。彼らが解明したのは、遺伝子からタンパク質を経由してさらに大きな細胞構造へ至る情報の流れと、逆に、細胞からDNA分子へ情報を送り返して、遺伝子の稼働率を調節するフィードバックの仕組みだ。遺伝子を組み込まれたタンパク質のうち、一部は代謝——生命を特徴づける植物的プロセス——を遂行して、エネルギー豊富な食物と純粋エネルギーである太陽光とから栄養を取り出し、それを使って細胞内の情報を維持したり、情報保存のための有機分子を再構築したりする。代謝と細胞維持に必要な化学反応も、生化学者たちによってすべて解明された。

一九七〇年当時の分子生物学者たちは、植物的生命に関する化学原理と情報原理が普遍的であることを知っていた。ジャック・モノー(フランス人のノーベル賞受賞者で、分子生物学の始祖のひとり)の言葉を借りれば、「大腸菌に当てはまるならゾウにも当てはまる」のだ。かつて一部の科学者が予測したのとは違い、生命を物理の観点から細かく解釈する際に、新たな自然法則や力を発明したり発見したりする必要はなかった。特定の(しかし動的な)配列を持つ数十億の原子が、信じられないほど複雑な有機体を構成するとき、そこに見られる創発的な(しかし法則に従った)特性として、植物的生命は説明が可能なのだ。

創発特性(部分にはないが全体が保有する性質)は生命体でだけでなく、自然界内のあらゆる構造レベルで見ることができる。水は水素原子と酸素原子に分けられるが、どちらも水の特性とはまったく結びつかない。水素原子も酸素原子も、陽子と中性子と電子に分けられるが、どれも元の原子の特性とはまったく結びつかない(陽子と中性子はさらに、三個のクォークに分けられる)。逆に、陽子と中性子と電子は寄り集まってさまざまな原子を形成し、原子は寄り集まって分子を形成し、多数の分子が寄り集まってできる構造体は、われわれが触れたり見たりできるすべての物質、例えば水などの創発特性を示し、さらに複雑な分子構造体は生命の特性を示す。複雑さのレベルが上がっていくにつれ、それまで各構成要素に備わっていなかった新たな特性が出現するわけだ。しかし、分子生物学者たちからすれば、こんなことは神秘的でも霊的でもない。フランシス・クリックが言うように、「必ずしも部分の総和が全体とは限らないが、部分の性質と行動を把握し、〝さらに〟部分間でどんな相互作用が起こるかという知識を獲得すれば、少なくとも大筋では、全体としての行動を〝理解〟できるはずである」[12]。

わたしがこの本を書いているあいだに、ハーヴァード大学医学部で分子生物学とバイオテクノロジーを研究するジョージ・チャーチ教授が、物理主義理論を実験で証明する究極の試み、すなわち〝植物的〟生命の創造を達成しそうな状況になってきた。人間が描いたシステム設計図どおりに既成の化学物質を〝ゼロから〟組みあげ（実際の作業には自動機械の助けを借りる）、エネルギー消費と自己複製と代謝活動を行なう長寿命の有機生命システムを誕生させようというのだ。すでにチャーチ教授は、生命特性を持つ短寿命のシステムを無機物から創造するという、地球上における三十億年ぶりの偉業を達成している。バイオテクノロジーが現在の爆発的な勢いを維持すれば、さらに複雑な有機体を無から創造できる可能性は高まっていく――これはほとんどの分子生物学者に共通する確信だ。

しかし、科学を修めた知識人の中にも、神秘主義はしぶとく生き残っている。ひとり例を挙げるなら、生化学と医学の世界から評論家に転身し、ブッシュ大統領から生命倫理諮問委員長に任命されたレオン・カスだ。二〇〇二年、本一冊分にもなる生物医学者批判の中で、彼はこう述べた。

近代からの生物学は、生命――人間の命だけでなく、生きとし生けるものすべての命――を理解するのは本質的に不可能である、という基本線に沿って概念と手法の限界を注意深く定義してきた。……命と魂は、これ以上単純化できぬ神秘なのだ。……今日の科学はその能力［複雑なことや不思議なことを説明する能力］を過信し、まだ解明途中の事象として〝神秘〟を取り扱っている。今の時代、自然界には〝真の〟神秘――〝解明できない〟物事――が存在すると主張するのは、科学的異端の罪をみずから認めるに等しい。神秘主義者の烙印を押されたが最後、待ち受けるのは神学部への配置転換の勧めである。[13]

カスに対する分子生物学界からの返答は、三十年前、すでにジャック・モノーが記している。

> 生気論が学問として生き残るためには、少なくとも二、三の神秘が生物学の中で生き残らなければならない。ここ二十年間の分子生物学の発展は、神秘の領域を著しく狭め、生気論者の仮説を絶滅寸前まで追い込んだ。……過去、さまざまな分野で必ず繰り返されてきたように、将来「生気論の」仮説が「現時点では定義しにくい生物学的現象を解明する上で」無益だと証明されるのを予言するのは、リスクのない賭けと同じである。(14)

二〇〇二年刊行の本の中で、カス自身も短い一段落を割き、全体としての神秘論の弱さを認めている。

> 率直であろうとするために、わたしはここでいったん批判の手を止め、最後にひとつ、驚くべき事実をあなたがたに伝えなくてはならない。……なんらかの理由により、輝きに満ちたこの自然界は、客観科学という中身のない概念に身を委ねてしまった。……これは、非科学的に言うなら、まさに奇跡だ!

いいえ、カス博士、それは逆でしょう。中身がないのは、あなたの霊的信仰のほうです。実際、客観科学から得られる強力な証拠は、自然の仕組みの解明に奇跡や神が必要ないことを確信させてくれる。

カス博士が分子生物学を嫌う本当の理由は、自分でも書いているように、「科学を教えるという行為自体が、既存の前科学的もしくは宗教的概念に対する挑戦と妨害である。……われわれは昔から、そして今も、その概念に基づいて道徳的判断を下し、われわれは昔から、そして今も、その概念に基づいて人生を生きているのだ」[15]。ジャック・モノーは先見的なエッセイの中で、カス博士とまったく同じ感慨を打ち明けているが、あとに残した教訓はまったく似ても似つかない。

科学が価値観を攻撃するというのは百パーセント正しい。……伝統的システムはどれを取ってみても、倫理観と価値観を人間の手の届かぬ場所に置いている。価値観は人間に従属するものではない。価値観がみずからを人間に押しつけ、人間が価値観に従属する。……これに対し、［科学］知識にまつわる倫理観は、みずからを人間に押しつけたりしない。人間が自分で自分に［倫理観を］押しつけるのである[16]。

動物的霊魂と脳

十九世紀まで、脳はぶよぶよの塊にすぎず、精神との関連性はあいまいで謎めいていた。しかし、一八九九年、謎のベールは引きはがされた。スペイン人のサンティアゴ・ラモン・イ・カハルが顕微鏡を用いた研究で、脳を構成する数千億個の蔦(つた)形の細胞、いわゆるニューロンの重要性を特定し識別したのだ。個々のニューロンを現代風にたとえるなら、ほかの無数のニューロンから絶えず変化する信号を受け続ける超微細型コンピュータの処理装置だろう。ニューロンには樹状突起と呼ばれる伸張部があり、その先端のシナプスと呼ばれる連接部で、神経伝達物質という形の入力信号を受ける。入力された情報には統合と処理が施され、その結果、ほかのニューロンに信号を出力するかどうか、出力する場合にはどんな信号を送るかが決定される。ニューロンは長い時間経過のあいだに、多少ではあるが、特定の信号に対して敏感に、もしくは鈍感になるすべを「学び」、それに応じて出力を変化させることができる。全体としての脳は、コンピュータの処理装置を並列につないだ巨大ネットワークと似ている。各装置は独立して稼働すると同時に、ほかのすべてとの協調を行なう。科学者はこれを〝ニューラルネット（神経回路網）〟と呼ぶ。

脳の活動と精神との関連性を、われわれはどう確かめればいいのだろう？　最初の証拠が発見されたのは十九世紀中ごろ。研究者志向の医師たちが検屍解剖の結果をもとに、脳の特定の領域における神経損傷が、会話形成、言語理解、高次の認識、感情表現、道徳的な判断など、特定の精神機能の欠陥と結びついていることを示した。現代の研究者たちは、正常な生命体の脳にリアルタイムでスキャンをかけ、特定の精神活動と特定の脳領域との関連性を調査できる。一方、ニューロン間の信号伝達が精神活動上でどんな役割を果たしているかは、マリファナやLSDやコカインなどの疑似神経伝達物質の作用から実証できる。鬱病治療に使われる〈プロザック〉や、統合失調症治療に使われるクロザピンは、神経伝達物質を模倣することで、患者の気分と人格に変化をもたらす。

動物の精神が化学的信号で動くニューラルネットにすぎない可能性はあるのだろうか？　理論上、電子工学で構築できる動的情報処理システムにすぎない可能性はあるのだろうか？　実際、かつて動物の精神もしくは動物的霊魂だけが持ちうるとされた特性のほとんどが、すでに電子工学装置やロボットの中で再現されている。最も痛快な例としては、市販品であるソニーのＡＩＢＯが挙げられる。日本語の「相棒」を語源とするＡＩＢＯの最新バージョンは、二〇〇三年九月に千六百ドルで売り出された。どのＡＩＢＯにも、聞く、見る、（触覚センサーで）さわる、四本脚で歩くもしくは走る、という「能力」がある。[17] また、視野内の対象物との正確な距離を測る赤外線システムや、電磁気信号を送受信する無線システム（これを使って、電子メールをパソコンから呼び出し、オーナーの携帯電話に転送する）など、非生物的な感覚器も備わっている。[18] ＡＩＢＯの複雑な電子ニューラルネットは、人間の言葉を理解し、人間の顔を認識して記憶する。フェイスパネルのＬＥＤ（発光ダイオード）と、声と、ボディランゲージにより、六つの感情——喜び、悲しみ、怒り、驚き、恐れ、不満——を表現することも可能だ。

買ってきたばかりのＡＩＢＯはどの個体も、同じソフトウェアとハードウェアを備えているので、初めのうちは似たようなふるまいをする。環境から刺激が加えられると、電子仕掛けの精神が働き、汎用の〝本能〟に従って反応が返されるのだが、これが繰り返されるうちに、プログラム自体が変化と進化を起こしていく。ＡＩＢＯの本能一式に含まれるのは、自分の身を守ろうとする感覚、新しい対象物や状況を調べようとする興味、人間や動物と交わりたいという欲求、そして最も重要なのが、オーナーを喜ばせたいという欲求だ。オーナーの対応によって、特定の行動と感情が強く、もしくは弱く表われるようになり、このニューラルネットの修正を通じ、ひとつひとつのＡＩＢＯは独自の個性を発達させていく。[19] ソニーの関係者は次のように言う。「ＡＩＢＯは命令どおりに、あなたが望むとおりに行動して、放り投げたピンクのボールを追いかけるときもあれば、反抗的になって梃子でも動かないときもあります。……あなたがどんな育てかたをしたかによって決まるんです」[20]

本物の犬のように、ＡＩＢＯは投げたボールを取ってくる能力と、同族同士で遊んだり喧嘩したりする能力を備えている。バッテリー残量が少なくなると、電子的な空腹を感じることさえできる。このときのＡＩＢＯは、部屋の中を眺めわたし、充電ステーションを見つけ、自分でプラグをつなぎ、エネルギー充塡が済むまで眠りにつく。しかし、精神の性能はもっと優秀だ。ＡＩＢＯの集団は、敵味方チームに分かれてサッカーの試合を戦うことができる。しかも、キーパーと攻撃陣と守備陣という役割の分担まで可能なのだ。純粋な知能の見地からすると、明らかにＡＩＢＯの精神は、本物の犬のそれを凌駕している。

ソニーが創り出した最新の人型ロボットＱＲＩＯ（キュリオ）は、ＡＩＢＯよりもさらに大きく進化している。ＱＲＩＯは、

驚くほどスムーズに動く関節が三十八個あり……なんとダンスまでしてみせるのだ。ビートに合わせて頭部のライトが点滅し、機械には不可能と思えるしなやかな動きで腕が振られる。小さな手（注目すべきは、ちゃんと指が五本ある点）の細かい動きも、音楽の雰囲気にマッチしている……。(21)

しかし、これは能力のほんの一部にすぎない。ＱＲＩＯの現行モデルは（日本語の）六万語を認識し、自然な発音なら簡単な文章も理解する。ＡＩＢＯと同じように人間を識別し、より緊密な関係を「オーナー」とのあいだに築くことができる。開発を担当したソニーの藤田雅博の説明によると、「ＱＲＩＯには［簡単な］会話をする能力――人間の真髄と言うべき能力があります……。［われわれが目標としたのは］人間のパートナーです。友だちに、家族の一員になってほしいのです」

知識のある大人なら、ＡＩＢＯとＱＲＩＯが見せる知覚、記憶、学習、分析、疑似感情、反応の各機能が（こちらの声に反応するおなじみのバーチャル電話交換手と同じく）、物理法則に従って稼働することを理解している。そして、その事実ゆえに、ほとんどの人は、機械の精神が知覚力を持つことを認めた

がらない。わたしは、プリンストン大学の生物物理学者でニューラルネットの先駆者でもあるジョン・ホップフィールドに、機械が知覚的になりうるかどうか意見を求めた。「知覚とはなんだ?」と彼は訊き返してきた。

目的志向のふるまいを見せるという意味なら、すでに機械はそのレベルに達している。人間に理解不能な仕組みで機械が特定の解答を出すという意味なら、すでにわれわれはその渦中にある。われわれの理解の範囲を超えるシステムはすでに存在している。[数十億単位の命令によってプログラム自体が進化する状況では]多くの場合、科学者がすべてを検証するのは不可能なんだ。

きわめて複雑な電子の精神を物理的要素だけで創造できることは、AIBOとQRIOが明確に例示している。ここから導き出されるのは、生物に備わっている精神も実質はすべて物理的であり、現時点で生物学的神秘とされるあらゆる事象は、将来の科学者による解明を待つだけである、という暗示だ。精神の神秘は人間などではなく、ユダヤ・キリスト教的神に属するものである、と信じる人々——ブッシュ大統領の生命倫理諮問委員会の大部分を占める、レオン・カスみたいな人々——にとっては、身の毛もよだつ破壊的な考えかたと言えるだろう。

理性的霊魂と自由意志と自己意識

アリストテレスによる植物的霊魂と動物的霊魂の区別は、新たなるパラダイムを創出しただけでなく、微に入り細を穿つ現代の科学分析にもみごと堪えて、代謝活動vs精神活動という解釈にもぴったり当てはまっている。対照的に、動物的霊魂と人間の魂（理性的霊魂とも呼ばれる）との区別は、哲学的分類においても科学的分類においても、常にあいまいさがつきまとってきた。しかし、消去法を使うと、つまり、AIBOとQRIOには表現不能とおぼしき精神の諸相を消していくと、われわれの精神とその他すべてとを分かつ、人間特有の属性がふたつ浮かび上がってくる。〝自由意志〟と〝主観的な内なる自己〟の存在だ。

通例、自由意志は「必然もしくは運命の［完全な］束縛なしに、自分自身の行動を統率する力[22]」と説明される。このような力が人間に賦与されていると信じる人は、人間の魂を信じる人よりもずっと多い。わたしが行なった匿名調査では、無作為に選んだプリンストン大生三百三十五名のうち、非物質的な人間の霊を信じる者が五十三パーセントなのに対し、自由意志の存在を信じる者は七十八パーセントにも達した[23]（学生の選べる答えは「はい」と「いいえ」と「よくわからない」の三つ）。最も顕著だったのは男女差だ。自由意志が存在すると思うかという問いに、自信を持って「いいえ」と答えたのは、女子学生百七十三人のうちわずか三人にすぎなかった[24]（ちなみに、男子学生は百六十二人中十九人）。

多くの人は自由意志を、人間の精神活動における決定論的な見かたに対する哲学的な代案にほかならないと考えている。しかし、脳生物学、量子力学、カオス理論の知識に照らせば、事情は違ってくる。あなたの脳では、毎日、何兆ものニューロンが個別に何兆もの〝起動決断〟を下している。そして、起動するかしないか、一個の神経伝達物質、あるいはことによると一個の電子を足すか引くか――生化学的不正確さ、もしくは量子の不確定さの結果として――というひとつの選択が、脳全体の働きを変えてしまうこともある。直観的には、たった一個のニューロンの選択が、何兆ものニューロンをかかえる脳に影響を及ぼすことなど、ありそうもないように思える。しかし、二十世紀後半、カオス理論の発展のおかげで、科学者たちは、複雑な相互作用システム――例えば気候――内の構成因子のちっぽけな変化がシステム全体を大きく変える可能性があることを発見した。この原理は、バタフライ効果と呼ばれるようになった。アマゾンのジャングルで一羽のチョウが羽ばたこうと〝決断〟したことが原因となって、一カ月後にテキサスで竜巻が発生するかもしれないというわけだ。脳内でバタフライ効果が起これば、一個のニューロンの予測不可能な起動が、脳内の全経路に刺激を与えて、精神状態に変化が表われることもじゅうぶんに考えられる(どれぐらいの頻度でそうなるかは、まったくわからないが)(25)。

哲学的概念としての自由意志は、タマネギの皮むきと似ている。核心に到達すると、存在が消えてしまうのだ。ある人が意思決定の二股道に差しかかったとき、どちらの道を選ぶかを考察してみれば、問題はもっと明白になる。選択は、合理的決断、感情的決断、無作為的決断、もしくは三つの組み合わせによって行なわれる。合理的決断とは、将来の結果を見据えて、片方の道を進んだ場合と、もう片方の道を進んだ場合とを比較するもの(例えば、テストでいい点を取っていい仕事に就くため、パーティには行かずに勉強する。天国に行くため、野球に行かずに教会に行く)。感情的決断とは、本能や直感や潜在意識が下すもの(例えば、ヘビを見てはっと飛び退く。体重を落としたいのにチョコレートケーキを食べる)。そして、無作為的決断とはお察しのとおり、進む道をコイン投げで決めるようなものだ。

これと同じ意思決定戦略を、コンピュータにプログラムすることはできる。しかし、いくらコンピュータが――あるいは、コンピュータを搭載した何かが――人間みたいな意思決定をしてみせても、誰もそれを自由意志の表明とは考えない。コンピュータは特定の目標を達成するため、合理的なアプローチをとることができる。コンピュータは特定の刺激に対する「本能的反応」を、あらかじめ組み込んでおくことができる。また、コンピュータはコイン投げで意思決定を行なうようにプログラムすることができる。人間の選択の大部分は、合理的、感情的、無作為的要素をある割合ずつ含んでいるが、コンピュータも複数の要素の影響をある割合ずつ反映させることができる。

とすると、コンピュータには存在せず、人間の意思決定時にのみ登場する〝自由意志〟は、いったいどの要素からもたらされるのだろうか？　自由意志の要素と言うからには、無作為であってはいけないし、予測可能であってもいけない。つまり、物理法則に支配される物質もしくは相互作用――量子の相互作用は予測不可能ではあるが無作為であり、巨視的な相互作用は無作為ではないが予測可能だ――とは異なる。自由意志は――自明のことだが――どんな法則にも支配されないので、物質的実体とはなりえない。

物質を制御する想像上の非物質的実体、というのが霊もしくは生命力の定義だ。実際、哲学者兼人気著述家であるオーウェン・フラナガンが書いているように、自由意志の存在を信じるかどうかは、魂を無条件で信じるかどうかの「信頼性の高い即効診断テスト」として使用できる。なぜなら、「このような用途［自由意志の表現］のために開発された哲学的装置は、形のない魂もしくは精神のみ」[26]だからだ。それにもかかわらず、プリンストン大生の四分の一は、自由意志の存在を信じると同時に、非物質的な人間の霊を否定する。繰り返すようだが、高学歴の西洋人たちの心中に蔓延する混迷は、科学が引き起こしているのだ。

霊は存在するか存在しないかの二者択一。科学と宗教の共存を主張するスティーヴン・ジェイ・グールドへの反論としてリチャード・ドーキンスが記したように、「両立は望むべくもない」[27]。もし霊が存在しないとすれば、人間の肉体の状態を原因とし、肉体内の精神もしくは意識を結果とする、一方通行の関係しか成立しなくなる。この一方的な因果関係を避けるには、プロセスのどこかに霊を介在させるとともに、デカルト的な二元性を霊に持たせるしかない。わたしのプリンストン大学の同僚で、〝心の哲学〟を研究するカレン・ベネット教授が、以下のように説明してくれる。「実体二元論を支持する哲学者はもうそれほど多くない。少数派の人たちも、宗教的理由で支持に回っている、というのが無難な見かたでしょう」

二十世紀初頭、(先述の論理をもとに)自由意志の存在を退けた哲学者と心理学者の多くは、意識も情緒も想像力も〝主観的な内なる自己〟も錯覚に違いない、という結論に達した[28]。対照的に今日の学者たちは、おおむね、主観的な内なる生の実在を認めている。しかし、自由意志を錯覚と断ずる物理主義理論の文脈で、われわれは「自己」というものをどう説明できるのだろう? このジレンマに対する驚くべき解決法は、一七五五年に、スイス人生物学者のシャルル・ボネが記している。「魂は、肉体の活動を見守る単なる観察者にすぎない。魂は自分こそが諸活動の創り主であると信じているかもしれないが、生命を構成するすべての活動は、肉体がみずからの責任でみずから実行している。問題を解決するのも、想像を巡らせるのも、ありとあらゆる種類の計画を遂行するのも、独立した肉体なのだ」[29]生と魂に関するこの哲学観は、現在では随伴現象説と呼ばれる。また、最新の神経生物学の手法によって、実験を通じて大量の証拠が提供され、この説の強力なバックアップとなっている。

随伴現象説によれば、人間は複雑な有機コンピュータにすぎない。ただし、ひとつだけ決定的に他と違う特徴が存在する。それは、方法も理由も不明ながら、外部世界の情報を得たときに人間の脳が生み出す、自己意識という〝感覚〟だ。この感覚は珍種の魂であり——傀儡師というよりは傀儡のほうに近い。有機的に創造された電脳空間（サイバースペース）内で活動する無力なはかない魂は、肉体と脳というコンピュータに電源が供給され、正常に作動しているあいだだけ存在することができる。「美しきかな人類」とシェイクスピアは書いた。「かような人々を抱く新世界の、おお、なんとすばらしきことよ(30)」

現在のわれわれの能力では、傀儡のような魂を搭載した人造機械が製作可能かどうかもわからないし、そのような機械ができたと想定したとき、内部に自己意識が存在するかどうかを判別するすべさえ思いつかない（機械は実際に自己意識を持っていなくても、持っていると主張することができる）。そうはいっても、やはり物理主義理論の究極の実証実験――故フランシス・クリックは「驚異の仮説」と呼んだ――は、自己意識を持つ機械の製造能力を示してみせることだ(31)。真の科学者なら、この目標が達成されるまで、全面的な確信を抱くようなまねはできない、とクリックは強調した。彼も妄信はしていなかったわけだ。たとえ、機械の製作が理論上可能だとしても、物理主義が強いる実践上の制約によって、現実化は阻まれてしまうかもしれない。未来のテクノロジーには限界があるのか、あるとしたらそれはどのあたりなのか、現時点で予測できるほどの知識をわれわれは持ち合わせていない。神経科学者たちの立場からすると、ほかのどんな説明もうさんくさく聞こえるだろうが、今のところ、「自己」に関する物理主義理論は、立証されていない仮説のままなのだ。

第五章　霊的信仰の起源

霊的信仰と精神疾患

超越的な霊もしくは神の霊の存在を支持するべく、「純粋理性」をもとに作られた古典的な議論の数々は、物理や、化学や、あまり議論の余地がない生命科学の諸分野を含む現代教育によって、ほとんどすべてが悲惨な末路をたどることになった。高等教育を受けた非原理主義の西洋神学者は、この問題をきちんと理解しながらも、経験主義に裏づけられた確固たる事実、今日もなお真であり続ける事実を見て、ほっと胸を撫でおろす。その事実とは、霊的信仰がほぼすべての人間社会に存在するという事実だ。口の達者な信者たちは、次のような主張を展開する。神は人間を設計する際、自分の送る通信が届くよう、脳の特定部分に受信機能を割り当てた。神の特別なメッセージを聞けないとすれば、それは(ラジオと同じように)正しい周波数に合わせていないからである、と。

ペンシルヴェニア大学医学部の医師兼教授アンドリュー・ニューバーグとユージーン・ダキリは、この仮説の経験主義的検証と称する実験を行なった。(1)「瞑想に長けた仏僧」八人とフランシスコ会修道女三人を対象に、深い瞑想と祈禱の前と最中とを、最新鋭の脳内スキャン機器を使って測定したのだ。ニューバーグとダキリによれば、なんと、修道女や仏教徒が霊的な活動に没頭しているとき、全員の脳の同じ領域に顕著な神経活動が見られたという。その結果を受けて、彼らはこう述べる。

この研究成果は、被験者たちに特別な何かがあるかもしれないと結論づける以外、われわれに選択の余地を与えてくれない。被験者たちの超越的な精神機構は、実際に[神との]窓口となる可能性があり、われわれはこの窓口を通じて、真に神聖な存在の究極の姿を一瞥できるかもしれない。これは信仰によってではなく、演繹法によって導き出された結論である……(2)。

「神と脳」という見出しが躍ったのは、『ニューズウィーク』二〇〇一年五月七日号の表紙だ。アメリカを代表するこの週刊誌の編集者たちは、霊的な経験を物質的な脳の特定部位と結びつけた点で、ニューバーグとダキリの研究結果を評価した。しかし、ここ十年で神経科学者たちは、特定の思考モードや感情モードと、特定の脳領域とが関連していることを、何千もの研究事例を通じて明らかにしてきた。ひとつの物理的な結びつきだけで――たとえそれが再現可能であろうと――因果関係を主張するのは無理がある。ならば、神が人間を創造する際、脳の一部に受信機能を備えさせた、などという発想をなぜ信じてしまうのだろうか？　高次の霊もしくは神の幻想を人間の脳が創造し、それを脳の一部が実際に経験しているとは考えないのだろうか？

神からの通信説を裏づけるべく、ニューバーグとダキリが用いた「演繹法」は、次のように展開する。「真の現実は誤解の余地がないほど高品質」なため、正常な人間は実体験と夢とを区別できる。だから、自分たちの霊的な通信が現実であると、修道女と仏教徒が「直観的に」知っている以上、それは現実と見なすしかない。ここだ！　彼らの論理の致命的な問題点がここにある。いくら強力で普遍的だろうと、直観は現実と必ずしも一致しない。多くの人の直観は、星を天空に輝く小さな光点と捉えるが、現実は宇宙に浮かぶ太陽型の天体だ。炭酸水とグラニュー糖は、多くの人の直観と異なり、まったく同じ元素から構成される。そして、ある種の霊が現実に存在する、というアンドリュー・ニューバーグの直観は、演繹法ではなく個人的な霊的信仰に基づいている。[3]

神の御心に通じる窓口を人間は与えられている、とする概念のもうひとつの問題点は、(ある種の)霊的信仰と霊的経験がほぼ全世界で見られる一方、超越的存在と見なされる対象が集団によって百パーセント異なる可能性があるというところだ。[4] 禅僧が瞑想を行なうのは、遍在するひとつの共同体的霊と一体になるためだが、この霊は神学の観点から見ると、フランシスコ会の修道女が祈りを捧げる特定の神とはなんのつながりもない。同じ性能を備えた複数の頭脳回路が、両立不能な神もしくは霊魂と関わりを持ちうるとしたら、霊性が脳に影響を与えるという因果関係より、脳が霊性に影響を与えるという因果関係のほうが理にかなっている。

状況によっては、肉体なき霊もきわめて大きな現実味を帯びる。最も劇的な例は、ＯＢＥ(体外遊離体験)だ。この体験をした者は、自分の肉体から切り離されたような感覚を味わう。鮮明なＯＢＥに脳のどの領域が関わっているかは、神経科医のオラフ・ブランケらによって偶然発見された。焦点性発作の原因部分を特定すべく、てんかん患者の脳に電極検査を行なった際、ある箇所に電気刺激を加えると、患者は今まで体験したことのない感覚を味わったと報告してきた。「ベッドに横たわる自分の体を上から見下ろしていた[5]」というのだ。幻覚剤(最も有名なのはＬＳＤ)も同じような経験を引き起こすが、心理学の文献にあたってみれば、外部刺激や化学刺激に起因しないＯＢＥの実例には不自由しない。実際、ある調査によれば、十から二十パーセントの人々が、(他人が信じるかどうかはともかく)少なくとも一回はOBEに近い体験をしている。[6]「肉体から自我が分離するという経験は、複雑な体感覚情報と平衡神経情報の統合に失敗した結果である」とブランケは推断した。わかりやすいたとえを使って言い換えれば、精神が脳内の混線に欺かれ、己の存在を担保する物質的実体、すなわち肉体が、実際とは別の場所にあると思い込むのだ。その結果、精神は独りで浮遊することとなる。

肉体なき霊が感知されうるもうひとつの例は、二〇〇一年の映画『ビューティフル・マインド』で効果的に描かれていた。題名の美しい心（ビューティフル・マインド）の持ち主であるジョン・ナッシュは、ゲーム理論という革命的な数学分析形態を開発し、のちに狂気の世界へ足を踏み入れた人物だ。映画のストーリーは、ナッシュの最も創造的な時期を追い、多彩な個性を持つ人々と交流しながら、新しい思考方法を模索するようすを描き出す。そして、最後の最後に、昔からの友人や仇敵のほとんどが、数学の理論と同じく、彼の精神の中だけに存在していたことが明かされる。実際、ナッシュは統合失調症に苦しんでおり、本物の人間と、自分が創り出した天使や悪魔とを区別できなかったのだ。発症から三十年後、ノーベル経済学賞受賞を機に出版した自伝風エッセイの中で、彼は社会に復帰するまでの経緯を説明している。幻覚を消し去ることではなく（結局、最後まで撃退はできなかった）、幻覚を「知性で拒む」ことにより、再統合を成し遂げられたのだ、と。[7]

非物質的なものが見えたり、肉体なきものの声が聞こえたり、過度に高揚したり、「神と交信」したりするのは、どれも統合失調症などの精神疾患の特徴だが、「正常な」霊的信仰者が神秘的な邂逅を行なったときの特徴と言えなくもない。[8]この重なりは、因果関係の筋道が共通することを暗示するとともに、精神障害の症状と、いわゆる「正常な」神秘体験もしくは霊的体験とを、どう識別すればいいのかという問題を提起する。一九〇一年、心理学者のウィリアム・ジェームズ（キリスト教の護教論者でもある)は、古典とされる『宗教的経験の諸相』の中で、「多くの宗教的事象が精神疾患を源とすることは、驚嘆や狼狽にはまったく値しない……」と述べている。二十世紀初頭の心理学者兼神秘主義者であるカール・ユングは、さらに議論を深め、一切の区別を不要とした。「精神から生み出されるものは――想像も、夢も、幻覚も、すべてが事実だ……それらが基盤とする現実は、他の物質的な事実が基盤とする現実と同一なのだから」[9]

ほかの学者たちの考えでは、区別は単純明快だ。心理学者のウォルドーフとモイヤーズは、『社会・行動科学国際百科事典』の中で、精神疾患的事象が体験者から制御を奪うのに対し、宗教型の霊的事象は「通常の場合」被体験者による制御が可能だと論じている。[10] また、精神疾患的体験が破滅傾向で日常生活と両立しないのに対し、宗教的体験中に現われる超常の目撃談や交信談は、精神状態の良好さを示すものとされる。[11] しかし、同じ型の幻覚体験でも、人によって制御可能な度合が異なり、肯定的であれ否定的であれ、結果に与える影響の度合も異なることを、ウォルドーフとモイヤーズは認めている。それでもなお、宗教型の霊的事象と精神疾患的事象とのあいだには明確な線が引ける、と彼らは主張し続ける。入手可能な経験主義的データがこの結論を支持してくれない以上、ウォルドーフとモイヤーズの頼みの綱は信仰しかない。

超越的な事象の型と強度は実にさまざまだ。極端な例は、命を削るような精神疾患的事象。統合失調症に似た軽めの(精神科医が「分裂的」と呼ぶ)事象には、幅広い傾向を見せる亜種が存在し、命を削るほどではない宗教的事象と個人の霊的事象にも、多彩なバリエーションが存在する。[12] いずれにせよ、物理主義の見地に立てば、あらゆる想像、夢、幻覚、その他神秘体験の源は、脳の外部ではなく内部にあるのだ。

多くの面で違いを見せる諸文化の中で、超越的な霊を招喚するというひとつの行動が、これほどまでに深く根づいているのはなぜなのだろう？　もちろん、古代ギリシア以来、そうでない文化も常に存在してきた。しかし、肉体を持たぬ霊――神と見なすかどうかは別にして――が今ここにある宇宙でなんらかの役割を演じている、と信じる者の割合は、世界人口（科学教育を受けた人々が多数含まれる）の九十八パーセントに及ぶ。[13]冒頭の質問の答えが欲しいなら、人類の進化の歴史を見てみるといい。二十世紀中ごろの遺伝学者セオドシアス・ドブジャンスキーが、アメリカの高校の生物教師たちに語った有名な言葉どおり、「進化を考慮に入れないかぎり、生物学はまったくつじつまが合わなくなってしまう[14]」のだ。

霊的信仰の進化

霊性のつじつまが最も合っていたのは、時代をさかのぼることはるか昔、われわれ人類がとてつもない知性を身につけ、記号言語による意思疎通を始めたころだ。進化によって得られたこれらの精神特性は、欲しくもなく必要でもない副産物をもたらした。死が不可避であるという知識から芽生える不安感だ。利口な動物の中には、生体と死体の差を理解できる種も存在するが、生のあいだに何をしようと、死の運命は変えられないと知っている動物は、人間のほかには存在しない。動物の端くれである人間は、正常ならば、危機回避と生き残りの本能を備えている。それなのに、新たに備わった知性と言語は、生存の苦闘の無益さを明らかにしてしまう。しかしながら、十八世紀のイギリス人医師で、心理学の開祖のひとりとされるデイヴィッド・ハートリーが説明するとおり、生存の苦闘が繰り広げられる場は、ほとんどが潜在意識の中なのだ。「人間は死の恐怖に縛られて一生を過ごす。自分で気づいているよりも実際の不安感は大きく……思いきって他人に打ち明ける内容よりさらに大きい[15]」

この不安感を振り払う元気の素は、個人の象徴たる霊が肉体の死後も生き続けるという信仰の中に見つけることができる。死んだ子どもが天国にいると信じれば、悲嘆にくれる母親も少しは慰められる。あの世で霊魂が復活する望みがあれば、苦難を乗り切ろうという固い意志も生まれる。このような個々人の霊的信仰は、当然の流れとして、神性を持つ霊の信仰につながっていく。神は、肉体から離れた人間の魂の面倒を見てくれ、場合によっては、まだ地上で生きているあいだでも、祈りや捧げ物に応じて救いの手を差し伸べてくれる。ときどき願いが叶ったりすると、神の力という錯覚は強化される。こうやって、霊的信仰は不安感を小さくする。不安感が小さくなれば、人々はよりよく機能し、結果的に、よりよい生を送る可能性が高まる[16]。一九七二年から一九九六年にかけて行なわれたアメリカの人口学研究は、宗教性と幸福度と寿命の三重の相関関係を、首尾一貫して示し続けている[17]。特に霊的信仰は、キリスト教徒を自認する人々にとって、幸福度を測る最強の指標と言える[18]。

デイヴィッド・ハートリーの人間心理に対する洞察は歴史を先取りしたが、一七四九年当時では、潜在意識内の恐怖と霊的信仰の慰撫効果とのあいだに、進化論的つながりが存在しようとは、想像すらできなかっただろう。実際、ハートリーは「死後の生」の現実性を一度たりとも疑っていない[19]。しかし、進化と遺伝子、遺伝子と本能、脳内生化学と精神活動の各関連性が知識として確立されている現代では、霊的信仰の起源でさえも、まじめな理論的考察の対象となりうるのだ。ほかのすべての生理機能と同じく、脳内化学反応のそれぞれの特性は遺伝子の影響を受け、また、これらの遺伝子は、人間が形成する集団の中で自然な変異を遂げていく。この情報と、ＬＳＤの少量摂取が引き起こす劇的な幻覚作用を考え合わせたとき、ひとつの推測が成り立つ。大昔の人間集団では、各個に継承された遺伝子の差異が、脳内化学反応を通じて、神秘体験をしやすい人としにくい人を作っていたのではないか、と。前者が神秘体験から個人的な霊的信仰を形成できれば、不安感との精神戦に強力な助っ人を得られることになる。やがて前者の持つ変異遺伝子は広く伝播する。なぜなら、不安感の制御により、前者が生き残る可能性と、前者が配偶者を獲得して保持する可能性と、前者が子どもをもうけて無事成長させる可能性が、わずかずつ増加していくからだ。少数派の中での遺伝子変異が細々と、しかしけっして絶えることなく続けられる一方、多数派となった前者の中では、数多くの突然変異が自然淘汰され、新たな遺伝子が取り入れられる。いきおい、霊的体験の利点は注目を浴び、長いあいだに増強と改良を施される。

いったん世に出た霊的信仰は、部族の長たちによって利用され、儀式の形で共同体全体に利益をもたらす。祭儀や礼式は厳選された自然現象を用い、まるで俗界を超越したような霊的感覚を喚起する。こういう古代の流行の終着点を、今日、われわれは教会と寺院で見ることができる。視覚効果としては、非物質であるかのような炎――ろうそくの先端で揺らめく姿は、制御不能の強大な力が、霊的な手綱で封じ込められているように見える――が用いられる。窓のステンドグラスも、鮮やかな色の着衣も、やたらに光る装飾品も、超俗的な壮観さを醸し出す仕掛けだ。嗅覚効果としては、香がたかれ、そのにおいが室内を満たす。聴覚効果に用いられるのは、鐘、楽器、リズミカルな詠唱、メロディアスな声音。体全体で感じ取るものとしては、耳で聴き取れない低周波が利用される。低周波を発生させるのは、東洋の寺院なら巨大な銅鑼（どら）、キリスト教の教会ならパイプオルガンだ。

耳で聴き取れない低周波を発生させるという行為には、いったいどんな目的が考えられるだろうか？　可能性の高そうな答えを、イギリスの心理学者と技術者のチームが提示している。彼らはロンドンのピアノ・コンサート会場で、数百名の観客を対象に調査を行なった。[20] 四部構成のコンサートのうち、任意の二部――もちろん観客には通知しない――で可聴音域外の低周波を流したところ、「背筋を震えが走った」というものを含む「奇妙な感覚」や、口では説明しにくい「静穏と不安が混じった変な気分」が報告されたのだ（ニュージャージー州の教会で長年オルガン奏者を務める人物によれば、同業者たちはこの効果をはっきりと意識しているという）。

原始社会に属する人々が、儀式から得られる超俗的感覚によって霊性を喚起されてしまう仕組みは、たやすく理解できる。霊的体験の共有は、部族構成員の共同体への帰属意識を徐々に高めていく。構成員は積極的に協力し合い、男たちは戦いでより大きな勇気を示すようになる。有徳者には天国入りが約束され、落伍者には地獄行きが待ち受ける、という構図がさらに効果を高め、この結果、霊的傾向の強い部族によって、霊的傾向の弱い近隣の部族が滅ぼされる。部族の教化が順調に進みだせば、共同体への貢献は、自分が所属する拡大家族への利益として還元される。そして、各世代で霊的傾向の強い層が弱い層を凌駕していく。[21] しかし、霊的体験をしやすい遺伝子が集団内で優勢になりすぎると、今度はマイナス面が浮上してくる。「霊性遺伝子」の過剰蓄積が起こったとき、しばしば人間は統合失調症などの精神疾患の縁へと追い込まれる。

以上は進化論から導かれる純粋な仮説だが、精神科医兼作家のナンシー・アンドリアセンが投げかける統合失調症の謎に対し、興味深い解答を提示することができる。「統合失調症の患者は、多くの場合、結婚もしないし子どももうけない。ところが、数世紀にわたって、病気の発生率は世界的に高止まりの状態にある。これをどう説明したらいいのだろうか?[22]」考えられる解釈は、統合失調症の原因遺伝子が、周辺環境内にあまねく存在し、なおかつ、当該遺伝子の「蓄積」が少量である場合、保持者は症状を発現しないだけでなく、霊性面で有利な生を送ることができる、というものだ。進化論から導かれる同様の解釈は、中央アフリカにおける鎌状赤血球貧血症の永続性を説明する[23]。鎌状赤血球貧血症の原因遺伝子をひとつ持っていると、マラリアに対する抵抗力が与えられる。だから、生まれつきこの原因遺伝子を備える人々は、そうでない人々に比べると、生き残って子孫を残す確率が高くなり、世代を重ねるごとに、この原因遺伝子を持つ者の比率は大きくなっていく。しかし、鎌状赤血球貧血症を風土病とする地域で、多くの人々が原因遺伝子の保持者となれば、当然、遺伝的な揺り戻しが起こる。頻発する「保持者」同士の結婚からは、原因遺伝子をふたつ持つ子どもが生まれ、これらの子どもたちは鎌状赤血球貧血症を発症して、成熟するはるか以前に命を落としてしまう。とはいえ、子どもの致死性という短所は、マラリアに対する耐性という長所と均衡するため、原因遺伝子は集団内に一定のレベルで存在し続ける。同様に、統合失調症や重い幻覚症状を引き起こす原因遺伝子も、保持者に霊性面での利点を与えるため、あらゆる集団内で安定したレベルを保つわけだ。

遺伝子と本能と学問的否定

特定の思考パターンや複雑な行動傾向は、遺伝子が精神に刷り込んだものかもしれない、という考えにいまだ抵抗感を示す知識人がいる。抵抗勢力の尖兵を見つけたいなら、年長の人文系教授陣をあたってみるといい。彼らは、ポストモダン的世界観によって、自分たちが「知らぬ間に」生み出してしまった科学者と「偏向した」科学を「脱構築」すること（彼らの言い回しを使えば）をめざしてきた。[24]当然ながら、脱構築主義者は科学的手法に重きを置かない。つまり、科学を八つ裂きにするなら、科学の「構築」を学んでからにしよう、などという殊勝な気持ちはみじんもないわけだ。

二〇〇二年六月、わたしは個人的にこの態度を体験した。今をときめくMITの科学史学者エヴリン・フォックス・ケラーと、夕食の席でいっしょになったときのことだ。場所はスウェーデンの小さな町アヴェスタ。わたしも彼女も、ヨウンソン財団の主催する学際会議に、講演者として招待されていた。その二十年前、まだ大学の研究員だったわたしは、ケラーの『有機体に対する感受性（*A Feeling for the Organism*）』を読み、深い感銘を受けた。同書は、優秀な遺伝学者バーバラ・マクリントックの人生と業績を綴った作品であり、[25]題名の「有機体に対する感受性」とは、一九三〇年代、トウモロコシを研究している際に身についた、対象物のわずかな個体差を見分ける超人的能力を指す。この直観的な理解力により、マクリントックは理論を系統立て、それまで不明だった遺伝の原理を明らかにした（そして、数十年後にはノーベル賞を受賞する）。[26]残念ながら、超人的能力を獲得した経緯については、著作の中では触れられていない。

アヴェスタでの夕食の前、午後に行なわれた学際会議では、人間の行動や思考に遺伝子が重大な影響を与えているかもしれないという概念を、次から次へと現われる発言者たちがこき下ろしていた。彼らと同じ考えかたは、一九九一年、アメリカの社会学の教科書内で表明されている。「本能より学習に依存する点で、原始時代の祖先を含めた人間は、他の動物と異なっている。……誕生時の人間は、可能性の塊であり、本能の誘導を受けていない。しかし、あらゆる言語と文化を学習する能力を持っている[27]」午後の会議の内容をふまえて、わたしは夕食の席でケラーに少々青臭い質問をした。人間以外の動物は遺伝子によって決定されたステレオタイプな行動をとるが、なぜ人間だけが進化の過程で、この遺伝子の専制を克服する能力を得られたのだろうか？　わたしの質問に答える代わりに、ケラーはわたしの前提に疑問を投げかけてきた。高等動物の複雑な行動が遺伝子によって制御されていると、なぜ自信たっぷりに言いきれるのか？

わたしは由緒正しい、カッコウの話を持ち出した。チャールズ・ダーウィンが複合的な本能進化の例として用いた鳥だ。[28]カッコウの母鳥は自分で巣を作らない。代わりに、産卵を終えた異種の鳥の巣を見つけ、そこの主が留守のときに、卵をひとつ産み落としていく。巣の主である鳥は数が数えられないので、自分の卵といっしょにカッコウの卵も温める。カッコウの卵はほかの卵よりも早く孵化し、生まれたばかりの雛鳥は背筋の凍るような行動（少なくともわたしの妻はそう感じた）に出る。栄養を独占するため、残りの卵をすべて巣から押し出し、地面へ落として割ってしまうのだ。かくして、巣の主は子どもの仇にせっせと餌を運ぶこととなる。

カッコウの話がたまらなく魅力的なのは、進化と遺伝と行動と本能の複雑な関係を、鮮やかに描き出してくれるからだ。カッコウの成鳥は、誰からも空き巣の手ほどきなど受けていないのに、産卵したばかりの〝異種鳥〟の留守宅を狙って入り込む。この本能的行動は、再生産（繁殖）用のエネルギー消費を大幅に節約できるので、カッコウの進化にとっては強力な利点となる。逆に、巣の持ち主の鳥がつけ込まれてしまうのも、巣の中に雛鳥がいれば無条件で餌を与えるという（カッコウ以外の鳥の）本能的行動が原因だ。話に登場する三つめの行動も、本能に関係すると言っていい。カッコウの雛鳥は誰からも教えられていないのに、継母鳥の実子たちを殺し、遺伝子上の家族に負担を与えることなく、自分が受け取る食料配分の量を増大させる。どの鳥の場合も、みずからの行動や思考の意味を理解してはいない。しかし、ここに登場するカッコウは、人々が思い描くカッコウ像とはかけ離れている。カッコウたちをやみくもに突き動かすのは、祖先から継承した遺伝子であり、遺伝子は再生産のゲームにおける進化的優位性を与えてくれる。

遺伝子説に懐疑的なケラーは、「そういう行動がひとつの遺伝子に起因すると、あなたは本気で思ってるの？」と訊いてきた。いいえ、複数の遺伝子の相互作用が必要でしょう、とわたしは説明した。「雛鳥が母鳥の行動から学習したとも考えられるわね」と彼女は切り返してきた。いいえ、母鳥は孵化のはるか前に飛び去ってそれっきりです、とわたしは説明した。「たまたま雛鳥の機嫌が悪かったのかも」と彼女は話をそらした。いいえ、雛鳥の行動は明らかにほかの卵へ向けられていました、とわたしは説明した。ケラーはわらにすがろうとしていた。人間の複雑な行動や思考モードに遺伝子が影響を与えている可能性がある、という発想を受け入れずにすむなら、どんな説にも飛びついたことだろう。

それでも、知恵の働く人なら、鳥の習性説をあっさりと引っ込め、鳥類はそれこそ〝鳥並みの脳みそ〟を持って生まれてくるので、そもそも新しい行動を学習する能力を備えていない、という説[29]を持ち出すかもしれない。しかし、大きな脳と知能を持ち、ごく簡単な記号言語の使いかたさえ学習できる類人猿となると、その論法は通用しない。鳥類とは異なり、限定された先天的な行動に縛られる必然性はないはずだからだ。実際、ボノボとゴリラとテナガザルはそれぞれ、種固有の入り組んだ社会的性的相互関係を築いており、種のあいだで見られる差異は、複雑な行動に遺伝子が及ぼす影響の大きさを示している。

ボノボ（かつてはピグミー・チンパンジーと呼ばれた）は、三十頭から百頭の雄雌で、結びつきの緩やかな大共同体を作る。食料集めは、六頭から十五頭の下位集団ごとに行なわれるが、下位集団の構成員は絶えず入れ替わる。雌は一頭の雄と添い遂げず、複数の雄と正常位で交尾し、ほかの雌と性的な戯れにふける。これは閉経に至るまでずっと見られる行動だ[30]。正常位での交尾、性的興味の持続、高い性的許容度は、ヒト科の中でもボノボと人間にしか見られない。

ゴリラはまったく違う方法で生と性の営みを行なう。シルバーバック（雄の成獣）一頭、もしくはシルバーバック一頭とその息子一頭が、結びつきの強い〝ハーレム〟を作り、雌の成獣十数頭とその子どもたちと生活をともにするのだ。雌は、群れのボスもしくは群れの歴代のボスとだけ交尾し、ほかの雄とはけっして交尾しない。また、雄も雌も、性行為に興味を示すのは、雌の排卵期のあいだのみだ。ほとんどの雄の幼獣は、ちょうど成熟するころ、父親によって群れから追い出される。みずからのハーレムを作ろうとする雄もいるが、たいていの場合は失敗に終わり、残りの一生を独身で過ごすこととなる。若い雌は、両親のいる群れに残るか、別の群れの雄とつがうかを選択する。いったん成立したつがいは、雄か雌のどちらかが死ぬまで続く。

三つめの社会的性的相互関係は、テナガザル亜科の数種類のサルに見られる。テナガザルは厳格な一夫一婦制をとり、血のつながりのない雄と雌が一生を添い遂げるが、交尾を行なうのは雌の排卵期だけ。大きな集団を作ることはなく、成獣二頭とその子どもたち、という核家族が最大の〝共同体〟である。子どもたちは成熟すると、両親のもとから去って二度と戻らない。

典型的な集団行動が見られない環境下で育てられた個体であっても、ボノボとゴリラとテナガザルは種固有の規範に縛られている。これが明白に暗示するのは、複雑な社会ルール、性的行為に対する興味、終身一夫一婦制に対する肯定的もしくは否定的な欲望が、個々の類人猿の思考様式から発現したものであり、これらの思考様式は、脳に張り巡らされた巨大な配線内にプログラムされている、ということだ。〝配線〟が行なわれる仕組みは、われわれにもまだわかっていないが、ゲノムの暗号情報が使われているのは間違いないだろう。なぜなら、種の構成員たちが共有可能な情報源はゲノムだけだからだ。ボノボとゴリラとテナガザル（と人間）では、ほとんどすべての遺伝子が共通するため、配線に組み込まれた行動制御に関する本能の差異は、進化の過程の中で、ごくわずかな遺伝的変異からもたらされたものと考えられる。このごくわずかな遺伝的変異は、はるか昔、失われて久しい因果関係によって、特定の類人猿集団の再生産効率を、近隣に棲む同族の集団よりも高めていた。

ここで説明したような行動制御に関する本能は、あまりに複雑すぎて理解が及ばないように見える。実際、関与する遺伝子の特定と、相互作用の仕組みの解明は、数年前までほぼ不可能と見なされていた。[31] 遺伝子工学で進化論的な行動変化を起こさせる、という可能性を示唆するだけで不埒のそしりを受ける状況は、二〇〇四年六月、エモリー大学のラリー・ヤングが可能性を現実に変えるまで続いた。

厳格な一夫一婦制を実践する種は、全哺乳類の五パーセントを下回る。多婚の代表であるサンガクハタネズミの雌は、発情中に複数の雄と交尾し、雄のほうも交尾後にはまったく雌を顧みない。対照的に、進化上はサンガクハタネズミから枝分かれしたプレーリーハタネズミのつがいは、生涯にわたって、性的にも感情的にも一雌一雄の関係を築く。この両種の前脳部を比較すると、単婚性のプレーリーハタネズミのみに、バソプレッシンと呼ばれるホルモンの受容体遺伝子が高レベルで活動している。異種間では、進化の違いが多様な遺伝子活性の違いとなって現われるため、この結果自体は特別な重要性を持たない。しかし、高度に活性化したバソプレッシン受容体遺伝子は、まったく別の単婚動物――カリフォルニアネズミとマーモセットの二種――の前脳部でも確認される。この相関関係とほかのデータに基づき、性的社会的行動の決定におけるバソプレッシン受容体遺伝子の役割を解明すべく、ラリー・ヤングはひとつの実験を行なった。遺伝子工学の技術を駆使し、多婚性のサンガクハタネズミの前脳部に、バソプレッシン受容体遺伝子を高レベルで発現させたのだ。遺伝子操作されたサンガクハタネズミは、祖先とは似ても似つかぬ行動——つがう相手と恋に落ち(これは擬人化表現)、それ以降貞操を守り続ける——を見せた。[32] つまりヤングは、「実験室内で進化事象をひとつ創造してしまった」のだ。診断目的にせよ治療目的にせよ、ハタネズミから得られた実験結果を、前途洋々たる人間の新郎新婦にも応用できるかどうかは、この先の推移を見守らなくてはならない。[33]

遺伝子に方向づけられた典型行動が、種の定義となる可能性を持っているのに対し、新たな突然変異はそれが起こるたびに、少なくとも、ある種の遺伝的バリエーションをもたらしてくれる。通常の自然環境下で見るとき、種としての行動規範に従おうという本能の傾向が弱い個体は、ほぼ百パーセント、同種の別個体と比べて不利な立場に置かれる。再生産の本能が異常をきたした極端な例は、ケニアのサンブール国立公園に実在した。それは雌ライオンの成獣——名前はカムニアク——で、彼女はベイサ・オリックスという小型種のレイヨウを自分の子どもとして育てたがった。ふつう、ライオンはレイヨウを食べてしまうが、カムニアクは生まれたてのオリックスをさらってきては、母親の保護と愛情を与えようとしたのだ。不幸なことに、オリックスの赤ん坊はオリックスの母親から栄養をもらわないと生きていけない。赤ん坊が死ぬたびに、カムニアクは新たな養子候補を、必ず前と同じ種の中から見つけてきた。[34]

このきわめて特殊で奇怪な行動は、カムニアクの脳だけに組み込まれたものと思われる。断言はできないが、原因として最も可能性が高いのは、遺伝子の突然変異だろう。先ほどの実例では、突然変異が創り出した新たな本能は、カムニアクの繁殖活動を明らかに阻害した。だから、捕食者と被食者のあいだの母子関係は、アフリカのサヴァンナでは自然に伝播することはない。しかし、遠い未来なら話は別だ。われわれの末裔が遺伝子工学を用いて、現時点では危険である野生種の行動特性に手を加えれば、未来のエデンの園では、オリックスを育てるライオンが人間と共生しているかもしれない。

霊的信仰の遺伝子

人間は類人猿と類縁関係にあり、類人猿とほとんど共通の遺伝子を持つ。もしほかの類人猿たちが進化の過程を通じて、組み込まれた本能の優位性を発揮できるのだとすれば、われわれの近い祖先も同じ潜在能力を備えていたはずだ。そして、この章で先に説明したとおり、霊的なものを好む傾向は、進化からもたらされる特質と考えていいだろう。さまざまな文化がそれを共有しているという事実があり、ささやかながら重要な生存優位性を示すという経験主義的データもあり、進化自体も自然淘汰の観点から説明できる。しかし、一九九〇年代まで、宗教の形態をとる霊的信仰は、あくまで、遺伝子ではなく教育と文化の産物である、と心理学者と行動遺伝学者のほぼ全員が考えていた[35]。この理論に対する擁護も、当時は、筋が通っているように見えた。信心深い両親の子どもはほとんどの場合信心深く、また、子どもというものは両親によって与えられた環境で育つのだから、相関関係の起因は環境にあるはず……。しかし、この単純すぎる全体像には、ひとつ明白なピースが欠けている。両親は子どもに遺伝子も与えるという事実だ。

ミネソタ大学のトーマス・ブシャールは、あらゆる人格特質を網羅する形で、環境の影響と遺伝子の影響を分離した初の研究者だ。この業績のもととなった先駆け的な研究は、早い時期に引き離されて別々の養父母に育てられた一卵性および二卵性双生児を対象としていた。[36]ブシャールとオーストラリアの研究者が発見したのは、子どもの宗教性と人格特質に関するかぎり、意外にも、養育家庭に起因する永続的影響がほとんどないということだ。[37]家庭外からの影響で養父母と違う考えを持つようになる子どもも低い割合で存在するが、養父母より遺伝的両親のほうに似た特質を示す最大の要因は、遺伝子なのだ。

このような遺伝子のうち、初期に発見されたもののひとつは、脳のドーパミン・システムの効率性に影響を与えるものだった。ドーパミンはニューロンによって作られる化学物質で、ほかのニューロンとの信号伝達に使用される。そして、DR（ドーパミン受容体）D4と呼ばれる分子は、ニューロンの表面で、受信した信号の処理に携わる。[38]DRD4に影響を与える遺伝子は、さまざまなバージョンが確認されており、ドーパミン信号を増幅もしくは減衰させる能力が微妙に異なる。ドーパミンとDRD4は、大脳皮質の先端部の機能に、特別な重要性を持っている。ここは、われわれの意識が存在する場所だ。

カリフォルニア州ドワーテのシティ・オブ・ホープ医科学研究所のデイヴィッド・カミングスは、「正常な」人間の人格特性を、保持するDRD4遺伝子の差異によって比較し、驚くべき発見をした。最も活性度の高い型のDRD4を継承した人々は、奇跡が存在することと、「科学で説明できない事象が数多くある」ことと、「人間の一生はいかなる人間をも凌駕する霊的力によって導かれる」ことを、信じる傾向が強かったのだ。[39]対照的に、最も活性度の低い型のDRD4を継承した人々は、「合理的唯物論」に近づきやすく、「霊的信仰の受容」から離れやすい。[40]カミングス博士にとって、これは驚くべき結果ではなかった。自分には間違いなく合理主義の素因が存在する、と彼はわたしにだけ語ってくれた。本人によれば、十歳のときにはもう、「人間が神を創ったのであり、その逆ではない」[41]と結論づけていたらしい。

さまざまな異分野における実験と観察の結果が、カミングス博士の発見の重要性を支持し、かつ補強している。ある実験で、スイス人神経学者のペーター・ブルッガーは、超常現象の〝懐疑論者〟たちにLドーパ——脳のドーパミン・レベルを高める薬物——を投与した。人工的に作り出された〝高〟ドーパミン状態は、被験者に今までにない新しい傾向を発現させた。解明されていない現象の神秘論的解釈を受け入れやすくなったのだ[42]。ドーパミン、DRD$_4$、妄想体験もしくは神秘体験。この三者の相関関係については、統合失調症患者に関するふたつの報告が、最も価値の高い資料的裏づけを提供してくれる。第一は、統合失調症と診断された人の脳に、正常値より五百パーセント多いDRD$_4$が見られること[43]。第二は、DRD$_4$を遮断してドーパミン信号を弱めるクロザピンのような薬物が、多くの統合失調症患者が経験する幻覚症状の消去もしくは減衰に、最も有効な手段となっていることだ[44]。

最後にもうひとつ、DRD$_4$の注目すべき点に触れておきたい。二〇〇二年、遺伝学者のロバート・モイジスとその同僚たちは、最も活性度の高い型のDRD$_4$遺伝子が、人間集団内の突然変異として三万年から五万年前に出現し、以降、ヨーロッパとアフリカと南北アメリカの各集団内で急速に広まったことを発見した[45]。疑問の余地なく、この突然変異は保持者にある優位性をもたらした。ドーパミン・システムには多くの機能があり、今日に至っても、その優位性がどんなものであるかは特定できていない。しかし、DRD$_4$突然変異遺伝子の出現と、副葬品発掘から考古学的に類推される〝死後の生〟信仰の発生とが、時を同じくしているという事実はとても興味深い。

死後に出版されたエッセイの中で、ダーウィンはひとつの例を挙げ、生物学的にもたらされる信仰の不可避性の強さを説明した。「サルがヘビへの本能的な恐怖と嫌悪を捨てられないように、「子ども」神への信仰を捨て去ることはむずかしい」[46]（ダーウィンの妻エマは、この言い回しを〝不敬〟だと考えて、初版では当該部分を削除してしまい、ダーウィンの友人たちを悲嘆に暮れさせたという）。この結論は、独善的な有神論者からも、ポストモダンの無神論者からも、呪詛の対象とされた。有神論者にとって、神の霊は信仰などではなく、遺伝子を含めた物質世界のすべてを超越する絶対の真実だ。また、社会政治的に正反対の位置を占めるポストモダニストは、ダーウィンと同時代を生きたカール・マルクスに賛成する傾向がある。「宗教は……大衆のアヘン」であり、貧困層に「架空の幸福」を供給すべく、圧制的資本主義社会が発明したもの[47]、とマルクスは書いている。理論上、正しい社会では宗教は消え去る。なぜなら、誰もが「本物の幸福」を経験できるからだ。

いくら似ていると言っても、人間は類人猿とは違って、複雑な文化の影響を受けたり、合理的な分析能力を発揮したりする。このふたつの特性は、影響と能力の大小に応じ、遺伝によって継承された霊的傾向を、増幅もしくは減衰させる可能性がある。管理社会が霊的信仰に及ぼす衝撃度は、図らずも、旧ソ連圏の東欧諸国が明らかにしてくれた。これらの国々では、四十年間、宗教活動がきびしく規制されていた。ベルリンの壁が崩れてから十年も経っていない一九九八年、広範囲にわたる調査が行なわれた結果、ロシア、スロヴァキア、ラトヴィア、ハンガリー、チェコ、ポーランドの各国では、なんらかの形で神の霊を信じる人が、全人口の六十七パーセント以上に及ぶことがわかった[48]。唯一の例外は旧東ドイツ地域で、その数字は（西ドイツの七十六パーセントに対し）三十五パーセントにとどまった。体制からの圧力が甚大だったにもかかわらず、あらゆる困難を乗り越えて、多くの人々の中に霊的信仰が生き残ったこと、そして、ここ十年で信仰者数が回復傾向を見せたことは、遺伝子の力のあかしと言っていい[49]。実際、調査結果で霊魂を信じる人の割合が六十パーセント以下という国は、ほかには存在しない。

本章で説明してきた進化、遺伝、文化に関するあらゆる研究と分析は、霊的信仰の第一義的な淵源が、神の霊魂や社会そのものにではなく、生物としての人間にこそあるということを明示している。実際、現在においても未来においても、霊的信仰が人類から根絶されるような事態は考えにくい。とはいえ、生まれながらに備わっている霊性を、どこかへ集中的に振り向けようとするときは、文化からの影響に忍従または適応する余地がかなり大きくなる。今は、人道主義的環境保護論者には試練の時代だと言っていい。なぜなら、植物と動物が活気に満ちた生を送れるような自然の維持と、人類が享受すべき利益の最大化を両立させるには、よほどうまく霊的信仰の舵取りを行なわなくてはならないからだ。

第二部

人間

第六章

人間であるとも、ないとも言いきれない存在

その存在は完全なヒトであるか、そうではないかのどちらかしかない。(1)
ロバート・ジョージ(プリンストン大学政治学教授/米国大統領生命倫理諮問委員会委員)

危ない卒論

「シルヴァー教授、ちょっといいですか?」

遺伝学の雑誌から目を上げてみると、女子学生がオフィスに顔だけのぞかせていた。一九九四年十月五日の午後のことだ。わたしは学生を招き入れて椅子を勧めたが、頭の中ではまだ、染色体の組み換えについてあれこれと思い巡らせていた。学生は、デスクをはさんで向かい合わせに座り、話し始めた。

「卒論のことでご相談したいんです」

プリンストン大学は他と異なり、全学生に対し卒業の条件として、調査に基づいた正式の卒業論文を書かせる。学生はまず、アドバイザー役を進んで引き受けてくれる教授を見つけなければならない。

理学部に関して言うなら、優秀な学部生には、同じ目方の黄金ほどの値打ちがある。研究所の技術者がていねいに指導してやれば、せっせと実験をして、教授の研究に必要なデータを出してくれるからだ。おまけに彼らは、講義の合間を見て無給で働いてくれる。それどころか、この名誉のために、両親がわざわざ金を払ってくれる！　科学系の人気教授は、研究室で働かせてほしいと押し寄せる学生の中から、よりどりみどりで人材を選ぶことができる。しかし、使える研究者に育つ学生を見抜くのは、なまやさしい技ではない。成績は有意なものさしだが、それに勝るとも劣らないほど大事な要素がある。すなわち、知的好奇心のまばゆいきらめき、未知の世界に踏み込みたいという生まれつきの衝動だ。この漠とした特性は、一対一で話して初めて見分けることができる。

わたしは、いったん染色体のことを忘れて、目の前で微笑む生態学・進化学専攻の若い学生に全神経を注いだ。ちょっとした仕草を見ただけで、気骨のあるお嬢さんであることはわかった。

「さて、どういうご相談でしょう」

女子学生が笑みを消し去って、勇気を振り絞るまでに、しばしの沈黙があった。「わたし、やりたいんです！」だしぬけにこんな言葉が飛び出した。

わたしは首をかしげてみせた。「意味がわからないな。何をやりたいというんですか」

「きのうの夜、教授が発表でおっしゃったようなことをやりたいんです」

わたしが呑み込めずにいるのが、学生には意外だったようだ。こちらに身を乗り出す学生の若々しい顔は、熱意で輝いていた。

「わたしの卵子をチンパンジーの精子と合わせて、受精卵を自分の子宮で育てたいんです。その観察記を、卒論にまとめようと思います」

胸のつかえがとれたような面持ちで、学生はわたしをひたと見つめ、返事を待った。生半可な覚悟でないのは明らかだった。

学生と向かい合ったとき、わたしが言葉を失うことはめったにないが、少なくともその一点において、この学部生は希有な成功を収めたと言える。自分の見解と、それを説明する手順を必死で考えているうちに、昨夜の記憶がよみがえってきた。

生態学・進化学科の教授は全員、優秀な学生獲得のために、イブニング・ショーを開くことができる。前夜はちょうどわたしの番で、プレッツェル(2)をかじり、コーラを飲む三年生の集団を前に、自分の研究プログラムについて話す運びとなった。発生と進化、遺伝学と神経生物学という古くからの分野の境界線に位置する研究だ。これらの分野が互いにどれほど重なり合っているかを学生に伝えたいと思ったわたしは、とっさに、自分も含め科学者のあいだで近ごろ注目を集めている一件を取り上げようと決めた。

「ヒトのＤＮＡとチンパンジーのＤＮＡは、実はほぼ九十九パーセントまで同じなのです」わたしは話し始めた。

「わたしたちの遺伝子がチンパンジーと同じというだけでなく、遺伝子の内部で起きる小さな変化も、現在わかっているかぎりでは、ほとんど違いが見られません。したがって、受精したての胚を取り出して、同じ条件を整えたチンパンジーの胚と入れ替えれば、その胚は、外見、知能のあらゆる面において、ヒトの子どもと大差のない子どもへと成長すると思われます。

もちろん、チンパンジーとヒトとのあいだに、まだ発見されていない重大な遺伝子の相違点があるのは確かです。でなければ、チンパンジーとヒトは、意識のありかたも同じ、外見や行動の特性も同じになるはずですから。しかし、過去数年に集められたデータを見るかぎり、両者の遺伝子の差は非常にわずかと言わざるをえません。脳の発達をつかさどる遺伝子でさえ、本質的には同じかもしれない。もしかしたら決め手は、胎児が成長する過程で遺伝子のスイッチが入るか切れるか、それだけなのかもしれません」

わたしはさらに、推測の例を挙げていった。

「大脳皮質は意識の中心部です。考えかたによっては、精神の中枢とも呼べるでしょう。そして皮質の前面、つまり抽象的な思考を行なったり入り組んだ問題を解決したりする能力を与えてくれる部分ですが、ヒトのこの箇所は、大きさにしてチンパンジーの二倍近くもあります。さて、大脳皮質の成長と拡大をもたらす遺伝子が、胎児が育つあいだにニューロンの数を増やしていくようすを思い描いてください。隣り合ったDNAがわずかに変化しただけで、この遺伝子の活動期間が長くなる、すると脳細胞すべてがもう一度分裂を起こし、その結果、該当部位の大きさは二倍になるというわけです。こういうわずかな変化が、知の許容量には驚くべき影響を及ぼします。もちろん、DNAの一つの変化程度で、ヒトの思考とチンパンジーの思考とのあいだに、これほどの差が生まれるとは考えにくいのですが、DNAにかすかな変化が起きただけで、隣り合った数千個の遺伝子が影響を受けるという、驚くべき結果を出した科学者も大勢います(3)」

ここまで発表が進んだとき、ひとりの学生が話をさえぎり、知らず知らずのうちに、一般的な二十歳男子の心が何で占められているかをわたしに思い出させてくれた。

「ヒトとチンパンジーの遺伝子がそれほど似ているなら、人間の男性がチンパンジーの雌を妊娠させることも可能なんじゃないですか？　ロバとウマをかけ合わせるみたいに」

学生の狙いどおり、笑い声が男性を中心に起こった。とはいえ、これは本気の回答を要する鋭い質問だと思ったので、わたしはこう答えた。

「チンパンジーとヒトは染色体の面で非常に似通っているので、科学者の大部分が、この二種の交配による子どもは生存可能だと考えています」

そして、しばらく考えてから付け加えた。「チンパンジーとヒトの遺伝子が、胎児の体内でどのように作用し合うかは定かでありません。実際のデータを欠く以上、ヒトとチンパンジーのどちらに近い交配種が生まれてくるかは知りようがないのです」

思えば、このとき声を発したのが、今オフィスで向かい合っているこの血気盛んな女子学生だった。

「誰か、試してみた人がいるとお思いですか」彼女はそう質問した。

「どうでしょう」わたしは笑みとともに答えた。「チンパンジーの体がヒトより小さいことを考えると、チンパンジーのメスにヒトの精子を人工授精した場合、胎児があまりにも速く、あまりにも大きくなりすぎて、未熟な状態で生まれた結果、死んでしまうおそれがあります。でも、逆にすればうまくいくかもしれない――人間女性の胎内なら、無事に交配種が完成するかもしれません。健康体で生まれるかもしれない。もちろん、そんな実験にわが身を投げ出したいと思う女性は、まずいないでしょうがね」

議論が思わぬ方角に向かってしまったが、あのときは有意義な知的探究に思えた。好みのうるさい学生たちの注目を集め、なおかつ、わたし自身が興味をいだいている、生物学の複数分野にまたがった新しい考えかたを伝えられたのだから。しかし、現状を見据えてみるに、真向かいにいるこの若い女性が、卒論を前にして、とんでもない考えにとりつかれたことは明らかだ。わたしは懸命に言葉を探した。「赤ん坊が生まれたあとは、どうするつもりですか」彼女が口にした計画の無謀さをなんとか悟らせるべく、慎重に尋ねる。「生まれてくるのがチンパンジーなら、動物園の霊長類研究所に引き取ってもらえばいい。だが、その子はチンパンジーではないでしょう？　生まれてくるのが人間なら、人の子として扱って、自分で育てるか養子に出すかを決めなくてはならない。だが、その子は純粋な人間でもないでしょう？」

見るからにめんくらったようすの女学生の口から、二十歳という年齢に似つかわしい声で言葉があふれ出た。「あの、わたし、生まれる前に中絶すればいいと思って……それで卒論を書きあげる。とにかく、早く実験を終えて卒業したいんです」言葉を切って自分のプランを思い返し、それから、まじめそのものの顔でわたしを仰ぎ見る。

「で、シルヴァー教授……どう思われます？」(4)

さて、わたしはどう思っただろう？　そのときはぎょっとしたが、理由はわからなかった。妊娠中絶合法化を支持する友人や同僚も、話を聞かせると同じ反応を示した。その驚愕を言葉で説明してほしいと頼んでみると、彼らの多くが、若い女性がみずからの身体を別の生物のように扱おうとする傲慢さに言及した。しかし、もし彼女が中絶を受けなかったら？　もし子どもが健康体で生まれ、母親が、わが子として（名実ともにそうなのだが）愛情込めて育てる決意をしたら？　ヒトとチンパンジーよりも、はるかに隔たりの大きい二種、例えばシェットランドポニーとシマウマを交配させた結果、健康体の子が生まれた例はいくらでもある。(5)事実、ラマは一千年も前に南アメリカのある民族が、種も縁遠ければ属も異なる二種の動物を無理やり交配した産物だ。(6)でも、と、わたしの話し相手たちは反論する。たとえ交配種の子どもが健康体で生まれても、その子は、自分が誰にも似ていないという、前代未聞の孤独感にさいなまれるのではないか？

そうかもしれない。しかし、どのみち自己の在りかたに孤独を覚える人間は多い。なんらかの理由で〝変わった〟子どもは、心理学的な苦痛にさいなまれる。だとしたら、異種交配で生まれた子どもの存在が、生物学的な孤絶感を薄れさせてくれるのではないか。とかく優生学にこだわる現代社会だが、女性が重度の障害を持つ男性や、明らかに異常のある男性と性交する――そして妊娠する――のを止めることはない。アメリカ人の大多数は、たとえ胎児に重度の障害や四肢の欠損が認められても、母親本人の反対を押し切ってまで中絶させることはしないだろう（実のところ、過半数には満たないまでもかなりの割合の人が、妊娠女性には胎児を無事出産する道義的責任があると信じている）。実際に、この世界では毎日のように、ヒトとチンパンジーの交配種よりもおそらく精神的、身体的に深刻な困難をかかえた人間の赤ん坊が生まれている。現代の自由民主主義では、人の親となった以上、自分の子どもを危害や虐待から守るべきだという考えかたが一般的だ。わたしが話を聞かせた人々が度肝を抜かれたのは、日ごろは意識下に潜んでいる情緒が不協和音を発したためと思われる。半ヒト、半チンパンジーの子どもに対して社会が課す義務を突き詰めて考える前に、まずは、〝完全な〟人間とは何かという問題に取り組んだほうがいいだろう。

母胎内にいる子どもを、どの時点から人間と考えるかについては、昔から論争が繰り広げられてきた。逆に言えば、いざ誕生してからの定義は明確というのが、現代の民主主義社会だ。女性の胎内から生まれ出て、みずからの意思決定あるいは本能に導かれて、呼吸と栄養摂取が可能であれば、人間だとされる。現代医学が発達するまで、自立性を欠く存在はいかなる意味でも生きていると見なされなかったので、国連が世界人権宣言を採択した際も、それ以上の定義は必要なかった。全三十条から成るこの宣言は告げている。

すべての人間は、生まれながらにして自由であり、かつ、尊厳と権利とについて平等である……何人(なんぴと)も、奴隷にされ、または苦役に服することはない……何人も、自己の私事、家族、家庭もしくは通信に対して、ほしいままに干渉され、また名誉および信用に対して攻撃を受けることはない……成人の男女は、人種、国籍または宗教によるいかなる制限をも受けることなく、婚姻し、かつ家庭をつくる権利を有する。

一九四八年に成立した人権宣言は、ヒト以外の動物の権利に一切言及していない。動物を私有してもよし、檻に閉じ込めてもよし、人間が勝手に繁殖させても、殺しても、食べても、国際法に触れることはない。暗黙の了解としてあったのは、西洋社会の大半に共通する、本章の冒頭に記した観念〝完全なヒトであるか、そうでないか〟という考えかただ。誰、あるいは何が人権宣言に値するかを決めるためには、明確な線引きをおろそかにすべきではない。しかし、何を根拠に、そのような境界線が存在すると言いきれるだろう?

ダーウィンの異説――明確な線引きはできない

チャールズ・ダーウィンが一八五九年の著書『種の起源』で発表した進化論は、世界で初めて、純粋な人間という概念を科学的見地から問うたものだ。発表に先立つこと一世紀、まず地質学者が、絶滅生物の化石が数百万年前の堆積物に埋まっているのに気づいた。そしてひと握りの博物学者が漠然と、生物はひとつの種から次の種へ進化していくのではないかと考えた。だが、ダーウィンが提示した概念は、少なくとも三つの点で、彼らのはるかに上を行っている。[7] ひとつめにダーウィンは、自然選択という普遍的メカニズムを見出すことで、複数の生物体が限られた資源を奪い合う環境で、生物進化がなぜ起こりえたかを読み解くだけでなく、なぜ起こらざるをえなかったかまでを追究した。ふたつめにダーウィンは、二十年あまりにわたる膨大な量の観察・実験データをまとめあげ、進化は単なる理論上の可能性ではなく、これまで地球上に存在した生物の系図に関する説明そのものだと述べた。実証的証拠と理論モデルを組み合わせた結果、ダーウィンは、絶滅したとされる種が、実は徐々に別の種へと進化を遂げたのち、あるものは絶滅の道をたどり、あるものはさらに別種へと進化して、現在に至るということに気づいたのだ（こうして、記念すべき初の著書のタイトルが決まった――『種の起源』と）。

　ダーウィンが提示した連続進化のモデルの中でも、とりわけ衝撃的だったのは、いかなる種も、どこか一時点を起源とするわけではないというものだった。種を同じくする生物体の一群が、例えば新しい川の形成によって物理的に分断されると、左岸、右岸それぞれの個体群は、時が経つにつれて姿を変えていく。プロセスの初めには、亜種のレベルでゆっくりと差異が生じ、そのプロセスがある期間続いたのち、やがて相互間の繁殖が不可能なほどかけ離れた種へと発展する。しかし、地球上の生命体の歴史をたどると、〝動植物群〟の大部分は進化途中のあいまいな時期にあり、人間の目ではとても定義しきれない。ダーウィンは、ごく近縁でありながら種類の異なるふたつの個体群が、別々の種に属するものか、同じひとつの種の中の亜種なのかに関する恣意性を見抜いた初めての人間だ。その洞察は、科学者・非科学者を問わず定着していた想定——いかなる種にも明確な区別と定義が可能である——に異を唱えるものだった。

三つめ、そして最も論争を呼んだのは、ダーウィンが二冊目の著書『人類の起源』(現邦訳『人間の進化と性淘汰』)に記した発見だった。いわく、人類は進化の面において、より構造が単純な他の種となんら変わるところがなく、さかのぼれば地球上に存在したある一種類の生物にたどり着く。出版からほどなく、ダーウィンの説に対する激しい、非科学的な抗議の声が、ウスター主教の妻からあがった。「サルの子孫だなんて！ どうかこれが嘘だと願いましょう。もし本当ならば、どうか広く知れわたることのないよう祈りましょう」(8)

ヒトは、外見も心の仕組みも類人猿やサルのたぐいとはあまりにもかけ離れているため、ダーウィンより前には哲学者も、科学者も、そして一般市民も、他の動物と自分たちとのあいだに系図上のつながりはないと考えていた。これによく似ているのが、可視光線のスペクトルに関する直観だ。原色の黄色とオレンジ色だけをじっと見つめたとき、わたしたちはそれがレモンとオレンジのように、あるいはチンパンジーとヒトのように、つながりのない別種のものだと考える。そこまでいかなくとも、ふたつの色のあいだにはっきりした境界線が引かれていると感じるはずだ。

にもかかわらず、原色の黄色とオレンジ色(原色と感じるのはヒトの目だけ。網膜に備わった光を感知する分子の働きによるもの)のスペクトルにおいて、光の振動数は連続的で境目がない。黄色がオレンジ色に変わり、赤に変わる明確な点は存在しないのだ。わたしたちは勝手に、ある振動数を色の境目と断じているが、その線のどちら側を見ても、はっきり分かれた色など存在しない。ヒトの目にとってというだけでなく、物理的事実として。実のところ、わたしたちの目に見える、いわば〝隣り合った〟ふたつの光のあいだには、どれほど密接しているように見えても、中間振動数が無数に存在するのだ。[9]色のスペクトルに実際は境目がないように、ヒトという種と、非ヒトの祖先とのあいだにも境目はない。最初のヒトとか、ヒトの第一世代などというものはなかったのだ。ダーウィンの言葉を借りるなら、「無数の中間形が存在したに違いない」[10]。事実、現在の科学者は、ヒトの祖先にあたる、チンパンジーに近い類人猿が、どこにいつごろ生息していたかを、以前よりはるかに正確に把握している。五百万年前、非ヒトの雌ザル一匹が、現存する三つの種――ヒト、チンパンジー、ボノボ――の系譜を生み出す族長となった。族長の子どもたちが、同族の仲間と交尾して子どもが生まれ、さらに子どもが生まれ、こうしておよそ数十万世代が過ぎた。この過程において、生まれてくる子どもの行動や外見が親と異なることはなかったはずだ。しかし、系図の初めには非ヒトのサルだったものが、末端まで来たときにはヒトになっている。どこか特定の時点で、ヒトが出現したわけではない。非ヒトの生物体が、〝部分的にヒト〟というあいまいな進化段階を経て、ゆっくりと〝ホモ・サピエンス〟と呼ばれる種に変容していったのだ。

わたしたちは、部分的なヒトというものを見たことがない。過去三百万年あまりにわたって、わたしたちの祖先は、自分たちに少しでも類似した種族を、直接的にせよ間接的にせよ滅ぼしてきたからだ。部分的ヒトの種は何十も、ヨーロッパ、アジア、アフリカ大陸のさまざまな地域で、さまざまな時代に存在していた。近いところだと三万年前に、わたしたちと同じ種が、ヨーロッパの森林で食物と住まいをめぐってホモ・ネアンデルターレンシス（通称ネアンデルタール人）と争いを繰り広げているし、わずか一万八千年前までは、ホモ・エレクトスの子孫がインドネシアのフローレス島に生息していた。[11]わたしたちの祖先がこの二種の絶滅に関わっているのは、ほぼ間違いない。それより前の時代の部分的ヒトであるホモ・ハビリスやホモ・エルガスタについても同様だ。

結論として、今日わたしたちに最も近いのは、チンパンジーとボノボということになる。しかし、彼ら野生種は、その他の大型類人猿――ゴリラとオランウータン――と並んで、公式に絶滅危惧種に分類されている。二〇〇三年に国連が行なった報告によれば、今後五十年のうちに、ブッシュミート〔野生動物の加工肉〕密猟と生息環境破壊によって、これらの種が消滅してしまう危険性は非常に高いという。[12] このままでは（現地の政情が劇的に変わらないかぎり）、現存する非ヒト大型類人猿といえば、各地の動物園に閉じ込められ、病気感染や生殖不能の問題にさらされる少数のみ、という事態に陥るのは時間の問題だ。もしも非ヒト大型類人猿が完全に絶滅してしまったら、わたしたちに最も近い種は、遺伝子の面ではかなり遠縁にあたるテナガザルとなる。

ヒトと非ヒト生物とのあいだに線引きすることを、まったく無意味と考える人もいる。ダーウィン式の生命観と、ヒトとそれ以外の大型類人猿とが遺伝子および神経において非常に似通っている（DNAレベルの九十六パーセント以上が合致）という近年発見された事実を重ね合わせた結果、リチャード・ドーキンスをはじめとする生物学者や、わたしの同僚ピーター・シンガーをはじめとする哲学者は、動物の倫理的扱いに関して、どの種に属するかではなく、苦痛や喜びを知覚できる度合、そして全般的意識レベルの高さを基盤にすべきだと確信するに至っている。この論理によれば、成体のチンパンジーは、場合に応じてヒトの新生児よりも高い倫理的配慮を受けるに値するということになる。シンガーは、ヒトとそれ以外の動物の間に倫理的境界線を引くのは〝種差別主義者〟だと訴えた。[13] またドーキンスは、もしヒトとチンパンジーの血を半分ずつ引く子どもが生まれたとしても、一緒に遊んだり交流を持ったりする同族がいないという問題を除けば、なんら倫理には抵触しないと考えている。[14] ほかにも数人、同じように考える科学者や識者（シンガーに触発された、動物の権利保護活動家を含む）に出会ったが、理論的分析に百パーセント基づいたこの見解は、典型的なヒトの身体的特徴こそが人生を享受できる証しであると考えたがる世間と、真っ向からぶつかるものだ。

進化と霊性の調停を図る

いかなるメカニズムに基づこうと、生物進化は、神があらゆる生き物を今あるとおりの姿に一瞬で創ったという、聖書で語られる教えに対する挑戦だ。しかもダーウィンの進化論は、聖書の内容に異を唱えるばかりか、このプロセスにおける神の意味合いをまるごと打ち消してしまう。何より罪深いのが、人間が高い知能を誇るのは、祖先が身体的に劣る同類たちを駆逐し、根絶やしにしてきたからだと結論せざるをえないことだ。ダーウィンの世界観では、人間性は慈悲深き神によってではなく、人間の血生臭い本能によって作られたことになる。(15)

ダーウィンは、おのれの発見がはらむ極度の異端性をじゅうじゅう承知していたので、信心深い妻や親類、友人の立腹を恐れ、出版を二十年も遅らせた。しかし、アルフレッド・ラッセル・ウォレス（独自に自然選択説を編み出した）に先を越されそうになって、ようやく腰を上げ、『種の起源』を発表した。少しでも衝撃を和らげるために、随所で〝創造主〟について言及したが、これは書中で展開される〝一大論議〟とはいかにも不釣り合いだった。

キリスト教原理主義者は、生物進化とキリスト教の教義が根本的に矛盾しているのを知り、進化という事実を、ダーウィン説のメカニズムもろとも否定した。しかし、キリスト教の中でも中道派の思想家は、進化の事実を信仰と融和させるべく、創世記をごく寓話的に解釈し直し、一連のプロセスが神の導きで行なわれた（自然選択とは対照的）か、少なくともなんらかの大いなる意志によって始められたという憶測を入れた。ところが、どうしても寓話化できない面がひとつあった。地上の人間はすべて、神の姿に似せて創られたという教えだ。部分的ヒトは、不完全な神の似姿なので、キリスト教徒にとっては神聖を汚す存在となる。

したがって、ローマ教皇ヨハネ・パウロ二世が一九九六年、信徒を前に「人間の進化について、単なる仮説にとどまらない新たな知識が加わった」と告げたとき、教皇は、肉体の進化と魂の進化とは別々の現象であると付け加えることで、科学と信仰の調停を図った。いわく、人類の肉体は、漸次に連続的に進化するが、わたしたちの魂は瞬時にして進化を遂げたのだ、と。教皇の発言には、非ヒト生物の親と、神に魂を授けられたヒトの赤ん坊という概念のあいだに〝存在論的飛躍〟が存在する。おそらく、最初の男と最初の女（アダムとイヴ）がふたりだけで性交を行ない、種族の他の面々と関係を持たなかったのは、それが獣姦の罪にあたるからだろう。

進化の歴史に、存在論的飛躍が生じたのは、具体的にいつだろう？ 教皇は、〝ヒト特有〟の性質が現われた臨界時期が、科学の力で絞り込まれつつあるという可能性を認めたが、〝霊的存在に変わる瞬間〟を科学の力で見きわめるのは絶対に無理だと主張して譲らなかった。肉体的、生物的変化がなくても起こりうるから、と。(16)

わたしがプリンストン大学の講義で、教皇の見解を説明したところ、スコット・グラントという優秀な学生が、分子レベルの進化に対する現代の認識が〝存在論的不連続性〟を示していることについて、調停の可能性を示してくれた。進化の原動力となるのは、遺伝子の突然変異、すなわちＤＮＡ分子の変形だ。突然変異は、ＤＮＡを構成する原子ふたつの化学結合を切り離す宇宙線の働きで引き起こされる。量子物理学によれば、このプロセスは瞬時に起こるという。なら、とスコットは質問した。わたしたちの祖先に、どこかの時点で特別な〝ヒト限定〟の突然変異が起こったとは考えられないでしょうか？

答えはノーでほぼ間違いない（科学者たるもの、完全にノーだと言いきるべきではない）。確かに、ヒトの胎児にたった一度突然変異が起こっただけで、驚くような結果が得られるかもしれないし、逆に〝ヒト限定〟の重要な特性が排除されてしまうかもしれない。痛ましい例が先ごろ明らかになった。正常な知性、視覚、聴覚を備えながら、話したり書いたりできない障害を持つ人々の解析結果だ。元凶は、ＦＯＸＰ２という遺伝子に起こった突然変異[17]だった。しかし、もし人間の正常なＦＯＸＰ２遺伝子をチンパンジーに導入しても、そのチンパンジーが従来のチンパンジーと比べて、格段に優れた言語能力を発揮するわけではないだろう。言語能力の進化発達は（チンパンジー寄りの祖先からホモ・サピエンスまで）おそらく、何千回もの突然変異がそれぞれ異なる個体に、それぞれ異なるタイミングで生じてきた結果だ。有性生殖が、いくつかの突然変異遺伝子を結びつけ、自然選択のプロセスを通じて、有利な遺伝子の組み合わせが蓄積される形で、少しずつ〝ヒト限定〟特性ができあがったのだ。

言葉を話し、記号言語を使う能力は、ヒト限定であると一般に考えられている。にもかかわらず、ＦＯＸＰ２遺伝子の突然変異が原因でこの能力を使えない人も、まぎれもないヒトである。事実、これらのヒト限定特性はどれひとつ——また、明言こそされないが、ヒト特有の遺伝子もどれひとつ——として、ヒトを両親に持ち、実際に自力摂食や自力呼吸を行なっている子をヒトと分類する際に、参考にされることはない。ＦＯＸＰ２の実例は、それを如実にわからせてくれる。

科学に造詣の深い著名な新保守主義政治思想家、フランシス・フクヤマは、この結論をよしとしない人物だ。政治経済学の教授で、ブッシュ政権の生命倫理諮問委員会にも名を連ねるフクヤマは、話題を呼んだ匿名原稿（のちに『歴史の終わり』のタイトルで書籍化された）の中で、共産主義がすたれ、自由民主主義の政治モデルが勝利をおさめた以上、今後は歴史に残るような事件は一切望めないと述べた。その十年後、自著『人間の終わり——バイオテクノロジーはなぜ危険か』（鈴木淑美訳、ダイヤモンド社、二〇〇二年）で、フクヤマは『歴史の終わり』（渡部昇一訳、三笠書房、一九九二年）での発言を撤回している。[18] バイオテクノロジーがわたしたちヒトに〝人間性〟を超えて自己進化を遂げる力を与えるという可能性に気づき始めたからだ。

フクヤマは、この〝人間性〟を、遺伝子工学の猛攻から守るべきだと感じたが、何かを守りたければ、まずその何かを理解する必要があることもわかっていた。そして、『人間の終わり』の前半をまるまる使って、ヒト全体に当てはまる、そしてヒトにしか当てはまらない〝人間性〟を科学的に定義しようと試みた。その結果、いかなる定義も所詮はごまかしだとわかった。しかしフクヤマはあきらめず、まだ見ぬヒト限定特性を〝ファクターX〟と名づけた。ファクターXとは何か？　フクヤマに言わせると、「人間の真髄、人間とはなんぞやという根本的な意味」なのだという。

この本の中でフクヤマは、自分は「宗教的な信念について語るつもりはない」と断わっている。とはいえファクターXは、キリスト教が古くから解釈してきた〝魂〟にほかならない。ならば、なぜ新しい名前をつける必要があるのか？　ただひとつ考えられるのは、潜在意識下に隠れた信仰心とおぼしきものを、世俗化し、科学化するためだ。フクヤマの論説にキリスト教の土台があるという疑念は、この本ではファクターXが絶対的な実在である以上、ローマ教皇の〝存在論的飛躍〟は真実であるという主張によってことごとく打ち消される。「教皇は進化論が現在はらんでいる真の弱点を突いたのである。この点は、科学界も熟考すべきであろう」

ヒトが漸進的に進化してきたという説は、キリスト教をはじめ旧約聖書をよりどころとする諸信仰とは根本で食い違うかもしれないが、ヒンズー教の影響が強い南アジア、東南アジアの文化とは驚くほど相性がいい。ユダヤ教、キリスト教、イスラム教の世界観では、魂は単一の神によって創り出され、新たに生まれ落ちた人の肉体ひとつひとつに授けられる。対照的にヒンズー思想では、あらゆる魂が世界の始まりとともに存在し、永遠に存在し続ける。ユダヤ教、キリスト教、イスラム教の魂は、神が創り出したときと同じ状態を保ち続けるが、ヒンズー教の魂はさらなる高みをめざして、みずから少しずつ進化を遂げ、種と種を隔てる境界線はあいまいで、存在論的断裂は見られず、つまるところ、ダーウィンの説と文化の面でぶつかることはまずない。

ヒンズー教は、成文化されていない教義の集大成で、短く見積もっても五千年の歴史を誇る。現在、ヒンズー教徒を名乗る人は、インドを中心に八億余りだが、民間伝承によるヒンズー教の波及ははるかに広範囲に及び、ミャンマーやタイ、カンボジア、ラオス、インドネシア、中国など、民俗信仰の根強いアジア各地にも影響を与えている。伝承によれば、世界が始まったとき、霊はおしなべて、地上に存在する最も単純な生き物の形をとっていたという。限りある肉体が朽ちるたび、そこに宿っていた霊は新しい肉体に乗り移る、または飛び込む。生身の生を送りながら、霊は叡智を蓄え、それがよりよい業（カルマ）へと転ずる。先に進めるだけのカルマが備わった霊は、次の生まれ変わりで、より高等な生き物の肉体に移る。この生と死と生まれ変わりのサイクルは、何度も何度も繰り返されるが、カルマだけは元に戻ることなく成熟の度合を増す。やがてついに、よきカルマの蓄積によって、霊は人間の肉体に移ることができる。

進化論の科学的妥当性と、進化プロセスの実態をめぐる論争は、一見すると、現代社会が面している生命倫理の問題とはほとんど接点がないように思えるかもしれない。出現の形がどうであれ、現時点で人類は単一種集団として存在しており、基本的に他の種の力を借りずに繁殖している。ヒトの進化プロセスを、自分の人生を通して見ることができず、人類史を通して見ることもできないとしたら、なぜ、はるか昔の先史時代に起こったことに関する認識を、胚クローンや幹細胞治療といったヒト対象のバイオテクノロジーに関連づける必要があるのだろう？　答えは、「人の生はいつ始まるのか？」という問いの二元的な意味、パラレルな意味にある。

ホモ・サピエンスという種に関して言えば、生は、過去の進化プロセスのいずれかの時点で〝始まった〟。個人に関して言えば、生はめいめいの発生プロセスにおいて独自のタイミングで〝始まる〟。それぞれ時間の尺度も、基盤になるメカニズムも大きく異なるが、進化と発生は、いわばパラレルな生物現象だ。どちらも、顕微鏡でしか見えない微小な単細胞に端を発し、しだいに複雑さを増して、やがてわたしやあなたのようなヒトの形態をとる。パラレルとはつまり、進化の過程におけるヒトの始まりを概念化すれば、発生の過程におけるヒトの始まりをも見きわめられるということだ。次章で説明していこう。

第七章　胚の魂

〝生命の文化〟を築き上げるには、さらに、科学的進歩が常に人間の尊厳のために役立つようにしなければなりません。……わたしたち全員が同意できる明確な基準が存在するべきです。わたしは議会と協力し、人の胚が実験用に作り出されたり体の一部にするために育てられたりすることが絶対にないようにしていきます……。

ジョージ・W・ブッシュ米国大統領一般教書演説、二〇〇五年二月二日

わたしたちに突きつけられた質問は次のようなものです。複製または受胎によって生じた胚は、わたしたち〝母親から生まれた〟人間が尊重しなければならない権利を持つのか？　わたしの答えは「はい」ですが、リンカーンの時代とまったく同じように、人間の定義をより狭く捉え、人間という種族をそのように拡大するのはばかげていると考える人々もいます。黒人を完全な人間と認める妨げとなっていた障害はなんだったでしょうか？　そして、その障害は、人間の胚を完全に人間と認める妨げとなっている障害とどのくらい似ているでしょうか？　いくつかの点では、胚の権利を擁護するほうが簡単なのです。[1]

ダイアナ・シャウブ、ブッシュ大統領によって大統領生命倫理諮問委員会委員に任命、二〇〇四年

二〇〇二年四月、わたしはプリンストン大学の生命倫理クラブから、〝人間の生はいつ始まるのか?〟を論題にした公開三者討論会に参加してほしいと招かれた。学生たちは、わたしが人間の胚に対して不遜な考えを持つと認知されていることから、じゅうぶんな異論が出てくるよう、ひとりではなくふたりの反対論者の協力を求めていた。新任のプリンストン大学宗教学部長トーマス・ブライデンサール博士とトリニティ国際大学の生命倫理学・神学教授のナイジェル・キャメロン博士だ。口火を切ったのはわたしで、まず、奇形腫と呼ばれる、奇怪ではあるが珍しくはないタイプの腫瘍を撮ったスライドを見せた。グレープフルーツほどの大きさのその腫瘍は、生後十三日の女児のお尻から外科手術で切除されたものだった。手術のおかげで、乳児は普通の生活を送れるだろう。腫瘍は病理学者の手で解剖され、分析された。終了後は、医療用生ごみ入れに投げ込まれるか、永久標本として保存するためにホルマリン漬けにされたかもしれない。ここまで述べてきたことについては、医学と外科手術を容認する者なら誰も異論を持たないだろう。医師たちはこれ以上踏み込んで考えようとはしない。

奇形腫(Teratoma)はギリシア語に由来する科学用語で、〝怪物(モンスター)(teras)の肉体(-oma)〟を意味する。たいていの場合、奇形腫は患者と遺伝子構成がまったく同じで、それなら〝モンスター・クローン〟と名づけても差し支えはなかっただろう。(2) 驚くことではないが、医師はふつう、良性のこの腫瘍に対してもっと穏便な〝類皮腫〟という用語を使うことを好み、腫瘍を外科的に取り除いて、患者に本当の性質を告げることなく廃棄してしまう。モンスター・クローンは、〝人間〟という言葉の意味について不愉快な問いを投げかけるので、たいていは隠匿される。人間と同じように、奇形腫も人間の皮膚と毛で覆われているが、ふつうは大きなこぶのように見える。内部を盗み見ると人間の肉体の各部が散在しており、その中には筋肉、骨、歯、そしてまれに拍動している心臓や、さらには完全に成形された目が含まれていたりする。[3] 奇形腫はたいてい、電気的活動を行なっている可能性のあるニューロンに加えて、（ほかの腫瘍と同じように）血管網を持つ。わたしがスライドで示したある奇形腫からは、軟骨と筋肉から成る足の指までついた下肢が発達していた。別の複数の奇形腫からは、指に押しつけられた物体を反射的につかめる片手が生えている。

新生児の奇形腫の中には、その子の双子の胚に由来するものもある。[4] 胚がふたつに分かれると、通常は一卵性双生児が生まれる。しかし、ときにはふたつの胚の一方が発達の途中で道を間違えて腫瘍に変身し、もう一方の双子の体に呑み込まれてしまう。外科手術をしないと、その子どもはやがて死んでしまうだろう。手術をすると、腫瘍にはもはや血液が循環しなくなり、ゆっくりと退化する。しかし、現代の医療技術をもってすれば、腫瘍は人工心肺によって何年も生き続けられるだろうと考えられる。それでもやはり、いかなる種類の腫瘍であれ、尊重に値するとか、生きる権利があるとか考える医師には、今まで会ったことがない。

なぜ一部の人は、新たに受精した胚はすべて――目に見えず形も定まらないのに――尊重に値するが、高度に発達したはっきりと目に見える奇形腫は尊重に値しないと主張するのか？　その日わたしは、プリンストン大学で討論相手にこう問いかけた。〝人間の生はいつ始まるのか？〟という討論会の論題そのものが、〝人間という生命体はいつ魂を吹き込まれるのか？〟という純粋に神学的な意味を持つ問いかけを世俗的に言い換えたものにすぎない、というのがわたしの論点だった。

ブライデンサールとキャメロンはともに、わたしの申し立てに同じような反駁を行なった。人間の生物体は形態を問わずすべて尊厳あるものとして敬意をもって扱うに値するという主張のために、魂や霊、神経系、さらには生命を持つ可能性などを持ち出す必要はまったくない、とふたりは論じる。わたしの問いかけに答えて、ブライデンサールは、腫瘍の生命と比べた場合、子どもの生命のほうに大きな〝価値〟を付与したいと認めた。それでもやはり、外科的に除去された腫瘍などの人間の生物体は形態を問わず〝敬意〟を持って扱わなければならないという。それが具体的にどういう意味を持つのかは、不明瞭なままだ。腫瘍や胎盤――後者も胚そのものから成長する――を悼んで葬儀を行なう者はいない。これらはふつう生きたままごみとして捨てられるし、胎盤はタンパク質を豊富に含んでいることから高級シャンプー用に売られることもある。

一方、キャメロンは、「人間の尊厳は不可分だ」と論じた。生物体は人間であるか人間でないかのどちらかで、人間であるならば、その生物体は、文明人が他のすべての人間に付与する権利を余すところなく持つに値する人間なのだ、と。この陳述は自明のものであり、どんな形であれ宗教的信念に左右されることはない、とキャメロンは主張する。しかし、この主張を論理的に発展させると、腫瘍は(そして、思うに胎盤も)その腫瘍を宿した人と同等の〝生きる権利〟を持つことになるし、キャメロンもそれを否定しなかった。

一九五一年まで、独立して生存する人間の生物体はすべて尊重に値するという観念は、一分の隙もなく擁護できる見解のように思えた。どういう形にしろ、呼吸する人間の肉体を離れてかなりの時間生存した人間の生物体は、かつてなかったからだ。しかし、その年、ヘンリエッタ・ラックスという名の三十一歳の癌患者から取り除かれた子宮頸部細胞が、ジョンズ・ホプキンズ大学医学部の研究チーム、ジョージ・ゲイと妻マーガレットによって、ペトリ皿で育てられる。ラックスさんは一年も経たないうちに死亡した。しかし、完全に人間のものである彼女の細胞は(姓名の頭文字を取ってヒーラと名づけられた)世界じゅうの研究室で繁殖を続け、たぶん今日生きているすべての人間より長生きするだろう。ただし、細胞人類学者のハンナ・ランデッカーが説明するように、「ヒーラ細胞の血統は……ひとつの場所に存在しているわけではない。[それは]不死の細胞が入ったちっぽけなガラス瓶ではなく……[むしろ]分配されたものの寄せ集めで、常に成長し、増殖し、変化しているのだ(5)」

ヒーラ細胞で初めて得られた経験から、生物医学研究者は、さまざまな種類の人間の細胞や組織を分離して、長期間成長させ続ける方法を学んだ(この中には、胎児や乳児へと成長する可能性を持つ細胞が含まれるが、これについてはあとで説明する)。この物質は、研究室のスペースを埋め尽くしてしまわないように、少なくとも一部は定期的に廃棄されなければならない。合理的な人間なら、これらの人間の生命体を失っても嘆きはしない。だから、独立して生存している人間という事実だけでは、敬意を受けたり〝生きる権利〟を付与されたりするのにじゅうぶんではないことは明らかだ。

ナイジェル・キャメロンは間違いなく、これらの事実を知っていると思う。しかし、論理的一貫性を維持すると同時に、〝魂〟という神学的概念を支えにしていると見られまいとしたために、倫理的不合理性という窮地に追い込まれてしまった。宗教と関わりを持たない者が大半を占める聴衆にキャメロンが明かさなかったこと、それは自分が「キリスト教徒は神の世界を預かる管理人としてこの世に配置された……」と信じている福音派キリスト教原理主義者であるという事実だ(6)。この考えかたからすると、信者は生命倫理討論にキリスト教的価値観を吹き込むよう尽力しなければならないことになる。しかし、キャメロンは、キリスト教に基づく生命倫理が〝生命倫理学会で幅をきかせる世俗主義者に好印象を与えるのは容易ではない〟と警告した。だから、キリスト教徒の教授陣はこっそりとわからないように自分たちの信念を織り込んでいかなければならない。キャメロンは以下のように説明する。

彼ら［キリスト教徒の医師、看護師、管理者、倫理学者］はそれでも、病院内や専門家が集まる場で非宗教的な根拠を主張するもっと幅広い議論に関与していく必要があるが、キリスト教的信仰がもたらす義務に従った見解を作り上げたあとで、思想を売り込む場でやりとりできるような言葉にその見解を翻訳する［傍点部分の強調・引用者］ことができる。非宗教的な立場から始める必要はない。そのような務め、［生命倫理学の主流の観念を変えるという］反主流派の務めに携わる覚悟を決めるためには、まず第一に医学を神学的視点から理解することに目を向けなければならない。その理解はというと、人間の本質に対する独特の見かたに由来するのだ。

キリスト教徒なら誰でも、〝人間の本質に対する独特の見かた〟と遠回しに述べられているものが、新たに生まれたそれぞれの胚に神が授ける〝魂〟という概念を暗示するということを、キャメロン自身がこの禁句を一度も口にしていなくとも、即座に理解する。キャメロンの作戦は、利口な原理主義者が自分の子どもだけでなくすべての子どもにできるだけ早く自分たちの信念を教え込もうという思いに駆られて書いた脚本から、そっくりそのまま拝借したものだ。原理主義者は何年ものあいだ、〝創造説〟――人間の起源はアダムとイヴであるという創世記の説明を文字どおり厳格に解釈する説――を国の公立学校で教えるよう奮闘してきたが、失敗に終わった。ひとつには、アメリカ人の八十四パーセントが人生において宗教は重要だと言いながら、そのほとんどが〝理想的な社会は政教分離という壁〟を維持するべきだという、建国の父トマス・ジェファーソンの考えに同意する傾向があるからだ(7)。

カリフォルニア大学バークレー校の法学部教授フィリップ・ジョンソンは歳を取ってから原理主義者に転向したが、中道派アメリカ人を納得させる解決策を見出した。必要な場合には、過去の生物種の生存や絶滅についての〝事実〟は否定するな。科学者がそれについての過程を理解しているという主張を否定するだけにしろ。ダーウィンの自然選択に対して神を基盤にした代替案を与えろ。ただし、それが単一の宗教と明白なつながりを持つ痕跡は消し去って、神を〝知的設計者(インテリジェント・デザイナー)〟と呼べ(8)。〝知的設計〟という新しい理論を科学に見せかけろ。〝設計者〟の仕事のやりかたを理解するために客観的手法を用いることに対して、偏見を持っていないふりをしろ。正統な学問であると見せかけるために、定評あるアメリカの大学の非宗教学部で教えているごく少数の原理主義者の教授に注目を集めろ(ただし、原理主義者とは呼ぶな(9))。

ジョンソンの内密の戦略は、知的設計理論が特定の宗教観を公立学校の生徒に押しつけようとしているという非難を避けるために立案されたものだった。しかし、ジョンソンとその同僚が同じ志を持っている聴衆に認めたように、その戦略はまさに、宗教的に中立なアメリカの公立学校の教室に原理主義的キリスト教を持ち込むという、究極の目標を達成するための〝くさび〟として役立つ。同じように、ナイジェル・キャメロンの究極の目標は、魂を吹き込まれた人間の胚という原理主義的キリスト教の観点を、この国と全世界の生物医学研究室に持ち込もうとすることなのだ。

合衆国カトリック司教会議

顕微鏡が発明される前、生物学上の〝受胎〟——単に〝始まり〟と定義されていた——は未知なる自然の、謎に満ちた過程だった。アリストテレスの時代、動物の胚は性交の数週間後、何も入っていなかった子宮から徐々に現われるように思われていた。妊娠が進むと、胚は四肢と胴体と頭部を持つ胎児へと姿を変えるだろう。やがて胎児は、同種の他の成員に共通する独自の特性を持つ成熟した個体へと姿を変えることができるだろう。先に説明したように、アリストテレスは、植物的霊魂が形の定まらない初期の胚に生命を吹き込み、それがのちに動物的属性を発達させて動物的霊魂を引き出すと推測した。同じ過程は人間の子宮内でも起こるが、さらに、ある特定の発達点において、〝理性的な〟霊魂へ飛躍を遂げると推測する。十三世紀、トマス・アクィナスはこのアリストテレスの理論的枠組みをキリスト教的見地に取り入れて、粘土のような人間の胚を原初の人間の臓器と形態に〝造形する〟責任を担う主体は神でなければならないと主張した。造形のあとで初めて、人間という生物体は神から授かった人間用の魂を受け取り、受胎をまっとうする用意が整うのだ、と。

魂はあとから人間に授けられるというアクィナスの観念は、十七世紀に至るまでカトリックの思考を支配していた。十七世紀になって、光学の知識が顕微鏡の発明に結びつき、そのとき初めて、非常に小さな動物の精子と卵子が人間の目で確認された。不幸なことに、初期の顕微鏡はあまりに質が悪かったので、一部の科学者は想像力をたくましくして、〝誕生前に完全な人の姿に形作られた〟こびと（ホムンクルスと呼ばれる）が精子か卵子どちらかの内部にいるところを思い描いた。ある一派は、精子内にすでに存在していたホムンクルスが子宮という〝庭〟に植えられた、つまり〝着床〟したあとに芽を出すと想像した。別の一派は、卵子内のホムンクルスが――植物の種子が表土や堆肥に触れて栄養をもらった（fertilization）あと生長を開始するのとまったく同じように――精液に触れて受精した（fertilization）あと成長を開始できるのだと主張した。このような見解を持っていた科学者は、精液中の精子はただ〝胚〟細胞に刺激を与えているだけだと考えた。受精とは精子と卵子が融合する過程だという、わたしたちが現在持っている理解が初めて得られたのは、二十世紀初頭のことだ。

それ以前はホムンクルスが精子の中にいるのか卵子の中にいるのかが討論されたが、いずれにしても、〝すべてが揃った完全な人間〟が受胎段階で存在していると推測された。カトリックに改宗した哲学者のダニエル・ドンブロフスキーとロバート・デルテテが説明するように、「誕生前に形ができているという考えかたが正しいと、しかも、〝現代の〟科学的根拠に基づいて正しいと信じられていたからこそ、妊娠初期の胎児を殺すことは、完璧な形のこびとを殺すことであるという考えが広まったのだ[10]」。十九世紀初めには、顕微鏡の解像能力が向上した結果、科学者たちはホムンクルスが実は自分たちの想像の産物にすぎなかったと納得した。それにもかかわらず、一八六九年ローマ教皇ピウス九世は、魂はあとから授けられるというアクィナスの見解を公式に放棄した。

もし受精の瞬間に人間が識別されるのなら、その際、同時に〝理性的霊魂〟も受け取るのだろう。カトリック神学によると、人間の魂と理性的霊魂は同一物で、〝合理的性質を持つ個々の実体〟を意味する。つまり、人間の魂は〝選択〟を行なう主体なのだ。ひとつないし複数の描写不可能な細胞を持つ胚が人間の魂を授かっていると主張することは、単一の細胞が独力で思考し、将来の生について賢明な選択を下すことができると言うのに等しい。

二〇〇三年九月、合衆国カトリック司教会議における、科学と人間の価値観委員会での〝対話〟に参加しないかと招待を受けたことで、わたしはカトリック教会の最も科学に造詣が深い指導者の何人かに、入魂、受胎、胚、遺伝子の結びつきについてどう考えているのかを尋ねる機会を得た。まず最初に、司教たちの純粋な探求心、科学の最新の進歩を理解したいという欲求、そして自分たちには答えがわからない重要な質問が存在していることを進んで認める態度に感銘を受けた。議長のホノルル司教ディロレンツォが部屋にいた数少ない非カトリック教徒に、現代の教会は科学技術に対して尻込みすることはないのだと説明した。むしろ、人間は神と共同で創造する責任を担っているのであり、それはつまり科学者が人類に恩恵をもたらす技術を発見し、発達させ、使用する道徳的義務を負っていることを意味する、と司教は述べた。ただし、個々の人間の生命を破壊するのは、たとえ多くの人が苦しんでいる病気を治療するためでも、常に不道徳な行為である、と。

科学者は一般に、人間に〝害を及ぼさない〟ことを第一義とする医学的責務を受け入れている。それどころか、二十世紀を通じて、ほとんどの生物医学研究はカトリックの教えと少しも矛盾しないものだった。しかし、今日では、細胞・分子レベルで生命の理解が信じられないほど進んだ結果、研究者たちは膨大な数の病気や肉体機能不全を克服するまったく新しい治療法を手に入れた。その着想とは、胚細胞を足がかりにして、その細胞が患者の体内で取り替えたり増やしたりする必要のある特定の組織や臓器に成長するよう仕向けるというものだ。人間の胚を病気の治療に使用するのが倫理的かどうかは、もっぱら胚を人間と考えるかどうかによって決まる。

ニューハンプシャー州マンチェスターのクリスチャン司教、カリフォルニア州オークランドのカミンズ司教、委員会の執行委員モンシニョール・ストリンコフスキーとの昼食会で、わたしはこの問いについての三人の見解を探った。三人とも、人間は単なる生物体ではなく神から〝ただちに〟――つまり直接かつ即座に――授かった人間の魂を持つ特別な生物体なのだというヴァチカンの公式な立場に賛成だった[11]。わたしは、人間でありかつ生きているものはすべて神によって魂を授与されるのか、と尋ねてみた。例えば、科学者が研究室で育てた人間の組織は魂を持つのか、と。この点についても、全員の答えは一致した。どんな形の人間の生命でもすべて魂を与えられるわけではなく、あるものが人間の魂を持たないのなら、それは人間ではない。ローマ・カトリック教会の教理問答集によると、その逆もまた正しい。「人間の肉体は……霊的な魂によって生命を吹き込まれるからこそ人間の肉体となるのだ[12]」では、人間はいつ魂を得るのか？　クリスチャン司教はわたしに、ヴァチカンの公式な立場は「まだはっきりとはわからない[13]」が、現在はほぼすべてのカトリック神学者と聖職者が、人間の胚は受精時に魂を与えられるが、もしかすると双子の場合は数日後に魂を与えられるのかもしれないと信じていると告げた。しかし、科学者が胚の魂の〝不在〟を証明することは、けっしてできないという。なぜなら、どんな方法で物理的分析をしてもわからないように隠されているからだ。それゆえ、万が一に備えて、受精したばかりの人間の胚はすべて魂を授与されていて、ほかの人間すべてと同じく敬意と生きる権利を与えられるに値するかのように扱わなければならない。

わたしは、半分人間で半分チンパンジーという生物が女性の身体の中で受精して受胎し、そのあと無事に生まれてくる場合について、カトリック神学者がどのように考えるのか、ぜひとも知りたいと思った。「その生物は人間でしょうか、違うのでしょうか」と、わたしは尋ねた。しばらく熟考したあと、カリフォルニアのカミンズ司教は、その子が人間の資質である知性と意思疎通能力を持っているかどうか、本人と交流することで見定めることができるかもしれないと言った。わたしはさらに問い詰めた。その子が人間の資質を示すが、それが限定的なものだった場合はどう考えるか？〝部分的〟ヒトと表現することができるのか？ 昼食会に同席した三人は、全員首を横に振った。異種交配児は人間ではないだろうし、チンパンジーでもないだろうが、だとするとほかの何かでなければならない。部分的ヒトはとうてい存在しえない、と言う。なぜか？ 自分たちの科学の知識ではなく、〝信仰〟がそう教えてくれるからだ、と。

仮に人間の魂の存在を探知する検査法があったとして、百パーセント確実に、ふたつの人間の配偶子で形成された胚がまだ魂を持っていないと判定された場合はどうか？ わたしはこの発想が教会の教えに反することを知っていたが、司教たちに協力を求め、胚に払われるべき敬意についての考えが変わるかどうか教えてほしいと頼んだ。はじめ、司教たちはノーと言った。モンシニョール・ストリンコフスキーは——アクィナスの自然法の伝統に則って——それでも胚は神の創造物で、人間の魂を受け入れる準備ができていると説明した。神の計画に干渉するのはやはり不道徳だろう、と。しかし、受精した胚の五十パーセント以上が誕生にはほど遠い時期に子宮の中で自然に死亡するという、最近形成されつつある臨床的共通理解にはとまどっていた。モンシニョール・ストリンコフスキーは自分の懸念の理論的根拠を説明しなかったが、たぶん英国国教会オックスフォード主教が英国議会に対して表明した、「もしそれぞれの胚が人であるのなら、天国の人口の大部分が、生まれてこなかった人々で占められるだろう」という考えに沿ったものだと思われる。(14) カトリックの学者は現代の発生学が暗示するさまざまな内容の神学的重要性を考慮に入れたことがない、とストリンコフスキーが言い出したとき、わたしは驚いた。「議論こそが必要なのです」 彼は静かに言った。おそらくいつか、未来の教皇が、受精したばかりの胚には神の吹き込んだ魂が存在しないことを科学が〝証明〟できると悟って、そうしたらヴァチカンの公式な立場は変わるだろう……またふたたび。

胚は人間か？

ローザ・アクーニャは妊娠初期の段階で、中絶するためにシェルドン・ターキッシュ博士のもとを訪れたとき、子宮には五週めの胚が育っていた。手術を受ける患者はみなそうなのだが、アクーニャは処置が始まる前に、インフォームド・コンセントの書類に同意の上で署名した。しかし、一貫して敬虔なキリスト教徒であったことから、中絶後年月が経つにつれて、自分の選択に対する疑問が心の中で膨らんでいった。ついに、妊娠中絶合法化に反対する組織〝ニュージャージー州生命擁護委員会〟に連絡を取り、著名なカトリック教徒の弁護士で、中絶反対訴訟への関わりを単なる仕事ではなく〝天職〟と思っているハロルド・キャシディと接触した。(15) キャシディはアクーニャの代理人として医療過誤訴訟を申し立て、ターキッシュ博士が適切なインフォームド・コンセントを提示しなかったと主張した。ターキッシュがどんな情報を隠したというのか？　アクーニャによると（少なくとも弁護団の主張するところでは）、胎内の五週めの胚が〝完全かつ独立した、唯一無比のかけがえのない人間〟であることを伝えなかった、ということらしい。中絶が〝その人間の命を奪う〟結果になることをアクーニャに伝えなかった、と。

思慮分別のある人間なら、アクーニャが初期の胚に魂があるというキリスト教的信念を抱く権利に対して、自分が同じように考えるかどうかにかかわらず、異を差しはさむことはないだろう。その一方で、さほど信仰に篤くないアメリカ人は、ターキッシュ博士にはそのような信念を抱かない権利があるとも考えるはずだ。しかし、キャシディと中絶に反対する協力者はそうは考えない。自分たちの特定の信念体系を、あなたやわたし、そしてアメリカのすべての人に押しつけたいと思っている。キャシディたちにとって不幸なことに、アメリカ合衆国憲法は国教の樹立を明確に禁じているので、彼らは自分たちの目標を達成するのに姑息な手段を採らざるをえない。その戦略は、わたしの同僚ロバート・ジョージ教授が行なった主張に表われている。「科学的証拠は、われわれひとりひとりが受胎のときから人間であったことを証明している。妊娠中絶反対論にとってきわめて重要なこの前提の正しさを立証しているのは、宗教ではなく科学なのだ」[16]

しかし、ジョージは政治学の教授であって、科学の教授ではない。法学士の学位を保有し、ハーヴァードで神学の修士号を、オックスフォードで法哲学の博士号を取得した。ブッシュ大統領の指名を受けて、大統領生命倫理諮問委員会の委員を務めているものの、いかなる科学分野でも学位は持っていないし、正式な教育も受けていない。ジョージは、自分が〝科学的証拠〟と呼んでいるものを容認する者など、どこの大学の分子生物学や発生生物学の教授にもいないことを、ほぼ間違いなく知っている。レオン・カス――生化学者で新保守主義者の生命倫理諮問委員会委員長――でさえ、「[受精後一週間の]胚は、完全な人間とは言いがたい」と考えている。カスは、「発生期の人間の生命に多少なりとも重んずるべき尊厳があると考えている科学者にはめったにお目にかからない……科学者は実際には胚を、切り刻んだ肝臓のように扱う」と、不満げに漏らしたこともあった。[17]

それにもかかわらず、ローザ・アクーニャの訴訟に限って、キャシディは、科学的と標榜する主張を擁護する鑑定人のリストを作成した。鑑定人のひとりは、地元のバイオテクノロジー企業で働く分子生物学博士デイヴィッド・フ＝チ・マークで、「子どもが受胎の瞬間から完全で独立した、唯一無比の人間であることは明らかで、もはや疑う余地はない」と書いた。もうひとりはフランス系の小児科医マリー・ピーターズ＝ネイ博士で、「受胎の瞬間から完全で唯一無比の新しい人間、ヒトという種の一員が存在することは真実であると、現代遺伝学と生殖技術の進歩が実証している」と書いた。二〇〇三年、ターキッシュ博士の弁護人ジョン・ゼン・ジャクソンの要請で、わたしはこの訴訟に関わることになった。原告のために、鑑定人が述べたこれらの発言に反論してほしいと頼まれたのだ。

まず最初に、ここで何が討議されているのかを正確に理解することが大切だ。読み進める前に、この文の最後にある句点をしばらく見つめてほしい。人間の受精で生まれたもの——単細胞胚または接合子または受精卵と呼ばれるもの——は、この句点よりはるかに小さい。一片のちりよりも小さくて、裸眼では見えない。事実、一九六九年まで、誰も人間の胚を目にしたことはなかった。二十世紀初めの発生学者は、顕微鏡を使ってウシとウサギとネズミの胚を見ており、（すべての哺乳類はほぼ同一の初期発生過程を経るという事実をもとに）それと同じような人間の胚が存在することに疑いを抱いていなかった。にもかかわらず、ロバート・エドワーズとパトリック・ステップトウが顕微鏡をのぞいて、女性の卵管という暗闇の外で初めて作り出された単細胞の胚を目で確認したその瞬間まで、人間の胚はまだ科学的想像力の産物にすぎなかった。(18) 通常は目に見えないその微小な実体を、キャシディたちは〝科学的な基盤〟の上に立って、人間と同等のものと見なそうとしているのだ。中絶反対派のこの知識人たちの主張が通ったとしたら、一片のちりのそのまた断片のような胚を故意に空気や水にさらす行為は（どちらの処理も胚の代謝機能を永遠に混乱させるだろうから）——いわゆる〝科学的証拠〟に基づいて——殺人の罪で起訴されることになるだろう。

では、その科学的証拠とは、正確にはどういうものか？　過去の時代の科学者とは異なり、現代の中絶反対論者は、完全無欠の人間そっくりのホムンクルスが卵子の中にいるという信憑性のない説を持ち出すことはできない。その代わりに彼らが頼る最も論理的な所説は、以下のように要約できる。胚ないし胎児ないし乳児は、その成長過程のいかなる時点においても、ほんの一瞬前の姿と生物学的に大きく異なるわけではない。わたしたちはみんな、敏捷に動く乳児が人間であることに同意するのだから、ほんの一瞬前に存在していたほぼ同一の生物体も人間であったに違いない。そのほんの一瞬前に存在していた生物体も人間であるに違いない。これをどんどんさかのぼっていくと、やがては単細胞の胚にたどり着く。発生過程において人間と人間ではない存在とのあいだに一線を画するのは不可能だ。なぜなら、どこで線を引いても必ず、一部の生物体は人間と認めるが、それと本質的には区別不可能な別の生物体は人間とは認めないという恣意的な判断を下すことになるからだ。恣意的ではない（と中絶反対論者が主張する）唯一の境界線は受精だから、その時点でそれぞれの人間がみずからの生命をスタートさせると見なすしかない[19]。

受精は瞬時に行なわれる過程ではないこと、胚が何日も経ってから双子に分かれる可能性、受精しなくても胚を複製できるという事実、などの問題を次章まで脇へ置いておくとすると、この論理は確固としたもののように思える。しかし、その論証全体は、支持者にとっては正当化の必要などないほど明白だと考えられているある基本的仮説を土台とする。ジョージ教授が説明するように、それは「（未成熟かどうかを問わず）人間という無謬の生物体であるということは、二者択一の問題で、〝完全なヒトであるか、そうではないかのどちらかしかない〟」という仮説だ[20]。この仮説そのものが、科学的な基盤を持たない。

進化は継続するというダーウィンの見解を論理的に発展させると、胚は初めは人間ではない単細胞の存在で、不完全な人間というあいまいな段階を経て、新生児へと形態を変えていくという、進化論にパラレルな〝発生論〟を得られる。進化の中に人間となる明確なスタート地点が存在しないのなら、胚の成長中に明確なスタート地点が存在する必然性もない。この論証を拒絶する唯一の基盤は宗教的なもの、つまり不可分かつ絶対不変の人間の魂が存在するという伝統的キリスト教的信念なのだ。ここでわたしが異議を唱えたいのは、そういう魂の存在を前提とする神学ではない。わたしは単に、たまたま異なる意見を持っているにすぎない。異議を唱えるのはむしろ、自分たちの見解が信仰に基礎を置いていることを隠して、非宗教的立場に対する優位を確保するために科学を不当に利用する、その欺瞞的な態度だ。

人間の始まりが〝あいまい〟であっても、世界を科学的概念で説明するのになんら問題はない。しかし、不幸にも、あいまいにしてしまうと、人間に授けられる保護と権利に値するのは誰か、または何かを決定するにあたって、社会的にも法的にも紛らわしい点が出てくる可能性がある。科学を頼りにできないとしたら、何を頼りにして決めるのか？　哲学者は、あるものの道徳的価値を内在的価値と外在的価値に分ける。ある人間の〝内在的な〟道徳的価値は、人間として扱って〝ほしい〟と思う意識を有する人間によって〝内心〟から表わされる（人間ではない生物体と生命を持たない物体は、別の評価システムに従って、内在的な道徳的価値を持ちうる）。物理主義者の世界観によると、ある生物体が意識による思考を可能にする大脳皮質を持たないのなら、人間が自分たちの属性と考えるようなたぐいの〝内在的な〟値打ちを持ちえない。これとは反対の主張をするには、意識が発達する前の、または発達したあとの生物体内に、物質世界を超越した精神や生命力、魂が存在すると想像しなければならない。[21]

道徳的価値の検討において考慮に入れるべきは、内在的な値打ちだけではない。母親は概して意識を持たない子どもと強い情緒的な絆を形成し、この〝外在的な〟感情によって、現代社会から見ればその乳児も人間になる。本能に従った情緒的手がかりは外在的な価値の決定において多くの人々の指針となるが、これについて名の知れた保守的知識人でカス委員会の委員でもあったジェームズ・Q・ウィルソンは次のように述べている。

人々があるものに人間性を付与するのは、そのものが人間に見えるか、少なくとも見え始めたとき、すなわち人間という生き物に似ているときだ。胚［または胎児］が人に似ていればいるほど、わたしたちの道徳感情により多くのことを訴えかける。今のところこの最後の論証には宗教的ないし形而上学的意味はまったくないが、わたしが思うに、これは人々がお互いを見るときの視点とぴたりと一致している。なぜ二十週めの胎児を中絶するのは一週めの胎児を中絶するよりも空恐ろしいことなのか、なぜいわゆる部分出産中絶にはきわめて多くの人が反対しているのか、を理解するのに役立つ。さらに、この見解は、なぜ昏睡状態で話すことも動くこともできない老人のほうが、同じく話すことも動くこともできない七週めの胎児より多くの支援を得るのかを理解するのにも役立つ。人間の価値は、人間らしさが明らかになるにつれて高まるのだ(22)。

人間の始まり(と終わり)があいまいであることから真の困難が生じるのは、〝社会全体〟が、生物体としての人間から人間という存在への移行をはっきりと区切る境界線を、高次の意識が存在せず、直接かつ外在的な結びつきがあるからといって完全な道徳的価値があるとは言えない時期に引こうとするときだ。じゅうぶんな知識を持った市民を抱える非宗教的社会なら、明確な線を引くのが不可能であることを理解し、一般論として、特定の事例で最も大きな影響を受ける個々人が、血縁関係のない専門家の助言を得て意思を決定することを許すだろう。

いかにも科学的に見えるたわ言

どういうイデオロギーであれ、他を否定することでそれを守ろうとするご立派な人々の例に漏れず、妊娠中絶合法化に反対する知識人は、単細胞の胚の段階から完全無欠の人間であるという自分たちの言い分を通すために、いかにも科学的に見える数多くの説を提唱してきた。大統領生命倫理諮問委員会が初めて公表した報告書の中で、ロバート・ジョージは胚の研究に反対する科学的理由づけを以下のように展開する。

> 受精卵の段階以降、この生物体の主要な成長は内部から、つまり生物体そのものによって制御されて方向づけられていることは明らかだ。それゆえ、胚が生まれたあとは、新しい生物体の創出と解釈しうるようなひとつの出来事ないし連続した出来事は起こらない。すなわち、成長中の生物体そのものにとって外在的な要因が生物体に働きかけて、新しい性質や、成長の新しい方向性を生み出すことはない。……まさに実体が人間であるからこそ、このような能力を(すべてがうまくいけば)なんの妨げも受けずに発揮しうる段階へと、最初から活発に成長し続けるのだ。この決定的に重要な点において、彼らはネコやイヌの成熟した個体と比べた場合でも、まったく異なる。彼らは人間であるから、自然に存在するひとつの種――ヒトという種――の成員であり、その胚や胎児や乳児は、なんらかの外在的原因に妨害されなければ、やがては内在的な自主的方向決定によって、人間に特徴的な知的機能をなんの妨げも受けずに発揮できる才能を発達させる。それぞれの新しい人間は生まれながらにして、なんの妨げも受け

ずに発揮しうる人間に特徴的な知能を発達させる内的素質を持っている。そして、その完全なる発達が妨害されるのは、ほかの原因が悪影響を及ぼす場合だけだ。この意味で、胚や乳児や幼児の段階の人間でさえ、人間に特徴的な知的機能を示す天性の基本的な素質を持っている。[23]［傍点部分の強調はすべて原典による］

胚は人間と呼ばれる〝権利〟を持っているというジョージの熱のこもった弁護は、素人には感銘を与えるかもしれないが、ほとんどの科学者にとっては、まったくの虚偽とは言わないにしても、ほとんど無意味なものだ。「実体が人間であるからこそ」や「自然に存在するひとつの種の成員」という語句は、種には理想的で不変の本質が存在するという信念を当然のこととして含意しているが、これは現代の生物学ではなんの裏づけも持たない。それどころか、これはもっぱら堂々巡りの推論に基づいている。人間の単細胞の胚は、ヒトという種の成員だから人間であり、人間だからヒトという種の成員である、というのだ。しかし、ひとつの皮膚細胞を、さらには高度に組織化された奇形腫でさえも、ヒトという種の〝成員〟だと考える者は誰もいないだろう。それでも、皮膚細胞や奇形腫がほかの種に属しているわけではない。十九世紀なら、独立した生き物はすべて、ある特定の種の個々の〝成員〟だと話すことに意味はあったが、人間が構成した種の概念は、現代科学の枠内では不明瞭になってしまっているし、胚細胞に限って言えば誤解をもたらすものでしかない。

結論を出す際に、神の啓示ではなく科学の権威を持ち出したことで、ジョージはみずからの主張の科学的妥当性を巡って、激しい攻撃にさらされている。不備は多岐にわたるが、ここでは二、三に言及するにとどめよう。胚の中の原型となる人間から新しい生物体が生まれることはないとするなら、単一の胚に由来し、受胎の一週間後に分離した一卵性双生児――ふたりの完全なる人間――をどう説明するのか？　ジョージは双子ができる特定の事例それぞれの原因に応じて、二種類の答えを提供する。胚が遺伝的素因によってふたつに分かれる運命にある場合は、受精時に形成された単一の細胞内にふたりの人間が存在する。[24]この単一の細胞のどこにふたりの人間がいるのか？　染色体――ジョージは人間という存在にとってこれが不可欠だと見なす――はひと組しか揃っていないのだから、それぞれ別個の存在であるふたりの人間は少なくとも部分的には同じ空間的位置を占めることになる。ふたつの分子が同じ物理的位置を占めるのは不可能だから、想像上のこのふたりの人間が取りうる唯一の形態は霊的なものになるだろう。

一方で、胚が発達し始めてから偶然破損したこと――または医師が胚をふたつに裂いたこと――が原因であとから双子になる場合は、ふたりめの人間は原因が生じたあとの時点で生まれる――〝受胎する〟――とジョージは論じる。しかし、これは外在的な要因が〝成長の新しい方向性〟を生み出すことはありえないという主張と矛盾する。また、人間の受胎はすべて受精の〝瞬間〟に生じるという、しばしば行なわれる主張とも矛盾する。人間の胚が、生存の機会を与えられたら、内在する遺伝子情報に基づいてみずからの未来を決定するという観念に対する最も効果的な反証は、胚がふたつに分かれ、一方は成長を続けて乳児となるが、もう一方は奇形腫を形成して乳児に吸収されるという、わたしが先に触れた事例からもたらされる。DNA分析によって、乳児と奇形腫は遺伝的に同一であると証明されているのだ。さらに言えば、人間の正常な胚をペトリ皿の中で制約を与えずに成長させると、常に乳児ではなく奇形腫になる。

「〝ほかの原因〟が悪影響を及ぼす」ことがないかぎり、胚は成長して人になるというジョージの立論は、さらに次のような問題をはらんでいる。この主張が妥当でないことは、性交によって自然に生み出された胚の五十パーセント以上が、遺伝子の〝内在的〟欠陥が原因で誕生まで生き続けられないという事実からわかる。数千の異なる遺伝子のどれかひとつに生じた突然変異を両親から遺伝によって受け継ぐと、胎児の死亡や流産は避けられない。また、ジョージも知っているように、精子や卵子が生産される際に前もって生じた誤りのせいで染色体の数が間違っていたことから、胚が死んでしまうケースはさらに多い。この事実をもとに、ジョージは「失われるのは人間の胚ではなくて、不完全な受精の生産物だ」と論じる。[25] 言い換えれば、精子が、ひとつ少ない、またはひとつ多い染色体を卵子に持ち込んだときは、それは本当の受精ではない、だから形成された生物体は本当の胚ではない、つまり人間ではないし、人間になることもありえない、と言うのだ。

〝不完全な受精〟という語句は誤解を招きかねない表現で、現代の動物発生学者にとってはなんの意味もなさない。精子は卵子に完全に入り込むか、まったく入り込まないかのどちらかしかないのだ。ときには異常な数の染色体を持つ胚が実際に誕生までこぎ着けることもある。その結果、ダウン症やターナー症候群などの先天性欠損症を持つ子どもが生まれる。ジョージの論法によると、これらの子どもを人間と考えるべきではないということになる。もちろんジョージは、自分の見解を敷衍したこのばかげた論理的帰結が正しいと本当に思っているわけではない。しかし、なぜ、余分な染色体を持つ胚を胚と呼ぶか否かが重要なのだろうか？　唯一理由として考えられるのは、「天国の人口の大部分が、生まれてこなかった人々で占められるだろう」[26]という純粋に宗教的な懸念だ。

ジョージの論法に関する第三の問題点は、人間のキメラ〔ふたつ以上の異なる遺伝子型を有する生物体〕が自然に誕生することで示される。この珍しい出来事は、女性がふたつの卵子を排卵し、それぞれが別々の精子を受精したときに起こりうる。通常、そのような胚は二卵性双生児に発達する。しかし、ふたつの胚がくっついてひとつの大きな胚を形成し、それが発達してひとりの子どもが無事に生まれることがある。この過程では、失われたものは何もない。例えば、最初のそれぞれの胚が四つの細胞を含有する段階にあると、合体した胚は八つの細胞を含有するだろう（こういう発生の初期段階では、細胞の数は決定的に重要なものではない）。胚のキメラは研究室で簡単に作り出せる。それどころか、ニューヨークの不妊治療の専門家ノーバート・グレイチャーは最近、一部分が男性で一部分が女性であるという、完全に生存可能な人間の胚のキメラを研究室で作り出したことを報告した[27]。

人間のキメラが自然に形成された場合、男性の胚と女性の胚が合体したために両方の性器が混在して発達し、鋭い観察力を持つ臨床遺伝学者の目にとまるということがないかぎり、ふつうは気づかれずに終わってしまう。同じ性の胚から形成されたキメラは、そのまま正常な発達を遂げて、遺伝的には二種類の別々の細胞が混在する健康な個体になるだろう。最近まで、人間に自然のキメラ現象が生じるのはきわめてまれなことだと考えられていた。しかし、シアトルのフレッド・ハッチンソン癌研究センターに勤めるリー・ネルソンが実施した遺伝子研究によって、驚くほど高い確率で発生していることがわかった[28]。ネルソンは、母親の細胞が胎盤を移動して成長中の胎児の組織や臓器に吸収される可能性があることも発見した。これはつまり、数はわからないが、現在生存している人の中に、ごくわずかな割合で母親の部分的クローンになっている人がいるということを意味する（多くの既婚男性にとっては意外な事実ではない）。

人間のキメラが存在することから、人間の胚はすべて受胎の瞬間から〝完全無欠の人間〟であるという主張が妥当ではないことは明らかだと言えそうだ。ジョージはこれをどのように説明するのか？

ふたつの胚がくっつく場合について、ジョージは「双子の一方が死んで、その細胞はもう一方の一部になる」と述べてきた。(29)正確に言うと、何が死ぬのか？　元のふたつの胚に由来する細胞はすべてくっついた胚の中でまだ生きているのだから、人間の生命がなくなるわけではない。さらに、もし科学者によって作り出されたキメラ胚が元のふたつのグループの細胞に引き離されたら、何が起こるのか？　元の双子の人間がよみがえるのか、それともまったく新しいひと組の双子が生まれるのか？もし数時間にわたって一分ごとに胚細胞の分離と再結合を繰り返したら、数百の生命が殺され、生み出されるのか？　生物学は答えを与えてくれない。なぜなら、こういう質問は生物学とも科学とも関係がなく、宗教と密接に関係しているからだ。

先に説明したように、ある理論は〝反証可能な〟予測を行なう場合にのみ〝科学的〟理論だと言える。(30)「人間の胚は完全で唯一無比の人間である」という理論の本来の表現によると、双子の誕生、キメラの形成、胎児を死に至らせる突然変異の存在はすべてありえない。しかし、この三つを否定する主張が誤りであることははっきりしている。だから、〝科学的証拠〟をもとに、この理論が間違っていることが証明されてきた。(31)しかし、擁護者たちは、矛盾する科学的データが新たに示されるたびに、そのひとつひとつを無理やり正当化しようとする。その際、自分たちの理論の誤りを立証しうる実験に言及することはない。それはつまり、その理論が科学ではなく信仰上の問題について述べているということだ。カトリック教会は、新たに受胎した胚は人間の魂を持つ人間であるという理論を〝間違っていると証明する〟ことは、科学にはけっしてできないと断言することで、同じようにそれを認めていることになる。

人目を忍ぶ神の使い

ローザ・アクーニャの訴訟でターキッシュ博士を弁護するために提出した鑑定書で、わたしはこれまで述べてきたのと大筋では同じ科学的論点を提起した。そのあと、自分たちの過激な立場を擁護するために科学の覆いをまとってみせる妊娠中絶合法化反対論者の理由づけを説明する終章を付け加えた。

生後五週めの胚が人間であるという主張に科学的根拠がないのなら、なぜこれほど多くの人が——原告側の鑑定人を含めて——繰り返し人間だと論じ続けるのか？　答えは宗教と政治にあると、わたしは考える。人間の胚を人間と同一視する人々は決まって、人間の初期胚はそれぞれ、神から魂ないし精神を個別に授けられていると信じている。こういう信念を持つ人々にとっては、人間を特徴づけるのは知覚ではなく、魂を授かっていることなのだ。しかし、すべての宗教または宗教心を持つ人々が、そのような信念を遵守しているわけではなく、偏狭な宗教的論法では、わたしたちの多元的な国家で法的・政治的目標を達成するにはじゅうぶんではない。それゆえ、いかにも科学的に見える論法を魔術のようにこしらえて、そもそも宗教的な信念でしかない理論を擁護するほうが政治的に得策となる。ローザ・アクーニャの主張の根底にあるこの方向性を理解すれば、原告側の鑑定人が提示した、科学的に見えるが突き詰めると誤りのある論述を、正しく評価して対応することも容易になるだろう。

この鑑定書を書いたとき、わたしはロバート・ジョージが原告側の鑑定人になっていることを知らなかったし、彼の名前には言及しなかった。それにもかかわらず、原告側の弁護人ハロルド・キャシディは、鑑定書をジョージに渡し、ジョージが反論の原稿を書いた。メッセージが確実にわたしの手に渡るよう、ジョージは直接Eメールで送ってきた。わたしの意見に対して、ジョージが言いたかったのは以下のことだ。

シルヴァー教授と意見を異にする者は、科学的判断と考えられるものに基づいてではなく、〝政治的〟な便宜から行動しており、〝科学的に見える〟にすぎない論法を〝魔術のようにこしらえて〟いるという教授の主張は、発生学とその関連分野で働き、事実を見て、完璧に筋道の通ったやりかたで教授が好む結論とは食い違う結論を引き出した男女を含む、多くの高潔な人々に対する侮辱である。学者が証拠もなしに――それどころか、これから示すように証拠を公然と無視して――このような申し立てをするということは、当人が科学的分析に携わっていないことを暗示している。事実、〝政治的に得策〟とか〝魔術のようにこしらえて〟、〝いかにも科学的に見える〟などの語句や言い回しを使うのは、哲学的な罵倒に等しい。それは、今問われている現実の問題、すなわち特定の人間の生命がいつ始まるのかという科学的問題から、審理の矛先をそらす効果を持つ。

この戦略は実にみごとで効果的であるがゆえに厄介だ。神と魂から注意をそらすことで、キャシディ、ジョージ、その他のカトリック教徒や福音主義者の知識人は、非宗教的な反対論者の足もとをすくう。非宗教的な人間の大半は、きわめて多くのアメリカ人が持つ宗教的信念に異論を唱えることを、有用でも、思慮深くも、望ましくもないと考えている。だからこそ、原理主義者はしばしば、宗教的議論を科学者間の論争にうまく転化してしまうのだ。神学的用語と発想は、いかにも宗教とは無縁な

婉曲的語句・表現に置き換えられる。〝神聖さ〟は〝尊厳〟に転換され、〝魂〟は〝生命〟になり、聖書で言う〝道徳〟は世俗的な〝生命倫理〟と表現される。原理主義者は世俗的な視座を使って、目に見えない胚が人間であると信じることは科学的に正当化できるという発想を植えつける。その姿勢を政治的なご都合主義だと非難しようものなら、観念論的な罵倒のための罵倒だという怒りの反応が返ってくる。

福音主義的キリスト教徒のシンクタンクと圧力団体が急増しているが、これらには宗教的偏りのなさそうな名前がつけられている。その一例が原理主義者のナイジェル・キャメロンに率いられた〝生命倫理と人間の尊厳のためのセンター〟だ。このセンターの上級理事のベン・ミッチェルは、全国で放送されているラジオ番組『NPR朝刊』でバイオテクノロジー政策を話題にインタビューを受けたとき、自分は〝哲学者〟だと自己紹介した。[32] 非宗教的な層の多いNPRの聴取者に、〝キリスト教を通じて世界を変革する学生を養成する〟という使命を明言している〝福音主義神学校〟で重要な教職に就いていることを知られたくなかったのだ。[33]

宗教的中核に庶民的な偽装をまとわせた最古かつ最有力のシンクタンクは、〝倫理と公共政策センター(EPPC)〟で、〝ユダヤ・キリスト教の道徳の伝統を対内・対外政策問題に関する議論に明確に結びつけ、その絆を強化すること〟を目的としている。[34] センターの機関誌『ニュー・アトランティス』の編集主任(かつブッシュ大統領の生命倫理諮問委員会の事務局メンバーでもある)ユーヴァル・レヴィンは、非宗教的な庶民のうち「その魂が漠然とした畏敬の念を感じる能力を失っていない者は……保守主義的な論証がきちんと系統立てて表明されると、特に魅力的だと思うものだ」と論じる。[35]

アメリカ政治において、宗教的概念の代わりに非宗教的な婉曲表現を用いることが説得力を持つのは、正義を信じる人々に訴えかけると同時に、原理主義共同体の成員ではない人々にも無害な、またはなんとなく筋の通った印象を与えるからだ。二十一世紀の共和党は、策略を芸術の域にまで高めた。福音主義教会の聖職者で出版も行なっているジム・ウォリスが気づいたように、ブッシュ大統領とそのスピーチライターたちは「宗教界内部の人間にはわかるが、部外者にはわからないかもしれない引用を巧みに持ち出す才能に長けて」いる[36]。

今日使用されている有力な婉曲語句は〝生命の文化〟で、これは、顕微鏡でしか見えない人間の胚には神によって魂が吹き込まれ、あなたやわたしとまったく同じ無条件の生きる権利が与えられている、という原理主義的信念を表わしている。二〇〇五年一月の反妊娠中絶集会において、大統領は三分間のスピーチの中でこの語句を四回使用した。その一週間後、一般教書演説で、〝生命の文化〟は思慮分別のある人間なら誰でも受け入れるべきものだと熱心に説いた。下院の共和党陣営は万雷の拍手で応え、福音主義陣営の報道機関は、ブッシュは〝ホームランをかっ飛ばした〟と絶賛した[37]。

自然法対民主主義

学問の世界では、ごまかしはもっと巧妙だが、効果の大きさは変わらない。非宗教的に見せかける特定の単語――〝自然な（ナチュラル）〟――が、バイオテクノロジーに反対する多様な論証にたびたび力を吹き込んでいる。実のところ、カトリック教会は道徳律を系統立てて述べるために、キリスト教神学で言う〝自然法〟に依存している。十三世紀の神学者トマス・アクィナスがはっきり述べたとおり、自然法の土台となる信念は、〝合理的〟宇宙において、すべての生物体、生物体のすべての部分、そしてほかのすべてのものが、壮大な体系の中で果たすべき特定の役割を有しているというものだ。この発想はさらに、人間だけが持っている合理性によって、わたしたちは存在や行動の本当の〝自然な〟目的を認識し、〝善〟か悪かを区別する道しるべとしてその目的を利用することができると述べる。〝善〟(自然法の信奉者に特有の使われかたをする用語)は、義務とされる道徳的な営みと不道徳な営みを区別するための唯一の基本原理となる。

〝自然法〟という観念に、少なくとも漠然としたやりかたで支配されているのは、厳格なカトリック教徒やその他の原理主義者だけではない。西洋社会では、ほとんどすべての人が〝自然〟を善の同義語と認識し、不自然を悪ないし有害の同義語と認識している。左寄りの非宗教者は通常、〝自然〟に対して、男性的な神のきびしい命令というイメージではなく、穏やかで女性的な生態系というイメージを抱きながらも、右翼の人々と同じ種類の言語に反応する。

自然法の代表的な解釈によると、植物と動物の真の目的は、生命維持に必要な栄養を人類に提供することだ。しかし、人間は神の姿をかたどって創られており、たとえみずからの手によってでも、創り変えられることがあってはならない。この信念から、レオン・カスは人格に影響を与える薬物に反対する。なぜなら、そういう薬物は「〝生まれながらにして(ナチュラリー)〟尊厳を持つ人間である存在に対して適切な敬意を払っていない。……人間の活動の尊厳が〝不自然な〟方法で脅かされている」からだ。嘲りと憤激を込めて、カスは精神薬理学分野の研究を次のように呼ぶ。

「精神と〝魂〟という砦に戦いを挑む生物学的還元主義にとっての大進歩、自然にとどまるべき場所を知らず、進歩の各点においてわれわれの内面生活の〝尊厳〟を——少なくともその尊厳の自覚を——さらに減じると脅す進軍(38)」

ロバート・ジョージも、自然法が存在すると信じているからこそ、〝慎みのある夫婦間の性交〟以外の形式の性行為はすべて——夫婦が寝室で密かに行なう場合でも——不道徳だと言い放った。[39] ジョージによると、自然は——神の使いとして——生殖を行なうことと、神聖なる婚姻によって結びつけられた夫婦が〝ひとつに交わること〟を目的として性器を作り出した。それゆえ、人間の男性が妻の膣以外の場所に射精するのは道徳に反する。結婚していないのなら、運が悪いのだ。しかし、たとえ結婚していても、夫婦間の性交が〝もっぱら〟快感を得るだけのために実行されると、やはりみだらで慎みのないものとなる。[40] そして、〝ある人〟がこれについてジョージの解釈やその帰結を受け入れない場合は、「……その人は正しい認識を持っていない」とジョージは考える。[41]

たとえ特定の行動様式が、進化の歴史における特定の瞬間に本能的または〝自然〟だと思われるとしても、なぜそれで人間の道徳性が決定されるべきなのか？　二十世紀後半までは、〝自然なもの〟は人間が発見できるよう神の手によって自然の中に埋め込まれている、というのが一般に認められた正当化の言い訳だった。わたしたちは自然の法に従うべきだ。なぜなら、それは実は神の法なのだから。[42]

現代の自然法哲学者マーク・マーフィが説明するように、

> 自然法観は明らかに無神論とは相容れない。……また模範的な自然法観に賛同しながら不可知論者でいることは不可能だ。というのも、不可知論は神の実在も非実在も明言することを拒否するのに対し、模範的な自然法観は必然的に神の実在を明言することになるからだ。[43]

反対に、ジョージ教授やそのよき指導者たるノートルダム大学教授ジョン・フィニスなど、政治に鋭敏な現代のカトリック学者は、自然法は「けっしてカトリック信仰に依存しているわけではなく」、「神の啓示やどこかの教会の権威に」訴えかけなくても証明できると論じる。[44] 代わりに、「自然科学的考察」によって客観的・全面的に正当性を立証できる、と言う。ジョージと同じく、フィニスは自然法の教えが正しいことに全幅の信頼を、これを疑う者に対しては全面的な不寛容を示し、「……この教えを判断の基準として受け入れられない者は過ちを犯している」と書く。[45]

フランシス・フクヤマは自然法の考察に影響を受けているが、大統領生命倫理諮問委員会の一部の同僚ほどではない。『人間の終わり』[46]の中で、フクヤマは「『中絶の』是非をじっくり考えようとしたとき、かなり混乱した」ことを認めている。しかし、ジョージとフィニスと同じようにフクヤマも、〝人間の本性〟について概念を共有すれば自然に共通の倫理規定を持つことになるはずだと現に論じている。それどころか、「人間は価値観と規範を共通しているという事実に大きな満足感を覚える」と言う。しかし、同じ本のあとの部分では、「少なくとも、人間の本性は相反するさまざまな方向を向いている」と認める。フクヤマのこの観察は正しい。そのことが、人間の本性の保全を擁護する自然法に基づく議論の土台をすっかり崩してしまっているようだ。

十八世紀の哲学者デイヴィッド・ヒュームは、自然法を倫理的行動の基礎にしようとする考えを初めて辛辣に批判した。ヒュームが説明するように、現象を〝そのまま〟記述しただけの前提から価値判断を引き出すことは、論理的に不可能だ。〝～である〟という記述から〝～すべきだ〟という判断を得ることはできない。ダーウィンの自然選択を基礎とした現代の科学的理解は、ヒュームの発想を今は〝自然主義的誤謬(ごびゅう)〟と批判されているものへと敷衍するためのより強力な支えとなる。[47] わたしたちは、種に特有な器官、本能、行動はすべて、目的を持たない無作為の突然変異から始まったということを知っている。そして、ひとつの器官または生物学的行為が今日と同じやりかたで機能するように仕向けた進化の力を解明するために科学を使うことはできるが、祖先と同じ道を歩み続けるのが常に最善である("最善"をどのように解釈するかは問わない)という主張を支持する科学的データや理論は存在しない。

わたしたちはまた、生き物が実行した事柄の多くは単一の目標に向けられているわけではない、ということも知っている。例えば、ボノボに見られる性交の九十パーセント以上は、繁殖とはなんのつながりもない。雌が排卵していなくても膣を使った性交が行なわれ、雄が雄を相手にセックスし、雌がほかの雌とセックスするのは、それが快感をもたらすからだ(おそらく、快感がもたらされるのは、群れの成員同士の不和を減らすのに役立つからだろう)。だから、"自然科学的考察"によって、人間が純粋に快感を得るためにセックスすることを禁じるのは、断じて誤りなのだ。自然法はわたしたちに"善"を網羅したリストを与えてくれると考えられているが、七百年経っても、世界の主要な自然法論者や擁護者のあいだでは、そのリストに何を載せるべきか、載せるべきでないかについて、いまだに意見の一致を見ていない。[48] ジョージやフィニスのような敬虔なカトリック教徒がどれほど頻繁に否定しようとも、道徳についての彼らの見解を支えてくれるのは、人間だけでなく自然をも創り出した、創世記に登場する神への信仰だけなのだ。

不幸にも、生物医学テクノロジーや中絶を行なう権利を支持する者が、脅しに屈して科学や非宗教的倫理という視野から議論させられると、敵の思うつぼにはまることになる。アメリカ、ヨーロッパ、イギリスの生物医学研究機関はすべて、この罠にはまってしまった。アメリカ生殖医学会は、「胚の研究は……胚に"敬意"を払うようなやりかたで実施された場合は……倫理的に許容されうる」と主張する。ヨーロッパ生殖・発生学会は、「〔着床前の〕胚は将来の人間の生命を象徴するものとして〝敬意〟を払われるべきだ」と言う。さらに、イギリス政府によって設立された受精・発生学機構は「発生の全段階において人間の生命に当然払われるべき〝敬意〟」を指針にしていると主張する。[49] しかし、カス委員会の大半の委員が同意していることだが、「人間の胚が〝特別な敬意〟を払うに値すると主張しながら、それにもかかわらずこの生物体の創造・使用・破壊を必ず伴う研究を是認するのは、非合理的で自己矛盾している」。[50] この点に限って、わたしはカスと同意見だ。科学界を代表する男女が、これほど簡単に突き崩されそうな安易すぎる倫理的主張を持ち出しても、得るところはほとんどない。

大統領諮問委員会のメンバーで、非宗教的な国民に知られたくない宗教的信念を胸の奥にかかえているのは、ジョージだけではない。ギルバート・メイレンダーは今では、人間の胚を人間と同等と見なすのは「わたしの見る限りでは、宗教的信念に基づくものではない」と主張する。しかし、五年前はかなり異なる構図を描いていた。このときは、プロテスタントとして（彼は神学とキリスト教倫理学の教授だ）、公式発言の中で、人間は（胚も含めて）「子どもをもうけるという人間的行為を通して神に創られる」ものであるという前提で組み立てられた、ヒト発生学の〝標準的な見解〟を聖書が提示してくれていることを確信していた。[51] メイレンダーやジョージのほか、委員のメアリー・アン・グレンドンは〝宗教と公的生活研究所〟の見解を支援するために出版される機関誌『ファースト・シングズ』の編集スタッフだ。この研究機関は「社会の秩序形成のために宗教的素養に基づいた公共哲学を推進すること」を目的としている。ウィリアム・ハールバットはパリのカトリック研究機関とスタンフォード大学付属礼拝堂の主任司祭のもとで神学を研究していたし、長年大統領諮問委員会のメンバーを務めているポール・マックヒューとアルフォンソ・ゴメス＝ロボは、自分たちの倫理的見解を決定する際にキリスト教的信念を拠りどころにしていると書いたことがある。

二〇〇四年二月、ブッシュ大統領は胚研究を支持した委員会の少数派メンバーふたりを解任して、後任に三人を指名したが、全員が過激な見解の持ち主だ。ひとりは著名な、熱意あふれる福音主義者のベンジャミン・カーソン博士で、たびたび聖書を引き合いに出してみずからの信念を正当化する。博士個人のウェブサイトによると、「カーソン博士は生涯、神と家族の価値観を、考慮すべきほかのすべての事項よりも重視する。神の言葉に手引きを求める」[52]。ふたりめはジョージア州の田園地帯にある〝キリスト教的価値観〟で運営される小さな大学の教授ピーター・ローラーで、みずからの原理主義的見解について詳細な記述を残してきた[53]。彼は「われわれを幸せにするためにバイオテクノロジーを使用するのは、まったくもって見当違いの独善的な営みである」と考える[54]。なぜか? その著書『アメリカの異邦人――わたしたちの魂についての奇妙な真実』の中で、ローラーは、あなたの魂はあなたが好きなように利用できるあなたの所有物ではなく、神の所有物だからだ、と説明する[55]。

さらに、メリーランド州のロヨラ大学教授ダイアナ・シャウブがいる。シャウブはリンカーンの時代にアフリカ系アメリカ人に人権を認める妨げとなった障害と、現在胚の小片に同じ人権を認める妨げとなっている障害とを比べて、「いくつかの点では、胚の権利を擁護するほうが簡単なのです」と結論づけた[56]。

全国の科学者、非宗教的な生命倫理学者、そして新聞の編集主幹が激怒して、新しい諮問委員会が神学的偏向を強めたことを批判したとき、レオン・カスは『ワシントン・ポスト』の特集ページで、そのことに強く反論した。「諮問委員会が政治的・宗教的保守主義者ばかりを不正に人選した」という「悪意に満ちた虚偽の」告発に、〝衝撃を受けた〟というのだ[57]。

政治的に危険なのは、影響力のあるアメリカ人が宗教的信念を持っていること、さらには、特定の公共政策を決定する際、ほかの人々から支持を取り付けるために宗教的論法が利用されかねないことだけではない。問題は、カス委員会のメンバーのほとんどとジョージ・ブッシュ政権の閣僚の多くが信奉する特定の信仰体系は、自然法が法律の条文と衝突するときはいつも、自然法が合法的に——と彼らは考えている——優先されるべきであるというキリスト教的観念に基づいていることだ。「アメリカ民主主義の政治体制は合法性を失ったのか？」と、一九九六年にロバート・ジョージは「専制君主国家」という題の論文で問いかけた。(58) クリントン政権下の当時、ジョージは答えはイエスだと考えていた。今日では、与党の一員として、彼は神を守るための密かな戦いを遂行している。もしアメリカ国民の過半数が真理についてのジョージの所説に同意しないのだとすれば、国としての命運も尽きたということになるだろう。

第八章

クローニングを巡る政治活動

種類を問わず人間のクローンがあの部屋の中から出てくるのを、アメリカ合衆国が認めるのは誤りだろう。

ジョージ・W・ブッシュ　二〇〇二年四月十日

わたしは[胚性]幹細胞研究に大いに関心を持っており、百パーセント支持する。(1)

アーノルド・シュワルツェネッガー、カリフォルニア州知事　二〇〇四年十月十九日

クローン胚を病気の治癒に結びつける

一九九八年まで、ほとんどの科学者は、実験に人間の胚を使用することを考える必要がまったくなかった。連邦政府はこの種の研究に資金を提供することを拒否しており、アメリカではそういう研究はすべて、不妊治療クリニックで働く生殖専門の生物学者によって、民間資金を使って実施されていた。研究はたったひとつの目的――体外受精（ＩＶＦ）などの生殖技術によって患者が妊娠する確率を高めること――のみに役立てられた。宗教原理主義者の多くは、ＩＶＦという技術的〝手段〟には反対

するが、成功した場合の〝最終結果〟、一般的にはこの手段以外に子どもを持てない夫婦に子どもが生まれるという結果は全面的に支持する。ＩＶＦクリニックの目標は現実として反妊娠中絶の動きと合致するので、自然の秩序に干渉することに対する中絶反対派の抗議を丸め込むのに役立った。そのあと、一九九七年と一九九八年に、それぞれ別個のふたつの思いがけない科学的大発見が、生物医学革命の概念的な枠組みを提供し、豊かな社会でも貧しい社会でも同じように医療慣行を変えてしまう素地を作った。この新しい生物医学は、患者自身の細胞を使って新しい組織と臓器を再生し、適切に機能していない体の部分と入れ替えるという発想を前提にしている。

いかにしてバイオテクノロジーが個々のヒト細胞の運命を左右するほど――皮膚細胞を胚細胞に、胚細胞を特定の組織や臓器に転換させるほど――強力になったのかを理解するためには、どのように遺伝子が機能し、どのように、そしてなぜ、さまざまなタイプの細胞の外観や機能が互いに異なるのかを、総合的な見地から理解する必要がある。

遺伝子というデジタル・ファイルは暗号化されてＤＮＡ分子の中に組み込まれ、ＤＮＡ分子は〝染色体〟と呼ばれる構造体の中に位置し、染色体は細胞の中心部にある〝核〟と呼ばれる球状のかごの中に隔離されている。人間の細胞はすべて(少数の例外を除いて)四十六の染色体に蓄えられた二個ひと組の遺伝子約三万個を持っている。ひとつの細胞や生物体の内部に保持される遺伝子情報全体が、〝ゲノム〟と呼ばれる(二〇〇三年、ヒトゲノムが解読されて、すべてのヒト遺伝子の一覧表がインターネット上で誰でも利用できるようになった)。細胞はみずからのゲノムの正確な複製を作ることができ(コンピュータがハードディスク上のすべての情報を正確にコピーできるのとちょうど同じように)、そのあとふたつの〝娘〟細胞に分かれて、それぞれがゲノムの完全なコピーを受け取る。成長、ゲノム複製、細胞倍増という循環をさらに繰り返して、顕微鏡でしか見えない単一の細胞が、数多くのさまざまな組織と臓器を持つひとつの複雑な生物体へと成長することができる。

人間の体内にある数十兆の細胞のひとつひとつは同じゲノムを保有しているが、体の部分が異なると外観も機能もまったく異なる。皮膚細胞、肝細胞、脳細胞、胚細胞間の違いが生じる原因は、遺伝子の内容ではなく遺伝子の使用法や活動にある。ここで重要なのは、分子生物学者はあくまで比喩的な意味で、遺伝子の〝活動〟ないし〝活性化〟について書いたり話したりするということだ。遺伝子が実際に、物理的に何かを〝行なう〟わけではない。〝遺伝子活動〟とは、正しくは、コンピュータがソフトウェアのコードを読み取って稼働させるのとちょうど同じように、単にある細胞が特定の遺伝子暗号（コード）を読み取るということを意味するにすぎない。皮膚細胞は、皮膚細胞が皮膚細胞らしい機能と外観を持つようにする数千の遺伝子を〝活性化させる〟。肝細胞もこれと同じ遺伝子を〝活性化させる〟が、それは一部だけで、同時に肝細胞を生産するよう肝臓に特化された別の遺伝子も〝活性化させる〟。ひとつの遺伝子が〝活動中〟のとき、細胞はその遺伝子の暗号を使って、〝細胞質〟（核の外にあるが、細胞表面の境界を定める細胞膜の中にある有形物）中で特定のタイプのタンパク質を生産している。タンパク質の構造や特性が異なると、遺伝子暗号も異なる。数千種に及ぶさまざまなタンパク質の数千個のコピーがともに働いて、細胞の生命を維持し、プログラムされている機能を実行する。細胞のプログラムは、どのようなものでも、遺伝子活動の総体の相互作用から創発する。

ここから、ひとつの細胞がどの遺伝子を活性化させるかをどうやって決めるのかという疑問が生まれる。細胞質を横切って核へと戻り、そこでＤＮＡの特定の領域のみに付着する特定のタンパク質（調整タンパク質と呼ばれる）を生産することによって、というのが答えだ。わたしたちの体内の成熟細胞内部では、調整タンパク質を作るための遺伝子の活動と、調整タンパク質がDNAに付着してこの遺伝子や別のひと組の特殊な遺伝子を活性状態にし続ける作用とのあいだのフィードバック・システムによって、平衡が保たれている。これに対して、胚の発生中は、遺伝子のプログラムは常に変化しており、ある遺伝子は活性化して、別の遺伝子は非活性化している。

細胞の外観や機能がなぜ部位によって異なるのかということに関するこの科学的理解を土台として、一九九六年、スコットランドのエディンバラで、イアン・ウィルマット率いる研究チームがクローニング実験を成功させた。その発想は、技術的な要求は大きいが、きわめてシンプルなものだった。ウィルマットの同僚キース・キャンベルは、ヒツジの体細胞から核を分離して、核を取り除いたヒツジの卵子にその核を挿入した。卵子の細胞質内の調整タンパク質(当時は未確認だった)は、新たに近くに置かれた核に進入し、その遺伝子の活動を〝プログラムし直し〟――ある遺伝子のスイッチを入れ、ある遺伝子のスイッチを切って――全体を胚細胞の特徴を持つパターンにした。このように未熟なやりかたで無理やり核を再プログラミングするのはかなり効率が悪く、改造された二百七十七の細胞を使った最初の実験では、ウィルマットとキャンベルが作った胚細胞のうち、以前生きていたヒツジの遺伝子と同じ遺伝子を持つ胎児に成長して誕生したものは一個だけだった。その動物が、一九九七年二月、全世界に披露されたドリーだ。ドリーの誕生以来、マウス、ウシ、ヤギ、ブタ、ネコ、ヒツジ、ウマ、サル、さらには絶滅危惧種の動物までもが、世界じゅうの研究室で何万体もクローニングされてきた。

胚のクローニングそれ自体は、治療目的には役立たない。しかし、ドリーが公の場に初登場してから一年以内に、ウィスコンシン大学のジェームズ・トムソンが、自然受胎から五日が経過した人間の胚の中心部に位置する細胞を、無制限に大量に育てる補完的技術を開発した。これらの信じられないほど適応性の高い細胞は、〝胚性幹細胞〟またはＥＳ細胞と呼ばれる。胚の内部で正常な発生が行なわれているあいだは、多くのＥＳ細胞が形成されるわけではなく、長いあいだ〝胚のままの〟状態に留まるものは存在しない。ＥＳ細胞は成長し、より特殊化して、最終的には成人の体内のあらゆる組織や臓器へと分化するさまざまな細胞に分かれる。しかし、一九九八年、トムソンは、これらの細胞が実験室のペトリ皿の中で成長し分割し続けるようにするだけでなく、その潜在能力を完全に保持し続けるピーターパン風の胚に閉じ込める技術を会得した。[2] ＥＳ細胞技術の力と将来の有望性は、科学者が胚の〝ネバーネバーランド〟からこれらの細胞を大量にはじき出して、特定の患者が特定のときに必要とする一定の組織型や臓器へと変えることができるかどうかにかかっている。この作業を成し遂げるには、生物医科学者は、自然の分化過程に関係する分子信号を模倣する方法を特定し、習得しなければならない。

数々の斬新な医学的治療法の驚くべき潜在力が発揮されるのは、胚クローニングと幹細胞技術が結びつけられるときだ。従来の臓器移植療法は常に、ドナー(臓器提供者)の不足と、正常な免疫システムにはドナーの臓器を異物と見なして拒絶し破壊しようとする傾向があるという事実のために、限界があった。いわゆる遺伝子の型がうまく適合したドナーとレシピエント(被移植者)でも完璧ではなく、だからこそ患者全員が免疫抑制剤を投与されるにもかかわらず、今でも失敗に終わる率がかなり高い。完璧に適合するのは、一卵性双生児同士(きわめてまれな例だ)か、患者と〝患者自身の組織や臓器〟に限られる。このドナー不足と拒絶反応問題の両方が、胚クローニングとそのあとの治療目的のための幹細胞分化、いわゆる〝治療用クローニング〟によって解決される可能性がある。将来は、ある人が特定の臓器ないし組織に病気を抱えるとき、患者の健康な細胞のひとつを使い、胚の複製を作ってＥＳ細胞を生産し、それを必要な組織へと転換させられるだろう。代替材料は患者と同じ遺伝子構成を持つことになる（それどころか、実際には患者自身の組織や臓器なのだ）から、免疫システムは〝自分〟の一部と見なして放っておいてくれるはずだ。

現在では、実験結果から、ありとあらゆる種類の組織や臓器を再生するという、幹細胞の驚くべき有望性と用途の広さを示す確固たる証拠がもたらされ始めた。ジェームズ・トムソンは、ＥＳ細胞をあらゆるタイプの人間の血球に転換する方法を突き止めた。これは多様な血液疾患の治療に役立つかもしれない。[3] パーキンソン病の類似疾患にかかっているマウスは、ローレンツ・シュツーダー（ニューヨークのメモリアル・スローンケタリング癌センター）率いるチームによって、研究所でクローン胚から作られた神経細胞を移植されて治癒した。[4] 脊髄損傷で麻痺した複数のラットは、ダグラス・カー（ジョンズ・ホプキンズ大学）によって、人間のＥＳ細胞を神経保護組織へと成長させたものを与えられ、ふたたび歩けるようになった。[5] イタリアのミラノでは、多発性硬化症（ＭＳ）を患っているマウスがジアンヴィト・マルティノによって幹細胞加療を受け、治癒した。イスラエルでは、ヨセフ・イトコヴィッツ＝エルドールとリオール・ジェプスタイン（テクニオン工科大学）が研究室で、ＥＳ細胞を実際に拍動する人間の心臓組織へと転化させた。[6] 一方で、ヴィクトール・ジャウ（ハーヴァード大学医学部）は幹細胞を使ってラットの心臓病を治癒し、ジェームズ・ウィラーソン（テキサス大学）は同じ処置を受けた人間の心臓病患者に改善の初期兆候が見られることに勇気づけられている。[7] カール・スコレッキ（テクニオン工科大学）は人間のＥＳ細胞を、インスリンを生産する膵臓細胞へと転化させ、[8] 多数の企業（シンガポールのＥＳ細胞インターナショナルを含む）がこの科学的成果を生かして、一回で終了する糖尿病治癒法を見出そうと競い合っている。別の分野では、イリノイ大学のジェレミー・マオが米国科学振興協会の二〇〇五年度総会で、クローン幹細胞を基礎にして〝自己成長〟乳房インプラントを作り出す方法を開発したと報告した。

ここで長々と語った幹細胞研究の進歩で真に瞠目すべきは、そのどれもが十年前には想像もできなかったものであり、ほとんどすべてがわずか五年という短い期間に起こっているということだ。昔は新しい医学的処置の開発に数十年かかっていたことを思うと、これは光にも匹敵する速さであり、しかもまだ緒に就いたばかりなのだ。幹細胞と遺伝子改変技術を組み合わせて使えば、頭のよい科学者ならいつか人間に害をなす病気すべてを撃退できるだろう。脳の各部分にまで研究の手が及ぶようになる。生物医学革新の新時代が訪れようとしているのかもしれないが、それにはまず、科学と宗教と政治が共通の基盤を見出す必要がある。

クローニングを巡るアメリカの政治動向

二〇〇一年には、アメリカの大学および生物医学研究機関で政府の資金提供を受けている科学者たちが、胚性幹細胞と胚クローニングに取り組むことを熱心に求めていた。その年、国立衛生研究所（NIH　世界最大の生物医学研究資金提供源だ）は、百九十億ドルを拠出して二千の大学と研究機関の二十万人の研究者を支援した。[9] ほかの連邦機関も別に数十億ドルを拠出してさらに多くのアメリカ人科学者を支援している。しかし、一九八〇年代のレーガン政権下にさかのぼるきびしい規制のせいで、この資金も、人間の胚またはES細胞に関わる実験にはいっさい使用されなかった。アメリカにおける数々の進歩は、民間資金で運営される研究室とクリニックのみで果たされてきた。そういう機関は、財源がはるかに乏しいかわりに、上からの規制を受けないからだ。

科学者がマイケル・J・フォックス（パーキンソン病を患う）やメアリー・タイラー・ムーア（若年性糖尿病を患う）、クリストファー・リーヴ（乗馬事故で四肢麻痺になり、その後死亡したスーパーマン役俳優）などの有名スターの支援を取り付けると、一般大衆は政府が研究の進歩を妨げていることを理解するようになった。ナンシー・レーガンと息子のロン（アルツハイマー病を患う元大統領ロナルド・レーガンの妻子）でさえ、胚クローニングを支援した[10]。宣伝は意図したとおりの効果を生み出した。世論調査で、質問の表現にもよるが、アメリカ人の三十三パーセントないし五十二パーセントが〝治療目的のクローニング〟に賛成だった[11]。一方で、クローン羊のドリーの公表以来、アメリカとほかのすべての国で九十パーセントを超える人々が、〝結果として人間の誕生をもたらすことをはっきりと意図したクローニング〟と定義される〝生殖クローニング〟に対する不賛成を、一貫して示してきた[12]。

生殖クローニングに対するほぼ全面的な反対の声に鑑みると、議会の両政党が力を合わせてまずこの操作を禁止し、しかるのちに治療目的のクローニングという、もっと議論の余地のある問題を別個に検討するべきだ、とあなたは思うかもしれない。この二段階の取り組みは、二〇〇三年九月に国連に提示された声明の中で、世界じゅうの一万六千人の科学者を代表する六十三の国の科学学会に支持された。アメリカでは、二〇〇一年にカリフォルニア州選出上院議員のダイアン・ファインスタインとマサチューセッツ州選出上院議員のテッド・ケネディが、この過程の第一段階を達成することを意図して、〝ヒト・クローニング禁止法案〟を提出した[13]。しかし、妊娠中絶反対派の議員とその協力者たちは、生殖クローニングだけを禁じる法案を審議する際に、政治家らしい行動を取る気など毛頭なかった。堂々とふるまうつもりなら、治療目的のクローニング技術と生殖目的のクローニング技術との区別をわざとあいまいにする情報工作キャンペーンなど実行しなかっただろう。それは、あらゆる種類の〝胚の乱用〟(と彼らが名づけるもの)をやめさせるための聖戦で、彼らが奥の手として隠しておいた最も強力な政治的策略だった。二〇〇二年九月には、世論調査を受けたアメリカ人の中で、説明を受ける前にこのふたつの違いを「きわめて明確に」理解していたのはわずか十一パーセントにすぎなかった(五十七パーセントが「あまり明確ではない」か「まったくわからない」と答えた)[14]。

大衆の混乱を利用して、フロリダ州選出下院議員ジョゼフ・ウェルドンが、ファインスタイン=ケネディ〝ヒト・クローニング禁止法案〟と名前はまったく同じだが、ある一点で決定的に異なる法案を提出した。この法案は〝人間のクローン〟を「現存のまたは過去に存在していたヒト生物体と遺伝的にはほとんど同一の生きている生物体(成長段階は問わない)」と定義した。括弧内の語句が鍵となる。なぜなら、この語句は単細胞のクローン胚を〝人間のクローン〟の範疇に組み込むものだからだ。

ウェルドン法案は、目的を問わずクローン胚を作り出し使用することに関わった人間の活動を、刑事罰の対象とするものだ。しかし、それだけにとどまらず、さらなる悪意が秘められていた。提出された法案は、アメリカにおけるクローニング活動をすべて禁じるだけでなく、〝あなたが〟外国(胚クローニング研究が合法的に行なわれ、政府の資金援助を受けているイギリスなど)へ行って、自分の体に由来する細胞のみで治療処置を受け、そのあとアメリカに戻ってくることも、犯罪行為となる。他人になんの危害も及ぼさず、自分の命を救う可能性があるそれらの行為に対する罰則は、最高十年の懲役または百万ドルの罰金だ[15]。二〇〇一年七月、二百六十五人の下院議員がこの残酷な法律に賛成票を投じたのに対し、反対票を投じたのは百六十二人にすぎなかった。

下院がウェルドン法案を可決した直後に、五人の著名な知識人が連名で、カンザス州選出上院議員サム・ブラウンバックによって提出された同様の法案を可決するよう上院に促す請願書に添えて、友人や同僚に支持を求める手紙を出した。(16)新保守主義者のフランシス・フクヤマとウィリアム・クリストルがこの五人組に入っていたのは、別段意外ではない。しかし、五人組には、ジェレミー・リフキン、ジュディ・ノーシジアン、スチュアート・ニューマンという、さまざまな右翼運動と長いあいだ戦ってきた三人の有名な左翼活動家も加わっていた。三人は「クローニング問題はこれまで、宗教と科学の論争にすぎないという、あまりにも狭すぎる観点から呈示されてきた」と主張して、左翼の同僚——いかなる政治的争いにおいても新保守主義陣営に加わることに大きな疑念を抱いていた人々——の不安を静めようとした。

マスコミの一部はこの〃奇妙な合従連衡〃をおもしろがったが、右と左、それぞれの政治的な立場の土台となる理念は、見かけ以上に似通っていて、根っからスピリチュアルなものだ。(17)右寄りの人々は旧来の宗教によって、人間の胚は魂を吹き込まれていると信じ、一部の極左の人間は定義のあいまいなニューエイジ霊性志向によって、胚の生命を本質的に同じ観点で見るよう仕向けられている。ジェレミー・リフキンは、一九九八年に出版された著書『バイテク・センチュリー——遺伝子が人類、そして世界を改造する』(鈴木主悦訳、集英社、一九九九年)で、「生命の神聖な性質と本質的な価値についての深遠なる信念」を打ち明けたが、これは極右中絶反対派なら誰でも書けそうな語句だった。(18)同様に、ドイツでは、緑の党の国会議員フォルケール・ベックが、ES細胞研究における胚の使用を一種の〃隠された人食い〃と呼んだ。(19)

もうひとりの左派の反・胚クローニング提唱者ジュディ・ノーシジアンは、社会が女性を見る目と女性が自分を見る目に革命を起こした古典的名著『からだ 私たち自身』の執筆と出版に指導的役割を果たしたことで、フェミニストを代表する存在となった。ノーシジアンは、〝ボストン 女性の健康の本〟集団の理事長として、妊娠中絶、生殖、性的特質についてクリストルとその支持者が信奉する宗教的見解に、三十年間にわたって異論を唱えてきた戦いで、粘り強い代弁者であり続けた。しかし、自分の細胞で自分の命を救おうとしたという理由で女性を刑務所に放り込むことができる法律をはっきりと支持したことで、こと女性の健康に関して、極端な妊娠中絶反対派の立場に転じたようだ。ノーシジアン、リフキン、ニューマンは、自分たち以外にも六十八人の〝妊娠中絶反対派のリベラル〟を説得して、自分たちの請願書に署名させ、同じ立場を公に表明させた。[20]

ブラウンバック上院議員と〝生まれる権利を擁護する国民委員会〟がともに、「妊娠中絶反対運動には参加していない複数の女性の健康団体、その他の集団」から、自分たちの反・胚クローニング法案への幅広い支持を得たと主張したとき、妊娠中絶賛成派でありながら署名した人の多くが、自分たちはだまされて引き入れられたのだと気づいた。[21]『アメリカン・プロスペクト』のジャーナリスト、クリス・ムーニーは、少なくとも七名の著名な知識人が、「性急な行動だった」または「間違いを犯した」または「読み間違えた」と説明して、支持を撤回したことを知っている。[22] コロンビア大学教授ハーバート・ガンズは、「妊娠中絶禁止論者が自分たちのために請願書を乱用したとき、彼らはその政治的意味をも変えたのだ」と、衝撃を受けた。[23] そうだろうか？ 一部のリベラル派知識人の政治的な能天気さは、新保守主義者の政治的な巧妙さといい勝負ではないかと思える。

ウェルドン＝ブラウンバック法案が持つ実際の意味をひとたび理解すると、多くの左翼が忠誠の対象を、数カ月前にノーシジアンが奨励した請願書に切り替えた。これは、〝胚クローニングの一時停止〟を求めるが、IVFクリニックの残存凍結胚を使った幹細胞研究は支持するという内容のものだ[24]。それでも、一時停止という言葉はウィリアム・クリストルの耳には心地よく響いた。なぜなら、クリストルが書くように、

［その言葉は］大衆を説得する四年に及ぶ戦いのお膳立てをするだろうからだ。その四年間に、あらゆるクローニングの全面禁止の準備が整い、クローニング反対派はその政策を維持して、クローン胚に関する研究だけでなく、ほかの胚研究へも拡大するための完全かつ強力な論拠を考え出すことができる。これにより、それまでは実施困難だった〝胚の使用と乱用〟を巡る議論が強力に推し進められるのだ[25]。

わたしは、二〇〇三年にボストン大学が主催したポストクローニング・ディベート・ディナーで、さらにそのあとEメールで、ジュディ・ノーシジアンにこれらの手紙や一時停止、そして請願書について意見を求めた。ノーシジアンは、だまされたわけでも、リフキンのニューエイジの魔法に屈したわけでもない、と答えた。連署したのは、

マスコミの注目をより多く獲得しようという戦略的な措置でした……思いどおりにいかなかったのです（そこが、たぶん、〝能天気だ〟と言われるゆえんなのでしょう。ジェレミー・リフキンは確かにマスコミの注目を集める能力がありますが、だからといって、必ずしも彼と一部意見を同じくするほかの人々にも注目が集まるわけではありません）。

院委員会における彼女の宣誓証言の核心だった。[26]研究を常に支持してきたが、胚クローニングは支持してこなかったと告げた。実は、これが三つの上と述べた。ノージシアンはわたしに、クリストルとリフキンとは違って、自分は残存胚を使う幹細胞

しかし、いったいどんな根拠で、一方の胚（体外受精によるもの）に関する研究は受け入れるのに、もう一方の胚（クローニングによるもの）に関する研究は受け入れないという判断を下せるのだろう？ 正当化の第一の手法は、「クローニングは卵子と子宮を商品に変えることで、女性の健康に不適切な負担を負わせるだろう」というものだ。[27]カス委員会の委員レベッカ・ドレッサーは、胚研究を排斥する際に同じ所感を述べた。[28]この懸念は、当初のクローニング実証実験では、たったひとつのクローン胚を得るのに、複数の女性無償ドナー（または有償売却者）から数百の卵子をもらう必要があったという事実を技術的な土台として生まれてきた。しかし、卵子の売却は以前から行なわれてきた。今日、アメリカの若い女性が数千ドルかそれ以上で、子どもができない夫婦に自分の卵子を売るのは日常茶飯事だ。[29]女性の健康を擁護する自由意志論者の中には、女性が自分の体をコントロールする権利を常に支持してきた人々から提案された、家父長主義と見える政策に唖然としている者のほうが多い。「わたしたちには自分の意志というものがないのか？」と、女性の健康研究学会の会長フィリス・グリーンバーガーは問いかける。[30]

女性が卵子を売ることを許可するかどうかについての議論は、予期に反して、まもなく実際的価値を完全に失うかもしれない。科学者は幹細胞革命の当初から、ES細胞をさまざまな組織と臓器に転換する方法を考え出すことができると期待してきたが、精子や卵子を生成することは永久に不可能だろうと頭から決めてかかっていた。この思い込みが覆されたのは、二〇〇三年五月、ペンシルヴェニ

ア大学のハンス・シェーラーとカリン・ヒュブナーがペトリ皿のマウスのES細胞をだまして、完璧に正常な卵子を排卵するミニチュア卵巣を作らせる簡単な方法を説明したときだ。[31] もし同じ製法がすでに利用可能な人間のES細胞で使えるほどに完成されたら、ボランティアや金で雇われた〝ドナー〟をまったく必要とせずに、人間の卵子をペトリ皿で数限りなく生産することが可能になるだろう。バイオテクノロジーにおけるこの進歩により、胚クローニングに反対する左翼に残された言い訳はたったひとつになる。それは、胚クローニングの完成は（右翼だけでなく）左翼も忌み嫌うクローン人間製造につながる可能性があるという危機感だ。[32] しかし、これが反対の本当の理由なら、胚研究とヒト・クローン技術との区別を正確に反映する禁止法ないし一時停止法を制定することが理にかなった解決策になるだろう（大人が家庭で酔っぱらうことの合法性と、酩酊状態で車を運転することの違法性を区別するのとちょうど同じように）。しかし、胚クローニングが世俗的左翼の人々を不安にさせるのは、そういう人々がはっきりさせたがらない漠然とした霊的信仰のゆえではないかと、わたしは思っている。これについては、本書十八章と十九章で詳述する。

この本を書いている二〇〇五年八月現在、連邦議会はまだ、なんらかの種類のクローニングをなんらかの方法で制限したり規制したりする法案を可決していない。一九九八年以来、議会の会期のたびに、妊娠中絶反対派の議員は生殖クローニングのみを禁止する法案の審議を拒絶し、研究推進派の上院議員は妨害戦術を駆使して、網羅的なきわめてきびしい反クローニング法が可決されるのをうまく防いできた。[33] その結果、生殖クローニングは現在アメリカの連邦法では禁止されておらず、このことに多くの人は驚く。しかし、状況は連邦議会選挙のたびに変化する可能性がある。

地球村におけるクローニングを巡る政治動向

生物医学において胚クローニングと幹細胞研究が持つ並外れた可能性を科学界がはっきりと具体的に理解するまで、二年から三年かかった。このころ、アメリカの大統領はジョージ・W・ブッシュになっていた。ブッシュの最初の任期中、議会の行き詰まりのおかげで、アメリカのほとんどの州では単に違法ではないという理由で胚クローニング研究が合法扱いされ続けたが、連邦政府の資金は提供されていなかった。二〇〇四年十一月、カリフォルニア州は全米諸州に先駆けて、独自に胚研究を合法化して資金を提供することにし、十年間に三十億ドルを拠出するための債券の発行を可決した。科学者がカリフォルニア州の自発性に感銘を受けたのは、研究基金を拠出しただけでなく、他州にはない寛容性を示したからだ。大学院生などの若い科学者はおおむね、特定の土地に拘束されているわけではないので、カリフォルニア州はさらに多くの若い科学者を西海岸へ引き寄せるのに成功するかもしれない。ニュージャージー、マサチューセッツ、ウィスコンシン、ニューヨークなど、カリフォルニア同様、大統領選挙でケリー候補の支持者が過半数を占めた諸州は、頭脳流出を恐れて、州の基金を胚研究に投じるという反応を示したが、財源の豊かさではカリフォルニア州に及ばなかった。これに対して、アーカンソー、アイオワ、ノースダコタ、ミシガンなど、より保守的な州は、同じ研究を実施した科学者を重罪犯とする法律を可決した。そして、全国的に民間投資も水を差された。キリスト教原理主義が国内政治に影響を及ぼして、個々の州の研究推進気運を踏みにじるような連邦法が生み出されることを、投資家たちが恐れたからだ。

ヨーロッパでは、イギリスだけが胚クローニング研究を支援しているが、イギリス国内でも動揺が広がり、他のヨーロッパ諸国に足を引っ張られつつある。スイス、スウェーデン、ベルギーなど少数の国が研究に対して慎重な支援を行なっているが、ドイツやアイルランドなどは、自国の科学者が(例えば)イギリスへ行って国内では禁じられている研究を実行した場合、起訴することも可能であるとする非常にきびしい法を定めた。[34] 全般に、ヨーロッパにおける幹細胞研究の進捗速度は最高限度をはるかに下回っている。しかし、多くのヨーロッパ人とアメリカ人の意気をくじく事実として、現代の科学技術の世界はもはや西洋を中心に回っているわけではない。科学者も資金もアイデアも簡単に国境を越える。この科学分野で紛れもなく恩恵を受けたのは、東アジアの有望なバイオテクノロジー中心地だ。特に、中国、韓国、シンガポールは絶好の機会を嗅ぎ取って、欧米ではキリスト教的信念のせいで空白のままになっている間隙を埋め、先頭を走っている。[35]

二〇〇〇年に一から研究をスタートしたシンガポール政府は、バイオポリスと呼ばれる巨大なバイオテクノロジー複合施設に三十五億ドルを投資した。この施設は、約二十万平方メートルの敷地に、大学、政府、産業界の研究者二千名を収容し、その多くが幹細胞その他の、ヒトを基盤にしたバイオテクノロジーの研究に携わる。[36]

シンガポールの科学諮問委員会はまるで、アメリカとヨーロッパの最も著名な分子生物学者と生物医学者の名士録のようで、その全員がノーベル賞受賞者か大学総長か主要研究機関の理事だ。[37] さらに、この超現代的文化都市国家が五十年前に英語を第一言語に採用したことが、世界じゅうから一流科学者とその家族を引き寄せるという現実的な利点をもたらした。アメリカ国立癌研究所の前所長エジソン・リュウ、クローン羊のドリーを生み出した科学チームの一員アラン・コールマンなど、すでに多くの者が移住している。[38]

競合するアメリカにとっては不吉な話だが、シンガポールは最近、ナンシー・ジェンキンズと夫のニール・コープランドを招聘するという大成功を収めた。夫妻は精力的に活動する世界有数の生物医学者で、アメリカ国立癌研究所における二十年間の研究に基づいて、七百本以上の科学論文を発表してきた。[39] 二〇〇五年、ジェンキンズとコープランドは、連邦政府によるきびしい資金拠出規制に我慢がならなくなり、幹細胞債券を発行するというカリフォルニア州の英断に魅力を感じて、スタンフォード大学に移籍する寸前までいった。しかし、キリスト教原理主義者は相次ぐ訴訟で猛攻撃を仕掛け、カリフォルニア州が有権者の承認を得た資金をわずかでも幹細胞研究に投入することをみごとに阻んできた。政治勢力による抵抗が——カリフォルニア州においても——とにかくあまりにも大きすぎた。そこで、この科学者夫妻は代わりにバイオポリスへ行くことにした。「スタンフォード大学にとっても、アメリカにとっても、大きな損失だ」と、スタンフォード大学教授アーヴィング・ワイスマンは嘆く。「夫妻はシンガポールのために仕事をすることになる。シンガポールで臨床試験を行なうだろう。ふたりの仕事の成果は、世界に先駆けてシンガポールで特許を得て、実用化されるはずだ」[40]

胚性幹細胞研究に対する西洋と東洋の姿勢の著しい差異をもたらす原因を探ると、世界のそれぞれの側で、現代の非宗教的な人々のあいだでも、文化を形作る際に最も重要な役割を果たしてきた宗教的伝統まで直接さかのぼることができる。キリスト教信仰は、単一の支配者たる神がすべての自然を創り出しただけでなく、それぞれの新しい人間の肉体に真新しい魂が宿るに際しても役割を果たし続ける、という一神教の思想を刻み込んだ。人間の肉体が死ぬと、肉体と結びついた魂は即座に、もしくはしばらくあとに、この世界を永遠に離れて天国へ行く。いずれにしても、魂はその後未来永劫一度も性質を変えることなく、統合的な実体として完全なままであり続ける。この世界観においては、〝神を演じる〟のは悪だからこそ、科学者が胚の生命を創り出すのは悪なのだ。そして、人間がこの世で生きていくたった一度のチャンスを終わらせるのが死だからこそ、科学者が胚を破壊するのは悪なのだ。

東洋の精神的伝統は多様だが、西洋の一神教と対照をなすいくつかの特徴を共有する。神は多数だったりいなかったり(〝神〟をどのように定義するかによる)するが、天上からひとりで創り出して管理する支配者たる神という概念はない(41)。宇宙の支配者が存在しないのであれば、〝神を演じる〟べからずという命令はなんの意味も持たない。そして、科学者はたとえやりたいと思っても〝生命を創り出す〟ことはできない。なぜなら、すべての生命は輪廻という過程を通じて、連綿と連なる有機体に宿ってはそれを脱ぎ捨てながら、世界の始まりからずっと存在し続けてきたからだ。霊魂は単純な有機体からより複雑な有機体へと旅することができ、ほかの霊魂と同化したり複数の霊魂へと分化したりできる。このような概念化によると、胚の霊魂はその胚から成長した幹細胞の中に保存可能だし、幹細胞治療を受けて命が救われた人間の霊魂と同化できる。『ニューヨーク・タイムズ』のインタビューで、韓国のクローニング・チームの指導者ファン・ウソク博士は、「わたしは仏教徒ですから、クローニングに関してなんら哲学的問題を有しません。そして、あなたもご存じのように、仏教の根本原理は、生命は輪廻を通じて再生するというものです。思うに、ある意味では、治療目的のクローニングは生命の循環を再スタートさせるものなのでしょう」と説明した(42)〔このインタビュー記事は二〇〇四年二月十七日号に掲載。二〇〇五年末、ファン・ウソク博士のＥＳ細胞研究における捏造が発覚した〕。

胚と肝細胞についての隠された〝真実〟

真実は、よく知られているように戦争の最初の犠牲者だが、今度はバイオテクノロジー戦争における最近の小競り合いの犠牲となりつつある。婉曲表現とごまかし言葉が現代の流行だ……これらの重大な問題についてわたしたち一般人が健全なる熟考をなすには、大学と科学者がわたしたちに、自分たちの行なっていることを情報操作せずに話さなければならない[43]。

ウィリアム・クリストルと同僚のエリック・コーエン（『ニュー・アトランティス』編集長）は、『ウィークリー・スタンダード』の社説で、スタンフォード大学のアーヴィング・ワイスマン教授がクローニングされた胚を〝クローン胚〟と呼んでいないと激しく非難したとき、右のように書いた。もちろん、クリストルとコーエンは自分たちの政治的指針が宗教に基礎を置いていることを隠蔽しようとしているので、ふたりの非難はガラスの家に住みながら隣人に石を投げつける行為に等しい。しかし、ふたりが言っていることは、本人たちが自覚している以上に正しい。確かに、古典的受精と現代のクローニング技術（適切に機能するのなら）はともに、科学者が常に胚と呼んできた同じ種類の生物学的実体を生み出す。そして、確かに生物医学者は〝胚〟と〝クローン〟という言葉を、広く使われている科学辞書から取り除いて、邪魔されることなくどんどん研究を進められるようにしたがっている。同じ戦法は、一九八〇年代に臨床の現場で使われていた〝核磁気共鳴〟（ＮＭＲ）という言葉が〝磁気共鳴映像法〟（ＭＲＩ）と改名は現代医学の不可欠な一部となる技術に対する誤った潜在的恐怖を取り除いた。
されたときにはみごとに機能した。不吉な響きを持つ〝核〟という言葉を名前から消すことで、医学界

妊娠中絶反対派が腹を立てているのは、ES細胞研究そのものに対してではなく、細胞を得るために人間の胚を〝殺す〟必要があるという事実に対してだ。そういう事情から、ES細胞を使った研究は、人間の心臓の研究と同じような想像を巡らされている。研究用の心臓をえぐり出すことで人間を殺すのは不道徳だが、それ以外の方法で分離された人間の心臓の組織を研究するのは構わないというわけだ。二〇〇一年八月九日、ジョージ・ブッシュは、一般に想定されている胚とES細胞の倫理的な差異を使って、政府資金の拠出に反対する者と支持する者との歩み寄りを図ろうとした。ブッシュは、その時点ですでに利用可能な少数のタイプのES細胞についてのみ研究を認めるが、将来の胚を破壊することで得られるかもしれないES細胞に関する研究には基金を提供しないと言った。しかし、ES細胞と胚を区別する妥協案を台無しにしかねない厄介な科学的真実が存在する。それは、本来の生物学的見地から言えば、研究室で育てられたES細胞は研究室で育てられた人間の胚と同等のものだという真実だ。

ES細胞の生物学的性質を理解するためには、まず内部にES細胞が自然に存在している胚の生物学的性質を理解しなければならない。受精または(現在の技術に基づく)クローニングによって生産される初期の胚は、複数回分裂を行なえる球状の単細胞だ。五日から七日後、胚は未受精卵だった時点と同じスペースに約百五十の細胞を含有する。この段階で、球状胚の内部と外部の細胞はお互いに異なるふるまいをし始める。外側にある細胞の〝皮膜〟(〝栄養芽層〟または〝栄養外胚葉〟と呼ばれる)は、胚が子宮に正常に着床して成長すると、栄養供給と老廃物の除去のルートを提供する胎盤などの組織へと発達

する。中央にある二十ほどの細胞のみ――お互いまったく区別がつかない――が、人間の肉体を作り上げる臓器と組織のどれにでも成長する可能性を持つし、その細胞群から〝すべての〟臓器と組織が作られる。これらの細胞がES細胞と定義されるのだ。ES細胞は――そしてES細胞だけが――完全な胎児と子どもへと成長する。ES細胞はまさに、ペトリ皿の中で拾い集めて育てることが可能な細胞だ。[44] すでに問題が現われ始めているのがわかるだろう。もしあなたやわたし、そのほかすべての人間がもっぱら胚の中にあるES細胞の塊のみから現われたのであり、ペトリ皿のES細胞が生物学的には胚の中にあるES細胞と同等のものであるのなら、なぜわたしたちはすべてのES細胞を、その所在にかかわらず、同じ畏敬の念を持って扱うか、まったく畏敬の念を持たないかのどちらかにしないのか？

米国科学アカデミーによると、胚とは「完全な生物体へと成長する潜在的可能性を持つ卵子から生ずる細胞の塊」だ。またアカデミーによると、「胚性幹細胞は胚ではない。［なぜなら］単独では、完全な生物体を生み出すような系統立ったやりかたで、栄養芽層細胞などの必要な細胞タイプを生産できない[45]」からだ。この声明は実際には何を意味しているのか？　科学者ではないほとんどの人間にはまったくわからない。〝単独では〟という決定的に重要な語句があいまいなのだから、それも無理はない。胚が胚であるのは、単独で人間の発生〝過程〟を遂行できるからなのか、それとも胚が胚であるのは、最終〝生成物〟――人間――がもっぱらその胚自体の細胞から派生するからなのか？　そのあいまいさにもかかわらず、アカデミーの言い回しは、擁護者と反対者の両方が受け入れられるはっきりした道徳境界線を定める基礎として、多くのES細胞科学者と科学団体（少なくとも公的発表では）の支持を受けている。

一九九三年までさかのぼると、カナダ人の発生学者アンドラス・ナージとジャネット・ロサントが――当人たちの言葉によると――生命力と繁殖力を持って生まれた〝完全にES細胞由来の〟マウスを創り出すのに成功したとき、この道徳境界線がいかにあいまいであるかが示された。(46) ふたりはマウスのES細胞に胎盤を作らせることはできなかったが、この技術的問題を切り抜ける気の利いたやりかたを見つけ出した。まず技巧を凝らした実験を行ない、自然受精した胚に遺伝的欠陥を作り出して、胚が胎盤を作る潜在能力だけを持ち、胎児組織は作らないようにする。次に、ES細胞とこの変異胚を混ぜ合わせて、その混合物をマウスの子宮内に置く。すると、変異細胞がマウスの母親とES細胞とのあいだの胎盤ルートへと形態を変えた。そして、ES細胞は〝単独で〟、完全な動物へと形態を変えたのだ。ナージとロサントはアカデミーの機関誌でその結果を発表した。人間との関連性は？「人間に由来する完全な幹細胞を作り出すことは、そうしたいと望むのなら、理論的にも現実的にも可能だと思う」と、ナージ博士は言った。(47) だから、〝単独で〟という語句を〝生成物〟と絡めて解釈するのなら、ペトリ皿のES細胞の塊は〝胚である〟。

　わたしが今述べた論理的主張を批判して、ジョンズ・ホプキンズ大学医学部の第一線の幹細胞研究者ジョン・ギアハート教授は、明示はしないが、〝単独で〟という語句を〝過程〟と絡めて解釈する。「決め手となるのは、これらの細胞はもともと単独では［人間に成長する］能力を持たないということでなければならない」(48) しかし、過程と絡めるのなら、ペトリ皿で受精して生み出された人間の胚細胞についても同じことが言えるだろう。それは、医師の技術的手助けを受けて人間の子宮の細胞と接触しなければ、胎児になることはできない。胎児の成長における自然受精した胚と（ナージ-ロサント処置を受けた）ES細胞との差異は、胎盤の供給プールだけだ。そして、胎盤の供給プールの種類を問わず、生きている人間の胎盤に敬意が払われることはない。胎盤は誕生後に医療廃棄物として処分されるか、すりつぶして高価なヒト胎盤タンパク質シャンプーの原料として使用する化粧品会社に売却される。

それでも、妊娠を開始するには第二のヒト細胞源が必要だと、ギアハートらは主張する。しかし、この制約はほぼ確実に克服可能だ。ナージとロサントはマウスのES細胞を胎盤細胞に転換する方法を考え出せなかったが、ジェームズ・トムソンが人間のES細胞でこれを実現するやりかたを現実に考え出した。[49] さらにはっきり言えば、トムソンは転換の原因となる特定の分子を発見したのだ。[50] だから、ほとんどの科学者があなたに信じ込ませたがっているのとは逆で、ペトリ皿のヒトの胚が〝単独で〟人間になるのと同じように、人間のES細胞はおそらく〝単独で〟――どちらと絡めて解釈しても――人間になる全般的な潜在能力を持つだろう。それどころか、一枚のペトリ皿のES細胞は、じゅうぶんな数の子宮を利用できたら、もしかすると数十万人の人間を生み出しうる。皿をあと一日培養器に入れておくと、人間になりうる存在の数は二倍になる。ES細胞に対して胚とは異なる扱いをするべき唯一の理由は、生物学とはなんの関わりもなく、あくまで信仰と政治に絡むものなのだ。

ES細胞は、成人期に達した人間に特有のものと長いあいだ考えられてきたひとつの機能を果たす能力を秘めている。先に説明したとおり、ペンシルヴェニア州の科学者シェーラーとヒュブナーは、ペトリ皿の中でES細胞が完璧に正常な卵子を産出するように仕向ける方法を初めて示した。[51] 信じられないことだが、初期の細胞の性別は重要ではない。男性と女性、どちらのES細胞でも可能だった。それから数カ月後の二〇〇三年、三菱化学生命科学研究所の野瀬俊明がマウスのES細胞を精子に転換するのに成功したと公表した。さらにその数カ月後には、ジョージ・デイリーが率いるMITとハーヴァードのグループが、ES細胞由来の精子が（遺伝子の見地からは）適切にプログラムされていることと、卵子と結合して正常な胚を形成できることを確認した。[52] それは、人間のES細胞がほぼ確実に(ペトリ皿の中で)お互いと有性生殖作用に従事して、特有の遺伝子を持つ人間の胚を生産しうるということを意味する。そのような胚が発達して生まれた子どもは、この世に生を受けた両親を持たないだろう。

驚嘆すべきは、有性生殖がもっぱらペトリ皿の中で、ある世代から次の世代へと継続されうることだ。ふたつのES細胞系統の交配から作り出された新しい胚そのものがES細胞に転換され、そのES細胞が精子や卵子に転換可能で、その精子や卵子が結合して有性生殖でまた別の一連の胚を生み出すというように、どんどん続いていく。それぞれの胚が、両親となったふたつの胚から無作為に抽出されて混ぜ合わされた遺伝子が作り出す固有の遺伝子配合を持つだろう。そして、ひとつの世代から次の世代へと移るのに必要な時間はわずか数週間だろう。この複数世代の〝ヒト一族〟の先祖(クローン技術で最初のES細胞系統に統合された細胞の提供者)は男女両方か、男性のみか、どちらでもいい。[53] 数年間続けて生殖を行なったあと、胚は女性の子宮に着床させられて、今まだ生きている人々の曾々々々々々々々々々孫となる人間へと成長しうる。今述べた奇妙な手順を、わたしは現実に推し進めるべきだとは思わない。ここでは、胚を人間扱いすることから生じる擁護しがたい哲学的問題を、読者が正しく理解するのを手助けするために、単なる思考実験としてこの手順を述べたにすぎない。

ゲームの性質を変える

過去とまったく同様に、科学技術はふたたび、独善的な哲学と神学を大きく凌駕した。今ではきわめて明白なことだが、初期段階の胚とES細胞とヒトの体内にあるほかの細胞のほとんどを比べても、形而上学的な差異は存在しない。成熟細胞は胚へ転化でき、胚はひと突きで幹細胞になり、幹細胞はひと突きで胚になり、それをひと突きすると幹細胞に、それをひと突きすると成熟細胞に、などと続いていく。驚くべきことではないが、幹細胞研究者は、これらの発生学的知識の数々とそれが秘める政治的な意味を積極的に公表したいとは思っていなかった。しかし現実には、そういう心配をする必要などない。

ロバート・ジョージ教授とその同僚パトリック・リーは、このような科学的事実を知っているにもかかわらず、「幹細胞は人間（または〝赤ん坊〟）だとは誰も主張していない」と今でも論じる。[54] なぜか？ 理由は、受精によって生み出されたかクローニングによって生み出されたかを問わず、胚は、発生の初期段階（名もないサルやマウスの胚とまったく変わらない）に〝わたしたち〟みんなが示していた姿と同じような姿に見えるからだという。一方、ES細胞は、ペトリ皿の底で数百万の細胞に成長して目に見える〝くさむら〟を作り出すことができる。このES細胞の群れは、子宮内部で適切な環境を与えられれば、後期の胚と胎児の姿に〝見える〟生物体にゆっくりと形態を変えていくだろう。この連続した流れのどこかで突然人間が現われる、と妊娠中絶反対派は主張する。生物学的にはそう明言できる境界などないのだから、その突然の出現は、人間が魂を授けられることによって引き起こされる架空の〝存在論的飛躍〟を表わしているだけだ。ジョージなど同じ目的を持つ妊娠中絶反対派の知識人は、当人たちがどんなに否定しても、そういう飛躍を想像しているとしか考えられない。

人間の細胞は――胚発生の最も初期の段階にあるものを除いて――人間ではないという一般通念は、人間の細胞の特許取得可能性に関するアメリカの政策の基盤となっている。一九八八年、ジョンズ・ホプキンズ大学医学部教授のカート・シヴィンは、特定のタイプのヒト細胞に対する最初の特許を取った。この細胞はやはり特許で守られている技術を使って、複雑に混ぜ合わされた患者の細胞から精製抽出したものだ[55]。驚くべきことに、人間の生命に関するこの特許（〝ヒト幹細胞〟という題がつけられている）は、その後九年間にわたって主要新聞のいずれにも掲載されなかった[56]。しかし、シヴィンの特許は、〝胚性幹細胞〟と遺伝子工学によって作られたヒトの胚性幹細胞を含む、さまざまなタイプの生きているヒト細胞に関する特許へとつながった[57]。

科学者は今、自分たちの手法や生産物を詳しく述べるときに実際に使われる言葉が生物学的定義をはるかに超えた政治的な含みを持つことを理解している。だからこそ、スタンフォード大学医学部のアーヴィング・ワイスマンは、クローニングされた胚はクローンでも胚でもないと論じようとしたのだ。しかし、ウィリアム・クリストルがわたしたちに告げたように、異論のある実証実験を表わすのにすでに使用中の専門用語を変えようとしても遅すぎる。そこで、世界の一流クローニング専門家のうち数名――ターニャ・ドミンコとアラン・コールマンを含む――が、もっと政治を意識した科学が必要だという結論を出した。二〇〇一年六月、彼らは「着床前の初期胚や胎児組織の形成を伴わない〝多能性幹細胞〟の作成方法」の発明に対してアメリカの特許を申請した（引用は申請書第一ページ第一文の説明より）[58]。

現在の胚クローニング実証実験は、DNAを抜き取った卵子に成人の核を埋め込む行為を基礎にしている。卵子の細胞質が成人のDNAを胚の状態に〝再起動〟させるのだ。ドミンコとコールマンによって発明されたプロトコルでは、卵子ははじめに〝細胞質体〟と名づけられた十から五十のミニ卵子に分割される。ひとつないしそれ以上の細胞質体が成人の核と結合すると、再構成された細胞が〝多能性幹細胞〟と発明者が呼ぶものに成長し、この細胞を〝個人に合わせた〟細胞治療に応用できる。ふたりの記述の中では、クローンやクローニング、胚などの異論のある言葉への言及がすっかり回避されていた。六カ月後に提出された別の特許申請では、ほとんど同一の手順を記述しているが、言葉の使用を避けるだけでなく定義の否定まで行なっている。[59] 発明者のマイク・レヴァンデュスキはミニ卵子を〝ウープラストイド(ooplastoid)〟と呼ぶが、もっと重要なのは、そのプロトコルの生産物を〝多能性非胚性幹細胞(PNES)〟と名づけたことだ。これらの科学者はみんな、ミニ卵子はマキシ卵子(つまり未分割の完全な人間の卵子)とはまったく異なるという自分たちの主張を、一般大衆が受け入れてくれることを期待している。マキシ卵子が〝胚をクローニングする〟のに使われるのに対して、ミニ卵子は細胞治療のための(クローニングされたものでも胚に関するでもない)多能性幹細胞を生産するために使用されるにすぎないというわけだ。

さらに受け入れやすい解決策がまもなく現実のものになる。二〇〇三年五月、エディンバラ大学の研究者オースティン・スミスと日本の奈良先端科学技術大学院大学の山中伸弥がそれぞれ独自に、ある細胞にES細胞のようなふるまいをさせるうえで決定的に重要な遺伝子を発見したのだ。[60] 〝ナノグ(Nanog)〟と名づけられたこの遺伝子は、ほかのすべてのヒト遺伝子と同じように、あなたの肉体のすべての細胞中に〝現存している〟。しかし、あなたとわたしの肉体ではどの場所でも、〝ナノグ〟遺伝子は完全に沈黙している。活動するのは初期胚とES細胞のみに限られる。〝ナノグ〟は特別なタンパク質を生産し、このタンパク質が胚の特徴を作り出すのに関わっているほかの遺伝子をコントロールするようだ。科学者は成熟細胞中の〝ナノグ〟遺伝子を活性化し、それによってマキシ卵子もミニ卵子も使わずに直接その細胞をES細胞に転換する方法を習得できるだろうと期待している。これらの成熟細胞由来のES細胞は、もはや性別にも生殖にもまったく結びつきを持たず、ここでもまた〝多能性幹細胞〟と呼ばれることになる。人間のES細胞を初めて分離した科学者ジェームズ・トムソンが〝ナノグ〟の発見に対して言ったことだが、「わたしたちが多能性について多くのことを知れば知るほど、おそらく体内のどの細胞からでも幹細胞を作れるように、細胞を再プログラムすることが可能になるだろう[61]」。クローン羊のドリーを生み出したチームのリーダー、イアン・ウィルマットも、成熟細胞を胚細胞に変換する技術が五年から十年で利用可能になると信じている[62]。そして、それが実現したとき、一般大衆の多くはそういう技術に精通している賢者でなくてよかったと胸を撫で下ろすのではないだろうか。

第九章

魂を数える

わたしの母はふたりの子どもを産んだわけではありません。ひとり以上ふたり未満の子どもを産んだのです。(1)

一八九九年に三本の動く脚とふた組の生殖器を持って生まれたフランシスコ・A・レンティニの自己描写

わたしたち［人間］は三本めの手を持たない。そして、二本の手を持つ生物であることが、完全なる真の人間として生きていくためには大切なのかもしれない。わたしたちは人間特有の肉体を与えられている。(2)

チャールズ・T・ルービン、デューケイン大学政治科学部教授、二〇〇四年

どちらが母親になるのか

一九六四年八月末、巡業中のサマーカーニバルの一行がフィラデルフィアのすぐ北にある、ペンシルヴェニア州ジェンキンタウンという労働者階級の住む町にやってきた。一行はある日の夕方、トラックとトレーラーを連ねて到着し、翌日の夜明けには杭を打ち込んで店開きをしていた。いとこの二ール・ギンズバーグとわたしは、フィラデルフィアじゅうの電柱に留められたポスターで、カーニバルが来ることを知っていた。そしてふたりで——当時十二歳だった——その日わざわざジェンキンタウンまで出かけていった。まとわりつくような熱気が漂うなか、わたしたちはきめの細かい砂で覆われた地面を足を引きずりながら歩き、脂で汚れたホットドッグ屋、観覧車、勝ち取るのはほとんど不可能な動物のぬいぐるみを並べたいかさま射撃ゲームや投擲（とうてき）ゲームの店の前を通り過ぎた。

こういう一九六〇年代当時のアメリカのカーニバルでは、周縁部に余興がずらりと並び、それぞれが小さなサーカス用テントの中に隠されていた。正面に客引きが立って、選び抜かれた数行の口上を大きな声で繰り返し叫び、通行人の好奇心をかき立てようとしている。宣伝されていた見せ物の中には、調教師にひれ伏す外国の動物や剣を呑み込む男などがあったが、その詳細はずっと昔に忘れてしまった。しかし、ある特別な見せ物だけはけっして忘れない。

「頭がふたつある赤ん坊だ。生まれたときもそのあとも生きてたよ。お代はたった十セント」

客引きの姿形は覚えていない。わたしの記憶の中ではその声と顔は、子ども嫌いのふとっちょで、わたしたちの故郷をジョークのネタにした二十世紀の喜劇映画スター、W・C・フィールズのそれだった。数分ごとに、客引きは同じ口上をがなり立てた。

「頭がふたつある赤ん坊だ。生まれたときもそのあとも生きてたよ」

そんなことが本当にあるんだろうか？　どうしてひとりの人間に頭がふたつもあって、生きていられるのだろうか？　わたしは男に近づいて、ばか正直にテントの中の赤ん坊は〝今も〟生きているのかと尋ねた。男はわたしを見ようともせずに、頭越しに答えをがなり立てた——「生まれたときもそのあとも生きてたんだ。十セント払えば、拝めるよ」わたしはほんのしばらくためらったあと——当時子どもにとって十セントは貴重だった――お金を払ってこの赤ん坊を見ることにした。その姿を頭の中で想像したとき、人間であるとはどういうことかについての自分の観念が揺らいだのだ。男はテントの外幕を脇に引っ張ってわたしを通し、背後から最後にもう一度大きな声で「生まれたときもそのあとも生きてたよ」と呼びかけた。

中は暗かった。わたしは目が慣れてくるまで待って、奥にあった二枚の幕の隙間を通って中に入り、小さなテーブルの上に置かれた分厚いガラスの筒を見た。今思えばホルマリンだったのだろう。およそ高さ六十センチで幅三十センチ、吐き気を催すような液体が入っていたが、一本の裸電球で照らされていた。瓶の中には、ひとつの体からふたつの首が分かれ、その先に別々の頭がついている赤ん坊が入っていた。瓶が狭いので体はまっすぐ直立した状態になっており、大きさはちょうど新生児くらいだった。〝お代の十セント〟を払ったほかの人たちは、しばらく見ると好奇心を満たされて立ち去ったが、わたしは誰よりも長くその場にとどまり、この小さな赤ん坊の体のまわりを回っていた。これは本物なのか？　科学に興味を持つ少年らしいわたしの本能が、その人間に似た呼び物はあまりにも完璧すぎて本物としか思えないと告げていた。手の指の爪、足の指の爪、それぞれの指の適切な位置に刻まれたしわはあまりにもみごとで、眉毛は四本とも、一直線に並んだ毛がきれいな形を作り出している(3)。おそらく客引きは、嘘をついてはいなかったのだろう。赤ん坊は生まれたときは生きていたのかもしれない。しかし、どうしてひとつの体にふたりの人間が宿っているのだろうか、もしひとりしかいないとしたら、すべてが揃ったふたつの頭のうちどちらに存在しているのだろうか、とわたしは不思議に思った。この難問がきっかけとなって、わたしは急速に、人間の個体性についての、信仰を基礎とした絶対主義的観念に幻滅を深めていったのだった。

三十五年後、一九六四年のジェンキンタウンのカーニバル開催地から十五キロも離れていない場所で、わたしはふたたびお金を払って、体がつながった状態で生まれ、そのあとも生きていた人々についての特別な展示会を見た。このとき、わたしは十二歳の娘レベッカといっしょに、一世紀の歴史を持つフィラデルフィア医学校付属ミュッター博物館にいた。この目立たない古風な展示会場を訪れたほかの人々は、ほとんどが医師で、なかには家族を引き連れた者もいた。しかし、同じ衝動を感じていた。労働者階級のカーニバルの余興で見かけるような人々ではなかった。ジェンキンタウンのカーニバルの労働者たちもフィラデルフィアの医師たちも、かつて〝造化の戯れ〟と呼ばれたものに刺激された奇妙な欲望を感じていたのだ。

博物館の展示のほとんどは、半世紀のあいだ手つかずになっていた。(4) 大きな陳列ケースには、〝石鹸女〟という名で知られている太った女性の、土から掘り出された体が入っていた。女性の肉は、理由はわからないが、自然に腐敗した黒い蠟（ろう）状になり、それ以上腐ることはなかった。別のケースには、ある女性の額から生えた角が入っていた。便秘で大きく膨れあがった腸がぽつんとひとつあり、その隣には、かつて人間の顔や臀部を覆っていた巨大な良性腫瘍がいくつも並ぶ。しかし、この日、博物館の目玉は〝結合双生児〟――共有する臓器や体の部分の数はさまざまだが、ひとつに結合した体で生まれてきた双生児――についての特別展示だった。(5)

結合双生児は胚発生の第二週から四週の段階で起こった変異に由来する。受精直後の十日間に、最初の単一細胞は分裂を複数回繰り返し、約百の細胞を含有する非常に小さな球体を生み出す。驚くべきことに、これらの個々の細胞はどれも、さらに発達するために現実に必要なものというわけではない。半分を取り除いても、残りで完璧に正常な人間を形成できる。一方で、取り除かれた半分も独自にもうひとりの人間、つまり〝一卵性〟双生児の相方へと成長できる。[6] 双子ほど多くはないが、まれにひとつの胚が三つないし四つの細胞グループに分かれて、それぞれが生き残って独自に成長し、一卵性の三つ子や四つ子に育つことがある。しかし、自然成長によって起こりうるすべての出来事の中で最も珍しいのは、ひとつの胚が一部だけ分かれるという出来事だ。その結末は、単一の統一生物体でも複数の個別生物体でもない。その中間になる。間違いなく、ミュッター博物館の学芸員は十二歳の子どものように、結合双生児が持つ哲学的含意に魅了されたことだろう。

チャンとエンのバンカー兄弟は、今でも最も有名な不完全双生児だ。一八一一年にシャム（今のタイ）で誕生したときから、ふたりは上腹部でひとつにつながり、肝臓と血液を共有していた。[7] 今日の医学水準から見れば、ふたりの肉体結合は比較的軽度で、外科手術で簡単に分離できただろう。チャンとエンは十代のころ、アメリカの興行主に見出される。この興行主はふたりをアメリカに連れて帰り、国じゅうを回って、〝フリークショー〟と呼ばれる見せ物に出演させた。〝シャム双生児〟という名で宣伝されたふたりは、まもなく独立を勝ち取り、自分たちの巡業を管理して成功を収める。そして、二十八歳で引退してノースカロライナ州の小さな町に住み、そこでふたりの姉妹と結婚して、全部で二十二人の子どもをもうけた。六十三歳になったとき、夜中にチャンが脳の血栓が原因で死亡した。チャンとエンが共有していた血液はチャンの体にたまり始め、数時間後、エンも貧血を起こして死亡した。

ミュッター博物館には、今では石化した共有肝臓とともに、チャンとエンが死亡した直後に作られた石膏模型が展示されている。同じ部屋に、マッコイ姉妹の写真がある。ミリー・マッコイとクリスティン・マッコイは一八五一年に生まれたが、背中の真ん中から骨盤まで脊椎が融合していたために、肛門はひとつだが膣はふたつできていた。[8] ふたりの四本の脚のどれかをくすぐると、どちらの顔もくすくす笑った。[9] 彼女たちがふたりなのかひとりなのかの判断は、観察者と状況によって異なった。伝記作家のジョアン・マーテルは、「部外者はふたりを双子と見るが、〔母親の〕モネミアにとっては、ミリー＝クリスティンはひとりの赤ん坊でありひとりの子どもだった。家族はふたりのことをひとりの娘と考えていた」と説明する。この数えかたがあいまいだったことが素材となって、〝ふたつの頭を持つナイチンゲール〟と宣伝されたサーカス活動が生まれた。ふたりの墓を作った者でさえ、「ふたつの思考を持つひとつの魂。ひとつの鼓動を打つふたつの心臓」という、〝ひとりともふたりとも解釈できる〟墓碑銘を刻み込んで、混乱を表わしている。[10]

しかし、展示されていたほかの保存肉体、骨格、模型、写真は、さらに不明瞭なものだった。目がひとつずつあるふたつの頭が完全に合体し、それが二体の完全な胴体につながって、足と手が四本ずつついている状態で生まれた乳児、ひとつの頭の両側に顔がついている乳児、頭部はないがそれ以外は完全に形成された〝寄生性双生児〟が腹部から出現している成人男性など、展示はさまざまだ。さらに、わたしが何十年も前にサーカスの余興で見たものと同じような、ひとつの体に頭がふたつついた〝二頭症〟の子どもが複数展示されていた。

夢中になって眺めている娘のレベッカの中に、若いころの自分が見えた。しかし、同年齢のころの父親とは違って、レベッカはすでに地元の公立図書館から借りた子どもの本で、二頭症の双子という概念にはなじんでいた。[11] 著者は、単一の体の上についているふたつに分かれた頭の中にはふたりの別々の子ども——好き嫌いが異なる——が存在することを強調するために、ありとあらゆる手段を使っていた。そこには、マッコイ姉妹の事例に伴っていた混乱はいっさい見られなかった。だが、わたしの娘はほかのことで悩んでいた。「パパ、もしふたりに赤ちゃんができたら、どちらが赤ちゃんのお母さんになるの?」と質問する。わたしはそれまでそういう疑問を抱いたことはなかった。

ひとりからふたりへ、そしてその中間のすべて

オプラ・ウィンフリー　好奇心にあふれるみなさんに、双子について知ってもらいたいことはなんですか?

パティ・ヘンゼル(アビゲイルとブリタニーの母親)　ふたりは普通の少女だということです。

マイク・ヘンゼル(アビゲイルとブリタニーの父親)　ええ、ふたりは普通の六歳の少女なんです。(12)


オプラ・ウィンフリー・ショー、一九九六年四月五日放送

ひとつの体にふたつの魂(13)

『ライフ』誌の表紙を飾ったアビゲイルとブリタニー・ヘンゼルの写真の見出し、一九九六年四月

パティ・ヘンゼルの妊娠は、産科医の言葉を借りると、まったくもって〝順調〟だった。超音波検査はひとつの正常な胎児の存在を示した。だからこそ、パティと夫のマイクは、一九九〇年三月七日に帝王切開で〝二頭症の赤ん坊〟を出産したとき——立ち会った医師や看護師と同様に——心の底からショックを受けたのだ。アビゲイルとブリタニーは、二本の脊椎、ふたつの心臓、三つの肺が収まって

いるひとつの胸郭を持つ単一の上半身に、すべてが揃ったふたつの頭がついていた。腹部には三つの腎臓、ふたつの胃があるが、肝臓と腸管、膀胱、子宮、骨盤、膣はひとつしかない。二本の正常な脚と腕を持って生まれたが、さらに上部胸部の真ん中に三本めの退化した小さな腕があり、誕生直後に取り除かれた。真横から見ると、ふたりはひとりの子どもに見える。それが胎児段階の超音波検査では識別できなかった理由らしい。医者は当初、最悪の事態を心配したが、子どもたちは、それぞれが正常な心臓を持っていたおかげで、並外れて健康だった。

一世紀前に生まれていたら、アビゲイルとブリタニーは〝フリークショー〟の巡業で自分たちを見せ物にして生計を立てることができただろう。しかし、今日の西洋社会ではもはや、人間をサーカスの余興で〝造化の戯れ〟の見せ物にすることを、一般大衆が許さない。今の子どもたちは、すべての人は威厳ある存在として敬意を持って遇される価値があると教えられている。外観が異なる人々に対して寛大であるべきだと力説するために、パティとマイクのヘンゼル夫妻は、注意深く選んだ少数のテレビ番組や週刊誌の記事に娘たちが登場することを認めた。だから、アビゲイルとブリタニーは、ミネソタのある場所で六年間ひっそりと育ったあと、『オプラ・ウィンフリー・ショー』と〝ひとつの体にふたつの魂〟という見出しがつけられた『ライフ』誌の表紙と記事でマスコミに初登場した。

信じられないことだが、アビゲイルとブリタニーは生後十五カ月で歩けるようになり（多くの単生児よりも早い）、のちには練習によってひとつの体として走り、泳ぎ、自転車に乗り、靴紐を結び、バスケットボールができるようになった。手をたたいたり、下を見ないでトランプを切ったりもできる。このように左右の体の動きを高度に協調させることができるのは、ふたりの神経系統の機能が重なり合っているからではないかと思われる。精神面でも直接つながっていることは、お互いの心が読める父親は記者にこう話した。「先日、ふたりは座ってテレビを見ていた。アビーがブリティに言った。『わたしと同じことを考えてる？』ブリティが答える。『そうよ』そして、それ以上言葉を交わさずに、ふたりは寝室に行った。ふたりとも同じ本を読みたかったんだ！」[15]というふたりの不思議な能力で証明される。[14]

しかし、現代社会では、ほとんどすべての人が双子のそれぞれの個性を強調したがる。『生まれながらに結びついて』という子ども向けの本によると、「肉体的にはひとつに結びついているにもかかわらず、アビゲイル・ヘンゼルとブリタニー・ヘンゼルは〝別個の〟個人です。それぞれが自分の宿題をきちんとし、試験を受けるのです」[16]。もちろん、その本で、わたしの早熟な十二歳の娘の頭を悩ませたような疑問にページが割かれているはずがない。ふたりが大人になって男性と性的関係を持つに至ったら、どちらの女性がセックスするかを、ふたりはどうやって決めるのだろう？　性的に活発な別の結合双生児の事例の証言によると、双子のひとりが「単に意識をそらせて、ほかのことに注意を向ける」のだという。[17]しかし、この別の双子は腰から下はすっかり統合されているわけではなかったが、アビゲイルとブリタニーは性的な観点からも生殖の観点からも〝単一の〟女性だ。ふたりが性行為に携わる場合、それは肉体的に統合された存在として行なうことになる。妊娠したとすると、それはふたりが共有する肉体に起こるのであり、どちらかひとりに個別に起こるものではない。ひとりの男性と結婚するのなら、腰から下は一夫一婦主義だが、首から上は重婚になる。

胚の上部ではなく底部が部分的に割れると、下半身だけが複製されることがある。そういう例を結合〝双生児〟と見なすか否かは、ひとりの人間と考えるか、それ以上の何かと考えるかによって変わってくる。部分的に複製されたフランク・レンティニは、十九世紀後半から二十世紀初めにかけて不完全な双生児として生まれたほかの人々と同じように、自分の誕生時の特徴を利用してサーカス巡業で金を儲けた。レンティニには自分の意志で動かせる脚が三本、ペニスがふたつあった[18]。レンティニは「世界で唯一の三本脚のサッカー選手」と宣伝された。自己宣伝用パンフレットには、「わたしの母はふたりの子どもを産んだわけではありません。ひとり以上ふたり未満の子どもを産んだのです」と書いている[19]。フリークショーの競争相手のひとりに、ジョセフィン・コービンという腰のすぐ上のところから脊椎が分岐して、脚が四本と性器がふたつある女性がいた。アビゲイルとブリタニーの逆だ。ジョセフィンは結婚して、一方の膣からふたり、もう一方から三人、計五人の子どもを産んだ[20]。かつて医者から左側が妊娠していると知らされたとき、ジョセフィンは「先生は間違っておられると思います。右側でしたら、信じる気になったかもしれませんけど」と答えた[21]。

ひとつの胚がほぼふたつに分離し、それぞれ独自に成長し始めてから、その数日後に、ある程度成長したふたつの胚の前面が端から端までふたたび完全に癒着することが、まれにある[22]。これらの子どもはひとつの胴体から多くて四本の脚と四本の腕が生えることがある。ひとつの頭の両側に完全なふたつの顔がついているように見える。「正面は後ろでもあり、左は左であると同時に右なのだ[23]」さらに言えば、それぞれの顔は実際にはふたつの異なる胚に由来する左側と右側の部分が継ぎ目なく融合している[24]。このようにして生まれた子どもが生きていたことを示す証拠は存在しないが、生存の可能性は考えられないわけではない。

部分的な分割のあとで、ひと組の胚の一方が正常な成長を続けるのに、もう一方は続けないときがある。もしふたつがお互いに癒着したままなら、正常な胎児は異常な〝寄生〟胎児にとって、生命線ないしは〝宿主〟として活動することになる。そのまま成長が続いて、単独では生きられない〝寄生胎児〟

とどこかで結合しているという点を除けば、健康な子どもが生まれることもありうる。一九三二年に生まれたベティ・ルー・ウィリアムズの体側からは、腰から下しかない双子の体が突き出ていた。[25] この寄生児は機能している心臓を持っておらず、未発達の頭部はベティ・ルーの腹腔内に隠れてしまっていた。[26] ベティ・ルーと寄生児は、ベティ・ルーがぜんそくの発作によって二十三歳で死ぬまで、フリークショーの巡業で成功を収めた。いつもフリークショーに出ていた別の少年ラルーは、一八七四年インド生まれで、首から下だけの寄生児が体の外側に付着していた。寄生児には腕が二本、脚が二本、ペニスがひとつあり、ペニスは「ときどき勃起の兆候を示し、ラルーが知らないうちに尿を排出すると言われていた」。[27] 双子の未発達の頭部はほぼ確実にラルーの体内に埋め込まれていたと推定できるが、X線写真で検査したことはなかった。頭のない寄生体は、寄生体を持つこと以外は正常な胎児や人の、胴体や頭のほぼすべての場所から育つ可能性がある。最近の事例の写真では、形の整った両脚と片腕を持つ寄生児が、発生後期に流産した胎児の口と頬から姿を現わしていた。[28]

ひとりの人間に付着した頭のない寄生体よりさらに奇妙で珍しいのは、完全な頭部や顔を持つ寄生児が、寄生体を持つこと以外は正常な人間に付着している例だ。一九三〇年代に中国で生まれ、地元では〝ふたつの顔を持つチャン〟として知られていたチャン・ツゥピンは、右の頬にふたつめの顔があり、その顔には歯が揃った口と舌に加えて、目・鼻・耳と独自の小さな脳の痕跡がついていた。大人になったとき、チャンは旅のアメリカ人に見出されてアメリカの医療施設に送られ、そこでふたつめの顔と頭を外科手術で取り除いてもらった。二十世紀以前の医学文献には、寄生頭部や顔面が、寄生体を持つこと以外は正常な人々の体から姿を現わしている症例の報告が載っている。記録がはっきり残っている昔の事例が、一六一七年にジェノヴァで生まれたラザルス・コロレドだ。[29] ラザルスは少なくとも三十歳まで生き、胴体と奇形の両腕と両手、形の整った普通の大きさの頭を持つ小柄な男の子が腹腔から突き出していた。小さな男の子は別個にジョアン・バプティスタという洗礼名を与えられた。ジョアンは目をあけたことも、物を食べたことも、話したこともなかった。機能している心臓も消化器系も持たないのはほぼ確かで、栄養面ではもっぱらラザルスに依存していた。[30] しかし、寄生児は自分の腕を動かすことができたし、触ると反応を示した。ラザルスは〝弟〟のジョアンと意思疎通できると語ったが、どういう意味でそう言ったのかは明らかではない。

ときには、結合双生児が頭蓋骨上部の表面ですっかり接着し、そこから完成したふたつの体が反対方向に伸びていることがある。ふたつの頭部のあいだの分割線は必ずしも明確ではないので、外科手術で分離しようとすると問題が多い。生後十カ月のネパール人の双子ガンガとジャムナ・シュレスサの事例では、中央で共有している脳領域をふたつに分割するか、どちらか一方に与えるかしなければならなかった。二〇〇一年の手術の前はガンガのほうが〝元気がよかった〟が、手術後はジャムナのほうがよい状態で生き残った。[31] 誕生以来、ガンガとジャムナがひとつの長い肉体を持つふたりの子どもだという主張に疑問を唱える者はいなかった。しかし、別のきわめてまれな、記録の不明確な事例では、ふたりめの子ども（あるいは寄生体？）は同様に頭頂部が接着しているが、頭部はひとりめの子どもと同じ大きさでありながら、首から下には何もなく、逆さにした切り株のようになっている。記録が最もよく残っている実在例は、一九七〇年に生まれたいわゆる〝ベンガルの双頭少年〟だ。[32] ふたつの頭部はほぼ同じ大きさで、少年が死んだあと、イギリスの医師がひとつにつながった頭蓋骨の中に分離した別個の脳を確認した。少年が眠っているあいだ、ふたつめの頭部の目はあいたままで、動き続けることができた。ふたつめの頭は泣き、よだれを垂らし、さわると独立的に反応できる。「乳房を含ませると、唇は吸おうとした」この少年あるいは少年たちは四歳のときに蛇に噛まれて死んだが、二倍の大きさの頭蓋骨は今でもロンドンにあるハンター博物館に展示されている。

もうひとり、切り株のような第二の頭部が天地逆に接着した子どもが、二〇〇三年の終わりにドミニカ共和国で生まれた。ふたつめの頭部は神経的な活動を示し、口、鼻、目、そしてじゅうぶん発達していない耳がついたひとつめの頭部よりも大きかった。家族と医者とマスコミは生きている結合体全体をひとりの子どもと呼び、この子にはレベッカ・マルチネスという名前がつけられた。しかし、もしふたつめの頭部にちゃんとした胴体がついていたら、おそらくもうひとつの名前がつけられただろう。不幸なことに、生後八週めに第二の頭部が取り除かれた(そして、そのまま死に至らしめられた)とき、残された子どもも出血多量で死亡した。[33]

乳児の体内の乳児

コルカタ、二〇〇〇年十一月二十七日、ロイター通信――先週腹腔から死んだ胎児を除去してもらった男児は順調な回復を遂げている、とインドの都市コルカタの医師が本日語った。

アンマン(ヨルダン)、二〇〇二年十二月二十六日、UPI通信――ヨルダンの医師が、つい最近まで胎児だった女児の体から胎児を摘出したと伝えられた……女児の母親は、娘の腹部が膨らんでいるのに気づいてどこかおかしいと考え、医者に連れていって検査を受けた。

ロンドン、二〇〇三年七月十一日、プレスアソシエーション通信――ガンサー・フォン・ハーゲンズ教授が、ある少年の体内で「七年間」成長し続けたその少年の双子の弟の検死解剖を実施する。弟は生きていた形跡があり、頭部と髪の毛と歯の一部に加えて四肢と爪と認識しうるものを持っているという。少年が、自分の体の中で何かが動いていると訴えたため、弟の体は外科手術で除去された。

もしあなたがある年齢以上なら、こういう話がスーパーで売られているタブロイド雑誌の第一面をでかでかと飾り、三十二ページめに気味の悪い写真が掲載されていたのを覚えているだろう。そして、もしあなたがわたしのような人物なら、おおかたその写真は、だまされやすい大衆に財布のひもをゆるめさせようとする悪徳出版者が不正にでっちあげたものだと考えただろう。しかし、人間の発育経路の驚くべき多様性に関して言えば、事実はまさに小説より奇なりなのだ。〝胎児内胎児〟（ある胎児の体内で別の胎児が成長すること）という病状は、まれではあるが現実に存在する。これは、胚が広範囲だが不均衡に分割したあとで、大きなほうが小さなほうを呑み込み、ふたつのゆるやかに接着した断片がそれぞれ独自に発達することが原因で起こる。外側の生物体は、輪郭のはっきりした体内生物体を抱えたまま、それ以外の点では正常な子どもとして生まれる可能性があり、外側の子どもが大きくなるにつれて、体内生物体が独自に発達して成長し続ける可能性もある。「男性が自分の弟を妊娠しているると言ってもよさそうな事例……あるいは事実が明らかにならないまま乳児が自分の双子の弟妹を身ごもっているような奇妙な事例」は、『医学の異常事例と希有事例』という一八九七年に出版された病理学の古典に列挙されている。(34)

胎児内胎児は妊婦の体内では、大きなほうの胎児に付着した臍帯（さいたい）を通じて栄養を吸収しながら、液体で満たされた自分の羊膜の中を漂っていられる。(35) たいていは、胎児の体内にいる双子の心臓と脳は未発達であるか、欠損している。(36) それにもかかわらず生きているのは、「胚の生存のために必要な構造は「機能している」心臓だけであり、しかも、胚にとって必要な酸素と栄養を提供してくれる双子がいれば、その臓器すらなくてもかまわない」からだ。[37] ほかの体の部分は程度の差はあるが正常な場合も考えられる。[38] そして、小さいほうの双子が成長すると、大きいほうの体内にすっかり収まることもあるし、外側に飛び出ることもある。完全に体内に収まっている双子も、触れられると反射反応を示したり、宿主の中で自分の四肢を動かしたりするときがある。[39] こういう生物を描写する医学専門用語は、宿主になる大きな双子が完全に発生を終えて生まれてくるときにたまたま呈する外観によって変わる。もしこの生物が完全に体内に収まっていて、胎児ないし子どものように見えるなら、〝胎児内胎児〟と呼ばれる。もしこの生物が一部体外に出ていたら、寄生性双生児と呼ばれる。もし体内に入っていて系統立っていない臓器や組織の塊であれば、奇形腫と呼ばれる。では、その中間ならどうか？ 医師のあいだではそういう中間生物をどのカテゴリーに入れるかについて、長いあいだ議論が行なわれてきた。[40] 高度に系統立った奇形腫なのか、それともあまり系統立っていない胎児内胎児なのか？ 一部突出した胎児内胎児なのか、寄生性双生児なのか？ 寄生頭部なのか、ふたりめの子どもなのか？

疑問の余地なく常に当然のこととされてきたのは、たとえ医師が答えを探り当てるのに苦労していても、それぞれの事例に客観的な答えが実際に存在するという考えだ。ただし、それはロウィーナ・スペンサー博士が証拠となる事実を見るまでの話だった。スペンサー博士はアメリカで初めて小児外科を専攻した女性で、早くから数多くの結合双生児を分離してきた医師のひとりだ。[41] 一九八四年に臨床での医療活動から身を引いたあと、スペンサーは残された年月を「百五十七例の寄生児、百五十三例の胎児内胎児、百九十例の奇形腫を含む、一千三百三十七例の結合双生児について詳しい鑑定を行なうこと」に捧げた。[42] スペンサーはすぐに、これらの発生中の実体は「連続した一連の異常を」示しており、

「すべて異常な結合双生児の変種」であると気づいた。結末として起こりうる両極端の一方が腫瘍を持つ単生児で、もう一方が最初にシャム双生児と呼ばれたチャンとエンのバンカー兄弟だ。そして連続する領域の中間のさまざまな点に、ここまで述べたすべての事例があてはまる。各カテゴリーのあいだに確固たる境界線がないのなら、何を基礎にして、一部分割された胚から生み出されたそれぞれの癒合体内の人間の数を決めるのか？　どういう場合に、ひとつの肉体がひとりの人間だ、ふたりの人間だ、その中間だと、あるいは人間とはとうてい言えないものを含んでいると言えるのか？　答えは生物体そのものではなく、見る人の目の中にある。

一九八一年に撮影された低予算のげてもの趣味のホラー映画『バスケットケース』(現在DVDが発売されている)は、ある者は寄生児と考え、ある者は結合双生児と考える生き物に対するさまざまなまなざしを驚くほど深く掘り下げている。ドゥエインは体の右側から未発達の頭部が突き出た状態で生まれてくる。この頭部は話す能力を一度も得ることはなかった。母親は分娩中に死亡し、父親は、このような腫瘍を持つ赤ん坊が生きて生まれてくるのを手助けした医者にひどく腹を立てる。しかし、ドゥエインは成長するにつれて、〝シャム双生児の兄〟ベリアルと言葉を使わずに意思疎通をするようになった。優しく世話をしてくれる叔母も、ふたりを別々の人間と見ている。ドゥエインはベリアルを自分の体から分離してほしくないと思っていたが、父親が密かに手術を手配し、乗り気になっている医者に「ドゥエインはわたしの子どもだが、あいつは違う」と説明する。腫瘍は取り除かれてごみ箱に投げ込まれるが、ドゥエインが泣きながらベリアルを救い出し、籐のバスケットの中で生かし続けた(ここから映画の題名がつけられたのだが、同時に、生物学的に見ると不条理な話になってくる)。ベリアルは手術の前はよい人間だった——生物学的意味(良性腫瘍だった)でも比喩的な(善良な性質だった)意味でも——

が、自分の命がないがしろにされ、無理やり弟から分離されたことで、自分を人間として見ることを拒んだ社会に怒りを感じる。その結果、ベリアルは常に考えられてきたとおりの怪物ないし悪魔(ベリアルという名前は聖書の悪魔を意味する)に転化してしまう。

人間をどう数えるのか

現代の自由主義社会は、人間はひとりひとり外観が異なるかもしれないが、中身は——心の中は——みんな、あなたやわたしとまったく同じなのだという前提に基づいて営まれている。わたしたちは、アビゲイル・ヘンゼルとブリタニー・ヘンゼルのふたつの頭を見て、別個の声に耳を傾け、彼女たちがたまたまひとつの肉体を共有しているふたりの人間であると結論づけるべきなのだ。アビゲイルの頭を切り落としたら、たとえブリタニーが体の残りをすばらしい状態に保って生き続けられるとしても、アビゲイルの心は終わりを迎えるから、その行為は殺人になるだろう。しかし、頭部や心の個数で人間を数えるのは、必ずしもわかりやすいことではないし、簡単でも論理的でもない。

ほとんどの奇形腫、乳児の体内の胎児、寄生性双生児は、感覚をまったく持たない。これらの存在を外科手術で取り除いて、影響を受けている宿主の人間がよりよい生活を送れるようにすることに、どんな医者もまったく問題を見出さないだろう。しかし、宿主に接着した形の定まらない奇形腫からアビゲイルの頭に至るまで、中間に無数の成長形態が連続して存在しているわけだから、生物学を使って人間の心を持つものと持たないものの厳密な境界線を引くのは不可能だという教訓が得られる。すばやく動く目がついたベンガル人少年のふたつめの頭、ラザルス・コロレドの腹腔から姿を現わしている〝弟〟ジョアン・バプティスタ、ふたつの顔を持つチャンの頬についている顔と原始的な脳、そしてラルーの第二の体さえも、人間の心とそう呼べないものとのあいだの不分明な領域の中に入っている。それらは、生きる権利を持つに値する低機能の人間なのか、それとも宿主の外観をよくするだけの目的で外科手術で取り除くことが許される寄生生物なのか？　何を基準に、それを決めるのか？体の中にあるふたつの存在のうち〝より意識の明瞭な存在〟に、どうしてほしいかの決定をゆだねるというのが、まずは妥当な対処法だろう。しかし、そのような決定の結末は、思っているほど倫理的に明確というわけではない。

的を射た例が、作家ウォルター・ミラーが終末後の世界を描いたSF小説『黙示録3174年』（吉田誠一訳、東京創元社、一九七一年）に見られる。(43) 核兵器の放射性降下物が原因で、小説の女性登場人物のひとりは、アビゲイルとブリタニーのように、ふたつ並んだ形のよい頭を持って生まれた。しかし、一生を通じて、一方の頭は活動的で言葉を話すが、もう一方はおとなしくて言葉を話さない。意識を持つ女性ミセス・グレイルズは、第二の頭にレイチェルという名前をつける。「でも、レイチェルって何者？」ミラーは別の登場人物にそう尋ねさせる。「レイチェルが［ミセス・グレイルズの］娘なのか、妹なのか、それとも単なる肩から生えてきた異常生成物なのか、わからないわ」ミラーは、十六世紀のドイツに実在した、だらりとした第二の頭部を持つ現実の女性をもとに、この登場人物を作り出したのかもしれない。(44) 小説の終わり近くで、ミセス・グレイルズは恒久的な昏睡状態に陥り、そのせいで、変化のなかったレイチェルのほうがより明瞭な意識を持つ存在になった。レイチェルがひとりの人間であるという主体性は、ミセス・グレイルズが死んで初めて無制限に発揮されるようになる。

二〇〇〇年、マルタ島に住む女性が、脊柱と臀部が結合した双子の胎児を妊娠していることを知った。しかし、女性と夫はローマ・カトリック教徒としての信仰に基づいて中絶を拒否した。高度な医療を受ける必要があることに気づいたリナ・アタードと夫ミケランジェロは、イギリスへ行き、双子を分離する特殊な手術機器を備えたマンチェスターのセントメアリー病院に入院した。(45) 不幸なことに、出産はうまくいかず、誕生後にグレイシーとロージーと名づけられた双子のうち、ロージーの心臓と肺の機能が停止した。どちらの女児も身体的刺激に個別の反応を示すが、グレイシーは利口で機敏、ロージーはどちらかといえばおとなしかった。使える心臓も肺もないのに、ロージーはもっぱらグレイシーとつながっていることで生命を維持し続けていた。イギリス人の医師は、生命を維持する器官がひと組しか動いていなかったら、ふたりの体を維持するのにじゅうぶんではないという判断を、すばやく下した。いずれかの命を一年以上持たせるための、理にかなった唯一の方法はふたりの分離だったが、それはロージーを抹殺することになるだろう(ロージーに動いている生命維持器官を与えてグレイシーを排除するという選択肢もあったが、グレイシーの脳のほうが高いレベルで機能していたので、誰が考えても優先権はグレイシーにあった)。

両親は宗教的信念から、自分たちは自然の成り行きに任せなければならないと異議を申し立てた。「子どものひとりを生かすためにもうひとりを死なせるなんて、わたしたちにはとても考えられません。それは神の意思ではないからです……わたしたちは神を信じ、ふたりの娘の運命を喜んで神の意思に委ねます」しかし、ほかの人間はこの状況をまったく異なる観点から見ていた。分離手術の草分けで今は引退しているキース・ロバーツ博士によると、「両親が[ロージーと]呼んでいるのは実は腫瘍であり、提案されたのは腫瘍の除去にすぎない」。病院はイギリスの高等法院にこの問題を持ち込み、高等法院は倫理、道徳、宗教的信念、両親の権利などの問題についての議論を聴いた。数名の判事は自分たちの経歴の中で最もむずかしい事例だと言ったが、結局、両親の希望を聞き入れず、外科手術による分離を支持する判決を下し、その結果、視点によって表現は異なるが、グレイシーの腫瘍が取り除かれた、あるいはロージーが殺された。手術のあと、医師は自信を持って、グレイシーは正常と呼べるような生活を送り、存命するだろうと予測した。

誰を、または何を殺すべきかの選択は、広く世間に知られたアメリカのある事例では、それほど簡単明瞭ではなかった。エイミー・レイクバーグとアンジェラ・レイクバーグは一九九三年、心臓がひとつで頭部がふたつ、そのそれぞれに正常な乳児の脳を持つ状態で生まれた[46]。アタード家の双子と同じように、お互いに接着したままでは両方が死んでしまうと思われた。しかし、アタード家の双子とは違って、アンジェラとエイミーは神経系の発達は同じレベルだった[47]。どちらも完全な寄生児でも、完全な宿主でもなかった。正確に言うと、両方ともが自分のものとは言えない共有心臓に依存していた。生後二カ月で、ふたりはフィラデルフィアの小児病院の手術室に入った。エイミーだけに属する部分は取り除かれて、アンジェラが心臓を独占することになった。アンジェラは順調に回復しているように見え、その後十カ月生き延びたが、血栓が原因で突然死んでしまった。

結合双生児の一方を故意に犠牲にしてもう一方を救う事例は、アメリカでは十件以上発生している。もともと共有されていた臓器は、言うまでもなく選ばれた生存者に与えられるが、外科医は、もともとは共有されていなかった組織や臓器や四肢も、犠牲となる子どもから生き残る子どもに移植する。実際には、わたしが知るかぎり、どの結合双生児の事例でも、ひとりを故意に犠牲にするという慣例に対して、法的告発が行なわれたことはない(グレイシー・アタードとロージー・アタードに関しては、イギリスの法廷は両親と医師の対立を解消するために介入したにすぎない)。しかし、生命倫理学者のアリス・ドレガーが指摘するように、「もしエイミーとアンジェラが別々に生まれていたら、一方を殺し、その臓器を使って他方を救うことなど考えなかっただろう。ほかの医療分野では、脳が生きている人間を臓器ドナーとして使うために、その人間の脳死を医師が誘発するという行為が、法的または倫理的に許されることはないというのは動かしがたい事実だ」。ドレガーの見解では、人間性は主として人間の頭部に位置する。ドレガーは、頭部がふたつある乳児は――たとえ意識が発達する前の頭部であっても――ふたりの人間と考えられるべきだと信じている。「頭で数えるか心臓で数えるか」という記事で、この考えに異議を唱えたのが、イスラエルの医師で哲学者のマイケル・バリランだ。バリランは、魂が存在する象徴としての脳に重点を置く現代の考えかたはデカルト派の影響を受けた誤りだと論じる。心臓を数えるほうが「肉体を与えられた生命が実際に受ける束縛、特に社会的存在であるがゆえの束縛に合っている……結合双生児であることに匹敵するような経験はほかにはない。それはひとりの人間にもうひとりを足すというものではなく、まったく異なる形式で存在する人間なのだ」と、バリランは言う(48)。

普通の人々の直観的な反応という観点から考えると、ふたりの言うことはどちらも正しいとわたしは思う。だとすれば、広範囲で癒合している双生児に直面したとき、大いなる困惑が生じることになるだろう。正常な新生児は(肉体面、発声面、行動面で)人間らしく見えるという理由でほかの人々から人間だと認められるのであって、人間の精神的な特性を示すという理由で認められるわけではない。乳児には自意識もなければ周囲の環境への認識もなく、その行動は基本的本能や反射によってコントロールされていて、それはコンピュータソフトでモデル化することもできる。にもかかわらず、〝わたしたち〟が直観的に乳児を人間と見るのは、乳児の人間らしい肉体がわたしたち自身のミニチュア版であるからだ。広範囲に癒合した双生児――たとえふたつの頭部を持っていても――は、やはり意識らしきものをまったく持たない単一の肉体にすぎないのだから、癒合していない双子の新生児とは異なり、ひとりの人間と見なすことも可能だろう。その結果、アメリカをはじめとする西欧諸国の法曹界と医学界はたいてい、〝一部〟――生きている頭を含む――を切断して、残った〝一部〟が生存できるようにすることを積極的に認めている。正常な乳児が正常な子どもへと成熟するにつれて、わたしたちはその子を直観的に人間と認める理由を、徐々に肉体から心へと移していく。本章で論じた実例のほとんどは不分明な領域に属するものだったが、アビゲイルとブリタニーに関しては、ふたりのどちらかを別の人間が計画的に抹殺するか故意に排除した場合、それは疑問の余地なく殺人と見なされるだろう。

ひとつの心をふたつに分ける

> 肉体は本来常に分割可能だが、心はまったく分割不可能だという点において、心と肉体のあいだには大きな違いがある。というのも、実のところ、自分の心について、もっと正確に言うと、思考するものにすぎない自分自身について考えたとき、わたしはそれを部分に分けることができず、自分自身を単一の完全なものと考える。(49)
>
> ルネ・デカルト、一六三七年

教育程度の高い人々で、個々の人間の心の統一性を示したデカルトの論理が妥当であることに異を唱える者はほとんどいない。西欧社会では、大多数の人が人間の心を、死ぬかもしれないが半分に分けることは間違いなく不可能な、神から授かった魂と同一のものと見なす。人間の魂という概念を拒絶する物理主義者ですら、ひとつの人間の脳はひとつの人間の心しか生み出すことができないという前提には逆らえないだろう。だから、カリフォルニア工科大学のロジャー・スペリーが、神経外科医はメスで単一の心をふたつに切り分けることができると実証したとき、哲学者からも科学者からも信じられないという反応が起こった。[50] にもかかわらず、実験によって蓄積された証拠はあまりにも明瞭で説得力があったので、一九八一年、スペリーはノーベル生理学・医学賞を受賞した。

スペリーの仰天するような発見は、治療目的の手術を受けたてんかん患者に関する心理学的研究の思いがけない副産物だった。てんかん発作は、脳のある地点から始まったランダムな放電がはるかに大きな領域に拡大していくことによって起こる。患者には神経系の活動を抑制する鎮痙(ちんけい)薬が効くことが多いが、脳全体に発作が及ぶ、生命に関わる深刻な症例では、投薬治療に反応しない場合もある。最後の手段として、脳の一方の側から反対側に雪崩のように押し寄せる電気刺激の拡大を防ぎ止めるため、一九六〇年代に、神経外科医が交連切開術と呼ばれる過激な処置を施し始めた。

正常な人間の脳は、左右の側にふたつの巨大な大脳半球があり、これが記憶、学習、感覚知覚、計算など、意識と自己認識のさまざまな側面をつかさどる。左右の半球は互いに正対する位置にあるが、脳梁と呼ばれる、神経繊維が束になった比較的小さな領域のみを通じてつながっているにすぎない。最初はサルやネコで試された交連切開術処置では、脳梁の二億本の神経が完全に切断される。珍しいことに、動物も人間も手術のあとはかなり順調に機能するように思われ、ふつうは発作の回数を減らすのに高い効果がある。ロジャー・スペリーとジョゼフ・ボーゲン、マイケル・ガザニガが詳細な検査を行なって初めて、患者が実際には心理面で顕著な変化を経験していたことが明らかになった。スペリーの説明によると、「［術後の患者の］各半球は……その半球固有の感覚、認識、思考、発想を持つようになり、そのすべてが、反対側の半球がそれに対応して経験したこととは切り離されている……多くの点で、切り離されたそれぞれの半球は別々の〝独自の心〟を持っているように見える」[51]。

スペリーの教え子で現ダートマス大学教授のマイケル・ガザニガは、過去四十年間に行なわれた研究を通じて、〝脳を分断された〟患者の生物学的理解を推し進め、哲学的含意を解明しようとし続けた[52]（余暇には、ブッシュ大統領の生命倫理諮問委員会の委員を務めている）。ガザニガの標準的な実験手法は、患者の脳半球のそれぞれに別々の感覚刺激を与え、そのあと各半球がどのように反応するかを別々に観察するというものだ。多くの実験において、患者は左の視野と右の視野にそれぞれ異なる写真を見せられる。左半分に見えている光景は脳の右半球で知覚される[53]。一方で、右半分に見えている光景は左半球のみに送られる。正常な人間なら、全体の光景を二分したそれぞれの半分は、脳梁を通じて送られる神経信号によってひとつの意識的な知覚にまとめられる。しかし、脳を分断された患者はこの作業を成し遂げられない。その結果、左と右の視野に無関係の写真が呈示されると、各半球は解釈と反応に関しては、独立して活動を行なう。同じように、右半球と左半球に異なる音を（それぞれの耳に）、そして異なる触感を（それぞれの手に）別個に呈示することができる。それぞれに固有の刺激に対する各半球の高度な反応は、実験者の質問に対して特定の図形または記号を指し示して答えるときの左手（右半球の働きを表わす）の行動または右手（左半球の働きを表わす）の行動を通して観察することができる。

左半球と右半球の知的能力を比べると、患者によって違いがある。問題解決においてはほとんど常に左半球が〝利口〟だが、顔認識と視覚‐運動作業においてはふつうは右半球のほうが優れている。知的能力にかかわりなく、右半球と左半球の記憶内容は異なり、独立しているが共通点のある自己認識感覚をそれぞれが保持できる。[54] ふつう、左半球は話すときの言葉を完全に制御しているが、少数の事例では、左半球と右半球が制御を巡って競い合っている。J・Wという男性の右半球は、外科手術で左半球と分断されてから十三年以上経って初めて話しかたを身につけた。左半球は話すことはできるが書くことはできず、右半球は書くことはできるが話すことはできないという事例も複数ある（これは、書く行為と話す行為は相互に無関係な知的作業でありうることを証明している）。このような状況に置かれたV・Jという女性は、「右手と左手が独自の動きを行なうことに頻繁に狼狽を感じている。彼女［話している左半球を意味する］は左手が［左半球にとっては］見えない刺激に反応してたびたび字を書くことに困惑しており、自分が声を出して読んだりスペルを言ったりできる単語を、右手では書くことができないことに悩んでいる」。[55] A・Wという別の女性（手術ではなく病気によって脳が分断されている）の左半球は、スーパーのレジ係に右手でお金を渡すとき、左手（右半球に制御されている）がお金を取り返すと文句を述べた。A・Wは、左手と右手が車のハンドルの支配権を争うので、運転ができない。

ふたつの大脳半球を抱えて、それぞれが肉体の異なる部分をコントロールする独立したふたつの〝自分の心〟を持つJ・W、V・J、A・Wなど、脳を分断された人間の体内には何人の人間がいるのか？　西欧の教育程度の高い人々は、人とその脳を関連づけるようになっており、ひとつの体が――アビゲイルとブリタニーの頭部のように――肉体的に分離された、言語を扱う能力のあるふたつの頭部を抱えるとき、わたしたちはふたりの人間が存在すると合理的に分析する。同じ客観的基準で判断すると、V・Jは言語を扱う能力のあるふたつの独立した脳を持つのだから、やはりこのような患者の中にはふたりの人間が存在すると合理的に分析するべきだ。[56] しかし、ふたつの理由から、多くの人々はこの結論を受け入れがたく感じている。第一に、たいていは、直観的にひとつの人間の顔からひとりの人間を連想する感情的反応が、合理的な知的分析を凌駕するからだ。第二に、自分のことを特に霊的だと思わない人々でさえも、外科医がメスでひとつの心をふたつに切り分けられるという発想にはとまどいを覚えるからだ。この離れ業は、心は脳という肉体から生じるのであって、霊的次元から生じるのではないという主張にとって、最も強力な証拠となる。それは、科学的知識を有する現代の宗教信者が最後の逃げ場とした権威に異論を唱えるものだ。

脳が分断された患者をひとりの人間と扱うかふたりの人間と扱うかは、一方の心がもう一方の心を排除したがっているという仮定の状況においては、重大な帰結をもたらすだろう。A・Wがしきりに車を運転したがっていて、もはやもう一方の自己との争いを処理しかねているとしよう。A・Wの話をしている部分は左半球なのだから、"彼女"の側が排除したがっているのは右半球だ。A・Wの左半球は神経外科医に頼んで、肉体的ないしは科学的に右半球を抹殺することになる手術を施してもらう(57)。しかし、単に(この事例では)A・Wの右半球が自分のために"話す"ことができないからといって、左半球の願いを聞き入れる理由になるだろうか？　A・Wの右半球は、やはり言語が話せないFOXP2突然変異遺伝子を持つ人の脳と心全体と、どこが異なるのか？　もしアビゲイル・ヘンゼルが脳卒中になって言語が話せなくなったら、ブリタニーはアビゲイルの脳の活動を停止させて、以前は共有肉体だったものを支配する権利を持つのだろうか？　実際には、アビゲイルとブリタニーをA・Wとは別扱いにすべき生物学的理由は存在しない。ひとつの頭には統一した個性が存在するという直観の由来は、霊的なものであって、物理的なものではない。

人間の体と頭と魂

一九九八年一月、わたしは、『ワシントン・ポスト』、『タイム』、『ウィークリー・スタンダード』、『ニュー・リパブリック』に寄稿しているチャールズ・クラウサマーから電話をもらった。のちに、クラウサマーはブッシュ大統領によって生命倫理諮問委員会の委員に任命される（ほかのほとんどの委員と同じく、生命倫理学者ではないのに）。クラウサマーは、頭のない人体を将来の移植用臓器の供給プールとして育てることに関して、わたしがあるイギリス人記者に伝えたコメントを読んだのだ。イギリスのその報道機関は、バース大学の発生生物学者がカエルの胚を操作して頭部のないカエルの体に成長させることができるという報告をしたあと、話題としてそれを取り上げたのだった。実は、その実験結果は、新しいものでも思いがけないものでもなかった。三年前の一九九五年三月三十日、頭部のない生まれたばかりのマウスのカラー写真が、国際的科学雑誌『ネイチャー』の表紙を飾った。頭部のない動物は、ヒューストンのアンダーソン医学博士癌センターのリチャード・ベーリンガーによって、頭部の発達に必要な遺伝子を遺伝子操作で取り除くという方法で生み出された[58]。マウスの胎児の体は正常に成長して誕生まで生き延びたが、ひとたびへその緒を切断すると、窒息死した。マウスの成果は科学界をあっと言わせたが、一般報道機関からは完全に無視された。思うに、直接人間に応用されそうに思えるところがなかったからだろう。

一九九五年、ほとんどの科学者にとって、胚と哺乳動物のクローニングは単に困難であるだけでなく、まず不可能だと考えられていた。しかし、一九九七年二月のドリーの公表によって、人間のクローニングはSFの領域からありうることの領域へ移った。同じ年の少しあとに、頭部のないカエルが初登場したとき、科学的知識を持つジャーナリストは、人間の胚クローニングと頭部の発達を抑制する遺伝子操作とを結びつけた場合に何が起こるか、すばやく気づいた。衰弱した心臓、腎臓、肝臓を持つ人々の皮膚細胞を胚に転換し、その胚を、完璧に適合して完全に機能する真新しい代替臓器を保有する人間の肉体へと、育てあげることができるだろう。

クラウサマーはわたしに、これはいい考えだと思うかと尋ねた。わたしはほとんどの人が嫌悪感を抱くだろうと答えた。クラウサマーはさらに「では、あなたはどう思いますか」としつこく訊いた。わたしは断定的な答えを避けた。理屈の上では、または理性的に考えると、頭部のない人間の体を作り出すことになんの問題もないが、情緒的な理由から社会には受け入れられそうもないと告げた。クラウサマーはわたしの返答に対して、さらに別の質問をぶつけてきた。「もし可能なら、あなたは一般大衆を説得して、彼らの反応は情緒的なものであって理性的なものではないと認めさせたいですか」わたしはしばらく考えて、イエスと答えた。「ありがとう」と、クラウサマーは唐突に会話を終えて、電話を切った。一週間後、クラウサマーの記事「頭部のないマウスと人間について」が『タイム』に掲載された。記事の中で、クラウサマーは次のように書いた。

> シルヴァー教授は臓器採取のために頭部のない人間を生産することに関して、「理屈の上では、または理性的に考えると、なんの問題もない」と見ているだけにとどまらない。教授は懐疑的な大衆を説得して、それは完璧に許容できるものなのだと思わせたがっている。……著名な科学者が、故意に奇形で死にかけている疑似ヒト生命を創り出すことを黙認する――それどころか推奨する――とき、わたしたち

は生命倫理の深淵に直面しているのだ。人間は目的であって手段ではない。人間の変異体を作り出して、好きなときに臓器を取り出し、予備の部品にするなど、バイオテクノロジーの最も悪辣非道な堕落行為だ。……頭部のない人間を故意に作り出すことは、犯罪であると、もっとはっきり言えば死刑に値する重罪であると見なされるべきだろう。このハイテクによる残虐行為を前にして断固たる態度を取らないのなら、わたしたちはそのような行為が横行する地獄で暮らすに値する。

クラウサマーはわたしの言葉を間違って引用したわけではないが、彼の質問に対して断定的な答えを避けたわたしの意図を正確に表現したわけでもない。それどころか、人間の胚研究を悪魔の所業に仕立てあげる狙いを持つ、感情を込めた書きかたでわたしを陥れて、不道徳な現代のフランケンシュタイン博士という端役を演じさせたのだ。それは誘導尋問を行なおうとする取材者への返答をいかにして〝はぐらかす〟かを学ぶいい教訓になった。もちろん、クラウサマーは、ほとんどの人々（世俗的なわたしの友人を含む）が頭部のない赤ん坊を心に思い浮かべたときに示す本能的な反応を示している。クラウサマーの友人であり同僚であるレオン・カスは、このような状況に嫌悪感を覚えるのは理性に基づいた反応ではないかもしれないと言う。それにもかかわらず、カスは「嫌悪感は深遠なる知恵の表現であり、理性の力を超えているがゆえにはっきり明確に表現できない。……身震いのしかたを忘れてしまった［科学者の］魂は浅はかなのだ」と論じる（クラウサマーもこれに同意することだろう）(59)。

〝嫌悪の知恵〟という論拠の問題点、さらに言えば、自然法という観念全体の問題点は、〝理性を超える〟〝感情は必ずしも〟深遠なる知恵〟を暗示するわけではないということだ。チャールズ・ダーウィンがほとんど知られていない本『人及び動物の表情について』（浜中浜太郎訳、岩波書店、一九三一年）に記録したように、わたしたちの感情は、遠い祖先に利益をもたらしていた遺伝子が支配する本能の影響を大きく受けている。古来の人間の感情には、今日生きているわたしたちの生活には関わりがないか、まったく不適切なものもありうる。

わたしたちには関わりのない情緒的本能の例として、二〇〇二年にオランダの医学者グンター・ファン・ハーヘンスがロンドンの美術館で、入場料を払った五百人の一般聴衆を前にして、七十二歳の男性の保存死体を解剖したときに喚起された感情が挙げられる。解剖された男性とその家族は、男性が死ぬ前に検死を公開する許可を与えていた。一八五二年にこの慣習が禁止されて以来、イギリスで初めて行なわれる公開検死だった。『ニューヨーク・タイムズ』の社説がこの見せ物を「いいところなどまったくなく」「不快だ」と評したとき、その見解はほとんどの読者の意見を代弁していた[60]。ヨーロッパじゅうの教会の指導者と政治家が、この公開解剖は人間の尊厳を冒していると主張したが、これを聞いたわたしたちは次のような疑問を持つ。どのようにすれば人間の死体の尊厳を適切に守ることができるのか？

ほぼすべての文化圏では、答えは火葬にするか、土葬にしてバクテリアや真菌類や虫の餌にするかのどちらかだ。つまり、人間の肉体の尊厳は、わたしたちが住む世界からできるだけ早く排除することで保たれる。この本能はほぼ間違いなく、死体が伝染病の拡大をもたらす経路の役割を果たしうるという事実によって、はるか昔に生み出されたものだ。死体をただちに始末したいという本能的衝動は、生きている者の生存可能性を高めた。ファン・ハーヘンス教授によって解剖された死体は保存されたもので、危険をもたらす恐れはまったくなかったにもかかわらず、無意識の本能が人間の威厳という情緒的な概念に移し替えられたのだ。このオランダの医学者は明らかに、情緒性と理性の葛藤が自分の催しに対する〝病的な〟陶酔をもたらすことを理解していた。

レオン・カスは公開検死に嫌悪感を抱いた。さらに、人の死の原因を突き止めて、場合によっては将来のさらなる死を防ぐべき病院の病理学者が、個人で検死を行なったことにも嫌悪感を抱いた。これと同じ理由で、カスは臓器移植を認めない。[61] なぜか？　「亡骸を傷つけると、その無謬性を損なうことになり」「亡骸の一部を利用すると、その尊厳を冒すことになる」からだ。[62] カスから見たら、人間の臓器を虫の餌にしたほうがましなのだろう。それどころか、カスは、じゅうぶんに歳を取った人を死なせないために〝急進的な〟テクノロジーを使うことになんの美点も見出さない（もちろん、十年前の急進的な治療法は今日では標準的な医療慣行になり、工業化社会の人の平均寿命は過去百五十年間で二倍になった）。不死への切望は「この世で生きながらえることで満たされはしない」と、カスは言う。わたしたちは「自分の有限性を認めて受け入れ」なければならず、「人生を充実させることに関心を持ち、何よりもまず自分の魂の安寧を気にかけて、生存することだけにとらわれることのないようにできる」と。どのようにして自分の魂を大事にするのか？　わたしたちは自分の命や愛する者の命を犠牲にしてでも、「昔から存在するタブーや嫌悪感」に従って行動することで、自分の魂を大事にするべきだ、とカスは言う。なぜなら、それが自然（つまりは神）の意思だから、と。

情緒性は——いとこ分である霊性と同じく——優れた研究者の道具のひとつではないし、科学者は、気質と訓練から、情緒性について議論するのがあまり得意ではない傾向が強い。だから、一九九八年初め、科学者は、頭部のない体の育成に反対するクラウサマーやカスやその同調者が持ち出した、情緒に訴える論争には関わらなかった。その代わりに、物議を醸すバイオテクノロジーの使用法に関する憶測に対してたびたび行なうように、基礎をなす技術の〝信憑性〟を問題にして、一般大衆の恐怖を静めようとした。『サイエンティフィック・アメリカン』一月号の〝ニュースと分析〟欄が、科学界の反応をまとめている。

大衆向けマスコミに登場した不安そうな見解の多くは、科学的信憑性のあるものからではなく、不気味さをかき立てる〝低俗SF〟から情報を得てきたように思えた。報道機関の記事は、人間の臓器が瓶の中で成長していたり、さらには頭部のない胚から成長した人間の突然変異体である〝臓器袋〟が、採取・移植用臓器を貯蔵することだけを目的として人工的に生かし続けられていたりするというイメージをでっちあげた。……多くの生物学者と倫理学者はこの病的な空想のひとり歩きに気をもんでいる。……「リチャード・」ベーリンガーによると、[問題の]技術を人間に使用できるようなものに発展させるという発想は「完全なる空想だ。どこからそんな発想が生まれてきたのか理解できない」、この筋書きに必要とされる生命維持装置は現代技術のレベルをはるかに超えている、とのことだ。……「生理学的に考えても費用の面から考えても、この発想は口にするのもはばかられるほど愚かなことだ」と、[アーサー・]キャプランは断言する。(63)

しかし、ふたたびSFと病的空想の領域に、予想だにしなかったバイオテクノロジーの進歩が挑みかかろうとしていた。一九九八年末には、人間の胚性幹細胞が〝頭部のない胚〟から分離され、二〇〇三年には、科学者は、幹細胞を〝瓶の中で成長する臓器〟へと転換させる技術で進歩を遂げ始めた。要するに、頭部のない人間の体を成長させることは、単なる仮説の可能性ではない。一九四六年に『アメリカ産科・婦人科学ジャーナル』に報告された事例では、七カ月半の頭部のない胎児が、首から下は完全に正常な状態で誕生した。(64)現代の医療技術があれば、そのような体を〝生きたまま〟成長させ続けることは可能だろう。

それでもやはり、世界のどんな場所のどんな社会も、頭部はないがそのほかの点では完全に機能している人間の体を実験室で作り出すことを、たとえ実行可能であっても受け入れるとは思えない。反感はあまりにも大きすぎ、あまりにも深く本能に根ざしていて、それを抱く人があまりにも多すぎる。(65)だからこそ、その代わりに論争を起こさない代替テクノロジーを開発し、病気とけがを克服して長く健康に生きられるように人間の組織と臓器を作り出すという、同じ目標を達成するための努力がなされるのだ。

第十章

人間と動物の配合

チャールズ・クラウサマー博士　……人間の神経幹細胞をいずれかの動物の胚に、割合をどんどん増やして移植することについて、あなたはどう思われますか？　わたしが訊きたいのは、それはSFかどうかです。
マイケル・ガザニガ博士　いいえ、現在行なわれていることです。
チャールズ・クラウサマー博士　現在行なわれているのですか。では、それについてどう思いますか？
マイケル・ガザニガ博士　特に何も。やらせておけばいいと思います。
チャールズ・クラウサマー博士　無制限にですか。動物の神経組織をすべて人間のニューロンに置き換えたら、そしてある程度成功したとして、それが流産せずに実際に成長したとしたら、どうですか？　それについて何か問題はありますか？
マイケル・ガザニガ博士　あなたは何かの怪物が現われつつあるとほのめかしたいようですね。そういう事態が起こることを予感させるようなものは何もないと思いますが。
チャールズ・クラウサマー博士　断言できますか？
マイケル・ガザニガ博士　わたしは何も断言しません。

大統領生命倫理諮問委員会議事録、二〇〇三年十月十六日(1)

人間用に作られたブタの心臓

すべての哺乳類は人間と同種の臓器と組織を発達させるという事実から、移植用臓器のもうひとつの供給プールが、候補として浮かび上がってくる。理論的には、人々が動物の臓器を受け入れることをいとわなければ、臓器不足はすっかり解消できるはずだ。〝異種間移植(ゼノトランスプランテーション)〟という用語は、ある種から別の種へ臓器や組織を移し替える行為を表わすために使われる。一九六〇年代、外科医が人間から人間への移植に熟達したあと、数人の先駆者が、ドナーの見つからない患者の命を救おうとして、異種間移植に目を向けた。人間の臓器にとって最も有効な代替物は最も近い類縁の種に見つかるはずだという仮定に基づき、心臓や肝臓や腎臓の供給プールとしてチンパンジーとヒヒが使われた(2)。ところが、すべての患者の免疫系はそれらの動物の臓器を外部からの侵入者と見なし、可能なかぎり迅速に根絶しようとする反応を示した。結果として、生命維持に必要な臓器の不全を克服するための異種間移植は、事実上断念された。

一九九〇年代、ふたつの別々の分野における進歩を機に、生物医科学者たちは考えを改めなければならないと確信した。第一に、分子生物学がもたらしたさまざまな手法によって、免疫系の内部機構が明らかになり、臨床医は拒絶反応の猛攻撃を減らす戦略を手にした。第二に、動物の胚の遺伝子情報を修正して巧みに処理するための効率的な手段が開発されてきた。免疫学と遺伝子工学技術を組み合わせることによって、科学者は、患者の免疫系をだますような臓器を持つ動物をこしらえ、その臓器が自分の体に自然に備わっている構成部分だと〝錯覚させる〟ことができるかもしれないと気づいた。

このふたつの実際的な理由と、社会的に霊長類の利用を忌避する気運が高まったことに呼応して、代替動物にブタが選ばれることになった。イスラム教国を除く世界のほぼすべての国で、食用として毎年数億頭のブタが殺されているので、異種間移植を推し進める科学者と出資者は、論理的に考えて、一般の人々も人間の命を救うためにブタを臓器の供給プールとして使うことを認めるだろうと結論づけた。

これに加えて、偶然にも、ブタの生命維持に必要な臓器は、構造の面でも生理学的機能の面でも人間の臓器と特によく似ている。ブタの一般的な品種は大きく成長しすぎて、移植臓器の供給プールとしては役に立たない。しかし、成熟すると人間と同じぐらいの大きさの臓器を持つ小型のブタやミニブタなどの特殊な品種が、医学研究のために特別に開発された。シンクレア・リサーチ・カンパニーが飼育している三種類のミニブタ品種は、それぞれ遺伝的に同質であるとともに、選別によって従順さと、研究室での飼育にストレスを感じずに適応できる性質とを身につけている。[3] これらのブタは、細菌などの病原体がいない管理された環境で育てられる。

一九九〇年代半ば、研究者はいっそう人間のものに近いブタの臓器の生産に一歩ずつ近づいていった。ひとつの遺伝子を改変することによって、通常ならブタの細胞を覆い、移植後数分でヒトの免疫系攻撃を誘発する特定の分子が取り除かれる。[4] 別の計画的な遺伝子改変によって、通常はわたしたち人間の臓器を自分の免疫系による攻撃から守るヒト分子が付け加えられるだろう。[5] すでに、糖尿病、パーキンソン病、脳卒中、その他の疾患を異種間移植で治療するために、FDA（米食品医薬品局）の認可を受けた数十の臨床研究が進行中だ。この分野における最大の民間機関は、ボストンに本拠を置くイマージ・バイオ・セラピューティクスで、スイスの巨大製薬会社ノバルティスから資金提供を受けている。イマージのCEO（最高経営責任者）のジュリア・グリーンスタインは、五年後には初めてブタの全臓器が人間に移植されるかもしれないと見積もる（ただし、「未知の障害が現われて、この見積もりより遅れる可能性はある」と付け加えている）[6]。

動物の臓器のヒト化、効率化、長命化を促進する一方で、癌のような病気への罹患率を低下させることを目指して、さらにブタの遺伝子に変更が加えられるだろう。ゆくゆくは、人間の体の構成部分と同等であるだけでなく、人間の体の構成部分よりも〝良質の〟心臓、肝臓、肺、膵臓、腎臓、結腸などを持つブタを、遺伝子操作で生み出すことができるだろう。同時に、ブタの体の構成部分を受け取る患者には前もってブタの血液細胞を注入し、人間の免疫系が新しい臓器を敵ではなく味方であると認識するよう〝教え込ませる〟こともできるだろう。もちろん、この処置で使われる各遺伝子と各成分は、動物実験で安全性と有効性を検査しなければならない。ひとたびそれが確認されたら、異種間移植プロトコルは人間を被験者にした臨床試験へと進むことができるだろう。危険性の高いほかの実験プロトコルと同じく、最初はその治療を施す以外に延命の道がない人々に適用されるだろう。

動物の遺伝子を操作して適合臓器を生成するという取り組みでは、生産費用はほぼすべて先行投資だ。各遺伝子改変を設計し、操作し、検査する作業は、単調で退屈なうえに高額の費用がかかる。しかし、もし人間のレシピエントに適した臓器を持つブタを一種類生み出すことができたら、自然繁殖によって安い費用で短時間に効率的に数百万頭を育てられるだろう。実質的には、遺伝子操作された雌ブタは、現在地球上に存在する最も複雑で入り組んだある種のナノテクノロジー産物を生み出すための総合サービス工場として役立つと同時に、工場自体を拡大再生産する（必要なら、幾何級数的なペースで）だろう。臓器不足は解消され、臓器移植手術の数と成功回数は劇的に増加し（拒絶反応の問題がじゅうぶんに抑制できると仮定すれば）、患者ひとりあたりの費用は急速に低下するだろう。結果として、今は臓器移植を受ける余裕がない社会や人々が、進歩した生物医学加療をどんどん受けられるようになるだろう。

ブタを守るために

異種間移植研究と治療には少数の狂信的な活動家が反対しているが、彼らはヒト胚研究に反対するキリスト教原理主義者と同じくらい福音主義的な信念と戦略を持つ。しかし、異種間移植に反対する活動家が奉ずる信念は、福音主義的キリスト教徒が奉ずる信念とは似ても似つかない。

聖書によると、動物は神から魂を受け取っていない。代わりに、神は人間に「海の魚、空の鳥、牛、地上全体、地を這う爬虫類すべてを支配する力」を与える。その結果として、キリスト教徒は概して、人類全体に恩恵をもたらすために実施される思いやりのある動物研究をすべて受け入れている。

異種間移植に対する反対の高まりが見られる地域は、長いあいだキリスト教によって支配されてきたが、教会の権威が第二次大戦後からしだいに低下してきた高度先進社会にほぼ限定される。特に多くの西ヨーロッパ諸国は、聖書の男性的な神が拒絶されたときに残される精神的空虚感を満たす代替物を、心の底から必要としている。代替物は、伝統的なキリスト教信仰を〝ポスト・キリスト教〟信仰へと転化することによって作り出される。有形の人体の神聖さ――イエスに象徴される――は有形の母なる自然の神聖さへと形態を変える。人類に対する神の基本計画は、地球全体の生物圏に対する母なる自然の基本計画になる。地球の生物は今、母なる自然という組織体の構成要素と見られている。

もしわたしたちが身勝手な理由で地球の生物を使用するなら、自然の秩序を徹底的に乱してしまう恐れがある。右翼の原理主義者と左翼の母なる自然の擁護者は互いの共通点を認めたがらないが、どちらも、あれやこれやのバイオテクノロジーを神の創造への脅威であり、わたしたちを地獄に送りかねないものだと見なして反対している。

特にイギリスの庶民は、ポスト・キリスト教的な反異種間移植活動家の意向に著しく感化されてきた。六十四パーセントの人は、科学者が生きている動物に実験を施すのを許すべきではないと感じている。[7] アメリカでは二十五パーセントの人が「動物は危害を加えられたり搾取されたりしないという、人間とまったく同じ権利を授けられるに値する」と考える。[8] しかし、どちらの国でも、九十三パーセントの人が肉を食べる。[9] なぜこれほど多くの人々が、食用にするために動物を殺すことは許容するのに、移植臓器を得るためだと許容しないのか？　どちらの場合も、動物の苦痛は最小限にとどめることができるだろうし、事実、動物保護規定によって研究用動物は、農場で暮らすほとんどの動物がふつう経験しているよりも安楽で苦痛の少ない生活を送っている。しかし、大多数の人にとっては、動物を食べることは自然に思えるようだ。動物は共食いさえする。一方で、遺伝子操作されたブタから心臓を略奪するのは、〝自然に干渉する〟ことになるらしい。もちろん、このように考える人々は、医学の名で行なわれることはすべて、自然への干渉を前提としているということに気づいていない。咳止めシロップやワクチン、抗生物質、癌治療によって、わたしたちは自然のさまざまな力を撃退してみずからの生命を維持しようと奮闘しているのだ。

アメリカでは、ポスト・キリスト教の霊的信念の普及度は西ヨーロッパよりもはるかに低い。わたしたちは今でもポスト・キリスト教国ではなくキリスト教国で生きている。だから、アメリカ人の反異種間移植活動家は、実際に自分たちと同じ見解を持っている少数の人々以外にも訴えかける方法を身につけた。自分たちの真の目的を隠し、人間の健康に焦点を当てていると言わんばかりの狡猾な名前をつけた多数の組織に対する支持を、ことさらに取り上げる。そういう組織のひとつが〝責任ある医療のための医師委員会〟だ。その会員のうち実際の医師はわずか五パーセントにすぎず、だからこそアメリカ医師会はこの委員会を〝偽医師集団〟と糾弾する。(10) もうひとつの反異種間移植組織は、医師ではないアリックス・ファーノによって維持されている〝責任ある移植運動（CRT）〟だ。ファーノは以前、〝医学研究近代化委員会〟と〝責任ある医学のための医師・法律家集団〟に参加していた。

これらの集団すべてにとって、人間の健康と医学研究の重要度はせいぜい二番めだ。主な関心はバイオテクノロジー学者による危険な襲撃なるものから自然界を守ることにある。ファーノによると、「われわれ［人間とブタ］がみんな今のように作られたのには理由がある、われわれが現在のようなDNA構造を持っているのには理由がある。これらの遺伝子をめちゃくちゃにすることによって、われわれは進化に、大自然に介入して、予測もつかない結果をもたらそうとしているのだ」(11)。要点を明らかにするために、ファーノのCRTのホームページでは、人間の目とブタの鼻を持つ雑種の顔の合成写真を掲載している。〝檻から出そう運動〟というイギリスの集団も同じように、「異種間移植は人間の体そのものの無謬性を脅かしている。……ブタはスペアの構成部分を作る工場にされ、臓器を略奪される。……BSE（牛海綿状脳症）がわたしたちに、自然に介入する危険を教えてくれる」(12)と論じる（ついでに書いておくが、BSEはバイオテクノロジーの結果ではない。原因は〝自然に〟生じるプリオンで、農場主が食肉処理場から出た残骸をウシなどの家畜に餌として与えると、動物から動物へと蔓延していく）。

ファーノなどの狂信的な反異種間移植活動家は、ブタの心臓が実際に〝あなたの〟命またはあなたの愛する人の命を救うことができる日が到来すれば、〝自然に介入すべきではない〟という考えに基づく情緒的・霊的主張は説得力を失うことを知っている。だから、母なる自然の擁護者は、テクノロジーを攻撃する際、人間の胚を擁護するカトリック教徒とまったく同じように、科学の権威を持ち出す。第一に、毎年数十万人の患者が臓器を待つあいだに死んでいくという事実があるのに、移植に利用可能なドナーとなる人が不足しているという状況を信じようとしない。さらに、たとえドナー不足が実際にあったとしても、異種間移植の歴史は失敗だらけだと論じる。これは確かに事実だが、遺伝子工学と新しい免疫学の理解とに基づく将来の研究とは無関係だ。多くの医療技術は——人から人への臓器移植も含めて——人間に使用できるほど最適化されるまでに失敗を重ねてきた。それにもかかわらず、CRTは「このテクノロジーの長所と言われているものには……根拠がない」と主張する。そして、その主張が切り崩されると今度は、異種間移植は「費用対効果が低い」と論じる。では、費用対効果が高かったらどうなのか？（選択肢が生か死に限られる外科手術において、この言葉がいったい何を意味するのかは措いておくとしても）　そう、その場合は、「臓器のレシピエントが重大な危害を被る」と言うのだ。この最後の主張があてはまるのは、移植医師が一般に金目当てであったり貪欲だったりして、外科的処置の危険性と受益性の比率を決定する際に患者の利害や願望を無視するという場合だけだ。反異種間移植活動家の主張は、母なる自然とその生物の救済者という自分たちの役割を果たすために出してくるものだから、活動家たち自身が実際にそれを信じているかどうかは重要ではない。

異種間移植に反対する最後の主張は、危険性の比較という観点からは意味をなさないが、唯一簡単に退けることができないものだ。その主張は、移植されたブタの臓器に含まれる自然のDNA断片が自己複製を行なって、血流の中へと漏れ出し、そこから患者の体内の正常なヒト細胞の中に入り込むという仮定の筋書きに基づいている。その筋書きの第二段階では、ブタの遺伝子情報の断片があとになって人間の自然な遺伝子情報の断片と結合し、患者だけでなく世界じゅうのほかの人々全体にも感染する伝染力の強いウイルスを生み出す。分子生物学の知識によれば、この筋書きが起こりうる危険性はきわめて低いが、ゼロではないことがわかる。しかし、異種間移植の危険性を正しく判断するには、わたしたちの社会が黙認していると思えるほかの実在ないし潜在的感染症と比較しなければならない。

最も適切なのは、人間が直接動物と接することによって引き起こされる病気と比較することであり、そういう病気は百五十のカテゴリーに明確に分類されている。最悪の殺し屋はマラリアで、毎年二億五千万人が感染して二百万人が死亡している。しかし、マラリアの衝撃は、ほとんどのアメリカ人やヨーロッパ人には目につかない。なぜならこの病気ははるか昔に西欧では撲滅され、今やほぼ完全に、低開発国に住む貧しい人々のみが罹患するものだからだ。マラリアが流行っている多くの地域でも、裕福な市民や旅行者は、抗マラリア薬を毎日または毎週摂取すれば身を守ることができる。発展途上国で数百万の人々を傷つけたり殺したりする動物媒介病としては、マラリア以外にもリーシュマニア症、スクレイピー、睡眠病、狂犬病、条虫、鉤虫、腸チフス、コレラ、黄熱病、旋毛虫症が挙げられる。これらは、公衆衛生を推進する適切な努力と、多くの場合は投薬治療や新薬開発によって抑制ないし撲滅が可能なはずの病気でもある。

マラリアは人間から人間へ直接感染することはないから、アメリカ人やヨーロッパ人にとっては恐ろしいものではない。ジャングルの外にいるかぎり、襲われることはまずない。これに対し、反異種間移植活動家は、動物と人間の遺伝子成分が混じり合って作り出される仮定の雑種ウイルスはもっと恐ろしいものだと主張する。なぜなら、もしそのウイルスが人々のあいだで直接感染するのなら、誰も逃れられないからだ。実際、人類はすでにそのような雑種ウイルスを何度も経験している。ひとつの例が、呼吸器疾患を引き起こすインフルエンザで、咳やくしゃみを通じて人から人へときわめて高い確率で感染する。毎年平均三万六千のアメリカ人に加えて、全世界で七十万人が(大部分が老人、病人、幼い子どもだ)インフルエンザで死んでいる(13)。

ときおり、以前よりはるかに強力なインフルエンザの新型が襲い、世界的流行を引き起こす。新しいインフルエンザ・ウイルスはどこからともなく現われるように見えるが、科学者は今では、その発生源が人間と動物の感染性ウイルス遺伝子の混合であることを理解している。二十世紀初めには、中国南東部の広東省で、トリ感染性ウイルスとヒト感染性ウイルスが第三の種——飼育されているブタ——の体内で混ざり合って、トリと人間に感染する雑種ウイルスを生み出した。ウイルスは地元住民のあいだで少なくとも十年間浸透し、突然変異を起こしたあと、いわゆるスペイン風邪となって爆発的に流行し、一九一八年から一九年に世界で二千万から五千万人を殺した(スペインに由来すると誤って考えられていた)。一九五七年から五八年と一九六七年と六八年に、さらに二回インフルエンザが全世界で流行したが、どちらも飼い慣らされたニワトリが発生源で、やはり広東省で発生した。

急速に進化するウイルスやバクテリア、その他の病原性微生物は、わたしたちに残された唯一の危険な捕食者だ。文明の歴史を通じて、すべての世代で、新しい病原体が世界のどこかの住民に足がかりを得て惨事を引き起こしてきた。悪性の疫病、致死性感染症、世界的流行病は異常な事態ではない。むしろ、寄生微生物とその宿主(この場合はわたしたち人間を意味する)のあいだで起こる進化的攪拌(かくはん)の自然な成り行きだ。数億のカモ、ブタ、人間が、適当な衛生状態や清潔な食事の用意、公衆衛生政策のないひとつの狭い場所で暮らし、食べ、飲み、排便すると、その過程は加速する。

一九九九年、〝責任ある遺伝学のための評議会〟、〝シエラ・クラブ〟、ジェレミー・リフキンの〝経済トレンド財団〟、〝有機消費者組合〟など、十二の活動団体が、バイオテクノロジーに対して攻撃を仕掛けた。「次の疫病は何から生まれるのか?」と、これらの団体は『ニューヨーク・タイムズ』の全面広告で特大サイズの見出しを掲げて問いかけた。答えは(無菌状態で育てられた)遺伝子操作動物から人間に移植された臓器からだ、と主張する。この主張には、理論面でも経験面でも、科学的な根拠はまったくない。もしまた疫病が起こるとしたら、それは過去のすべての疫病と同じく、自然から生まれる。もし、これらの圧力団体が人々の生命を救うことに本当に関心を持っているのなら、このきわめて現実的な脅威が起こる可能性を減らすことにそのエネルギーと注意を集中させるはずだ。広東省の農場主や農民に、伝統的ではあるが非衛生的な調理習慣を近代化するよう促すだろう。マラリアを撲滅し、SARSのようなウイルスに効くワクチンを生産し、自然界の生命体が人間に及ぼすその他の危険についての知識を増やすために、バイオテクノロジーを利用することにも支持を広げるだろう。わたしにわかるかぎりでは、主要な反異種間移植圧力団体は、そのような人道主義的な目標に賛同して支持したことは一度もない。それどころか、多くは伝統的な文化習慣の近代化とバイオテクノロジーにはっきりと反対論を口にしてきた。だから、人類への関心を主張しても白々しく聞こえるのだ。

本物の人間の心臓を持つブタ

三十年以上にわたって、科学者は異なる種の胚細胞を混ぜ合わせて、混合種動物を作り出そうとしてきた。今ではその進行過程をよく理解しており、胚細胞そのものが融合するのではないことを知っている。そうではなくて、二種類の細胞が分割してお互いの中で成長し、単一のキメラ生物体を生み出すのだ。ことによると、一部の臓器または臓器の構成部分が主にひとつの種に由来し、別の構成部分が第二の種から派生しているにもかかわらず、他の臓器はより均等な混合物になっていることもある。一九八四年二月、一部はヤギ(goat)で一部はヒツジ(sheep)の動物が国際科学雑誌『ネイチャー』の表紙を飾った。[14] この〝ギープ(geep)〟という名で知られるようになった動物は、頭部はほぼヤギだが、体の残りの部分はヤギとヒツジの断片を両方持ち合わせている。創作者のスティーン・ウィラードセンによると、「その動物はヤギのようにふるまうが、においはあまりヤギに似ておらず、ヒツジとともにいることを好む。ヒツジの細胞は雄のものだが、ヤギの細胞の性別はわからなかった。雌のヒツジと何度も交配して繁殖力があることがわかったが、これまでのところ雌のヤギとの繁殖には成功していない」。[15] それは、ライオンとヤギとヘビを混ぜ合わせたギリシア神話の怪物〝キメラ〟の名前を与えられるにまったくもってふさわしい生き物だった。[16]

実にさまざまな種の細胞が簡単に協力して機能し合い、単一の生物体あるいは単一の臓器を発達させることができるとわかったので、生物医科学者は、脳卒中やパーキンソン病、アルツハイマー病などの神経疾患や神経障害の治療用に細胞を基礎とした戦略を打ち立てる際に、人間の幹細胞を動物の脳に組み入れることをひとつのひな型と考えるようになった。大学時代のわたしのルームメイトで、ハーヴァード大学医学部に勤めているエヴァン・スナイダーは、人間の脳に特有の幹細胞を直接サルの胎児の脳に埋め込むと、人間の細胞が分裂を起こし、意識活動の中枢である大脳皮質内部で正常な神経細胞へと成長することを示した。[17] そのすぐあとに、スタンフォード大学の教授アーヴィング・ワイスマンが、人間の神経幹細胞をマウスの新生児の脳に注入する実験を開始した。そのマウスが成長し発達するにつれて、人間の細胞は、この場合も大脳皮質を含めて、脳のすべての部分に組み入れられた。[18] なかには、最高で二十五パーセントまでが人間に由来する脳を持って、一年以上生きた動物もいた。こういう動物はまだマウスらしくふるまうが、人間の神経を使って少なくともその思考の一部分を行なっているのは明らかだ。この事実は哲学的難問を提起するが、これについてはすぐあとでもう一度論じる。

動物と人間のキメラは、今はふたつ別々の移植治療への取り組み――幹細胞研究と異種間移植――を推し進めている科学者たちが、厄介な技術的難問を克服するための戦略を与えてくれる。それぞれの取り組みには、固有のメリットもデメリットもある。機能する独自の心臓と腎臓を動物に育てさせるのは簡単だが、臓器に対する人間の体の拒絶反応を防ぐのはむずかしい。一方で、幹細胞クローンは生産源であるその人自身とは完全に適合するが、機能する心臓と腎臓へ研究室で転換できるかどうかはまだわからない。解決策は動物の〝体内で〟人間の幹細胞〟に由来する〟臓器を育てることだ。意外なことに、この線に沿った進展がすでに成し遂げられている。

イスラエルのワイツマン研究所のヤール・ライスナーは、初期のヒト胚の中で腎臓を形成するように定められた特定の細胞を確認し、この細胞を外科手術でマウスに埋め込んだ。これといった特徴のない腎臓幹細胞は増殖して、小型だが十全に機能し、尿すら分泌する純粋な人間の腎臓へと成長した。[19]その一方で、フィラデルフィア小児病院のアラン・フレイクとネヴァダ大学のエスメイル・ザンジャニは、人間の幹細胞をまだ母親の子宮内で成長している初期のヒツジの胎児に組み入れた。[20]誕生後、血液、軟骨、筋肉、心臓など、実にさまざまな種類のヒツジの細胞に、人間の特質がかなりの程度現われていた。今までのところ最高の成果は、四十パーセントまでヒト由来の肝臓を持つ健康なヒツジが出現したことだ。[21]残念ながら、たとえ必要な臓器の九十五パーセントがヒト由来でも、動物に由来する残りの部分が、やはり患者へ移植されるやいなや免疫反応を引き起こす可能性があった。

幹細胞と異種間移植を組み合わせた取り組みを標準的な異種間移植よりもはるかに有効なものにするには、必要な臓器が確実に百パーセント、ヒト由来となる段階まで推進しなければならない。この目標を達成するには、ブタやヒツジに特別な遺伝子操作を施し、胎児の段階でその特定臓器に成長するような突然変異を起こさせる方法が考えられる。[22]もし突然変異を起こした動物の胎児をそのまま成長させたら、生命維持に必要な臓器がないので死んでしまうだろう。しかし、正常な人間の幹細胞を変異胎児の胚に導入すると、人間の細胞が動物の胎児の欠損を補って、問題の臓器を埋め合わせることができるはずだ。最終的には、遺伝子工学の巧妙な技を動物の幹細胞と人間の幹細胞の両方に応用して、出産まで動物の子宮で育てられるキメラ胎児においてどちらの幹細胞がどこに納まるかをコントロールすることができるようになるだろう。幹細胞と遺伝子工学とキメラ生物を組み合わせた戦略によって、元になるヒト細胞を提供した患者に百パーセント適合する、全面的に人間由来の臓器を持

つ動物を生み出すことができるだろう。(23)

研究室で人間の心臓を育てることに倫理的に異論を唱える人はほとんどおらず、反異種間移植活動家にとっては残念なことに、心臓病をかかえるほとんどすべての人々は動物から代替心臓をもらうことを、それが安全だという保証さえあれば、受け入れるだろう。だから、そのふたつを組み合わせた方法――〝動物〟の中でヒトの心臓を育てること――も、ほとんどの人々にとっては受け入れ可能だろう。さらに言えば、ヒトの心臓とブタの心臓を区別できる人間は、実際にはほとんどいない。わたしはキメラブタをわざと〝動物〟と呼んできた。なぜなら、ヒト化の過程がブタの胴の内部に隠された臓器に限定されているかぎり、人々はキメラブタを動物と知覚するからだ。その生物がブタのように見え、ブタのように行動するのなら、わたしたちはなんのためらいもなくブタと呼ぶ。ただし、頭部のない人間の体を育てるという発想に対して嫌悪感が広がったのと同じように、動物のヒト化に対しても嫌悪感が広まる前に、どれだけ前進できるだろうか?

人間の脳と人間の子どもを持つマウスとサル

分子生物学者は、人間を含むすべての哺乳類に存在する、個々の組織と臓器の正常な発達を引き起こす多くの遺伝子を特定した。その重要性と機能をよりよく理解するために、遺伝子工学を使ってマウスの胚の中にあるそれぞれの遺伝子をひとつひとつ取り除き、そのあと胚の成長の経過を観察する。驚いたことに、頭部と脳のほぼ全体(感覚に関わるすべての領域を含む)の成長に必要な遺伝子を欠いているマウスの胚でさえなお、頭部のない後期胎児へと成長できる。この胎児の写真も『ネイチャー』の表紙を飾った。[24] もし人間の胚性幹細胞をこういう変異体マウスの初期胚のひとつに導入し、その結合体をマウスの子宮内部で成長させると、結果として生まれた動物は、もっぱら人間の細胞で作り上げられた小さな脳を持つかもしれない。

この思考実験の結末は、一九五八年製作、SF映画の最高傑作『蠅男の恐怖』のクライマックスを思い出させる。この映画の筋をたどると、ある科学者がある仕切られた空間で物質を分解し、次にその情報を別の空間に送信して、そこで組み立て直す物質転送装置を発明する。科学者は自分でその機械をテストしてみることにしたが、知らないうちにイエバエが一匹、移動についてきてしまう。そして、物質を組み立て直す過程で男の頭とハエの頭が入れ替わる。人間の体の中にいる存在は——大きなハエの頭を懸命に隠しながら——元に戻すために必死になって片割れを探し出そうとする。一方で、小さな人間の頭を持つハエは遠く離れた公園のベンチで、誰にも聞こえないようなささやき声で「助けて、助けて、助けて」と懇願しているが、そのあと新聞紙で叩かれて人知れず死んでいく。映画の終わりに、わたしたちは科学者が知らない事実を知ることになる。科学者は人生の残りを、人間性を失った状態で生きるよう運命づけられる。これは母なる自然を冒そうとしたことへの罪なのだ。

もちろん、映画の前提は、科学的にも哲学的にも多くの点で理屈に合わない。特に、人間の細胞で満たされた脳でも、マウスの脳の大きさでは人間の意識にほんの少し似たものさえ生み出すことはできない。それでもやはり、そのマウスがほかのマウスと同じような感覚と意識を持つ可能性はきわめて高い。そのことから、次のような難問にぶつかる。人間の霊ないし魂が存在すると信じていない場合、生きて呼吸していて自分で餌を食べられる生物体の内部に感覚を持つ人間の脳が存在していることは概して、その生物体が人間であるという明確な生物学的証拠と認められる。この論理によると、わたしが説明したばかりのキメラマウスに、あなたやわたしに生じる人間特有の権利をすべて授けなければならないことになるが、これは明らかにばかげている。しかし、もしわたしたちが直観に従って、この特定のマウスは人間ではないと決めつけるなら、完全に人間に由来する生きている脳が存在するだけでは、その生物体を人間であると考えるにはじゅうぶんではない、と結論づけなければならない。だとすると、この定義の代わりに使えるような、神学とは無関係に人間を特徴づける生物学的属性があるのか?

人間の脳以外にも、この本を読んでいる読者全員が共有しているひとつの生物学的属性は、両親が生物学的に見て人間であるという資格を必要十分条件とすることだ。おそらくわたしたちは、両親が人間であるということで(自分で呼吸し食事をする個体の場合)、人間についての確固たる生物学的定義を打ち立てることができるだろう。しかし、マウス-ヒトキメラ思考実験のもうひとつの奇妙な帰結が、この取り組みの不十分さを示している。問題は、人間のES細胞を含む胚に由来するキメラマウスが、マウスの精子や卵子に加えて、完全に人間のものである精子や卵子を生み出せるという点にある。そういう雑種のマウスの雄と雌が自然に交配すると、完全にマウスのものである胚に加えて、完全に人間のものである胚が生まれるだろう[25](マウスと人間の精子や卵子は互いと受精することはできないから、雑種の胚は形成されないはずだ)。もし妊娠したばかりの雌のマウスから、人間の胚を取り出して人間の子宮に入れると、その胚は正常な子どもに成長できるだろうが、その遺伝学的両親は(人間と呼ぶことにするのでないかぎりは)マウスになる。マウスの両親それぞれに組み入れられているES細胞を生み出したヒトを両親と考えるべきだ、と思う人がいるかもしれない。しかし、真に遺伝学的観点から考えると、その四人のヒト(ふたりの男女による受精卵が、メスのマウスに移植されて卵子となる。別のふたりの男女による受精卵が、同様にオスのマウスに移植されて精子となるので、ES細胞の〝親〟は四人いることになる）は、両親ではなく祖父母だ。両親はマウス——おそらく生物学的に人間のものである脳を持っている——で、性的行為に携わって、完全に正常な人間の子どもへと成長する可能性を持ったヒトの胚を〝自然に〟生み出すことになったのだ。

それでも、マウスが人間の遺伝学的両親であると考えるのが困難なのは、マウスが人間ではないことがきわめてはっきりしているからだ。しかし、人間のES細胞がゴリラの胚に導入されて、成熟したキメラ類人猿に成長したら、どうだろうか？　大部分がゴリラであるその動物は、交尾して完全に人間のものである胚を受胎することができるだろう。もし雌がその子どもを身ごもって産み、人間の助けを借りずに育てたとしたら、そのゴリラはその子の生物学的母親であると主張する資格を、マウスより多く持ち合わせていることになるだろうか？　世代ごとの区分について別の面を見ると、完全に人間である子どもの母親と父親を人間であると見なすには、どのくらいの割合で——一パーセントから九十九パーセントまで——人間の細胞が含まれていることが必要か？

この種の思考実験と質問は、完全無比な観点でほかの人間を分類したいという、わたしたちの心の奥底にある本能に異議を唱えているからこそ、ほとんどの人々にとって、強烈な嫌悪感とまではいかなくても、穏やかならざる気持ちを覚えさせるのだ。反バイオテクノロジー活動家のジェレミー・リフキンとスチュアート・ニューマンは、そういう典型的な人間の反応をじゅうぶん承知していたので、それを梃子（てこ）にして、発生途上の動物に人間の遺伝子や細胞を少数挿入するというバイオテクノロジー実験すべてを、社会が全力で拒絶する運動につなげていきたいと望んでいた。世間の注目を集めるために、ふたりは半分人間で半分動物のキメラについての特許を申請し、からかい半分に、「人間と人間でない動物のキメラを使用する［臨床］試験は、人間を危険にさらすことはなく、またこれらの試験を実施するために必要な実験動物の数を減らすだろう」と説明した。アメリカ特許商標局長官ブルース・レーマンは笑わなかった。「怪物に特許は与えられない。少なくともわたしが長官であるあいだは」と、レーマンは『ワシントン・ポスト』に語った。では、どのようにして怪物だと特定するのか？「こういうもの［怪物］を見たらきっとわかる」と、レーマンは自信たっぷりに、オハイオ州最高裁判所判事スチュアート・ポッターがハードコア・ポルノについて述べた、簡潔だが大いに嘲笑された「見たらわかるさ」という定義を借用した[26]。

レーマン長官は図らずも、わたしたちが他人を自分たちの種の成員だと認識する際の主な誘因を暴いてしまったのではないだろうか。教育程度の高い人々は、理性を介入させる形で、人間を人間の心と結びつけて考えようとするかもしれない。しかし、端緒となるのは、純粋な視覚的判断なのだ。〝完全に人間に見えるわけではないが、完全に人間ではないと見えるわけでもない〟「怪物」という、レーマンのおびえが感じ取れる描写は、人間の奇形乳児を不吉だと考えた近代科学以前の見かたを不気味にも思い出させる。さらに言えば、もし科学者が、たとえ合法的な移植を目的とするものであっても、人間に似た外部的特徴――両脚、両腕、両手――を持つ雑種の動物を発達させるつもりなら、四肢が遺伝子操作されたブタの細胞に由来するのか人間の細胞に由来するのかは、実のところ重要ではないだろう。ほとんどの人はそのような生物を見たら不完全な人間と考えるはずだ。ほとんどの人が人間と人間でない生き物を区別する際の皮相な判断は、理性の働きに基づくものではない。むしろそれは、人間のように見える肉体を直観的に人間の魂に結びつける――無意識の行為であることが多い――という根強い習性によって引き起こされた、情緒的な反応なのだ。

バイオテクノロジー科学者は現在、人間と動物のキメラによって提起された倫理的ジレンマを、重要な問題から注意をそらす、まったくの目くらましだと感じている。本当に人間を汚すようなバイオテクノロジーの応用が推し進められたことはないし、今後も倫理をわきまえた研究者がそのような応用を推し進めることはないと確信している。そう、自分たちは動物の構成要素を人間に組み入れたし、人間の構成要素を動物に組み入れたが、こういう処置や実験は、人間の健康増進を目標に成し遂げられたものであるうえに、種の本質にはなんの影響も与えていない、と彼らは言う。確かに、厳密な生物学的用語で言えば、これらの人間や動物はキメラだ。しかし、人間は、治療の結果として動物の遺伝子・細胞・臓器を体内に持っていても、人間であることに変わりはない。そして、人間の遺伝子・細胞・臓器を少しだけ持っているマウスやブタは、やはりただのマウスやブタにすぎない。最後に、人間の幹細胞や胚細胞と人間でないものの幹細胞や胚細胞の混合物がペトリ皿で成長した場合、人間でも動物でもなく、ただの組織だ、と。今日、これはすべて正しい。しかし、バイオテクノロジーの力は急速に拡大しており、以前は考えもしなかったような用途を絶えず生み出しつつある。将来のある時点で、科学と社会が、人間とそのほかの生き物をまったく恣意的に分けざるをえないようなあいまいな領域に踏み込むことを、わたしは確信している。

第三部

母なる自然

第十一章　たとえと現実

自然がこんな悪夢を献じるなんて、
神と自然は争っているのか？
自然は類［種］の保存にはあれほど注意深く思えるのに、
ひとつの命にはこんなに無頓着なのか……

類の保存には注意深い？　いや、違う。
垂直な断崖や切り出された石から、
自然の叫び声が聞こえる、「千の類が姿を消した
わたしは何も気にかけない、すべては滅びゆく。

汝はわたしに訴える
わたしは命をもたらし、死をもたらす
霊とはただ呼吸を意味する
わたしの知るのはそれだけだ」そして人は、人は、

自然の最後の作品、人は、見目麗しき人は、
すばらしき目標に目を輝かせ、
寒々とした空に賛美歌を朗々と歌い上げ、
実を結ぶことのない祈りの神殿を築き上げ、

神こそ愛なりと信じて
創造の最後の法則を愛す——
だが自然は、略奪で歯と爪を真っ赤に染めて、
人の信条を甲高く笑い飛ばす——

愛し、数えきれない病に苦しみ、
真理のため、正義のために戦った人が、
吹き飛ばされて砂漠の塵となるか、
鉄（くろがね）の丘の内に封じられるのか？

それで終わりか？　とすれば、怪物だ、夢だ、
騒音だ。原初の恐竜は、
泥の中で互いに引き裂き合ったが、
人への仕打ちと比べたら和やかな調べだった。

ああ、それならば、人の世は無益で、はかない！
ああ、汝の声で慰めて称えよ！
希望の答えはどこだ、救いの道はどこだ？
死のとばりの奥に、死のとばりの奥に。

アルフレッド・テニスン『アーサー・H・ハラムの死を悼んで』一八五〇年

意地悪な母親

世界で最も多様な生物種が集まっている区域は、南アメリカ中心部の数千キロ四方に広がるアマゾン熱帯雨林の中にある。わたしは、全盛期の母なる自然を象徴する原始のままの生態系を見たいという、燃えるような願望に突き動かされて、その地を訪れた。旅は、一九九八年十一月、太平洋に面したペルーの首都、一年じゅう焼けつくような乾いた暑さが続くリマへのフライトから始まった。わたしと妻は、リマから東へ向かって、古代インカ帝国の都市クスコに登った。クスコは、アンデス山脈の標高三千二百メートルの地にあり、身震いするくらい低温で、頭ががんがんしてくるほど空気が薄い。翌日、その地方の飛行場への道を見つけて、単発式プロペラ貨物機に乗り込んだ。貨物機は、機体側面に取り付けられたベンチふたつ、貨物をいくつか、パイロットひとり、ガイドのラミロ、そして、ほかの五人のエコツアー参加者——アメリカ人ひとり、スウェーデン人ふたり、英国人ふたり

——を乗せて、さらに東へ三十五分間飛行し、アマゾン川の支流マドレ・デ・ディオス川近くのジャングルに開けた小さな空き地へと、三千メートル降下した。飛行機ががたがたと揺れながら着地して草を引き倒すと、驚いたサギやシロサギの群れが空へ舞い上がったが、着陸前から早くも、ジャングルの熱気と猛烈な湿気がわたしたちの体を洗っていた。わたしたちはバックパックを背負って川べりまでハイキングをし、そこから船外発動機をつけた丸木舟で、ほかの手段ではたどり着けない、ペルー南東部のジャングルにある野営地まで、そよ風に吹かれながら二時間半の旅をした。

アマゾンを訪れるほかのエコツアー客と同じように、わたしは双眼鏡の焦点を、自然生息地にいるバクやサル、コンゴウインコやオウム、そのほか数多くの大型動物、特にオオカワウソに合わせるつもりだった。その点では、失望することはなかった。しかし、ほんとうに驚愕したのは、圧倒的な量の植物や変温動物などの生物を見たときだった。それらの生物はすべて、生態系全体が適切に機能していくうえで、それぞれの種が特別な役割を果たす比較的平和な楽園で暮らしているのだと、わたしは無意識のうちに思い込んでいた。楽園の代わりに至るところで目撃したのは、公平さ、共同体、競争のルール、個人や種の生命の尊重などを顧みず、機会さえあれば生物がお互いを巧みに操り、殺し合い、食べている光景だった。個々の生物体のほとんどにとって、ここはテニスン卿が空想の中で思い描いた恐ろしい生き地獄だ。わたしは困惑した。いったいどうして、生態系の基本的機能について、ああいう誤った見かたをしていたのだろうか?

熱帯雨林は、毎年乾季と雨季とでは姿を変える。わたしたちは、〝乾季〟を選んだはずだったのに、一日めは長時間激しい雨が降った。ペルー人のガイド、ラミロ・ジャビールが理由を説明してくれた。雨季のあいだはほとんど間断なく〝おびただしい量の〟雨が降るが、乾季のあいだはほとんど毎日〟たくさんの〝雨が降るだけだ、と。そびえ立つアンデス山脈の西側と東側の違いは際立っている。太平洋沿岸には、数十年続けて降水量ゼロの乾燥地帯がある。しかし、熱帯雨林では、至るところに水があふれている。小道に溜まった水が小さな流れになり、大小の川に注ぎ込む。ジャングルの底には泥水が残される。小さな滴が湿っぽい霧の中で宙から垂れ下がっているように見えたかと思うと、わたしたちの顔やそのほかのあらゆる表面を濡らす。そして、小さな植物の小さな無数のくぼみに小さな小さな池が作られ、その植物の全体、全存在が、地上六十から九十メートルに達するジャングルの天蓋にすっぽりくるみ込まれる。

地球上で有機生物体として生きていくためには、水が利用できなければならない。ほかの陸地ではたいてい、水の利用可能性は月ごとに、そして年ごとに異なる。その結果、生き物の形態や数は大きく制限される。アマゾンでは、水を手に入れるのは困難ではなく、地表はすべて、何層にも重なり合うように生きている生物で覆われている。この環境では、水よりむしろ太陽光線のほうが貴重な必需品だ。ジャングルの天蓋があまりにも密なので、太陽光線の九十八パーセントは人間の目の高さまで届くことはないし、絡み合う草木やコケ、菌類、蔓植物、昆虫そのほかの小さな動物など、無数の生物や有機堆積物で覆われたジャングルの底には、光はほとんど届かない。

地面で発芽して長いあいだ完全な暗闇の中で生長していくのは、木の種子にとって達成困難な苦行だが、それは種子の側がどうにかできる問題ではないだろうと、北アメリカ東部で生まれ育ったわたしは漠然と考えていた。ところが、この熱帯雨林では、樹齢百年を超える多くの巨木が、生まれるとき、太陽に向かって三十メートル以上も有利なスタートを切る。この〝絞め殺しイチジク〟と呼ばれる植物のライフサイクルは、母なる自然を、特に緑の葉が茂る木々にとって調和の取れた場所であると想像していたわたしに、大きな驚愕を与えた。絞め殺しイチジクの実は熱帯雨林のサルの好物で、スイカの種子に似た小さな種子をサルが呑み込んでくれる。種子は、蠟状の物質で保護されているので、サルの消化管を無傷で通り抜ける。排泄衝動を感じたサルが種子を含む糞を排出すると、糞はほかの樹木の高い位置にある枝の股に取り残される。温かい糞が強力な肥料として働き、種子は生長して根のない蔓になり、巻きひげは分岐して樹木の幹をゆっくりと這い上がると同時に這い降りて、その足場からさらに上の枝へと、天空めざしてぐんぐん生長していく。

この段階では、蔓は雨や樹木の表面の水分だけを頼りに生命を維持している。しかし、数週間ないし数カ月後、下へ向かった巻きひげが地面に着くと、その先端が根に変化して、泥から大量の水分を吸収し、ほかの部分に送り届ける。巻きひげそれ自体はその後、横に広がり始め、樹木の幹や大きな枝に巻きつく。以後十年から二十年のあいだに、イチジクの根がもっと長く頑丈になると、もともとそこにあった樹木はすっかり包み込まれて、視界から消える。さらに数年経つと、内側の樹木はすっかり朽ち果てる。イチジクの木は、命を与えてくれた宿主を、自分の中心部の隠された空洞で殺し、それに取って代わったのだ。アマゾンをはじめ、中央アメリカやアフリカやアジアのどの熱帯雨林を歩いてみても、そういう緩慢な死に至る過程の各段階の、スチール写真のような豊富な事例を目撃することができるだろう。

絞め殺しイチジクは例外ではなく、むしろジャングルの常なのだ。ほぼすべての樹木に、巨体に生長するさまざまな種類の蔓植物がたわわにぶら下がっている。古い蔓植物そのものにも、ほかの蔓植物が覆い被さる(その蔓植物にもコケや菌類がまとわりつく)。葉はイモムシに食べられたり、ハキリアリに食いちぎられたりする。より古い樹木のほとんどに、むき出しのシロアリの巣が——なかには人間の体より大きいものもある——垂れ下がり、巣には内部の昆虫を食べようとする鳥があけた穴がところどころにうがたれている。重さに耐えかねて弱った枝は懸命に生きようとするが、やがて戦いに敗れて折れてしまう。

クリスマスの装飾に使われるロマンチックなヤドリギ〔男性はクリスマスの飾りのヤドリギの下にいる女性にはキスをしてもよいという習慣がある〕でさえ、裏の姿は殺人鬼だ。ヤドリギは樹木の枝で生長し始め、その樹木の幹に針のような根を直接押し込んで永遠の結びつきを築き、その結合部を通じて吸血鬼のように水分と栄養分を搾り取ってしまう。[1] 千三百種のヤドリギの中には、樹木ではなく、樹木に寄生しているほかの種のヤドリギをいけにえにするものもある[2](ヤドリギが相手を死に至らせるのに使用する第二の武器は、一部の種類の実に多量に含まれる毒物だ。これは、人間やペットに心臓麻痺を起こさせる力を持つ)。ゆくゆくは、すべての樹木がいずれかの攻撃に屈服して命を落とし、ジャングルに数百万も存在するほかの生物の飼料となって姿を消すのだ。

踏み分け道を外れて濃い下生えの中へぶらりと入っていくのは、いい考えではない、とガイドのラミロが教える。隠れていた毒蛇に嚙まれずにすんだとしても、獲物を求めて徘徊する毒アリに足首を攻撃されるだろうし、毒に覆われた植物に素手をこすりつけてしまうおそれもある。川に泳ぎにいくのはかまわないが、月経中の女性またはその他の理由で出血している人は別で、その場合はピラニアの大群に肉を食いちぎられる——しかも出られるあいだに水中から出なければ骨まで食べられてしまう——とラミロは言う。浅い湖ならピラニアはいないが、そこで育ったヒルが四肢について、血を吸い出す。それに、空中にも蚊がびっしりいて、温血動物を見つけたそばから、むき出しの皮膚を汚れた針のような口吻（こうふん）で刺していく。蚊そのものはあまりに小さいので、長期的に害をもたらすようなことはないが、一部の蚊にヒッチハイクしている原生生物の殺し屋が、蚊の口吻を経由して人体に注入され、血球に潜り込んで栄養を摂りながら勢いよく繁殖することがある。血液中で生まれた子孫はほかの蚊に拾い上げられ、残された人間はマラリアに苦しみ、ときには死に至る（現実に、毎年二百万人がマラリアで死亡するが、そういう事例の大半がアフリカのサハラ砂漠以南に集中している）。どこを見ても、生命体が自分より下位の生命体から生命を吸い出すと同時に、自分の背中に乗った生命体に消費されているのが目撃される。ラミロが日々口にする多くの警句のひとつでまとめよう。「ジャングルでは、命は太く短い」

テニスンの詩的な表現を借りて言えば、〝自然が歯と爪を真っ赤に染めた〟個々のケースは、誰にとっても驚くようなものではない。ライオンやオオカミやクマやほとんどの人間が、ほかの動物を（直接的あるいは間接的に）殺して食べるということを、わたしたち全員が知っている。植物を食べる動物（草食動物）の多くが、餌とする個々の植物を殺したり傷つけたりしていることを知っている。そして、人間に感染して殺すウイルスとバクテリアについても知っている。もちろん、青々と生い茂ったアマゾン熱帯雨林のジャングルにも、寄生は存在するだろうと思ってはいた。しかし、特に植物や樹木など非食肉性の生物のあいだでは、平等主義的な共生の例を見かけることのほうが圧倒的に多いのではないかと考えていたのだ。

わたしはラミロに、顕微鏡を使わなくても見える二種類の生物が、お互いに同じ程度の利益をもたらし合っているような共生関係のよい例を指摘できるかと尋ねた。わたしたちは、目に見える樹木がすべて何層もの寄生生物に覆われている道を百メートル歩いて、ようやく、十メートル離れた位置からは、蔓植物もコケもシロアリの巣も、何も樹皮に付いていないらしい樹木を見つけた。しかし、近づいてみると、むき出しの幹をヒアリが上り下りした傷があちこちにあった。このアリは、異種生物や堆積物をかたづけて、自分の体内にせっせと毒を蓄え、自分や宿主にうっかり触れてしまった愚かな生物にそれを注入する（名前に〝火〟がついているのはこのためだ）。守られるほうの宿主は、その見返りに、アリが食べる樹液と、幹の内部にアリが巣を作る洞を提供する。現状では、草本と樹木の現在の関係は比較的平等だが、自然においては完全な平等が持続することはめったにない。

明らかに、人間もジャングルの餌食の部類に属することを免れないが、特別な薬やワクチンを用い、注意深くふるまうことで、勝つ確率を高めることはできる。アマゾン川流域や、中央アメリカ、アフリカ、東南アジアのジャングルに入る前の数カ月間に、わたしたちはA型肝炎、B型肝炎、腸チフス、日本脳炎、黄熱病、破傷風、コレラ、ジフテリア、ポリオのワクチン接種を受けた。旅行中は家族全員が抗マラリア薬を服用し、皮膚には昆虫忌避薬のDEETを塗った。薬や毒は、スマトラのサヴァンナで激怒した水牛が娘とわたしに突進してくる（わたしたちはジャングルの密林に逃げ込んだ）のも、タイ北部で赤ちゃんゾウが息子のマックスを宙に飛ばす（そのあとゾウは後ろに引き下がった）のも防いでくれなかったが、化学薬品とワクチンと幸運のおかげで、わたしたちは、アマゾンとアフリカとアジアの捕食者に長期間悩まされるのをうまく避けられた。

しかし、中央アメリカ高地にあるベリーズのジャングルを旅したときは、それほど幸運ではなかった。二〇〇二年のクリスマスの二日前、長いトレッキングのあと、お腹を空かせ、疲れ果て、泥まみれの状態で、夕暮れどきにクルックト・ツリーと呼ばれる鳥類保護区内の小さな町に到着した。『ロンリー・プラネット・ガイドブック』によると、この町に下宿屋が数軒あるはずだった。ところが、異国情緒あふれる土地への観光旅行は九月十一日のテロ以降途絶えており、宿はどこも廃業していた。流れがよどんで大きな沼のようになった川――アリゲーターやその他の動物に加えて、びっくりするほど種類が豊富で群れなしている熱帯の鳥類の生息地――に沿って丸太小屋が連なり、その隣の家のポーチでひとりの老人がロッキングチェアに座っていた。老人はわたしたちに、泊めることはできないと告げた。老人の考えを変えさせたのは、子どもたちの頬を流れ落ちた涙だ。老人は、沼で捕まえた魚で作った夕食をごちそうしてくれて、寝る場所にと、長らく使われていなかった小屋をあけてくれた。

手にペンライトを持って、ベッドを覆う蚊帳の下に潜り込んだわたしは、シーツ全体にたくさんの小さな黒いしみが点在しているのに気づいた。「泥か灰に違いない」そう考えたあと、眠りに落ちた。そのときは知らなかったが、小さな点のひとつひとつがツツガムシと呼ばれる極小の動物だったのだ。このホテルは閉鎖されていたので、これらのちっぽけな生物はどれも、長いあいだ何も食べていなかった。だから、わたしたちが眠っているあいだに、腕や足首に這い上がって、毛穴に潜り込んだ。穴の中でツツガムシは、少量の麻酔物質と消化酵素を吹きかけて、周りの細胞を液化し、それを吸い上げて食糧にした。

翌朝起きると、液体で膨れあがった水疱ができていて、その日は時間が経つにつれてどんどん痛みが増してきた。数日後、水疱が破裂すると、栄養をじゅうぶん摂ったツツガムシが、虫にとってのジャングルとも言える人間の皮膚や毛の表面に姿を現わし、そこでつがいの相手を見つけて交尾し、そうして生まれた新しい世代が新しい毛包や毛穴に潜り込んだ。一方で、以前に潰瘍化した小水疱が、ブドウ球菌や真菌など、ほかの捕食生物を引き寄せた。帰国後、わたしたちは抗生物質でブドウ球菌を克服したが、数カ月かけて多くの医者にかかったあとでようやく、コーネル大学医学部の熱帯病専門医がツツガムシだと突き止めて、駆除の手助けをしてくれた。残念ながら、家族のひとりは真菌が全身に広がっていて、しばらくは毎日局所に薬を塗り、後遺症との不快な休戦状態に甘んじた。息子のマックスは、学校の宿題で生態系をひとつ選んで作文に書くようにと求められたとき、題材として自分の体を取り上げた。

気まぐれな母

人間に苦痛や苦しみをもたらすのは、ほかの生き物だけに限らない。母なる地球そのものも、まったく気まぐれで思いやりを欠くことがある。かつて、合衆国に匹敵する大きさの、樹木に覆われた楽園があり、そこには大きな木陰を作るアカシアやエノキなどの豊かな木々と、緑あふれる灌木や草が茂っていた[3]。夏には猛烈な土砂降りの雨が降るが、一年を通じて多湿だった。田園地方には、豊かな魚がいる淡水の湖や川が点在していた。沿岸や浅瀬には、レイヨウやキリン、ゾウ、カバが徘徊する。ときには、ライオンやトラが森から出てきて、みずからの存在を知らしめた。ここにも洗練された文明を持つ人々がいて、ウシを飼い、野生の獲物を狩り、穀物を植えていた。人々は岩の壁に、このいつもの活動に従事しているところを絵に描いた。広大なこの故郷の全域で、何百世代にもわたって、豊かな暮らしが営まれた。

そのあと、数世紀の時間をかけて、考えられないことが起こった[4]。老人たちは、自分の子どものころより夏が涼しく、雨が少なくなっていることに気づいた。森の密度が低下し、湖岸線は著しく後退した。老人たちの孫が大人になるころには、雨が一滴も降らなくなり、湖や川は干上がり、緑あふれる森は消失して、広大な砂漠がすべての村を呑み込んだ。自分たちが何か間違ったことをしたから神々が怒っておられるに違いない、と人々は考えた。ほとんどの者は非業の死を遂げたが、わずかに死を免れた者は北部の海岸へ移住したり、遠くの水源から水が川となって流れ続けている東部の谷へ入ったりした。母から娘へ、父から息子へと、現在に至るまで代々語り継がれた話の中で生き続けたのが、古代のエデンの園から不従順な人間の祖先が神によって追い出されたという伝説だった。

この物語は、おとぎ話ではない。人類がみずからのやりかたを改めなければ生態系の破壊が地球に降りかかるだろうという警告でもない。これは現実に――おおむねわたしが語ったとおりに――あった話だ。舞台は、サハラと呼ばれる土地。今では、世界一大きく、世界一乾燥した砂漠になっている。紀元前一万三〇〇〇年から紀元前三五〇〇年までのあいだ(地球科学者が〝アフリカ湿潤期〟と名づけた時代)、サハラの気候と生態系は今日とは根本的に異なっていた。[5] 宗教心を持たない人には皮肉な落ちになってしまうが、この土地の豊かな暮らしを支えてきた気候条件が、長期的に悪化していったのは、気象をつかさどる神ジュピター(ユピテル)のせいかもしれない。いや、実際には神ではなく、ジュピターと呼ばれる星、つまり木星のことなのだが。

木星の役割を理解するためには、気象学の基本的原則をいくつか理解しておく必要がある。北半球が太陽の方向に傾いている六月には、太陽光線が大気中を通る距離が最短になり、地球の表面を温めて夏をもたらす。北半球が太陽から遠ざかるように傾いている十二月には、太陽光線は光を吸収する大量の大気を斜めに横切らなければならず、加熱作用が低下するので、地表の温度が下がり、冬になる(もちろん、南半球ではその逆だ)。太陽と地球の引力系に、この両者のほかに何も関わっていなければ、毎年毎年、正確に同じ公転運動が永遠に繰り返されることを――ニュートンの運動の法則から――予言してもいいだろう。実際に、ひとりの人間の一生のあいだに観察されたデータは、この予言を裏づけるように思える。

しかし、二十世紀初頭には、地質学的証拠の積み重ねによって、科学者は、地球の長い歴史の中に氷期と温暖期が交互に訪れていただけでなく、これらの異なる気候局面の発生には顕著な、しかし複雑な周期性が見られるということを確信した。二万二千年周期の気候変化が発生するのは、四万年周期の中であり、その四万年周期はもっと長い十万年周期の中で発生し、さらにそれが四十万年周期の中にすっぽりと収まる。この複雑な周期的変化が何によって起こるのか、ようやくわかり始めたのは、セルビア人数学者のミルティン・ミランコヴィッチが木星に焦点を当てたときだった。

木星は太陽の千分の一の重さしかないが、地球の三百十八倍重く、地球をかすかに引っ張っており、特に三百九十九日ごとに巡ってくる最接近時にはその力が強くなる(木星が太陽を一周するには十一・八年かかる)。ミランコヴィッチは、ニュートンの簡単な万有引力方程式を長々と適用して(小型計算機があったら役に立っただろう)、木星に対する地球の軌道位置の変化は複数の周期が重なり合った周期で発生し、それによって地球は、(一)回転する独楽のようによろめき、(二)太陽方向への地軸の傾きが増減し(垂直軸に対して二十二・一度から二十四・六度の角度で変わる)、(三)公転軌道の形を円に近い形から楕円形へ、そしてまた円形へと変えることを示した。これらの重なり合った周期すべてをひとつに合わせると、北半球と南半球の夏と冬で、降り注ぐ太陽光の量が増減する複雑な循環パターンが生み出される。この地球の軌道の変化が、もののみごとに、過去五十万年間の気候変動と対応しているのだ。

ミランコヴィッチの重大な発見以来、地球物理学者と気候学者は、太陽に対する地球の位置の変化が気象系にどのような影響を与えるのかを理解するために、精巧なコンピュータ・モデルを構築してきた。〝アフリカ湿潤期〟は、北半球が太陽に向かって最も大きく傾き、かつ最も接近していた夏に発生した。北からの熱風のせいで、猛暑がサハラの地上を覆う状態が続いた。熱い空気は密度が低く、急速に上昇し、代わりに大西洋の重い雨雲を吸い込む。雨のおかげで緑の生命が生まれ、露出した地面よりも効果的に太陽の熱を吸収した。森は生長するにつれてより多くの熱と湿気を保持するので、雨がもっと激しく降るようになった。

このようなエデンの園に似た状況は、約一万年継続した。そのあと、地球の軌道と自転が自然の循環によって変化するにつれて、アフリカ湿潤期の気象系全体が崩壊した。北半球で夏の日射量が少なくなると、熱量も少なくなり、そのせいで風が弱まるから雨が減り、その結果、森が痩せて、熱の吸収量が低下するなどの現象が起こる。(6) サハラの森は、一世紀半も経たないうちに乾ききった奈落へと急降下した。これは、地質学的なスパンで考えるとほんの一瞬の出来事だが、一部の人々がほかの場所に移住するにはじゅうぶんな長さだった。(7) 状況から推測すると、これらの人々が豊かな文化をナイル川流域に持ち込んで、長いあいだ続く洗練された古代エジプト文明の礎を築くことができた。緑のサハラが聖書に描かれたエデンの園の着想を生み出したのかどうか、わたしたちには知るすべもないが。

この魅惑的な物語についてわたしが最も注目に値すると思うのは、気候学と人類学という専門分野以外ではほとんど知られていないという点だ。事実、一九九六年にわたしたち家族がチュニジア南部で、サハラ砂漠のオアシス都市ドゥーズの近くにある砂丘を歩いたとき、驚いたことに、かつてこの地に水があった証しである多量の貝殻が地面から顔を出していた。少なくとも四十年前から、科学者は過去のサハラの緑とその真ん中に住んでいた洗練された文化を持つ人間について書き記してきた。

そして、一九九九年には、気候変動をモデル化したドイツ人科学者マルティン・クラウセンが、サハラの変化と住民の流出がいかに急速なものであったかに関して、よりすぐりの証拠を挙げた科学論文を発表し、幅広い人々に高く評価された。しかし、クラウセンの名前や過去の〝緑のサハラ〟という概念は、その年、世界の五十紙の主要な英語新聞では、わずか五本の記事で言及されただけであり、以降はほとんど触れられていない。[8] これに対して、過去の氷期は――緑のサハラほど劇的ではないにもかかわらず――毎年主要紙の三百以上もの記事で言及されている。[9]

この相違は、サハラの過去が、現代人が耳にしたくない真実、つまり〝母なる地球〟が意地悪なあばずれになりうるという真実を暴露しているからだと思われる。あるいは、オックスフォード大学の地質学者マイケル・ウィリアムズの『地球の森林破壊』という六百八十九ページにも及ぶ本の説明を借りると、「自然は、人間の命という劇のために神が授けた受動的・調和的背景だという考えは、西洋人の精神と文化に深く根ざす神話なのだ。……しかし、それはあくまでも神話にすぎない」。[10]

ポスト・キリスト教文化は特に、いつも生物圏を好ましい方向に育てあげる女性的で情け深い母なる自然が存在すると信じたがる。〈グリーンピース〉によれば、愚かな人間が「……世界の気候の〝自然なバランスを壊して〟めちゃくちゃにする」ことに固執しなかったら、生命は繁栄し続けるらしい。[11] それは、母なる自然がみずからの道を歩むに任せておきさえすれば、すべてはよりよい方向に向かうだろうという前提に基づいている。文明の開花につながった氷河の後退は、この見解と符合する。〝昔々〟の緑のサハラが自然の――人間が誘発したのではない――気候変動によって一掃されたのは、地球全体を宗教的にとらえる見かたとは相容れず、大衆の意識に組み入れられることもない。

ポツダム気候影響研究所のマルティン・クラウセンのチームが実施したコンピュータ・シミュレーシ

ョンは、気温と地面の植物密度の閾値(いきち)をごくわずか変化させると、それに応じてサハラが、砂漠と青々と生い茂る森とのあいだを揺れ動くことを示す。[12] 人間の産業がなければ、いつかは、地球のゆっくりとしたよろめきのせいで、サハラは〝自然に〟ふたたび緑の時代へと揺り戻されるだろう。しかし、向こう数千年のあいだはそういうことは起こらないだろうし、いずれにしても、人間の産業を無視することはできない。事実、人間の支配が地球の気候に及ぼす作用が原因で、わたしたちは今、地質学的に言うと自然史の〝人為改変時代〟――つまり自然史が人類によって作り出される時代――に入っているのだ。

人間が引き起こした地球の温度の上昇が、緑のサハラへのスイッチを本来よりずっと早く、次の世紀にでも入れてしまうかもしれないというのは、好奇心をそそる仮説だ。[13] 温室効果ガスを現状の二倍に増加させた(現実に起こる可能性がある)コンピュータ・モデルによると、現在の砂漠の二十五パーセントまでが緑地になったあと、その割合は十八パーセントに低下する。[14] しかし、このモデルは、サハラの森の自己再生過程を維持し拡大する能力を持った植物や樹木を、バイオテクノロジーを応用して設計・生産するというアイデアを組み入れていない。適切に管理されたサハラの森は、多くの点で人類に利益をもたらしうる。人間が消費する大量の食物の生産を可能にすると同時に、空気中から大量の二酸化炭素を除去して、地球の温暖化を減速させることができるだろう。

こういう大規模な生態系の改変は――自然な改変も人間が誘発した改変も――常に地球の他の地域にさまざまな作用をもたらす。コンピュータ・モデルは、人類と生物圏全体にとって緑のサハラがより好ましいのかそうでないのかを未来の社会が見定めるのに役立つ。しかしながら、究極の問いは、そのような未来の選択を誰に託すべきかだ。全地球的な共同体か、母なる自然か？　母なる自然は、わたしたちの手を借りずに、壮大な生気あふれる生態系を生物のいない砂漠にした。母なる自然は、わたしたちの手を借りずに、「いくつもの古代文明と社会経済体制を破滅させた[15]」。母なる自然は、わたしたちの手を借りずに、厚さ千五百メートルの氷河でカナダを覆い尽くしたし、もし将来、人間の産業がすべて消えてしまったら、確実に同じことをするだろう。

現代の〝人為改変時代〟における地球温暖化の主な原因は、乗り物や工場や発電所で化石燃料を燃やすことにより空中に放出される二酸化炭素（CO_2）だ。産業革命以前は、この温室効果ガスの大気中の密度は二百八十ppmだった。今は三百七十ppmで、着実に上昇している。わたしは、プリンストン大学気候学教授で、かつてはNPO団体〝環境保護基金〟の首席科学者だったマイク・オッペンハイマーに、未来の人間社会がサーモスタットのようにCO_2レベルを調整し、地球にとって望ましい平均気温を実現するのは妥当なことだと思うかと尋ねた。「ひとたびそのための知識と道具を手に入れたら、そうするのは無条件に妥当なことだと思うよ」と、マイクは答えた。もしマイクが制御するのなら、どのレベルを選ぶのだろうか？　すべての選択には交換条件がついてくる――一部の人々と生態系が得をすれば、ほかの人々と生態系が損をするのだ。温度が低めなら熱帯地方の人々にはいいが、アメリカやヨーロッパでは一世紀にわたる小氷期がたびたび発生するおそれがある（歴史上の小氷期は、一一五〇年から一四六〇年と一五六〇年から一八五〇年に訪れた）。気温を現在よりある程度高めにすれば、北半球地方における栽培期と居住可能領域が拡大される（そして、フランスでたびたび極上ワインが生産される）だろうが、全世界の低地で洪水が起こり、熱帯と亜熱帯では暑くなりすぎるという代価が伴う[16]（さらに高い温度にすると、地球が払う代価は、ほぼ間違いなく、どんな利益をもはるかに上回るだろう）。

マイクは現在のレベルを選んだが、それはこのレベルが最大多数の人にとって最大の利益をもたらすと思うからではなく(そうではないかもしれない)、わたしたちが本当によく理解している気候はそれしかないからだ。わたしは同じ質問を、やはりプリンストン大学の同僚で、大気化学者のデニーズ・モーゼラルにしてみた。デニーズはわたしに、自分は決められないと言った。特定の目的で地球の気温を確定するには、国際委員会で交渉して、損をする人々に適切な補償を提供する必要があるだろう。どちらの答えも、意識しているかどうかはさておき、本当に〝正しい〟気候とは、〝わたしたち〟が選ぶべきものではないというポスト・キリスト教の知恵からほど遠い。なぜなら、どう選択したとしても倫理に反して、母なる自然の神のごとき権威を制限するからだ。

現代のたとえを作る

母なる自然の名のもとに、生物体の攪拌と大量殺戮という大規模かつ永続的なばか騒ぎから利益を得るのは何者か?　個々の犠牲者ではないことは確かだ。犠牲者には熱帯雨林その他すべての場所で生きる大半の植物や動物が含まれる。老衰で〝自然〟死を遂げるほど長生きできる生物体はほとんどいない。なかなか捕まらないアマゾンジャガー(ある夜わたしたちのテントのそばを歩いて通り過ぎた)のような、いわゆる〝食物連鎖の頂点〟にいる捕食者でさえ、多くはちっぽけな寄生動物や同種の競争相手に殺される。今日の西洋人のほとんどは、その利益が〝生態系全体に〟生じると信じている。

どうやってこの概念が幼いころから教え込まれ、強化されているかを悟るのに、遠くへ目をやる必要はない。五年生のマックスのクラスが使用しているプレンティスホール出版社の『生態学』という教科書の第一章一ページは、アリとアブラムシの心温まる話に焦点を当て、反対側のページ全体に両者がともに平和に暮らしている絵が載せられている。

> アブラムシのところにたどり着くと、アリは自分より小さなこの昆虫を自分の触手で撫でます。アブラムシは蜜と呼ばれる甘い成分を一滴出して、それに応えます。アリはその蜜を熱心になめるのです。そのあと、アブラムシを顎で優しくくわえ上げて、別の葉に運びます。そこでアブラムシは、アリが世話をしている〝群れ〟に加えられます。アリは、蜜を食事にもらうのと引き換えに、アブラムシの面倒を見るのです。(17)

アリは〝優しい〟、アリは〝撫でる〟、まるで古風な田舎暮らしの一家が乳牛を扱うように、アリはアブラムシの〝世話をする〟。公正を期すために言っておくと、プレンティスホール出版社が出した五年生用の生態学の教科書は、この例では確かに、アリには思いやりがあるという比喩的表現を積み重ねているが、ほかの小学生用教科書のように進化という概念を出し惜しみしてはいない。子どもたちは、競争や捕食や寄生について、肉食動物が獲物を食べているぞっとするような絵とともに読む。しかし、この本でも、わたしが見たほかのすべての本でも、最初に提示されているのは相互に利益を得る共生であり、はっきり書かれてはいないが、異なる種同士の典型的な相互作用においては共生が主体になるとほのめかされている。教科書全体を通じて織り込まれているのは、〝ひとつの共同体内のどの生物も、それぞれ果たすべき独自の役割を持つ〟と著者が説明する、全体論的立場から見た生態系というイメージだ。ある生物(植物)は〝生産者〟であり、その生産者を食べる生物(動物)は〝消費者〟であり、消費者を食べる微生物は〝分解者〟と呼ばれて、分解者が生み出すものが新世代の生産者の栄養となる。

食物連鎖に関するこういう標準的な解説は、ディズニーのアニメ映画『ライオン・キング』で使われた「サークル・オブ・ライフ」という歌で、子どももよく知るところとなった。この映画では、自然界のすべての生きとし生けるものが、いわゆる統合的生態系の中でともに暮らしている。

教育程度の高い大人も、地球上の生命に関する全体論的イメージを浴びせかけられている。一九七〇年、科学者のジェームズ・ラヴロックは、大気化学の知見を使って、生物圏は自己統制された統一生命体であり、その構成要素は全体のために力を合わせて働くのだという認識に賛成の論を唱えた。ラヴロックは、地球全体の生命共同体に、ギリシア神話の大地の女神ガイアの名前をつけて、擬人化した。大きな影響を与えた著書にもこの題名をつけている(『地球生命圏——ガイアの科学』ズワミ・プレム・プラブッタ訳、工作舎、一九八四年)。『共生生命体の30億年』(中村桂子訳、草思社、二〇〇〇年)という題名の本を含む、評判になった数多くの著書でガイアという旗印を擁護したのが、マサチューセッツ大学の生物学教授リン・マーギュリスだ。[18]

〝ガイア〟という言葉が、わたしたちの惑星の歴史を通じて行なわれてきた生物学的相互作用の複雑なネットワーク全体を描写するために、価値的には中立の象徴として使われるのであれば、進化生物学者も生態学者も誰も文句を言わないだろう。しかし、〝ガイア〟が科学の領域から大衆の領域に移行すると、まったく異なるものに変質してしまう。問題が生じるきっかけは、一般大衆にとって〝共生〟という言葉が持つ意味で、この言葉は通例、個体同士の〝協力〟の同意語として解釈される。[19]自然における協力の最も際立った例のひとつが、それぞれの個体がもっぱら全体のために生きて働き、死んでいくアリとハチのコロニーに見られる。一般にはそれほど知られていないが、もっと顕著な例を、すべての多細胞生物内部にある、生命の基本的単位である細胞に関する生物学的知識の中に見出すことができる。人間の体内にある数十兆という個々の細胞——それぞれが単独で存続している——も無意識のうちに協力して、人間という意識を持つ生物を作り上げている。『共生生命体の30億年』は、類推によって、地球上の生命体すべてが無意識のうちに協力し、個々の植物や動物といった各構成物より明確な意識を持つ〝ガイア〟という統一体、すなわち母なる自然を生かし続けるという考えを表明しているようだ。

しかし、この類推は間違っている。体内にある個々の細胞はすべて遺伝的に同一で、少数の隔離された配偶子(精子または卵子)によって繁殖するという共通の目標に向けて働く。それと同じように、繁殖と遺伝に関わるある特殊性ゆえに、ひとつのコロニーの働きアリと働きバチは、お互いの半クローン(きょうだいとクローンの中間)であり、女王によって繁殖するという共通の目標に向けて働いている。同族関係にある複数の個体がたったひとつの注ぎ口を通じて繁殖を行なうとき、個体間の協力は(科学的定義によれば)共生の一形態とは見なされない。

共生とは、遺伝的に別個の存在で、お互いの子孫を繁殖させることができない生命体間の生物学的相互作用と定義される[20]。共生ペアのそれぞれのメンバーは、みずからの配偶子かクローンを生み出さなければならず、もし一方が生み出せないと、絶滅してしまう。共生関係は、生命体がお互いの利益のために協力する〝相利共生〟、一方の生命体が他方を傷つけないようにしながら利用する〝片利共生〟、一方が他方の健康や生命を犠牲にして利益を得る〝寄生〟の三つに分類される。ツツガムシとわたしの相互関係や、ライオンとレイヨウの生死が絡む相互関係は、ほとんどの人々の考えとは逆に、どちらも共生に含まれない。どちらの相互関係も明らかに寄生的で、犠牲者は攻撃者から何も得ていない。しかし、犠牲者と攻撃者のあいだに、どれほど不平等なものでも、ひとつの関係があるから、共生という言葉を使うのは科学的には正しいのだ。

生物圏全体が、あるいは孤立したひとつの生態系が、単一の生物体のようにふるまうかどうかを、潜在的な構成要素であるわたしたちの目で、見定めることが本当にできるのだろうか？　熱帯雨林を構成する生物種ひとつひとつのありようを、本当に、一個の神経細胞や一匹のアリの働きや活動に、つまり、自分たちよりはるかに大きな全体が適切に働いて初めて成立する目標を達成するための有機的な動きに、なぞらえることができるのだろうか？　この問いに取り組むひとつの方法は、生態系ネットワークの実際の〝構図〟を、タイプの異なる生物ネットワークの構図と比較してみることだ。

ネットワークとは、どんな種類のものでも、個々の節点(ノード)や構成要素をつないだ網状構造と定義される。図表では、小さな丸か黒い点がそれぞれの節点を表わし、節点のあいだに引かれた線が接続を表わしている。ネットワークのタイプごとに、土台をなす構図の主題が異なり、達成すべき目標も異なる。例えば、アメリカの航空ルートのネットワークには、少数の大きな節点（ハブとなる空港）が含まれ、それぞれの節点がお互いに接続されると同時に、小さな節点とも多数の接続を有しているが、その小さな節点自体はほかの節点との接続がはるかに少ないという特徴がある。この大都市ターミナル集中(ハブ・アンド・スポーク)方式は、空を飛ぶ飛行機の総数を最小化するとともに、国内のひとつの空港から別の空港へと旅をする際に必要な乗り継ぎの数も最小化することによって、空の旅のコストを（金銭面でも時間面でも）最適化するのだ。

自然界では、三つのまったく異なるレベルの生物組織が観察される。基礎レベルでは、遺伝子とタンパク質分子のあいだの特定の相互作用が、それぞれの単一細胞内の活発な生命という創発特性――アリストテレスの用語では植物的霊魂――を生じさせる。ネットワーク言語で説明すると、分子は節点、分子間相互作用は接続と見なすことができる。次のレベルでは動物も細胞からできているが、複数の細胞が互いに相互作用して、ある種の心――アリストテレスの動物的霊魂――を生み出す脳を形作るとき、より高度なレベルの生命が新しく生まれる。ネットワーク言語では、脳のニューロンが節点で、シナプスが接続になる。最後に、最も高いレベルの生物組織が、さまざまな種を節点、共生的な関係を接続とする生態系の中に現われる。

二〇〇二年、イスラエルのワイツマン研究所の科学者ウーリー・アロンとその同僚が、互いに関連のない十の生物学的ネットワークの基礎的な構造をコンピュータで分析した。このネットワークは、(系統発生的には異なる界に属する)二種の細胞、二百五十二個のニューロンを持つ完全にその機能が記述された脳、七つの異なる生態系の三種類に大別される。[21] 節点と接続の物理的意味は、細胞と脳ではまったく異なるが、細胞のネットワークと脳のネットワークは構成部分間の情報の流れを最適化する同じ構造を持つことを発見した。言い換えると、三種類の生物ネットワークすべてにおいて、構成要素は生物組織〝全体〟のためになるように働いていたのだ。

七つの生態系の構成はお互いに似ているが、細胞と脳の中に見つかった生物学的ネットワークとは著しく異なる。それぞれの生態系の場合は、構成部分(異なる種の個体)間の情報の流れが、偶然のみから予測されるよりもかなり抑制されている。すべての生命体が新種の寄生動物や捕食動物の犠牲者になる可能性がある場合、自分の存在を知らしめないほうが割に合うのだから、実験から得られたこの結果は理論的見地からも道理にかなっている。もちろん、相互に利益をもたらす共生という特異な事例においては例外もある。しかし、種の異なる生命体が〝共同体〟全体のために働くことはないということははっきり示されている。

協力関係によって成り立つ超有機体〝ガイア〟という概念を支持する科学的理論も科学的事実もないとすると、三つの疑問に直面する。第一に、中核的な、または創発的な権威が存在しないのに、なぜ複雑な生態系のほとんどが、統合された〝系〟と同じくらいうまく機能するのだろうか？　第二に、〝ガイア〟のためでないのなら、各生命体は誰の利害のために働いているのか？　最後に、単一の母なる自然という概念に対する情緒的愛着が、自然界における遺伝子操作の道徳性についての見解をどのようにしてゆがめるのか？

第十二章　ダーウィンのありがた迷惑な説明

変化は不変

わたしたちの生物圏の特徴である不可避的な大虐殺の意味を最初に理解した人物がチャールズ・ダーウィンで、教育程度が高い大人なら誰でも、その名を生物の進化と同一視して考えている。しかし、一部の賞賛者も大半の誹謗者も、ダーウィンが解明した進化の詳細な〝機構〟を現実には理解していない。ほかの科学分野における多くの基礎理論と同様に、ダーウィンの〝自然選択〟という概念も、少数の簡単な科学的仮定に基づいて築かれており、その仮定から自然界の働きについての主要な説明が不可避的に導き出される。意外なことだが、必要な三つの仮定はいずれも、それ自体は斬新でも革命的でもなかった。ダーウィンの非凡な才能は、三つの仮定とそれまで埋もれていた実にさまざまな証拠と組み合わせてそこから導かれる論理的帰結を理解し、みずから思いついた新しい世界観が真実であることを論証した点にある。

第一の仮定は――数千年前から植物と動物の品種改良家に受け入れられてきた――子は両親から際立った特徴を遺伝的に受け継ぐことができるというものだ。ダーウィンはこれを〝強力な原理〟と呼んだ。

さらに、ときおり新しい遺伝変化が個体の中にいきなり無作為に現われるというダーウィンの第二の仮定も、観察の鋭い品種改良家にとっては昔から一目瞭然のことだった。遅くとも一六三五年以降、新しい突然変異体である植物と動物は〝自然のいたずら(スポーツ)〟と呼ばれるようになった(1)。

三つめの、かつ最後の仮定として、ダーウィンは、十九世紀初期の経済学者マルサスの理論を評価する。マルサスは、有限の資源が個体数の増加を制限するときは、結果として、それらの資源を巡る個体間の熾烈(しれつ)な競争が起こることに最初に気づいた人物だ。資源が自由に入手できれば、種は永遠に幾何級数的な繁殖を続けられるだろう。しかし、境界がはっきり定まった三次元空間(地球全体も含めて)では、生命を維持するのに必要な資源の量が限られている。それゆえに、ダーウィンは、「それぞれの種で生き残っていける数よりはるかに多い個体が生まれるので……どのような生物も、たとえわずかでもその生物に〝利益をもたらすような〟形で変異すれば、……生き残る可能性が高くなり、したがって〝自然選択される〟、すなわち自然によって選ばれることになる」と結論づけた。驚くべきことに、数学的な計算をしただけで、現代の人間が登場する以前の自然選択による進化は、過去に地球上に存在したあらゆる生命系にとって必然的な帰結であったということがわかるのだ。

ダーウィンは、継承可能な情報(現在のいわゆる遺伝情報)を生物がいかに蓄積して使用するか、あるいは、両親がいかに子どもへ伝えるかに関しては、手がかりを持っていなかった。それにもかかわらず、世代間で伝えられる遺伝情報は、普通は忠実に複製されるが、常にではないことを、正しく推測していた。〝普通は〟と〝常にではない〟というのはどちらも、ダーウィンの進化論の決定的に重要な要素だ。〝普通は〟忠実に複製されるというのは、ひとつの個体が有する利点が変化することなく子どもに引き継がれうるということを意味する。〝常にではない〟とは、ときおり起こる遺伝子の変化が生物に利点をもたらし、その利点そのものは次の世代に〝普通は〟忠実に伝えられるということを意味する。生物の世界では、遺伝子伝達の誤り——〝突然変異〟と呼ばれる——は、各遺伝形質について、約十万個体に一個体の頻度で起こる。(2)

突然変異は、遺伝暗号によって指定されている生成物の性質を変えたり、遺伝子の活動パターン——生成物がいつ、どこで、どのくらい作られるか——を変えたりすることができる。ほとんどは取るに足りない変異か有害な変異だが、ときには突然変異が有利に働くこともあり、普通はその変異を保持する一部の個体だけが有利さを享受する。例えば、通常はマングースの十パーセントが繁殖の機会を得る前にコブラの毒で死亡するなら、マングースをコブラの毒から守る突然変異が起こった場合、その恩恵にあずかれるのは、その変異を保持するマングース十匹のうち一匹だけだろう。しかし、それは保険契約のように、あまり使われなくとも、万が一に備えた強力な利点を提供してくれる。

この利点がどのように働くかを理解するために、マングースの個体群のうち半数はこの突然変異を持って生まれ、半数は持たずに生まれたと仮定してみよう。この個体群が子孫を作る準備を整えるころには、突然変異を持たない個体がコブラに殺されるせいで、突然変異遺伝子を持ったマングースの個体数のほうがわずかに多くなっているだろう(五十三パーセント)。次の繁殖世代では、突然変異遺伝子の出現頻度は五十五パーセントに上昇し、その次の世代では五十八パーセントになり、その後世代を重ねるごとに頻度はどんどん高くなる。次に、食糧が限られているせいで、マングースの総個体数が千を超えることはできないと仮定してみよう。集団の大きさに関するマルサス学説の制限が働いて、無変異の遺伝子を持っているマングースの実数は、四世代で、五百から四百七十、四百五十、四百二十と減少していく。コブラに殺されなくても、同種内の生存競争にさらされるからだ。ダーウィンの言いかたを借りると、防毒遺伝子は自然によって〝選択され〟、一世紀も経たないうちに、本来の遺伝子を持つマングースの最後の一匹が死んで、遺伝子そのものが死に絶える。今やすべてのマングースが新しい（変異）遺伝子を持つようになり、（この例における）〝代表的な〟マングースの遺伝上の定義が変わってしまうだろう。

発生した変化がこれだけなら、種の特性という観点からはさほど大きな意味はないかもしれない。しかし、これと同じ自然選択過程が、マングース集団の個体すべての中で、数千、数万という遺伝子に対して途切れることなくいっせいに進行しているのだ。相手より一歩先んじようとする終わりのないゲームにおいては、どの遺伝子も現在の勝利に安んじることはできない。遅かれ早かれ、同じ遺伝子に別の突然変異が現われて、それを保有する個体が以前の突然変異形質しか持たない個体を駆逐するだろう。常に、生物が捕食者から身を守る新たな方法が現われ、その新たな護身術を打ち破る捕食者の新たな攻撃法が現われ、一部の生命体が同種あるいは異種の他の生命体を利用する新たな遺伝的方策が現われるのだ。

ダーウィンの進化モデルの最も根本的な特徴は、しばしば誤って解釈されている。第一に、生物は変化していく環境に応じて進化するわけではない。ダーウィンは気づいていたのだが、進化における変化の根本的な原動力を象徴するのは個体間の——とくに同種の個体間の——競争だ。なぜなら、すべての個体を養うのにじゅうぶんな食糧はないからだ。第二に、個々の生物が実際に進化するわけではない。一部の個体が、競争力を与え、ひいては〝平均すると〟より多くの子孫を残すことになるある種の突然変異遺伝子を持って生まれてくるにすぎない。第三に、ひとつの種に属する個体がいっせいに進化するわけではない。有利な遺伝子を持つ個体は、不利な遺伝子を持つ同胞を駆逐する。進化の過程の各段階において、勝者はまれで、敗者は数多くいる。最終的には、すべての種において圧倒的大多数を誇っていた個体が、どこかの時点で敗者側に追い込まれて、子孫をまったく残せないのだ。

わたしたち自身が最近たどった進化の歴史においても、アウストラロピテクス・アファレンシスやホモ・ハビリスやホモ・ハイデルベルゲンシスなどの種は、少数の利口な突然変異体のせいで絶滅した。その突然変異体だけがわたしたちの直接の祖先である資格を持つ。わたしたちは全員、突然変異体の子孫なのだ。事実、わたしたちの遺伝子はひとつ残らず、次から次へと突然変異を伴う進化の過程を通じて作り上げられてきた。〝突然変異体〟という言葉には非常に否定的な含みがあるので、わたしたちは自分のことをそんなふうには考えたがらないが、それでもこれは真実だ。同じパターンの突然変異の積み重ねは、地上のありとあらゆる生物において、三十五億年にわたって繰り返されてきた。じゅうぶんな時間をかけたら、すべての生態系のすべての種が競争者の手によって滅びるだろう。なぜなら、ダーウィンが書いたように、「新しい形態が生み出されると、ほぼ必然的な帰結として古い形態は絶滅する。……過去から判断すれば、不変の類似点を遠い子孫にまで伝える生物種はひとつもないと推論しても差し支えないと思われる」。

ダーウィンの宣言にはひとつの矛盾が内在する。ダーウィンは知らなかったのだが、過去十億年のあいだ、生物圏のどんな場所にも、たったひとつだけ変わることなく生き残ってきた遺伝子がある。それは、すべての動物、植物、真菌類がＤＮＡ分子を収めるためにフレームとして使用しているタンパク質〝ヒストン４〟の暗号を指定する遺伝子だ。ほかの事例ではすべて、ある特定の生命体がどれほど多産なタイプであったとしても、ある特定の遺伝子がその生命体にいかに多くの利点を与えたとしても、進化はそういう特定の生命体や遺伝子すべてを消滅させてきたし、これからもそうするだろう。

長い目で見ると、特定の存在はすべて生き残ることができなかったのだから、地球上の生命に連続性があると言えるのは全体的な視点で見た場合だけだ。そして、物理学の根本原則によると、いつかは生命全体に終わりが訪れるに違いない。わたしたちの子孫が今の太陽系を去って新しい太陽系に行くことができないのなら、数十億年後に太陽が燃え尽きるとき、終わりがやってくる。しかし、たとえ〝わたしたち〟(つまり、人間の子孫)が別の太陽系に飛び移ることができても、宇宙全体が数千億年も経てば凍結してしまう。では、いったいどうすればいいのか? わたしはずっと耳を傾け続けている——そうしないと気が滅入ってくるから——が、今のところ、何をしてもむだだという答え以外に、まともな答えは耳にしていない。

母なる自然の道徳規範

すべての生き物がみずからの利己的な目標を追求していて、さまざまな種が恩恵を受ける協調精神も生物圏を統べる中核的権威も存在しないのなら、数億、数兆の個体を抱えて相互に作用し合う数百万の種から成る信じられないほど複雑な生態系の形成を、いったいどう説明するのか? ダーウィンの答えは、アダム・スミスが一七七六年に書いた本『国富論』から大きな影響を受けていた。(3) スミスは、トップダウン式の経済統制と経済全般の生産性との関係において、一見逆説のように思える所見を述べた。

極端な例として、善意の専門家集団によるトップダウン式の国民経済を想定する。この社会では、生産と消費が詳細に分析され、売買されるすべてのものに対して、固有の価値が確定される。その専門家の指導で、すべての商品の価格を決めるための、またすべての経済主体に許容される相互作用の枠を明確にするための法律が起草されるだろう。その対極の例として、専門家の助言を受けないボトムアップ式の国民経済を想定する。この社会では、個々人がみずからの経済的利益を求めて自己決定を行なう。つまり、個人の生産量、価格、個人間の協力、競争は、上からの統制を受けない。直観に従うなら、〝専門家〟による取り組みは、最大限に組織化され、最大限に生産性を高めた経済を作り上げるだろうし、一方、〝自由放任主義的〟な取り組みは、いたずらに混乱を招くだけだろう。ところが、スミスは、個人の利益を主な推進力にした経済のほうが、中央からの厳格な統制を受けた経済よりも、全体的にはうまく運営され、繁栄する可能性も高いと主張した。

アダム・スミスの洞察から得られた説明力によって、ダーウィンは、恩恵をもたらし合う相互作用というものを理解し、みずからの進化モデルに組み入れることができた。前章で、わたしの息子の生態学の教科書から引用した物語の中では、アリがアブラムシを守り、アブラムシはアリに与える蜜を生み出す。この二種は、両者ともに払った犠牲を上回る利益を得る協調行動を、共進化させてきた。共生的協力のもうひとつの例が、よい香りがするきれいな花から花へと飛び回るミツバチに見られる。ミツバチやその他の空中を飛ぶ花粉媒介者たちは、視覚や嗅覚への刺激によって、蜜を持ったきれいでかぐわしい花に引き寄せられるよう進化してきた。それに対して、植物はわざわざ漏斗状の花や芳香や蜜を進化させて花粉媒介者を引きつけ、粘着性のある花粉を媒介者自身も知らないうちに運ばせて、遠くにある同種の植物に届ける。こうやって、ミツバチは動けない植物の代わりに、生殖相手の多様性を広げてやり、植物の子孫の生育範囲をも広げてやるわけだ。

種の異なる個体が協調行動から利益を得る場合、自然選択によって、同種の生物のうち協調的な個体が非協調的な個体を駆逐する。しかし、一見すると報われない利他主義のように思えるケースについては、どう説明できるだろう？　ダーウィンのモデルによれば、自然選択は生き残って繁殖する能力が最も高い個体のみに恩恵を与えるはずだ。〝気のいいやつ〟――貴重な時間と労力を費やして他の個体を助け、何も見返りを得ない個体――はいちばんあと回しになるのが筋だろう。しかし、現存している動物の中で最大の成功を収めているタイプに、ほとんどすべての個体がきわめて極端な形の利他主義を実践するアリが含まれている。数千から数百万の個体を擁する典型的なアリのコロニーには、たった一匹の女王アリと、女王を妊娠させる一匹ないし数匹の雄アリがいる。残りの個体はすべて、女王の娘か働きアリ階級の成員だ。働きアリは巣作りや子守り、食糧集め、アブラムシの飼育、兵役など、さまざまな仕事のいずれかを遂行する雌アリだが、繁殖力のある個体はひとつもなく、それゆえ、自分の子を持つことは一度もない。こういうアリの顕著な特徴はなぜ自然選択によって排除されなかったのか？

一九六四年、生物学者のウィリアム・ハミルトンが、自然選択の画期的な新解釈を発見して、ダーウィンと後継の進化生物学者たちを当惑させてきた生物行動を説明した。ダーウィンは、個々の生物がわたしたちと同じように、進化の中心的存在であると決めてかかっていた。しかし、最も寿命の長い生物個体でさえ、地球上の生命という壮大な仕組みの中においては、生きているのはほんのわずかな期間であり、有性生殖においては、子が一方の親をかたどって作られることはけっしてない。世代から世代へと、無傷のまま生き残るのは、遺伝子の内部に含まれるデジタル情報のかたまりだけだ。ハミルトンは、この事実の重大性に初めて気づいた。自然選択は、遺伝子が互いに競争し合うという〝観点〟から見たとき、より多くの状況でより合理的なものになるのだ。最も成功した遺伝子は、数百万年のあいだに数百万世代にわたってファイルを共有しても、まだ識別可能な形で繰り返し複製されてきている。遺伝子の競争がしばしば生物の競争と同時進行するからこそ、ダーウィンは自然選択を発見できたのだと言える。

遺伝子の目で世界を見ると、生物の目で見たものとは異なる。なぜなら、遺伝子は――デジタル電子ファイルのように――ひとかたまりの情報で、遺伝的つながりのある別々の生物の中に同時に存在しうる。遺伝子は〝近親〟のどれかから――どれでもかまわない――自分の複製を作ることができたら、次の世代に生き残る。遺伝子の目から見ると、利他主義的な行為がもし自分の複製の数を増やす結果を生むなら、それは有益だということになる。実際、遺伝子の立場からすると、たとえ一部の遺伝子保有者が犠牲になったとしても、そのおかげで遺伝的につながりのある他の個体を通じて遺伝子自体の生存数と複製数の増加を図れるのであれば、理にかなうのだ。

遺伝子本位の論理――ハミルトンは〝血縁選択〟と呼んだ――は、厳密な数式で表わすことがたやすく、その数式によって、社会組織、協調や競争の度合、母性本能、兄弟愛、同胞抗争など、過去四十年間にわたって研究されてきた数多くの生物系における個体の行動や相互作用の各側面を、予測し、説明することができる。しかし、ハミルトンによるダーウィン・モデルのみごとな再編がようやく科学界の外で受け入れられたのは、一九七六年だった。この年、イギリスの生物学者リチャード・ドーキンスが、一連の好著の第一冊となる『利己的な遺伝子』（日高敏隆ほか訳、紀伊國屋書店、一九九二年）を出版して、一般大衆向けに進化の現代的概念化を説明し、その声価を高めた。ドーキンスが繰り返し強調したことだが、ここで言う〝利己的な〟という単語は、遺伝子が意識や情緒を持っていることをほのめかしているわけではない。それは、ひとつの実在物が（生きているか否かにかかわらず）ほかの実在物の生存を犠牲にして、みずからの存続にとって利益になるように遂行する行動を描写する単語にすぎない[4]。利己的の反対語は〝利他的〟であり、自己の生存を犠牲にしてほかの実在物に利益をもたらす行動と定義される。

初めて血縁選択の数式で分析され、説明された生物系のひとつが、アリだった[5]。働きアリは親が子を産むという意味での繁殖は行なわずに死んでいくが、利他的本能を誘導する遺伝子は、女王アリを通じて間接的にではあるが、より多く再生産される。だから、個体の利他的行動は〝利己的な遺伝子〟の帰結として進化するのだ。遺伝子の観点から見ると、アリのコロニー全体がひとつに統一された超個体であり、その中のほとんどの構成部分——個々の働きアリ——は、母たる女王の下腹部からの遺伝子がより多く再生産されるよう連携して活動する。一個の雌が不妊の労働階級から成るコロニーのために単一の繁殖単位として務めを果たす同じような超個体系は、ハチなどの他の昆虫や、ハダカデバネズミと呼ばれる哺乳動物でも、独自に進化してきた。これと同様に、人間の体内の細胞もほとんどすべて、〝自分たちの〟遺伝子が他の少数の細胞(精子と卵子)から次の世代へと複製される可能性を高めるためだけに存在している不妊の労働階級と見なすことができる。

自然界では、遺伝的つながりがなく同種の成員ですらない生物のあいだにも、一見すると報われない利他的な行動の例が存在する。際立った一例は、大型のハタ科の魚と、ベラなどのずっと小型の〝掃除魚〟と呼ばれる種類の魚とのあいだの相互作用に見られる。小型のベラは大型のハタの口のまわりや内部を泳いで、表面の寄生虫をかじって食べる。どちらの魚も、この行動から利益を得る。ハタは顕微鏡でしか見えない攻撃者を取り除いてもらえるし、ベラは食事にありつける。しかし、なぜハタは掃除が終わったあとベラを呑み込んでしまわないのだろうか？　なるほどハタは将来のある時点でもう一度掃除をしてもらう必要があるが、掃除魚は別のベラ個体であってもかまわないはずだ。では、なぜハタは気のいいやつとしてふるまい、みすみす余分な栄養を摂取する機会を逃してしまうのか?

その答えは、ラトガーズ大学の人類学者ロバート・トリヴァーズが、利己的な遺伝子理論を発展させた〝互恵的利他主義〟というすばらしい理論で提示した。(6) もしハタが毎回掃除のあとでベラを食べたら、ベラがハタを警戒するように仕向ける突然変異が、掃除するよう命令する遺伝子を駆逐してしまうだろう。本能的な掃除行動をしないベラが数多く生まれるにつれて、掃除してもらえるハタの数は少なくなり、寄生虫のせいで死ぬハタの数は増えるだろう。しかし、この時点でハタの側に、いいやつになって掃除魚を食べないよう命令する突然変異が生じれば、そこでふたたび、ベラの掃除本能と調和する遺伝子の生存が促される。さらに、個々のハタが仲間のあいだに〝悪いやつ〟を見つけたら罰するよう命じる本能が加わると、有利さが増す。

うわべだけを見ると、優しさや寛大さや共同体内の取り締まりという行動は、最も効率よく自己の生存と再生産を図る利己的な個体が進化を通じて生き残るというダーウィンの主張と、相容れないもののように映る。しかし、ダーウィンの主張を遺伝子——世代から世代へと実際に生き残る唯一の実在物——レベルで見直してみると、とてつもない規模の〝利己的な〟行動が、ダーウィンの想像もしなかったような姿で見えてくるのだ。

人間共同体と生態系共同体

「この壮麗なる生命観……かくも単純な始まりから、きわめて美しくきわめて不可思議な生物が数えきれないほど進化してきたし、今も進化し続けているのだ」ダーウィンは、代表作『種の起源』を、こういう詩的な美文で締めくくった。自然選択理論をキリスト教の根本をなす教義への攻撃である(本質的には、そうなのだが)と見なすかもしれない批評家たちを、なんとかなだめられないかという意図もあっただろう。ダーウィンとしては、生命についての進化論的観点が自然から美しさと明白な調和を奪うものではないことを、人々に理解してもらいたかったのだ。今日、進歩的な教科書出版社と生態学者は、ひとつの生態系を描写するために〝生態系共同体〟という言葉を使うとき、この調和の取れた自然という概念を錦の御旗にしている。

〝共同体〟とは、〝共通の利害〟や〝共通のあるいは平等な権利〟ないし〝統一目的〟を持つ人々の集団を描写するために最もよく用いられる言葉で、語源はきわめて古い[7]。人間世界から生物界へ移し替えられると、〝共同体〟という言葉は、母なる自然の統一的霊魂という幻想を引き出す。反体制的信念を持つ学生を引きつけることで名高いわけではない大学で、この幻想をいかによく見かけるかを感じ取るために、わたしはプリンストン大学生に対して実施した無記名調査に以下の質問を含めた。ひとつの種、ひとつの生態系、あるいは複数の生命体を含むひとつの集団が、統一された霊的精神を持つことがあるか?　考えられる答えは、(a)いいえ——複数の生命体から成る系がひとつの霊的精神を持つというのはばかげている、(b)はい——複数の生命体から成る系(例えば、種や生態系や生物圏など)の中には、統一された霊的精神を持つものがありうる、(c)複数の生命体から成る系が霊的精神を持つかどうかわからない、の三つだ。

複数生命体の統一的霊魂という考えは、これらの学生が大学入学前にすでに受けていた科学教育だけでなく、キリスト教(プリンストンの八十五パーセント以上の学生にとってアイデンティティの源となっている宗教)の教理とも矛盾する。しかしながら、その考えを自信を持ってきっぱりと拒絶したのは、女子学生の四十八パーセント、男子学生の六十一パーセントにすぎない[8]。人文系専攻の女性の中では、この割合は三十六パーセントに低下した。その結果(わたしにとっては驚きだ)から、伝統的なキリスト教が今でも強い力を持っているアメリカでさえ、高度な教育を受けた若者が、単なる比喩以上の言い回しである統一された〝母なる自然〟というポスト・キリスト教的世界観に魅了されていることがわかる。

正真正銘の生態学者でさえ、知らず知らずのうちに〝共同体〟という比喩に影響されることがありうる。ひとつ例を挙げると、生物学者は長いあいだ、花の美しい形や色や香りが進化してきたのは、〝もっぱら〟植物の種とハチのような花粉媒介者とのどちらにも利益をもたらす相互作用に対応したものだと決めつけていた[9]。しかし、実際に観察した結果、植物の中には主として、繁殖器官を引き裂き、蜜を盗み、その過程で自分たちを不稔にしてしまうアリのような捕食者に対抗して、ほかの花にはない特徴を進化させてきたものもあることが実証されている。アリが入り込むのを防ぐことだけを目的に、花の形をたびたび変える進化をしてきた植物もあった。強力な毒で花を覆って侵入を食い止める植物もある。赤紫の毒の色は花粉媒介者を引きつけるために進化してきたと、長いあいだ決めつけられていたが、そうではなく、その植物は自己防衛のために色つきの毒を進化させたのだ。

〝共同体〟という比喩によって科学的思考が妨げられたもうひとつの例は、林冠アリ(canopy ants)とその棲みかである熱帯雨林の天蓋との全般的な関係に関するはなはだしい誤解だ。地面から樹木の最上部まで、熱帯雨林のすべてのレベルに、このアリはきわめて豊富に存在する。最近まで、アリは草食昆虫を食べたり葉のぬめりを掃除したりして、樹木が太陽光線をよりよく吸収できるようにすることで、樹木に利益をもたらすと決めつけられていた。しかし、実際の調査から、この寛大なる協力関係という見かたがいかに間違ったものであるかがわかった。

現実には、林冠アリは、葉を守るどころか、葉を〝食べる〟——熱帯雨林一エーカー当たり年に何トンも——ことで栄養分のほとんどを得ている。[10] 略奪者のようなこのアリは、樹木から樹木へ寄生虫も運ぶ。アリによる損失を全部合わせると、もっと大型の草食脊椎動物を含む他の捕食者すべてによる熱帯雨林の葉の全損失をはるかに上回る。これらさまざまな襲撃者を寄せつけないように、樹木は進化し、貴重な資源を防御に割くのだ。しかし、捕食者はこれらの対抗策におとなしく屈するわけではない。アリやアブラムシ、ナメクジ、病原性微生物は、植物の対抗策に打ち勝つ対抗策を進化させ、植物はそれに応じて防御を増強し、そしてそのあいだに決死の戦いが繰り広げられる。捕食者がラベンダーの花の形に与える作用を明らかにしたスペインの研究者カルロス・エレーラが言うように、「主流の考えの一部を批判的観点から緊急に評価し直す必要がある」[11]のだ。

生態学の分野で最近攻撃を受けているもうひとつの主流の見解は、協力的共生関係の一貫性だ。二〇〇三年の『サイエンス』に掲載された「固く結ばれた友人、不倶戴天の敵」という題名の評論が説明するように、「多くの生物学者がふたつの種の関係は固定的なものだと考えているが、実態はもっと流動的なものだ」[12]。ここでも、最近の研究結果から、ある土地では協力的な種だったものが、別の土地では、または時間が経てば、競争相手や寄生種と宿主の組み合わせになるなど、今まで知られていなかった可変性が発見された。「このような相互作用の複雑さに新たに気づいたことで、種と種のあいだの相互作用は固定的だと、当たり前のように考えていた生態学界や進化生物学界に動揺が走っている」

むしろ逆に、自然はアダム・スミスの自由市場経済のほうにずっと似ているように見える。自由市場経済では、それぞれの相互作用における費用対便益比率の評価が絶えず変化するのに応じて、新しい提携関係が形成されたり既存の関係が壊れたりするので、協力会社が競争相手になり、競争相手が協力会社になる。しかし、自由主義政治経済では、政府が公正な競争ルールを強要する規制枠組みや法的枠組みを設定する。政府は、経済の天秤の敗者側に追いやられてしまう人々のための社会的安全ネットも提供する。

これに対して、自然界は、現代のどんな民主主義よりも、アダム・スミスの自由放任主義モデルに近い色彩を帯びている。自然には、さまざまな種に恩恵を施す、どんな種類の中央権力も存在しない。生命体はどんな競争ルールにも従わないし、敗者のための安全ネットも存在しない。合理的な分析のみによって、あなたがもし、統一的霊魂なしに複雑で〝活気あふれる〟経済を発展させることは可能だという考えを受け入れることができるなら、すべてを支配する複数生物の統一的霊魂なしに、複雑な生態系を進化させることが可能だという考えも、喜んで受け入れるだろう。それでも、理性ではなく〝情緒〟のレベルでは、一般人も科学者も同じように、母なる自然の創造物がお互いおおむね平和に調和して生きているという全体論的概念化によって、ときには道を誤ってしまうのだ。

第十三章

すべて天然の有機食品

人工のものは、わたしたちにはとても本物には思えません。人工の光、人工知能、人工香料、人工的に抽出された大豆タンパク、などではなく、わたしたちは天然のものを選びます。太陽光線、人間の知能、豆から生まれた本物の天然香料。ホワイト・ウェイブでは、〝シルク〟に人工のものはいっさい加えていません。本物のおいしさをお届けするために有機大豆だけを使います。わたしたちのこの方針は、みなさまにも気に入っていただけると思います。

ホワイト・ウェイブ社が製造した〝シルク〟ブランド・チョコレート豆乳の容器側面の記載

アセトアルデヒド、ベンズアルデヒド、ベンゼン、ベンゾピレン、ベンゾフラン、カフェ酸、カテコール、1、2、5、6-ジベンゾアントラセン、エチルベンゼン、ホルムアルデヒド、フラン、フルフラール、ヒドロキノン、d-リモネン、4-メチルカテコール、スチレン、トルエン

有機コーヒーと公認されている一杯のコーヒー中に存在する、発癌性を有してDNAに有害な天然化学物質(1)

農業に関連して、あなたは有機的という言葉をじゅうぶんに理解していると思いますか？
はい…九十四パーセント、いいえ…五パーセント、わからない…一パーセント。

二〇〇一年三月、無作為に抽出した千三人のイギリス人成人を対象にした世論調査(2)

農業と窒素

植物は、太陽光線をエネルギー源として使用し、無機元素をひとつひとつ結びつけてみずからを作り上げる。大気中の二酸化炭素（CO_2）と液体の水（H_2O）を原料として、炭素（C）、水素（H）、酸素（O）——有機物質の主な構成要素——の原子を結合させる。大地そのものから、ごくわずかだけ必要とされるカリウム、カルシウム、マグネシウム、リン、硫黄などの無機物を取り出す。ほかの生き物の助けがなければ得られない唯一の元素が窒素（N）だ。これは、窒素が希少だからではない。それどころか、地球の大気中には、ほかのどんな元素よりもはるかに多く窒素が含まれるが、植物にも動物にもまったく使用不可能な形態で存在している。

わたしたちが吸い込んで吐き出す窒素の形態は、実は単純な二原子分子（N_2）で、二個の窒素原子がほかのどんな種類の原子の組み合わせよりも堅く結びついている。ほかの元素の原子は近くの原子と結合するための手をひとつかふたつ伸ばしているが、N_2中のそれぞれの窒素原子は三本の手を伸ばしている（科学者はこれを三重結合と呼ぶ）。三本の結合手を壊し、それからそれぞれの手を小さな水素原子で覆って窒素原子が元どおり結びつかないようにするには、膨大な量の原子レベルのエネルギーを必要とする。〝窒素固定〟と呼ばれるこの過程で、最初にできる化学生成物がアンモニア（NH_3）だ。

個々の窒素原子は、地球上のすべての生命の主要な構成分子であるDNAとタンパク質を組み立てるのに必要とされる。だから、最初は、微生物が窒素固定というメカニズムを創成せざるをえなかった。そののち二十億年以上経って登場した植物は、このような大量のエネルギーを消費する過程を再創成しても得るところはなかった。代わりに、根の周りの土壌に棲んでいる微生物によって作られるアンモニア生成物を盗んだ。さらに時間が経ち、進化によって、植物から窒素を盗むが、あとからその多くを排泄物の形で地面に落とす動物が生み出された。植物と動物が死ぬと、その体から出た窒素が微生物の中に戻り、その窒素を、ほかの微生物によって新たに〝固定された〟窒素とともに、植物が利用する。植物の窒素が動物の中に入り、それがふたたび微生物へ、さらには植物へと戻り、というように、この点では数億年間たいした変化は生じなかった。そのあと、人類が農業を考案した。

農業の問題は、農作物は育ったあと、人間が（あるいは最終的には人間によって食べられる動物が）食べるために運び去られるということだ。結果として、大量の窒素やほかの必須無機物が農地からわたしたちの体内へと移し替えられる。前近代的な農民は、複雑な科学は理解できなかったが、同じ作物を何年も繰り返し種まきして収穫すると、結果として土壌の〝生命力〟が枯渇することを感じ取った。初めのうち、農民たちは使い果たした耕地を捨てて移動し、未耕作の土地を耕した。しかし、あるタイプの植物――マメ科の一員――は草木が生えなくなったばかりの土地で自生できるということに、すぐに気づいたに違いない。さらに、マメの生長がどういうわけか土壌の活力を再生させることも見つけ出す。

今わたしたちは、実はマメの根に窒素固定バクテリアが含有され、それがマメと他に類を見ない共生関係を作り出しているということを知っている。先史時代の世界じゅうの農民はそれぞれ独自に、この特性を利用して、収穫のための野菜と、野菜が消費した窒素を土壌に戻すためのマメとを交替で栽培する輪作管理法を発展させた。間違いなく、農民たちは、窒素の豊富な糞尿や堆肥が持つ、より迅速に土地の再生を促す力もすぐに利用するようになっただろう。作物や場所によって個々の項目は修正されたし、技術は非常に細かい点まで改良されたが、〝昔ながらの〟農業の根本原則は、ふたりのドイツ人化学者が生命を持たない化学物質から生命力を作り出す方法を習得するまで、一万年以上ものあいだ不変だった。

一九〇〇年の時点で、化学者たちは、アンモニア(NH_3)は微生物の窒素固定による目に見えない化学生成物だと理解していた。また、農地の生産性は、糞尿と堆肥から得られる固定窒素の量によって制限されるということも知っていた。フリッツ・ハーバーはこの問題を、わたしたちが呼吸する空気中に豊富に存在する遊離窒素と遊離水素を利用することで克服しようと企てた。一九一一年、ハーバーは、微生物によって生産されるものと同一のアンモニア分子を作り出すために、高温・高圧を利用した実験的製法を考案した。そして、一九一三年、カール・ボッシュが、まもなくハーバー＝ボッシュ製法と呼ばれるようになる製法を産業規模で実践した。突如として、植物の主要必須栄養素を、生命そのものに頼らず文字どおり無から大量生産することが可能になった。ふたりはそれぞれ、産業化学の分野で最も重要な躍進と一般に認められている業績に貢献したとして、別々にノーベル賞を受賞した。(3)

人類にとってハーバー＝ボッシュ製法がいかに重要なものであったか、どんなに賞賛してもし足りないほどだ。世界の人口のほぼ四十パーセントを養う食料は、毎年、ハーバー＝ボッシュ製法で生産される七千万トンの肥料を使って育てられる。(4) 現在すべての人の体内にある窒素の約半分は、ハーバー＝ボッシュ製法を使う工場で空気から直接抽出されたものだ。(5) もしこの製法が突然禁止されたら、少なくとも二十億人が飢え死にするだろう。ただし、この惑星に残っている森のほとんどを開墾すれば別だが、それも人間の健康にとってあまり好ましいことではないだろう。

田舎に住むヨーロッパ人は、この科学の飛躍的発展に対し、まったく異なる見かたをした。二十世紀に生きていたにもかかわらず、その家族経営の農場は中世からほとんど変わっていなかった。今や彼らは、動物がいなくても、動物の糞尿に含まれていた生命にとって最も重要なものを製造できるという考えに直面して、すっかり混乱してしまった。さらに、昔ながらの農耕社会にとってとてつもない脅威となる、きわめて効率的な大規模産業農場を発展させるために、工業肥料やその他の〝合成〟生産物と機械類が使われるようになった。[6] 農民自身はとまどうばかりで、首尾一貫した対応ができなかったが、ついにオーストリアの哲学者で神秘主義者のルドルフ・シュタイナーが、いわゆる〝有機農業〟と〝有機食品〟が優れていることを、さも科学的であるかのように主張して、救いの手を差し伸べた。

精神科学と似非(えせ)科学

ルドルフ・シュタイナーは農家に生まれ育った。[7] 生まれながらの聡明さが早くから認められ、そのおかげで田舎生活を逃れてウィーン工科大学とウィーン大学に入学し、科学と文学と哲学を学んだ。一八九七年にベルリンに移り住み、幅広い関心と旺盛かつ説得力のある著作と講演で、ドイツの上流社会に出入りするようになる。しかし、農村育ちゆえに、シュタイナーは、世界をよくするために科学技術の力を向上させた都会のテクノクラートの中でいたたまれない思いを抱いていた。さらに悪いことに、たいていは懐疑的で非宗教的なインテリがシュタイナーの強い霊的志向を嘲笑った。

霊的なものに対する思慕から、シュタイナーの心は、キリストの復活、輪廻転生(りんねてんしょう)、万物の魂と汎神論など、キリスト教と占星術とヒンズー教の諸相を組み合わせる十九世紀後半の混交主義宗教運動である神智学に傾いた。しかし、シュタイナーは、神智学者が自分たちの信念の正しさを証明するのに、〝信仰〟のみに頼っていることを嫌った。現代の自然法擁護者と同じように、信仰や神の啓示に訴えなくても、純粋な理性の働きで宇宙を理解できると確信する。信仰とは関わりがないのだから、完璧に理性に基づいた世界観はひとつの科学——おそらく神の科学か心霊科学か神秘学だろう——と考えるのが正しいと、シュタイナーは主張した。(8)

一九一二年、シュタイナーは〝人智学〟と名づけたみずからの哲学ないしは科学の諸原則を詳説した。魂あるいは霊は生命力として現われ、霊魂を持たない無生物に働きかけて生命を生み出す。(9) アリストテレスと同じく、シュタイナーは魂に、有機の魂、動物の魂、人間の魂という三つの成分ないし層があると想定する。しかし、共通項であるこの意味論的な出発点以外は、シュタイナーの哲学は、現実から完全に分離しているという点で、まったく異なったものだった。アリストテレスとは違って、シュタイナーは、三つの魂のレベルはすべて、準備が整えば植物、動物、人間の体から自由に浮遊できる意識の存在形態であると主張した。現存している普通の人々は、自分が持つ〝動物の意識〟には気づいているが、より高次の(人間の)意識ないし霊と意思の疎通を図ることはできない。しかし、シュタイナーの教えに従うなら、現在の自己から、より高次の霊へと通じる道を開くことができ、その高次の霊が過去ないし現在の宇宙に存在してきたほかのすべての霊と触れ合わせてくれる。

シュタイナーは、自分自身の心の奥深くをのぞき込むことで、太陽、火星、土星、木星の表面に住んでいた原始的存在から人類が進化してきた、宇宙暦の過去の詳細な歴史を〝見る〟ことができると主張した(比喩的に述べていたわけではなかった)。人類が最後に肉体を与えられたとき、なんらかの方法で地球にたどり着き、そこでかつては、エデンの園に似た水瓶座の庭にいる母なる自然の霊だけでなく、みずからの霊とも意思を通わせながら暮らしていた。しかし、人々は人工物や消費商品、私有財産に溺れてしまった。その結果、霊的世界と触れ合う方法を忘れてしまう。物質主義と資本主義が、水瓶座の崩壊(聖書に描かれたエデンの園からの追放に似ている)と現在の人間の苦境を招いた。それでも、すべての人がシュタイナーの呼びかけを心に留めて人工物を捨て、霊的なものを再発見したとき、来るべき水瓶座の時代が到来するだろう(キリストの再臨と同じように)。

シュタイナーによると、

> 将来、人間の〝自我〟は、地球の進化が無垢な英知に植えつけつつある新しい力のおかげで、地球や木星、金星、ヴァルカン〔かつて水星の軌道の内側にあるとされた実在しない惑星〕の実在物と調和するだろう。それは愛の力なのだ。英知の秩序ある宇宙はこうして愛の秩序ある宇宙へと進化していく。(10)

これがどういう意味なのか、わたしにはさっぱりわからないが、現在、大半がドイツ語を話す推計五万五千の人々が約五百の人智学協会に所属している。(11) さらに、ほかにも数百万人の西洋人が、シュタイナーの混交主義世界観までさかのぼれるさまざまなポスト-キリスト教〝ニューエイジ〟信条を持っている。

シュタイナーは、農村で育ったにもかかわらず、みずから農業に携わった経験はまったくなかった。しかし、産業化された農業を心配する農民に共感し、農民の「愚かさと言われているものは、神の前、つまり精霊の前では英知なのだ。わたしはいつも、農場主や農民が自分たちの作物について考えることは、科学者が考えていることよりもはるかに賢明だと考えてきた。……その考えを耳にするといつもうれしくなった。というのは、そういう考えはきわめて賢明だといつも思うのに対し、科学は、実際の効果や行ないにおいてはとても愚かだと思うからだ」と告げた。[12]

一九二四年、シュタイナーは、みずからの〝心霊科学〟を農業の実践にあてはめようとする運動に取りかかった。そのもとになった考えは、「植物の魂は単一の植物の中に見つかるのではない。……(むしろ)植物と地球という生命体との関係は、わたしたちの感覚とわたしたち自身との関係と同じで……わたしたちの目と耳と神経がわたしたちの自己意識の媒体となるのとまったく同様に、植物は地球の自己意識の媒体となる。……したがって、わたしたちは母なる地球を偉大なる育ての母として世話しなければならない」というものだ。[13] これは、人々はどこでも〝天然の〟ものを支持して、〝人工の〟もの、〝合成の〟ものを拒否すべきだということを意味している。さらに、それぞれの家族農場は母なる地球というより大きな生命体の中で生きている個々の生命体だと認められなければならなかった。高潔な家族農場は、完全に自足自給であるべきだ。

シュタイナーの取り組みは、〝Biodynamic®(生命力という意味)農業〟と名づけられ、今はデメテル・アソシエーション株式会社の商標になっている。[14] デメテルは、アメリカ、イギリス、デンマーク、エジプト、フランス、ドイツ、オーストリア、オーストラリア、スペイン、イタリア、スウェーデン、ニュージーランドにおいて、シュタイナーの規則を厳格に守るBiodynamic®農場を認定している。[15] 種まき、収穫など、すべての農作業をいつ実施するか決めるときには、太陽、月、惑星、星座の位置を考慮に入れなければならない。土星が空を横切る途中で引き返すという前コペルニクス的幻想(これはでっちあげではない)[16]は、特に厄介だ。家畜は、糞尿によって〝生命力を維持・再循環させる〟ので、このシステムには欠かせない。[17] 不運にも、小さな農場で自給自足を達成するのはほぼ不可能であり、だから農民は、〝土壌に秩序ある宇宙の力を引き寄せる〟と売り込まれているものなど、シュタイナーの配合法に従って作られたさまざまなBiodynamic®調合堆肥を購入して活用することを許されている。[18] アメリカ人は今、カフェ・アルトゥラからBiodynamic®認定コーヒー、フレイ・ヴィンヤードによって生産されたBiodynamic®認定ワイン、スクーン・コムからBiodynamic®認定子ども服、そのほか数多くのBiodynamic®製品を買うことができる。[19]

シュタイナーが歴史的に重要な人物であるのは、その世界観が有機農業(とシュタイナー学校)の土台を築いただけでなく、科学の正当性を受け入れる一方で、精神的にはだまされやすいままの人々をうまく改宗させる方策として、洗練された科学的事実と観念を巧みに操る先駆者でもあったからだ。科学用語や科学的表現を繰り返し用い、荒唐無稽な公式化を行なうことで、シュタイナーは多くの人に、自分が彼らよりも秩序ある宇宙の機能を深く理解していると思い込ませた。一九二四年には、「実際には硫黄が霊的なものの運び手なのだ……窒素が存在するところならどこでも、窒素の務めは、生命と、まず第一に炭素の中にある霊的真髄のあいだを取り持つことだ」と書いた。[20] また、アイザック・ニュートンの重力の法則は完全ではありえないと主張した。なぜなら、地球と月のあいだに働くのが引力のみなら、月は地球に落下するはずで、「それゆえ、天体の想像上の、あるいは現実の動きを説明する方法として、重力だけですませるのはまったく不可能だから」というのだ。[21] シュタイナーはこれを、霊力が存在する科学的証拠と見なしていたが、高校の数学や物理学の知識を持つ学生なら誰もが、これをむしろ完全なる無知のしるしと認めるだろう。

現代の唯心論者は現代の聴衆に対して、同じような似非科学のまやかしを用いている。わたしは、新しく知り合った人への自己紹介として、科学と霊的信仰についての本を書いていると口にしてきた過去数年間に、一度ならず、二冊の〝すばらしい〟(紹介者がよく使う形容詞で、わたしのものではない)本を読むべきだと勧められた。一冊は、ピーター・トンプキンズとクリストファー・バード著『植物の神秘生活——緑の賢者たちの新しい博物誌』(新井昭廣訳、工作舎、一九八七年)で、ふたりは「……カルシウム(Ca)は、1H+19K=20Caという式によってカリウム(K)が水素(H)と相互作用したり、12Mg+8O=20Caという式でマグネシウムが酸素と相互作用したりすることで生じる……」と書く。[22]トンプキンズとバードは、元素の周期表を見て、それぞれの元素の正しい原子名を書き写した。しかし、そのあと、化学反応と核反応を混同して、大学教育を受けていても科学者ではない人の大半にとっては完璧に理にかなっているかに見える荒唐無稽な等式にしてしまった。ふたりが作った等式は、正確には、実現不可能な核反応を表わしている。しかし、ともかく、核反応が実現されるのは植物の中ではなく、核爆弾や原子炉の中なのだ。重大な誤りはこれだけではない。本全体が似非科学のたわごとに満ちあふれている。

二番目に多く推薦される本は、ゲーリー・ズーカフの『カルマは踊る』(松浦俊輔、大島保彦訳、青土社、一九九二年)だ。ズーカフは『オプラ・ウィンフリー・ショー』に数十回も出演してきた。シュタイナーの〝水瓶座の時代〟哲学を再生したニューエイジ思想を唱道する。その著書の至るところで使われている単調な文の典型は、

> 可視光が物理的光の連続体のある特定の範囲の振動数になっているのと同じように、人間の経験は非物理的な**光**[強調は原文による]の連続体の中での特定の範囲の振動数になっている。別種の知性が別の範

囲の振動数帯で暮らしている……人類は別の高い振動数帯へと進化している。

というものだ。[23] シュタイナーと同じように、ズーカフは、宇宙に対する理解に到達するのに、科学の仮面を被っている。〝振動数〟を比喩として使っていると好意的に解釈するとしても、それでもズーカフは、心的活動のみが種の進化を誘発するという愚にもつかない主張をしている。ズーカフが自己欺瞞に陥っているのかペテン師なのか（あるいはその両方か）は、はっきりしない。それでも、ズーカフの本は『ニューヨーク・タイムズ』のノンフィクション部門のベストセラー・リストに百三十三週のあいだ顔を出し、うち三十四週は第一位になっている。二〇〇〇年だけでも、本物の科学を扱ったノンフィクションのどの本の部数をもはるかに上回り、百万部以上も売れた。[24]

有機食品——天然対合成

ルドルフ・シュタイナーはいわゆる有機農場という着想をもたらしたが、一九四二年に創刊されて現在も発行されている『有機農業と園芸』という雑誌で、〝有機農業〟という語の定義を創った——より正確に言えば、よみがえらせた——張本人は、J・I・ローデルというアメリカの出版業者だ。[25] ローデルは、有機本質主義という近代科学以前の考えかた——有機物はなんらかの方法で、無機物と区別される生命力を授けられている、あるいは吹き込まれているという考え——に回帰したことで、有機化学の分野において百五十年間にわたって積み重ねられてきた科学的知識を徹頭徹尾無視した。ローデルと今日の有機農場経営者によると、有機食品と非有機食品の根本的相違は、〝自然な〟製法と物質と、

〝自然に反する〟つまり〝合成の〟つまり〝人工の〟製法と物質との相違にある（わたしはこの三つの語を区別なく使うつもりだ）。有機信奉者にとって〝天然〟がよくて〝合成〟が悪いのは、シュタイナーが説いたように、「肥料の出所はどうでもいい問題ではない。……土壌中の窒素、堆肥とともに土壌に注入しなければいけない窒素、この窒素は天空全体の影響のもとに形成されなければならない。つまり、この窒素は生きていなければならない」からだ。(26)

現代の化学と量子力学の知見は、バクテリアによって自然に生産されるアンモニア（NH_3）の分子は、実験室で合成されたアンモニアの分子とまったく区別がつかないことを明らかにする。化学に詳しい有機食品擁護者は、この物理学的事実が正しいことを認めるが、それでもその物質の起源に違いがあると主張する。天然のアンモニアは生物によって作り出されたのに対し、合成のアンモニアは〝化学的〟反応によって作られた。だから、何かを作り出すのに使われた製法の知識を持っていると、天然か合成かを断定できる、というのだ。しかし、製法を知らなければ、科学的検査によってある材質が天然かそうでないかを断定できないと認める。つまり、〝天然〟とは測定可能な物理的属性ではないわけだから、超自然の領域に属していることになる。

一九九〇年、米国連邦議会は（有機農業経営者団体のロビイストに押されて）、〝特定の農業生産物を有機生産物として販売する行為の国家的規制基準を確立する〟ために、有機食品生産法（OFPA）を可決した。OFPAはアメリカ農務省が、有機農場と有機食品（ともに十二年間の生産活動が求められる）の認可を規制する詳細な規則を確立するように定めている。また、OFPAは、ルドルフ・シュタイナーの心霊科学の概念に基づく、〝有機〟という語に関するローデルの定義を連邦法に記載した。〝有機食品〟という用語は、肯定的な属性によってではなく、間接的かつ否定的な言い回しで定義されている。例えば、生産工程に〝合成素材〟を使用していない、というように。

しかし、農務省が有機に関するルールの最後の詰めを行なっていたとき、ひとつの問題が生じた。化学合成は実験室に限定されないのだ。すべての生命体内部のすべての有機分子は、同じ生命体かほかの生命体の内部で実行された化学反応によって作り出されている。生命体の作用はすべて化学作用なのだ。だから、農務省の規則制定者は、循環論法のみに基づいた〝合成〟の定義を考え出すよりほかなかった。その定義とは、「〝合成〟という用語の意味は、化学作用によって製造が定式化される、または製造される物質を意味する。……ただし、この用語は自然に発生する生命体の作用には適用されない」というものだ。つまり、合成とは天然ではないもので、天然とは合成ではないものということになる。

農務省は、有機食品は素材によって定義されるわけではないということも明らかにした。むしろ「これらの（有機に関する）基準の重点と基礎は、製品そのものではなく製法に置かれる」と、最終的な条文には明記された。しかし、ここでもまた、科学、特にバイオテクノロジーは、自然の、つまり〝生命が行なう〟工程と、〝生命が行なわない〟工程との、かつては明確だった境界をなくすという罪を犯している。次の例を考えてみてほしい。ミルクを与えられた子牛の第四胃の内壁にはレンネットというタンパク質が含有されており、これが牛乳を凝固させてチーズに変える。一九九〇年以前は、本物のチーズはすべて、子牛を解体処理し、その胃からレンネットを抽出してミルクに少量加えるという方法で生産するよりほかに方法はなかった。一九九〇年、バイオテクノロジー学者が、子牛の体内でレンネットを生産している原因物質キモシンを発見して分離し、遺伝子操作によって子牛の遺伝子をバクテリアに組み込み、動物を殺さなくても実験室のフラスコの中で、純粋かつ安価で標準化されたレンネットが生産できるようにした。二〇〇三年には、アメリカでもイギリスでもチーズの生産量の九十パーセント以上は、実験室で作られたレンネットを使用して製造された[27]。

バクテリアが作ったレンネットと、子牛が作ったレンネットは、区別できない。子牛とバクテリアはどちらも生きていて、どちらも同じ〝生物作用〟を使ってレンネットを作る。では、遺伝子操作によって生み出された子牛のレンネットは、〝天然〟か〝合成〟か？　分子生物学者は、この質問は無意味だと考える。バクテリアでレンネットを生産しているデンマークの企業クリス・ハンセンは、それを〝自然そのものが生み出した牛乳凝結酵素〟で〝食品産業のための天然素材〟と呼んでいる。しかし、有機農場経営者は、バクテリア内の子牛レンネットは合成物だと信じており、みずから課した規則によって使用を禁じている。それゆえ、牛乳からチーズを生産したければ、子牛の胃から取ったごく少量のレンネットを加えなければいけない。これはつまり、純然たる有機生産物のみを食べる厳格な菜食主義者は、食事にチーズを含めることができないということだ（大半の人は知らないことだが[28]）。

一般に――宗教的理由から有機食品主義者になった人だけでなく――ほとんどすべての人が、実験室で生み出された新発明の化学物質は、どんな〝天然の物質〟よりも危険である可能性が本来的に高いと信じている。一九四〇年代から、化学者は農業用殺虫剤・除草剤から防腐剤、香料、食品添加物として使用される着色料までずらりと並ぶ、数千種もの化学物質を合成してきた。しかし、なんらかの新しい化学物質が食品生産へとつながる道筋のどこかの地点で使用を認可されるまでには、ひとつないし複数のアメリカ政府機関（意図された目的に応じて、食品医薬品局、環境保護庁、農務省など）の厳正な検査を受ける。規制する者がまず最初に問いかけるのは、当該化学製品が人間に対して毒性や発癌性を持つかどうかだ。明白な倫理的理由で、この問いに対する検査は、人間以外の生物、特にマウスやラットで実施される。

大半の化学物質は、動物では、たとえ人間に摂取可能な量をはるかに上回る量を消費したあとでも、目につくような中毒作用を生じさせない。しかし、合成化学物質がDNAを損傷する結果、長期間消費したあとや、消費が終わったずっとあとになって、発癌率の上昇につながりうるという懸念を提起する科学者もいた。しかし、長期間化学物質にさらされたあとの〝千分の一〟以下の作用を実証するのは、うんざりする仕事だし、費用もかかる。検査の障害となっていた部分は、一九七〇年代にカリフォルニア大学の微生物学教授ブルース・エイムズが、エイムズ検査という名で知られるようになった迅速で感度がよく、安価で簡単な代替実験を開発したことで克服された[29]。エイムズ検査は、新しい化学物質が市場に出回ることを許可すべきかどうかを決める重要な道具として、すぐさま政府機関によって採用された。検査を受けた千あまりの合成化学物質の中で、約半数は、DNAに傷をつけて癌を引き起こす可能性がかなり高いという評価が下され、農業や加工食品に使用する認可が下りなかった[30]。

しかし、この分析にはひとつ問題があり、エイムズがそれを察知したのは、一九八〇年代半ば、植物に含まれる天然の成分を検査してみることにしたときだった[31]。典型的な野生の植物は、タンパク質、糖、脂肪、そしてDNAに加えて、約千種類の有機化学物質を少量ずつ生産する。エイムズの同僚ロイス・ゴールドは、よく見かける数多くの食品の中に大量に存在する天然化学物質を精製してみたが、その中にはコーヒーから抽出された二十六種が含まれていた[32]。驚くべきことに、一杯の天然コーヒーから分離された二十六種の天然化学物質のうち十九種が、重度のDNA損傷と癌を引き起こした。これらの物質はこの章の冒頭に記載されている。

エイムズは引き続きほかの植物由来の食品を精製・分析して、さらに多くの天然発癌性物質と毒素を発見した。ジャガイモには砒素が、ライマメにはシアン化物が、パンには神経毒で発癌性もあるアクリルアミドが含まれる。一九九〇年に米国科学アカデミーの会報に掲載された一連の論文で、エイムズは実態を説明した。

> 植物は、菌類や昆虫、捕食動物から身を守るために、毒素を生産する。これらの天然殺虫剤は数万種類も発見されてきており、分析されたすべての植物種が、それぞれ独自の組み合わせでおそらくは数十種類の毒素を含んでいる。……これらの化学物質が捕食動物を阻止する効果を持っていなければ、植物はそういう化学物質を生産するように自然選択されることはなかっただろう。[33]

それどころか、エイムズは、人間が日々摂取する殺虫成分の九十九・九九パーセントは〝完全に天然のもの〟で、摂取を避けることはほぼ不可能だと見積もっている。[34] 有機栽培されたコーヒー、コショウ、マッシュルーム、リンゴ、セロリ、ジャガイモ、ナツメグ、ニンジンに含まれる天然化学物質は、DDT、DDE、〈アラール〉という商品名の薬剤より大きな発癌リスクを人体にもたらす。これら三つの殺虫剤もしくは植物生長調整剤は、アメリカおよびほかの多くの国で使用を禁じられている。

エイムズが著作を公表したのは十五年前だが、科学界の外ではほとんど誰も、よく見かける植物由来食品が毒性ないし発癌性を持つ化学物質を〝自然に〟含んでいるということを知らない。しかし、知っている科学者は、大騒ぎするほどのことではないと考えている。食物に含まれる殺虫成分は――植物由来のものも、実験室で作られたものも――おそらく十万人にひとりの割合で癌を発生させる原因となっていると理解しており、それは一般の人々が生活の他の局面で冒す数々のリスクよりはるかに小さいものだと思われるからだ。そういう理解と際立った対照をなすのが、霊性というレンズを通して母なる自然を見る人々の姿勢で、彼らの頭の中では、すべての〝天然〟物質は実は化学物質であるという観念はなんの〝意味も持たない〟。大衆文化の中の似非科学においては、〝化学物質〟とは実験室で合成されるものだけを指し、〝合成〟化学物質はすべて毒性を持つのだ。消費者は、〝防腐剤を含まず〟、〝合成香料や着色剤を使用せず〟に作られた食品を求める一方で、ベンゼンやホルムアルデヒド、アセトアルデヒド、スチレン、トルエンが入っていることを知らずにカフェラテを飲む。一部の人が抱いている最も極端な信念は、有機食品だけが本当の意味で〝化学物質を含んでいない〟というものだ。そして、間違いなくこの信念を維持していくために、熱狂的有機信奉者は、『ローデルの化学物質を使わない庭』、『子どもに化学物質を食べさせないために』、『化学物質を含まない食べ物の手軽で経済的な作りかた』などの本を読む[35]。

有機農場の自滅的な経営方針は、ブタに関する簡単な例にはっきり表われている。養豚場のそばを歩いて通った人なら誰もが知っていることだが、ブタは環境汚染の主な要因のひとつだ。汚染のほとんどは、ブタという生物が穀物や飼料などの中に自然に存在する有機リンを処理できず、だから必須成長補助剤として無機リンを必要とするという事実に起因する（有機農場は〝天然〟軟岩リンのみを使う）[36]。不幸にも、ブタは補充されたリンの使いかたもあまり効率的ではないために、リンのほとんどが吸収されないまま消化管を通過して堆肥の中に排出され、そのあと作物の肥料として使われる（特に有機農場経営者によって）。雨が降ると、リンを豊富に含む堆肥が小川や水路に流れ込み、富栄養化が生じて藻が異常繁殖し、酸素が減少して魚が死に、温室効果ガスが発生する。

セシル・W・フォーズバーグ率いるカナダのバイオテクノロジー科学者のグループが、汚染問題とブタの生産コストの両方を同時に減らす方法を考え出した。人間の消化管内に存在しているバクテリア（大腸菌）が、好都合にも、有機リンを処理する酵素の遺伝子コードを持っていることがわかった。フォーズバーグはバクテリアのＤＮＡの塩基配列についての知識を、ブタの細胞生化学についての知識と組み合わせて、〝理論上は〟ブタの体内で働くことができる今までにない遺伝子を――試験管の中で――作り出した。[37] この合成遺伝子は、その後、ブタの胚のゲノムに注入された。[38] 遺伝子操作の結果生まれた動物は、操作されていないブタと区別がつかないが、関連するふたつの特質だけが異なる。第一に、これらの動物はもはやリン補助剤を必要としないため、生産コストが削減された。第二に、堆肥中のリンの濃度が七十五パーセント低下した。その結果は、バイオテクノロジーがもっぱら理論的理解に基づいてどんなことを成し遂げられるかをみごとに実証している。遺伝子を操作すれば、さらにリン濃度を減少させることができるかもしれないし、ブタやウシにおけるほかのタイプの遺伝子組み換えによって、リン以外の動物由来汚染源、例えばウシがげっぷをしたときに排出される温室効果ガスのメタン（ニュージーランドの温室効果ガス全排出量の四十パーセントを占める）などを減少もしくは除去することができるかもしれない。[39]

しかし、いかなる種類の遺伝子工学も〝合成〟処理であり、有機農場経営者は手を出すことを許されていない。遺伝子操作された動物を育てることも、そのような動物から生産された堆肥を使うことも禁じられている。遺伝子操作に反対するこれらの規則は、そもそも政府機関が主導したものではなかった。アメリカや他の国々で、政府に対して認可を迫り、みずからを規制する力を勝ち取った有機農場経営者たちによって始められたのだ。

有機農場経営者が誇り、欧州委員会が認めた美徳のひとつは、〝有機農業は害虫と疾病をコントロールする環境そのものの仕組みを尊重する〟という点だ。[40] 明らかに、少なくともリンに関しては、環境（つまり母なる自然）は、この任には堪えない。有機農場経営者が自分の信条とみずからに課した規制にしがみつけば、そのうちに、いわゆる非有機農場経営者をはるかに上回る規模で環境を汚染するはめに陥るだろう。ただし、米国環境保護庁や、他国の同様の政府機関が、人類と環境のために有機養豚場を閉鎖すれば、話は別だが。

第十四章　すべて天然の医薬品

マザーネイチャー・コム

〈リップト・フュエル〉、〈スタッカー3〉、〈ゼナドリン〉、〈メタボライフ356〉、これらはラテン語ではエフェドラと呼ばれる中国の低木、マオウ属の成分を含有する錠剤やカプセルの中で、最もよく売れていた商品の名前だ。二〇〇〇年には、エフェドラ製品は、CVS、エカード、ウォールグリーンズ、セブン・イレブンを含む大手チェーンストアの棚や、郊外のショッピングモールの食料品店、州間幹線道路沿いのトラックサービスエリアなど、どこでも手に入った。エフェドラは、体重を減らし、運動能力を向上させ、トラック運転手をひと晩じゅう覚醒させると言われていた[1]。エフェドリンはアンフェタミンによく似た化学物質で、エフェドラの成分の中では最も有効な成分だ[2]。脳細胞の受容体と結合することで、間接的に、エネルギー源となる食品の全身における代謝速度を増す。さらに、集中力の持続時間を引き延ばす。カフェインと組み合わせると、アンフェタミン類似の刺激効果をいっそう強く発揮する。

一九九五年、マイケル・ブレヴィンズとマイケル・エリス——どちらもメタンフェタミンの実験室を違法に運営していたとして、過去に有罪判決を受けている——が、メタボライフ・インターナショナルという会社を設立して、エフェドラやガラナ種子(カフェインを含む)、そのほか十二の植物・動物抽出物を含有する〈メタボライフ356〉という名の薬草混合物を売り出した。しかし、ブレヴィンズとエリスにとって、ダイエットと不眠の市場は小さすぎたので、ふたりは自分たちの製品をアメリカのほかの市場に売り込むために、科学的な響きを持つ独創的な宣伝文句を思いついた。〈メタボライフ356〉は、〝エネルギーを高めて〟より生産的な生活をもたらすと謳ったのだ。この売り込みはうまくいき、二〇〇〇年には、九億ドルを超える過去最高の売上高を記録した。

〝エネルギー〟というのは、明確に定義された科学用語だが、一般大衆に向けて使われると、意味のない比喩に変身してしまう。わたしたちの口に入る食べ物が、肉体的・生理的活動を実行するのに必要な化学エネルギーを供給してくれるというのは、科学的に正確な表現だ。一方で、〝精神エネルギー〟という用語は、もっぱら比喩的な意味のみを持つ。エフェドラは比喩的な意味でエネルギーを刺激するかもしれないが、本物のエネルギーを増やすわけではないし、もちろん筋肉の強さや力を増加させるわけではない。不幸なことに、〈メタボライフ〉が意図的に科学と比喩を融合させたために、二〇〇三年二月、世に認められようと奮闘中で、〝健康食品〟を食べまくっていた二十三歳のスティーヴ・ベチェラーというボルチモア・オリオールズのピッチャーが死亡するに至った[3]。

ベチェラーの死の数十年前から、一部の人々には、エフェドラが毒性を持つ可能性のあることが暴露されていた。二〇〇二年の夏までには、一万四千人が重篤な高血圧、心悸亢進、心臓麻痺、卒中、発作を患うという副作用に加えて、百五十件の死亡と関連があるとされた。臨床研究から、エフェドラ使用者は、使っていない人に比べて、これらの問題を抱える危険性が二倍から三倍高いことがわかった。メタボライフ・インターナショナルのオーナーは、数百万ドルにのぼる手の込んだ脱税と贈賄をたくらんだ容疑で国の調査を受け、エリスは二〇〇四年に米国食品医薬品局（ＦＤＡ）に虚偽の申し立てをしたかどで起訴された。[4]

推計二万種のハーブ系製品が、スーパーマーケット、コンビニエンスストア、薬局、健康食品店の棚やインターネットのウェブサイトで見つかる。[5] エフェドラのように、中には一部の人に求められている効果を実際にもたらす製品もある。いろいろな種の植物が、興奮、鎮静、ホルモン分泌、抗炎、ステロイド、抗生、幻覚などの効果を持つ、実に多様な化学物質を自然に生産しているのだから、これは驚くべきことではない。実は、製薬会社が開発した処方薬の多くは、近代科学以前の文化で薬草療法として使用されていた植物から発見され、精製されたものなのだ（アスピリンはヤナギの樹皮中に発見された化学物質に由来する）。だとしたら、有益な薬効を持つ精製した化学物質と、ほとんどがこれといった効能のない数千種類の混合物に混ざった〝同じ〟量の化学物質とに、どんな違いがあるというのだろう？

ＦＤＡは、人間と動物に使用するために開発された薬すべての安全性と有効性を確保することによって、公衆衛生を守る権能を付与されている。特に人間に使用する薬の認可手続きは、生産者にとってはうんざりするくらいの時間と経費を要する。[6] 科学者はまず、明確に規定されて、精製された化学物質の特性に基づいた新しい治療計画を承認するか、みずから考え出さなければならない。通常は動物を使って得る実験データで、当該化学物質の潜在的効能の証拠を提示する必要がある。ＦＤＡはこれらのデータに満足すると、その会社に長期間にわたる臨床試験を始める許可を与える。この期間に健康に対する明白な効能を実証し、あらゆる種類の副作用の資料を提供し、当該薬とほかの薬や食品との有害な相互作用が起こりうる可能性を確認しなければならない。この手続きはいつでも終了することができ、実際に、新薬の開発計画の大半は中途で挫折する。

新しい薬物療法の効能がリスクを上回るとＦＤＡがようやく決定しても、薬の成分や品質や量が調合ごとに著しく異なることがないよう、製造業者はさらに、規格化された〝優秀な製造実務〟を遂行する能力があることを実証しなければならない。最後に、ＦＤＡの認可を受けたうえで、今まで述べてきたすべての情報の要約を薬の包装に掲載しなければならない。しかるのちに初めて、その薬を売ることができる。構想から市場に出荷されるまでには、十年以上の研究開発期間と、三億ドル以上のコストを要するのがふつうだ。さらに、規制手順は認可で終了するわけではない。ＦＤＡは、処方薬の生産と有効性をひとつ残らず監視し続ける。製造業者と医師は、どんな副作用でも報告する義務を負う。そして、認可はいつでも撤回できる。最終的には、採用から何年も経過して、安全性と有効性の歴然とした証拠が集められ、薬物依存の可能性が最小限にとどまることがわかると、ＦＤＡは処方箋なしで市販する許可を与えるが、それもいつでも取り消すことができる。

エフェドラのストーリー――ハーブ系サプリメント産業全体の典型と言える――は、ひとつを除くすべての局面で、まったく正反対の過程をたどった。エフェドラの錠剤とカプセルは、安全性も有効性も検査されることなく、規格化された製造計画を確立する必要もなく、副作用や死亡が起こりうるという説明もなく、継続して記録を取ったり、副作用を報告したり、ラベルに有効成分を記載したりするよう求められることもなく、市販製品として手に入るようになった。さらに製造業者は、自社製品は〝エネルギーを高める〟とか〝脂肪を燃焼させる〟とかの、立証不可能なのに科学的に響く主張をすることができた。一般大衆がエフェドラ（つまりマオウ属の植物）に対して抱くイメージがあまりに好意的なので、製造業者は進んでそれをラベルに記入した。しかし、エフェドラはそれ自体がひとつの物質ではない。むしろ、すべての植物と同じように、数百ないし数千のそれぞれ別個の、ほとんどがはっきり解明されていない化学物質を含有しているひとつの植物なのだ。それらの化学物質の中には、薬効を示すものもある。しかし、医学用語ではなく、法律用語では、エフェドラは薬とは考えられていない。代わりに、アメリカ市場に出荷するのに認可を必要としない〝栄養補助食品(サプリメント)〟とされる。そして、ほとんどのアメリカ人はそういう状態が続いてほしいと思っているのだ。

しかし、薬草製品の摂取者にとって問題なのは、個々の化学物質の効果(これは、精製されたものを検査すれば、実際に判明するだろう)だけではない。問題なのは、複数の化学物質が特定の組み合わせで併存したとき、思いがけない、ときには毒性を持つようなやりかたで作用し合う傾向があることだ。しかし、それぞれの化学物質が製品中に存在している場合でも、実際にはどのくらい存在しているのかを明示したラベルはまったくない。そこで、業界とは関わりを持たないビル・ガーリーという名の薬理化学者が、無作為に選んだ二十銘柄のエフェドラ製品の標準的な実験分析を行ない、みずからの手ではっきりさせようとした。(7) ガーリーは、実質的に同一と言えるエフェドラ製品はふたつとないことを発見した。それぞれの銘柄の〝一回分の摂取量〟中に存在する有効化学物質の量と割合は、五十倍も異なった。ある会社の錠剤には有効成分がいっさい入っておらず(しかも、会社側はそのことを知っていた)、またほかの四社の錠剤は製造ロットによって内容物が異なっているのに、ラベルは変更していなかった。ガーリーは、多くのエフェドラ製品が、血圧と心拍数に影響を与える二種類の添加物の天然供給プールであるダイダイの抽出物を含有しているのに、ラベルには記載されていないことも発見した。ガーリーが検査したエフェドラ含有製品すべてに、FDAが監視している薬剤と共通する決定的な特徴がひとつだけあった。人間の肉体の機能に直接変更を加える化学物質が含有されていたのだ。

これこそが〝薬〟の定義ではないか。

もうひとつ人気のハーブ系製品はイチョウで、二〇〇二年には十四パーセントのアメリカ人が、ラベルに書かれているように、〝記憶力を高める〟ために摂取しているが、実験研究では〝健康な成人の記憶力や認識機能に測定できるほどのメリット〟が示されたことは一度もない[8]。一方では、ただの風邪の発症や症状の悪化を低減させるために、エキナセアという薬草を摂取する人がいる。これについても、対照研究ではそのような効果があるという証拠は示されなかった[9]。しかし、薬草成分が実際に想定されていた効果のいくぶんかを発揮するとしても、消費者側から見ると、望みどおりの効果をあげるのに適切な量が市販品に含有されているという保証はない。エキナセア、イチョウ粉末、薬用ニンジン、セントジョンズワートと表示されている製品の三分の一から二分の一が、喧伝される有効成分量の過多や過小、無関係な有害物質の混入などの理由で、コンシューマー・ラボ・コムが実施した分析検査に合格しなかった[10]。ほかの飲食物で、記載成分がこれほど大きく違っていたら、即座に市場から退場させられただろう。

なぜ、すべてのハーブ系製品を規制するか、少なくとも市販薬と同じ程度の監視を行なうかしないのか？　答えは、一九九四年に議会が可決した栄養補助食品健康教育法（ＤＳＨＥＡ）の中にある。議会の定義では、栄養補助食品には、動物の分泌腺や臓器から抽出されたホルモンや物質に加えて、ビタミン、ミネラル、アミノ酸、ハーブ、そのほかの植物抽出物（タバコは除く）が含まれる。ＤＳＨＥＡによると、これらの製品の錠剤とカプセルは薬ではないとされる。しかし、これらは——摂取されはするが——食品でもない。なぜなら、主な栄養源としては使用できないからだ。これらは食事の〝補助物（サプリメント）〟にすぎない。栄養〝補助〟食品は薬でも食品でもないので、ＦＤＡも農務省も、その他いかなる連邦機関も、その生産や販売を監視する権限や機能を持たない。サプリメントが市場に出荷され、推奨服用量で害を生じる〝法外な〟リスクと結びつけて考えられるようになって初めて、禁止することができるのだ。

薬と定義されている場合、有効性と安全性の立証責任は製造業者にある。栄養補助食品に関しては、〝法外な〟リスクを実証する責任はＦＤＡに課される。しかし、議会と裁判所の判決がリスクのハードルをあまりにも高く設定したので、二〇〇四年以前には、禁止されたサプリメントはなかった。それどころか、ひとりのプロ野球選手の死が広く世間に公表されたことに対するマスコミの反響がなかったら、エフェドラは今でも簡単に手に入っただろう。しかし、二〇〇四年四月十二日、ＦＤＡによると、「エフェドリン・アルカロイド（エフェドラ）を含有する栄養補助食品の販売を禁止する最終規則が発効した[11]」。ＦＤＡはウェブサイト上で一ページを割いて、エフェドラに関するＦＤＡの裁決についてのよくある質問と回答を掲載した。「エフェドラの販売を差し止めているのですか？」という直接的な質問に対して、ＦＤＡは「大筋では、そうすることになっています」と答えた[12]。なぜ〝大筋では〟という単語が必要だったのか？

エフェドラ禁止法が発効した一年後、わたしはプリンストン大学の正門からわずか五十メートルほどのところ、繁華街の中心にある健康食品店にふらりと入っていった。十数社の製造業者から出荷された数百もの異なるサプリメント製品が壁際の棚に並んでいた。ずらりと一列に並んだ〈ダイエットフェン〉という銘柄の瓶には、〝天然代替食品〟と広告され、有効成分の中にはマオウが八パーセント含まれていると記載されていた。〈プロボタニックスＮＡ‐５５１〉と〈サンテン・マオウ＆イチョウ〉も、エフェドラ＝マオウ含有製品として、すべてカリフォルニアの業者が販売していた。どのラベルにも、死亡、そのほか健康を害する副作用が起こりうるリスクについてはひとことも言及されていなかった。しかし、警告が書かれていないより何より、そもそも二〇〇四年四月十二日以降にこれらの製品を販売することは違法ではないのか？

そう、完全に違法とは言えないのだ。FDAのエフェドラに関するウェブサイトの最下部に、「この規則は伝統的な漢方療法には適用されない」との記述がある。エフェドラ＝マオウ含有製品はすべて、〝伝統的漢方療法〟と考えられるわけではないだろう？　わたしならそう考えるだろうが、FDAは、アメリカ先住民が〝伝統的な〟宗教儀式の際、本来は違法な幻覚剤を吸引するのを例外的に許す場合と同じ論理を使って、中国系と非中国系の消費者を区別するつもりなのだ。しかし、マオウが飲用されるのは、精神ではなく肉体に効果を及ぼすからであって、だとすれば、おそらくFDAは中国系アメリカ人の肉体とヨーロッパ系アメリカ人の肉体に一線を画そうとしているのだろう。しかし、誕生地や文化遺産、ひとつないし複数の遺伝子、その他の属性で、中国系アメリカ人を定義するのだろうか？　FDAは手がかりを与えてはくれない。実際には、プリンストンの〝ホルサム〟健康食品店でエフェドラを販売することが合法であることから考えると、店主たち——中国で生まれた男ひとりと女ひとり——の出自が決定的な要因なのかもしれない。

FDAは薬草を摂取した場合のリスク警告を規定どおりに公表しているが、これらの警告が、大勢を占める人々の意識にのぼることはめったにない。サプリメントの生産者や販売者に対して、大衆が抗議の声をあげることもなかった。それどころか、多くの人は、FDAがエフェドラを禁止する行動を起こしたことに、腹を立てていた。エフェドラ販売会社の弁護士テリー・ガフニーは『ニューヨーク・タイムズ』の記者に、「わたしの依頼主は販売額の九十五パーセントを失いました……毎年、三十億回分の服用量に当たるエフェドラが販売されてきました。この数字は驚異的であり、いかに安全かわかるというものです」と不満を述べた。[13] この記者はガフニーを、人の命を何とも思わない詐欺業者のために働く冷酷な弁護士に仕立てあげたが、直接引用されたその発言には、多少の真実が見受けられる。リスク評価が意味をなすのは、被害を受けた人の数が特定の製品を摂取した人の総数と比べられている場合のみだ。エフェドラが最も流行していたとき、一年間に摂取していた二千万以上の人々の中で、有害な副作用が報告されたのは〇・一パーセント未満であり、摂取の結果死に至った人は〇・〇〇一パーセントに満たない。現実には、アスピリンのほうが危険な製品なのだ。

もちろん、過去十年間にエフェドラの摂取が原因で死亡した数百人のアメリカ人の家族は、愛する人の死亡がこのような血の通わない統計用語で表現されるのを見たくないと思うが、各自が選んだライフスタイルと関連づけられる多くの製品や行動に、よく知られた低レベルのリスクが存在し、容認されていることは多い。アルコールとカフェインは、生理的に依存症になりうるし、害をもたらすこともあり、ときには過大な量を飲用する一部の人々を死に至らしめるにもかかわらず、社会的に容認された物質の代表例だ。わたしを含めて、ほとんどの節度ある使用者は、一杯のワインや一杯のエスプレッソから得られる気分の高揚や疲労の除去というメリットのほうが、あらゆる低レベルのリスクに優ると考える。毎日グラス一杯のワインを飲むことで、心臓血管疾患のリスクを減らすことさえあるかもしれない。それに、副作用が気に入らないのなら、いつでもやめたり摂取量を減らしたりできる(依存症になってしまった人にとっては、〝言うは易く行なうは難し〟だが)。アメリカ人の心には、法的能力のある個人は、他人を害さないかぎり、個人のリスクや利益についてみずから決定を下す〝権利〟を持っている、という思い込みが深く刻まれている。

しかし、栄養補助食品の摂取という問題に関して、アメリカの法律では、表示された健康〝メリット〟と隠された〝リスク〟について平均的な消費者が〝じゅうぶんな情報を得たうえで〟決定を下すことは、ほとんど不可能になってしまっている。生産者は確立された製造規格に従う義務はないし、いかなる政府機関にも説明義務を負わないので、ラベルに表示された一回分の成分も量もきわめて不正確かもしれない。それどころか、製品のラベルは、じゅうぶんな証拠がないだけでなく生化学者から見ると〝無意味〟なことすら多いメリットを、あたかも科学的であるかのような記述で喧伝している。ラベルにはふつう、副作用が起こるかもしれないという警告は提示されない。ほかの媒体を通じて明らかにされたリスクは、軽視されたり無視されたりする傾向がある。母なる自然の善良さに対する霊的信仰に異議が申し立てられるのを、多くの人は見たくないと思っているからだ。わたしの知るかぎりでは、ハリウッド映画――最も人気の高い情報発信源――が、栄養補助食品を摂取した結果病気にかかった人を描いたことは一度もない。映画会社は、人々が自分の信念に異議を唱える映画ではなく、信念に賛同してくれる映画を見たがっていることを知っているのだ。

エフェドラは禁止されている――ただし、どうやら中国人が売る場合は例外だ――が、ほかのハーブ系製品（幻覚剤は除く）は今も、重大な危害が生じうるという動かぬ証拠がある場合でさえ、アメリカで食品として合法的に手に入る。ナギイカダ、コンフリー、カバ、ヨヒンベノキ、ノコギリパルメットは、それほど多くはないが相当数の人の腎不全、肝不全、心臓麻痺と関連があるとされてきた(14)。そして、もし地元の健康食品店に行くことができなくても、こういう天然薬草製品を、ネイチャーズ・アンサー、ネイチャーズ・フォーミュラリー、ネイチャー・メイド、ネイチャー・パラダイス、ネイチャーズ・シークレット、ネイチャーズ・ウェイなど、数百ものインターネット・サイトでいつでも購入できる。これらのサイトでは、母なる自然は女神として扱われ、(無害な食品防腐剤や着色料を含めて)合成化学物質は悪魔の産物とされる。わたしが検査を受けていない化学物質を購入して摂取するときのお気に入りのサイトは――〝天然の製品、健全な助言を〟を標語にしている――マザーネイチャー・コム(MotherNature.com)だ。

生命維持に必要な薬

たいていの食品が自由に手に入るときでも、食事に特定の食材が長期間欠けていると、大昔からある固有の病気が引き起こされかねない。壊血病はそういう病気のひとつで、六カ月以上を海上で過ごす十七、八世紀のイギリスの船乗りのあいだで流行した。スコットランドの医師ジェームズ・リンドは、この病気と、魚は多量に食べるが野菜や果物を食べないという、船乗りの偏った食事とのあいだにつながりがあるのではないかという仮説を立てた。(15) 試行錯誤を経て、リンドは、食事に加えると壊血病を防ぐことができる、植物由来のさまざまな食品を確認した。一七九五年、イギリス政府はすべての船の必須食料として、抗壊血病薬になるライムジュースを選んだ。酸味が強く、腐敗しにくいという点で最適だからだ。大きな樽から少しずつ分配された、一日わずか三十ミリリットルほどのライムジュースが、壊血病の苦しみを取り除いた。それ以来、イギリス人の船乗りと移民は〝ライミー〟という、からかいぎみのあだ名で呼ばれることになった。

十九世紀末のルイ・パスツールの働きのおかげで、医学界は、非遺伝性の病気においては病原性微生物が主要な役割を果たしていることを確信した。そして、注意は食事の影響から別のものに向けられた。しかし、一九一二年には、壊血病、脚気、くる病、多発性神経炎、ペラグラをはじめとする複数の特定疾患は、パスツールのひな型にはあてはまらないことを、科学者は理解していた。感染症は感染因子を〝除去する〟ことで撲滅される。これに対して、欠乏性疾患はほかの方法では摂取していないあるものを〝供給する〟ことで予防ないし治癒される。二十世紀初頭の化学者は、これらの〝あるもの〟の正体を突き止めようとしたが、なんの収穫も得られなかった。当時の技術はあまりに未発達で精度が低かったので、直接探知することはできなかった。だから、〝あるもの〟は依然として〝未知の化学的性質を持つ物質〟であり続けた。[16]

こういう未知の物質はまだ確認されていなかったが、ポーランド生まれの米国の科学者カシミール・ファンクは名前をつける必要があると判断し、これらが活力を維持するのに必要な化学物質であるという事実を踏まえて、ビタミン(vitamin)という新語を案出した。[17] vita- という接頭辞——〝生命力(vital force)〟や〝生気論(vitalism)〟と同じ接頭辞——を選んだことがやがて、現在まで繰り返し使われるほどの重要性を持つことになることを、ファンクは知るよしもなかった。数年という短いあいだに、大衆紙はビタミンに夢中になった。一般大衆には「ビタミンは分離することも詳細に分析することもできない……」と告げられた。[18] 正しくは、ビタミンは「すべてのものが取り去られたあとに残っているもの」だ、と。言外に込められた意味ははっきりしていた——ビタミンは人間の霊魂そのものが持つ無形の要素だということだ。

ビタミンに関するとてつもない量の、同時にとてつもなく誤った情報に基づいた神秘主義的な反応は、一九一六年という早い時期から、当該分野の著名な化学者を心配させた。ウィスコンシン大学(アメリカきっての欠乏性疾患研究センターだ)が承認した刊行物の中で、生化学者のE・V・マッコラムとコーネリア・ケネディは、「ビタミンという言葉の使用を〝中止する〟ことが望ましい。……（なぜならビタミンという語は）これらの［化学］物質に度を越した価値を付与するからだ」と主張した。[19] 一時しのぎの手段として、ふたりは、当時ビタミンを分類できた唯一の化学的特性に基づいて、〝脂溶性A〟、〝水溶性B〟という用語を使うことを提案した。「ビタミンの化学的性質についての明確な知識を持つようになれば」、化学者が標準的な化学の専門用語体系に従ってビタミンに新しい名をつけることができるのだから、これらのあいまいな用語は「自然に使われなくなるだろう」と自信を持って予測した。しかし、大衆の語彙から〝ビタミン〟という語を削除するには、時すでに遅かった。

科学技術が進歩して、一九三〇年代には、各種ビタミンが同定され、アルファベット名を割り当てられた（ビタミンA、B、C、D、E、そしてKだ）が、さらなる分離と詳細な分析が行なわれると、いくつかのアルファベットは複数の化学物質の混合物を表わすことがわかった（ビタミンBは、互いに無関係な八種の化学物質を含有する）。それぞれのビタミンの化学物質は、比較的単純な有機化合物で、科学文献では決まって使われる別個の化学名（レチノール、チアミン、リボフラビン、ビオチン、ナイアシン、アスコルビン酸など）を持つが、消費者に売り込むためには、生気論用語としてのビタミンにしがみつくほうが、明らかに大きな利益をあげられる。科学者はやがて、ビタミンはどれも、動物か植物か微生物かを問わず、ほぼすべての種類の生命体に必須のものであることに気づいた。[20] ほとんどの微生物は、単糖と塩類だけを食べて成長するときでも、みずからの体内でビタミンを作り出すことができる。わたしたちの遠い祖先も同じ能力を持っていたが、今のわたしたちはもはやその能力を持たない。

もし人間の細胞がほかの数百種類の小さな有機分子を合成できるのなら、なぜビタミンを合成しないのだろうか？　ほとんど確実と言える説明は、三つの事実に基づいている。これらの化学物質は、ごく少量しか必要とされていない。たやすく数カ月ないし数年間体内に貯蔵される。そして、わたしたちの祖先の動物にとって手に入りやすい食物からたやすく得られる。その結果、そういう化学物質を体内で生産するのは資源のむだであり、突然変異でそういう能力を失った種の動物は、ビタミン生産能力を保持した動物に比べて有利な立場に立った。これはまさに、従来の一般的見識から予測されたこととは正反対の内容だ。

第二次世界大戦のころには、特定のビタミンを豊富に含む特定の植物や微生物が確認され、多くのビタミンが実験室で合成され、製薬会社がごく低いコストでそれぞれのビタミンを生産する方法を開発した。ビタミン欠乏性疾患はアメリカの中産階級や富裕層にはまれだったが、貧困地域の中で〝急増〟することもあった。南部では数十万人にのぼる農村地方の貧しい人々が、ナイアシン（ビタミンB_3）の欠乏の結果生じるペラグラが原因で死亡した。もっぱらトウモロコシ中心で新鮮な肉が不足した食生活を送っていたからだ[21]（トウモロコシはナイアシンを含有するが、南部では、知らずにビタミンを取り除いてしまう方法でひき割りトウモロコシの粉を生産していた）。

ビタミンの生産コストがかなり低下したので、公衆衛生当局は、アメリカの食品製造業者を説得して、多数の日常食品――小麦粉、パン、ミルク、朝食用シリアル、マーガリン、オレンジジュースなど――に、自然のままでは含有濃度が低いビタミンを加えて〝栄養価を高める〟ことにさせた。一九四五年には、「南部でペラグラが根絶された」。今日、典型的なアメリカの食事を摂っている平均的なアメリカ人が、ビタミン欠乏性疾患を患うことはない（平均的ではない例外には、遺伝によるビタミン処理不全疾患や、それ以外の遺伝によらない重大疾患を抱えている少数の人々が含まれる。患者には、ベジタリアンの一部、特に絶対菜食主義者と、カロリー摂取の大半をアルコールに頼り、社会の進歩から取り残された集団も含まれる）。九十九パーセントを超えるアメリカ人が、食事からじゅうぶんなビタミンを摂って、あらゆる欠乏性疾患を避けられているとしたら、なぜ半数を上回る人々が毎年百億ドルもの大金をはたいてビタミン剤を購入して飲んでいるのか？

国内のほかのほとんどの薬局と同じように、プリンストン大学の薬局の棚には、個々のビタミンを含有する錠剤の瓶が並んでいる。瓶（すべてウィンドミル・カンパニーからプリンストンに配送されている）によって、前面に大きな文字で謳われている健康促進効果は異なる。ビタミンB_1は「神経系を維持するのに役立つ」。B_6は「新陳代謝を維持するのに役立つ」。B_{12}は「エネルギーを増進するのに役立つ」。Cは「免疫系を維持するのに役立つ」し、Dは「骨格系を維持するのに役立つ」し、Eは「心臓血管系を保護するのに役立つ」。それぞれの瓶の背面には、小さな文字で「これらの記述はFDAの評価を受けていません」という必須の否定文が書かれている。さらに言えば、これらの記述は評価を受けたことがないだけでなく、あまりにも漠然としていて科学的にはまったく無意味なのだ。では、こういう記述は何をもとに書かれるのか？　答えは、初期の科学的誤解と、その誤解から導かれた根拠のない推論に見出される。

ビタミンが実際に確認される前は、科学者はビタミンの機能を、その欠乏のしわ寄せを真っ先に受ける人間の器官ないし系と関連づけて考えることしかできなかった。ビタミンが分離され、特徴がわかったあとは、関連する疾患はビタミンの欠乏に最も敏感な部位を示しているにすぎないことが明らかになった。実際には、ほとんどすべてのビタミンが、わたしたちの体内にあるすべての細胞の新陳代謝に、明確に定義された役割を果たす。ビタミン製造会社はこういう新しい事実（六十年前からわかっている）を無視して、さらに根拠のない推論に飛びつく。特定の器官や系における疾患を避けるために、わずかな量が必要とされる物質は、大量に服用すれば、その系を強化ないし〝促進〟して、〝正常な状態よりさらによい状態〟にするのではないか。B_1の欠乏が神経の変成疾患である脚気を引き起こすのなら、大量摂取は「神経系を維持する」に違いない。Cの欠乏が、免疫細胞が傷を治せなくなる壊血病を引き起こすのなら、大量摂取は「免疫系を維持する」に違いない。Dの欠乏が、骨がもろくなるくる病を引き起こすのなら、大量飲用は「骨格系を維持する」に違いない。ビタミンによって維持する生命系が異なるのだから、活力あふれる肉体を維持するためにはすべてのビタミンを買う必要がある。少なくとも、製造業者はそんなふうに信じてもらいたがっている。

ビタミン・サプリメントの摂取が、正常なアメリカ人の肉体の健康をかなりの程度まで〝正常を超える〟〝状態に強化するのなら、科学者は、じゅうぶんな対照実験研究で再現して効果を測定できただろう。たとえサプリメントが〝より大きなエネルギーを持つ〟という幻想を人に与えるだけだとしても、やはり、ビタミンを含む錠剤を飲んだ人々の集団の反応と、偽薬(プラシーボ)を飲んだ人々の集団の反応を統計的に比較すれば、その効果を実証できるはずだ。[22] ビタミン補充によって生じるきわめてわずかな効果が検出できることは、妊娠中の女性に対してある特定のビタミンが与える実際の影響を示した研究で確証された。そのビタミンとは葉酸ないし葉酸塩(相互に変換可能な化学物質)で、当初からビタミンB群のひとつとされている。一九八〇年代から九〇年代のあいだに複数の国で行なわれた一連の臨床試験において、葉酸サプリメントを妊娠初期に摂ると、先天性神経管欠損症を七十パーセント減少させることがわかった。

この統計は大きな感銘を与えそうだ——事実与える——が、本当に意味しているところは、一般大衆のほとんどが感じることとまったく同じというわけではない。一九九〇年代初めに妊娠したアメリカ人女性で、サプリメントを摂らない人の約〇・四パーセントの胎児が、神経管ないし脳に欠陥があり、たいていは脊椎披裂か無脳症の胎児となった。葉酸を補充したあとでは、損傷を持つ胎児の割合は〇・一パーセントに低下した[23]。これはつまり、臨床研究において、妊娠中のアメリカ女性で葉酸サプリメントの恩恵にあずかった女性はわずか〇・三パーセントにすぎないということだ。のちの研究で、現実に補充が有益だった女性は、すでに食事の中で正常レベルの葉酸を摂取していたが、ビタミン利用の有効性を抑制する自己免疫性疾患にかかっていて、それに気づかなかっただけだということがわかった[24]。

再現可能な臨床研究結果から、葉酸サプリメントが新生児千人中ふたりないし三人に決定的な利益を提供したことは明らかなので、FDAは製造業者に、葉酸剤が入った瓶に以下の主張を載せる認可を与えた。「適度の葉酸塩を含む健康な食事は、女性が脳または脊髄の先天性欠損症を抱えた子どもを産む危険性を減少させることがあります」一九九八年一月、FDAは妊娠女性により多くの葉酸を摂らせるようにするために、別の補足的な取り組みを行なった。スパゲティや米飯、パン、小麦粉、タコス、朝食用穀物食品、その他の加工穀物に添加する葉酸の量を増やすよう命じたのだ。葉酸は肉の赤身や青菜、酵母菌、一部の果物にも高濃度で含まれているので、自己免疫性疾患を持つ妊娠中の女性でさえ、無作為に口にする食べ物だけでじゅうぶんなレベルを摂らないよう仕向けるのはむずかしいだろう。

二〇〇四年には、政府の公衆衛生活動の影響がすでに見受けられるようになっている。最新の統計動向が示すところでは、葉酸を補助的に摂ることが〝今でも〟役に立ちそうな妊娠女性の割合は、ますます少なくなっており、まもなくゼロに近づくかもしれない[25]。これ以外に、補助ビタミンが有益だったという主張がＦＤＡに承認されたことはない。なぜなら、七十年間に及ぶ調査で、典型的なアメリカの食品を食べている正常な人々に、偽薬とは異なる再現可能で有益な効果が、ほんのわずかでも現実に認められたビタミン、あるいはその見込みがあると考えられたビタミンは、ほかになかったからだ。

ホメオパシーの無意味さ

補助ビタミンは有益だという主張は、よくてもプラシーボ効果、悪く言えば文字どおり詐欺的なものだったが、少なくとも適切に製造されたビタミンは、正常な人が推奨された投与量を摂取する場合、まったく危害を与えない。この〝毒にはならない〟という理由づけで、ビタミンに懐疑的な人のほとんどは、義母が毎日錠剤を常用すると言い張っても大騒ぎしたりはしない。しかし、絶対的な安全性を最優先するのなら、ほかの部類の〝健康製品〟を選んだほうがずっといい。これは、ホメオパシー（類似療法）という分野で売られている製品だ。

ホメオパシーは、ザムエル・ハーネマンがたったひとりで創設した。ハーネマンは、一七七九年にドイツの医学校を卒業して、一八四三年まで、最初はドイツで、そのあとパリで、〝治癒術〟を実践していた。[26] 医師になった当初、ハーネマンは、治療前より患者の容態を悪化させる多くのヨーロッパの医療慣行――ヒルを使って瀉血（しゃけつ）したり、毒で嘔吐を誘発したり、酸で皮膚に水疱を誘発したりするなど――に、あたりまえのことだが当惑していた。一七九〇年、ペルーに本拠を置く伝道師が書いた、キナノキ（南アメリカの常緑樹）の皮の粉末にマラリアを治す著しい能力があるという内容の原稿を偶然に見つけた（ラテン語からドイツ語への翻訳という副業に精を出しているあいだに）。ほかの者は、皮の腐食性の味に治癒効果があると考えたが、ハーネマンは、腐食性物質を増やしても同じような治癒効果が引き出されるわけではないから、この簡単な説明が間違っていることを知っていた。好奇心から、当時のほかの医師兼科学者がやったことをやってみる――みずからを実験台にして、キナノキの粉末を摂取した結果を観察したのだ。数日後、マラリアの症状に似た、熱っぽい症状が出たとき、ハーネマンは人生最大のひらめきを得た。

ひとつの病とその治療薬が引き起こす症状が似ている――実は、ハーネマンが思っていたほどには似ていない――ことから、ハーネマンはあらゆる種類の人間の病に対する治療法は、健康な人が摂取すれば同じ症状を呈するような物質から得られるのではないかという結論に達した。〝類似性の法則〟と名づけられ、「似たものは似たもので治癒する」という格言も加えられたこの言明は、ハーネマンが新たに考案した〝ホメオパシー〟（文字どおりに訳せば「同じような苦しみ」）医療システムを、経験に基づいて実践するための土台となった。〝ホメオパシー〟は、ハーネマンが〝逆症療法（アロパシー）〟と呼んだ医療処置、つまり、治療しようと思っている病気とは正反対の効果を生み出す医薬品を用いた治療法と対置するものとして、世に広められた。

その後二十年以上にわたって、ハーネマンは学生と家族とともに広く旅をして、できるかぎり多くの産地から動植物由来の物質を見つけて、その摂取効果を評価した。ある物質が、どれでもいいから既知の病気の症状に似た感覚を生み出すと、ホメオパシー療剤のリストに加えられた。しかし、善良な医師だったハーネマンは、人々の病状を悪化させることを望まなかったので、症状を引き起こす物質の一滴分を何度も繰り返しアルコールや水で希釈して、一段階ごとに激しく振ったりこすり合わせたりした。こういう過程を経て、療剤の効果は高まる、つまり〝高度に活性化される〟と、ハーネマンは主張した。一八一〇年、代表作『療剤の考察(*Organon der Heilkunst*)』の初版を上梓する。この本は、ホメオパシーの原理とその妥当性の論拠を二百七十一の格言で詳しく述べている(その後、版を重ねるたびにこの数字は変化した)[27]。一八四二年に書かれながら一九二一年まで出版されなかった最後の第六版は、今でも世界じゅうのホメオパシー実践者にとっての教科書であり秘伝の書でもある。

ホメオパシーの理論的基盤は、健康な人間にはひとつに統合された霊魂ないし生命力が宿るという考えかただ。ハーネマンの言葉を引用すると、

> 健康な肉体に生気を吹き込む生命力は、無限の支配力を行使し、生物のすべての部分をみごとに調和した生命作用で維持し……その結果、わたしたちに内在する、理性を授かった心が、生存のより高い目的のためにこの生きている健康な道具を自由に活用できるようになる。

ハーネマンによると、重大な病気や軽い疾患は(肉体への物理的打撃が原因のものを除いて)、有形物質によって引き起こされたものでは*ない*。むしろ、「人が病気になったとき、その人の生命に好ましくない強力な影響を及ぼす他の存在によって最初に狂わされるのは、この霊的生命力だけなのだ」と、ハーネマンは書く。では、患者はどのようにして病気を克服するのか? 「狂いをもたらしたものがそれまで占めていた場所をぴったり埋める」好ましい霊薬を服用することによって。つまり、生命が宿る霊魂の悪魔的な要素が、自然なホメオパシー療法の天使のような要素に置き換えられなければならないのだ。

病気は霊的なもので、物質的なものではないため、従来の薬剤から出る阻害因子——有形物質——を含まない治療薬を投与したときに、最善の治療効果が期待できる。十の百乗(一のあとにゼロが百個続く)分の一の希釈は霊魂には有効だが、十の四百乗(わたしたちの宇宙と同じ大きさの宇宙が十の二百乗個以上集まった中のすべての分子の数に等しい)分の一の希釈はさらに効果的だ。ハーネマンは有形の医薬品は病気を治すことはできないと頑固に主張したが、〝催眠術〟をホメオパシーの有効な代替策として受け入れた。催眠術師は〝意志の強い、善意に満ちた〟人々で、あり余るほどの生命力を持っており、その一部を、生命力が不足している病人に分け与えることができるというのだ。しかし、催眠術師はその能力を維持するために、セックスとマスターベーションを避けて、「通常なら精液の生産に費やされるであろう卓越した生気あふれる霊力すべてを、いつでも他人に伝えられるよう準備を整えておかなければならない」。

なぜハーネマンは、健康と病気についての自分の理解にこれほど自信を持っていたのか? 第一に、マラリア、梅毒、天然痘に関して、目に見える病因は確認されていないから、これらの原因は霊的なものに違いないと主張する(一世紀も経たないうちに、パスツールの細菌感染説がこの主張の妥当性を失わせた)。第二に、金属製のやすりで繰り返し同じ方向に鉄棒をこすると、鉄棒は質量に変化はなくても、どんどん〝磁力〟を得ることができる。「同じように、薬効のある物質を振ることで、内部に隠されている治癒力が高まる」と、ハーネマンは記す(一世紀も経たないうちに、物理学者が金属内部の原子の軸が一方向に揃うという観点から、磁石の構造を説明することになった)。第三に、〝キナノキ〟の皮のマラリアを治す特性を生み出す有形物質は確認されていなかった(一八二〇年、ハーネマンが生きているあいだに、皮の内部に活性化学物質〝キニーネ〟が発見された。ハーネマンはこの発見をけっして認めようとしなかった)。

ハーネマンは、科学的方法や理論をひどく嫌っていた。著作の中で、「いかにして生命力が生物体に……病気を生み出させるか、医者がそんなことを知っても、実地ではなんの役にも立たないだろうし、それは永遠に謎のままだ」と、科学志向の医師をけなしていた。「似たものは似たもので治癒される」というみずからの〝法則〟の正しさを、あまりにも深く絶対的に信じていたので、ホメオパシー療法の有効性を実際の病人で検討してみる必要性を感じていなかった。今でも、ホメオパシー療法が〝プルーヴィング〟(実証を意味するこの療法の用語)を受ける場合は、希釈しないで使ったときに健康な人に病気のような感覚を引き出すかどうかで結論が出されるのであって、希釈状態で不健康な人に治癒効果が現実にあるかどうかで結論が出されるのではない。一方で、病気と正反対の効果を生み出す――アスピリンが痛みを緩和するように――いわゆるアロパシー医薬品は、肉体の生気あふれる霊性と調和しないという理由で、拒否されている。

ホメオパシーは、特に教会を拒否しているポスト-キリスト教徒の西洋人の心をとらえている。こういう人々は、資本主義農業と権威主義的医療から攻撃を受けている霊的自然感覚を信奉する。ポスト・キリスト教的世界観はフランスで特に広く受け入れられ、当地の薬局では普通に、ホメオパシー療法薬が本物の医薬品と同じだけの棚スペースを与えられている。アメリカでは、教育程度が高く宗教心が薄い人々は、有機食品やサプリメント、ビタミン、そして(使用される頻度は低いが)ホメオパシー療剤の生産者による似非科学的・自然主義的主張に服従しやすいという傾向がある。そのすべては、ますます不自然で霊性を失いつつあると見なされる世界における、自然に従った選択肢として売り込まれている。

第四部

バイオテクノロジーと生物圏

第十五章　人類のために

第一革命以前

バイオテクノロジーは先端技術の粋を凝らした明るい研究室で働く二十世紀と二十一世紀の科学者が発明したと、一般には考えられているが、最初に開発されたのは八千年から一万二千年前、世界のそれぞれ無関係な複数の土地で文明が夜明けを迎えたころだった。最高の教育を受けた人でさえも、バイオテクノロジーが歴史、文明遺産、そして人類と生物圏全体の広い範囲に与えた衝撃を、総合的に正しく認識しているわけではない。

バイオテクノロジーが当時生まれた理由、そしてそれ以前には生まれなかった理由を理解するには、バイオテクノロジー以前の時代における人類のありようと、母なる自然のありようを理解しておくことが大切だ。人間に似た生物——人間と合わせてヒト科の生物と称される——が、百万年以上にわたって三つの大陸を歩き回っていた。アフリカ、ヨーロッパ、アジアに残された骨や装具から、この生物が、最も有名なホモ・ネアンデルターレンシス(ネアンデルタール人)、ホモ・エレクトスを含む、さまざまな種に属していたことがわかっている。これらの人間に似た種は直立歩行をし、道具を使うことができ、その脳は当時の生物では最大だったが、遺伝によって授けられた行動様式と理性による推論の力が限られていたので、脳の機能は、まださまざまな制約を受けていた。文化を築き上げる能力を遺伝的に授かってはおらず、この決定的に重要な点において、人間よりもむしろ動物に近かった。

文化とは、集団全体のふるまいや相互作用の複雑な進化システムで、ひとつの部族の年長者から年少者に——遺伝によってというよりはむしろ——意識的に伝えられる。[1]人間の文化は、さまざまに変化する生存条件にすばやく反応できる。これに対して、動物は文化を創り出すことができない。たびたび起こることだが、もし母なる自然が変化したら、ひとつの動物種の成員は、繁殖する前にそのほとんどが死に絶えてしまう。もし個体群が生き残るとすれば、それは少数の成員がたまたま、ほかの成員の不具合を補い、個体群を再構成するだけの子どもたち（種として改造された特質を持つ）を生み出す遺伝子を保有していたからだ。すでに述べてきたこの自然選択は、無意識に行なわれ、並外れて緩慢で、結局のところは当てにならない。結果として、ほとんどの個体群は衰えて絶滅してしまうが、それは、これまで存在していたわたしたち以外のヒト科の動物すべてに共通する運命だった。[2]

約十万年前、進化によって東アフリカの平原に姿を現わしたヒト科の部族は、ある遺伝的資質を授かったおかげで、成員同士が会話をする能力、さらに最も広い意味で〝科学を行なう〟ほど深く考える能力を発揮できた。ほかのすべての生物とは異なり、これらのヒトは〝文字どおり〟一夜にして環境に順応し、一回の人生のあいだに何度も順応し続ける才能を持っていた。子どもたちの大半は依然として、普通は感染や栄養不足で、成年に達する前に死亡した。三十歳を超えるまで生き残る者はめったにいなかった。そして、ほかのすべての動物と同じように、依然として野生の植物や動物のみを栄養源としていた。しかし、実りの少ない年が続き——そうなるのは避けられないことだった——その地域の食料源が底を突くと、〝ホモ・サピエンス〟の文化順応性が決定的な利点をもたらした。実験し、理性的な分析に基づいて結論を引き出すという生まれながらの才能のおかげで、新しいものを導入し、衣食住をまかなう新しい資源と方法を発達させることができた。象徴としての言語を使ってさまざまな考えを表現し、理解する能力を持ったことで、人々は非常に複雑な知識をのちの世代が使えるように保存し、のちの世代は後世へと伝える知識をさらに付け加え、何代も何代も積み重ねていくことが可能になった。

約一万一千年前、最後の氷期が幕を下ろすころ、人類は、灼熱の乾燥した砂漠から海に点在する島々まで、湿潤な熱帯雨林から北極の氷の洞窟まで、そして両者の中間のほぼすべての地域と、地球全体のこれ以上ないほど多様な環境に、五百万から一千万人が広がり住む繁栄した種だった。不幸なことに、今度は、居住地域の食料源が底を突くと、人間がまだ住んでいない未開の移住地を見つけるのがますますむずかしくなった。特に、亜熱帯地方——かつては人間が住むのに最適で、最も肥沃な土地だった——は、環境収容力を超えるところまで追い詰められていた[3]。大型獣を捕りすぎ、食用植物をあさりすぎた。ほかの種の動物なら、自分たちの旺盛な食欲の負担に耐えかねて滅びるだろうが、人間の遺伝子は、従来の順応と生存の関係を一変させるような革命的な生活様式を創り出す能力を人間に授けた。できるかぎり自然世界に溶け込む——これまでの生物すべてと同様に——代わりに、ヒトという種は、今では農業革命と呼ばれている変遷を通じて、〝意識的に〟母なる自然から支配力を奪い去り、みずからの手中に収めた。

伝統的なバイオテクノロジー

中央アメリカの高地と渓谷では、氷河期のあとの気候変化の影響は甚大だった。かつては大型獣がその地方の食料の大部分を供給していたが、天候が暖かくなって、森が後退したとき、すべて姿を消した。(4) 人々はこのとき、もっぱらマメ、カボチャ、木の実、木の根、ベリー類を命綱として生きていた。集中的に食べあさった結果、野生の食用植物は、以前にも増して急速に激減していった。しかし、ときおり人々は、野営地近くに堆積した生ごみや排泄物の中から、お気に入りの食べ物が生えているのに気づいたに違いない。この偶然の出来事こそが、人々が自然の変動を克服して、種族として確実に生き残れるようになる変遷の第一段階をもたらしたのだ。

わたしたちにできるのは、情報に基づいて仮説を立て、その変遷の次の段階を推測することだけだ。おそらくは好奇心から、一部の若者が生ごみの中から最も新しくて最も小さな芽を引き抜いたのではないか。いつもなら熟れたカボチャの中に見かけて、食事中に脇に投げ捨てていた、蠟(ろう)のような皮膜で覆われた硬くて小さな粒のひとかけらが、芽の根もとに残っているのを目にしただろう。並外れた分析能力を持った誰かが、もう一歩大きな飛躍を遂げたかもしれない。おそらくその人物は、自分たちが食べたカボチャのおびただしい数の粒のすべてが、卵からニワトリが孵(かえ)るように、カボチャになるために待機している小さな植物だと考えたのだろう。おそらく、部族が食べ物を見つけるのはますますむずかしくなってきたが、自然をコントロールし、目的を持って野営地のそばの土地に粒を植えることで、その困難を克服できたのだろう。帰納的推理が正しかったことは、植えた粒——今なら種子と呼ばれるもの——が、部族が好んで食べるカボチャという植物に生長したときにわかったはずだ。母なる自然の侵すべからざる至高性が破られたのだ。

ほかの食用植物にも種子が確認され、同じく栽培されるようになった。今や複数の部族が、種子をまいた恩恵を刈り取るために、長期間ひとつの場所にとどまらざるをえなくなった。野営地は畑に囲まれた村となり、やがてその畑が農地へと拡大していった。最初の大発見に続いて、科学的理解とその利用が急速に進んだ。試行錯誤を重ねて実験することで、農民は最適な生長条件を確認した。そして、ある時点で、科学的な考えかたをする人々が、一部のカボチャから回収された種子が、ほかのカボチャの種子より、親の代のカボチャによく似た子孫を生み出すことに気づいた。このことに気づくと、次の収穫のためには、最も〝優良な〟植物の種子だけを〝選択する〟のが道理にかなっていた。〝優良〟とは、野生の状態でその植物が生存するのに最善のものという観点から規定されるわけではない。栽培者と消費者にとって最善のものという観点から規定された。

植物や果物、あるいは種の固有の特徴を、世代から世代へと伝える目に見えない形のない存在が、〝遺伝子〟だ。遺伝子の組成物質と作用の仕組みは、さらに一万年のあいだわからないままだった(一九五三年にワトソンとクリックによってDNAの構造が発見されるまでは)が、農業革命の基礎を作った無名の人々には、その存在は知られていた。遺伝子を概念的に理解することで、人間が必要としているものと新たに出現した欲望との両方を満たすような特性を持つ栽培品種を、新たに創り出すことが可能になったのだ。

最近になって、遺伝子研究が植物に関する考古学上の成果と結びつけられ、いつ、さらにはどこで、どのように遺伝現象が発見され、それを操作する技術が考案されたのかが確定された(5)。アメリカ大陸では、それは、のちに現代のメキシコ南部オアハカの街となる土地で、一万年前に始まった。当時の人々は、野生ではけっして育たない明るいオレンジ色のズッキーニ形の野菜を生産した(6)。カボチャを使った実験によって、たぶんほかの作物――トウモロコシ――を育成するのに必要な遺伝についての知識を得たのだろう。この知識は、南北アメリカ全体で急速に、そしてずっとあとになると世界全体で、きわめて大きな意味を持つようになった。今日存在している実にさまざまな品種のトウモロコシのDNAを分析すると、遺伝的多様性は限られていて、その起源は九千年前にひとつの部族の畑で耕作されていたわずか二十種の植物集団までたどることができる。その庭で、少数の硬い種子をまき散らす〝ブタモロコシ〟という名の細い雑草が、新種のトウモロコシに作り替えられ、粒がしっかりとくっついて人間が手を加えないかぎり自然に落ちることはない穂軸を持つに至った。[7]トウモロコシは、遺伝子操作の素材となった〝ブタモロコシ〟とはまったく似ていない。それどころか、遺伝子分析という現代の道具がなかったら、科学者にはふたつが同属のものであることすらわからなかっただろう。

トルコ南東部のカラジャダー山脈では、それぞれ無関係に行なわれた遺伝子の発見によって、人々は数種の野草を次々と、コムギ、エンドウマメ、ヒヨコマメ、ヒラマメに作り替えることができた。[8]遺伝についての知識は、トルコからヨルダン渓谷へと広がり、そこで人々はその地の雑草を改良して、オオムギを生み出した。[9]そして、ペルーのアンデス山脈では、根にイボ状の突起、枝にはとげがあり、ベリーくらいの大きさの苦い実がなる有毒なナス科の灌木が、水分の多い赤いトマト、ジャガイモ、サツマイモ、トウガラシに作り替えられた。南アジアでは、マレーシアとインドに自生する二種類の食べられない植物の染色体が組み合わされて、バナナの木が生み出された。バナナはDNAが多く積み込まれた三倍体なので、種子を生産できない。その後千年間にわたって、種子のないバナナを増やすには、人間が〝クローニング〟を行なうしか方法がなかった。そして、中央アジアでは、栄養は豊富だが食べられない野生リンゴの台木から根を、そしていわゆる現代のリンゴを生産するために育てられた突然変異種の野生リンゴの木から幹をもらった交雑木を育てるために、〝接ぎ木〟という技術が完成した。

ひとたび遺伝子理論にあたるひらめきが部族の意識に入ると、そこからすべての生き物の品種改良についての遺伝原則を推測するまでは、ほんの小さな一歩を踏み出すだけだっただろう。事実、植物の栽培と動物の家畜化は、多くの文化圏でほぼ同時に始まったので、ほとんどの場合、どちらが先だったのか、生物考古学者にはわからない。植物と同じように、動物も、かつてないほど効率的に食料やほかの価値ある製品を生成する生物工場を作るために、人々の手で改変された。しかし、それに加えて、人間は動物のほかの一連の特性、つまり行動本能をコントロールする格好の機会を与えられた。実は、動物の家畜化は遺伝子レベルの行動改変と定義される。人間にとって脅威であり、人間を恐れない野生の本能は必ず取り除かれて、その代わりに従順さ、つまり人間への接近を許容ないし願望するという性質が、たいていは、人間に仕えるその他の特定の性質とともに組み込まれた。

動物の個体群が新たな行動特性を身につけるその速さが実に驚くべきものであることを、わたしは旧ソヴィエト連邦シベリアの遺伝子研究の前哨基地で見出した。二十世紀初頭、従来の遺伝学は、労働者階級と資本家階級とのあいだには生来かつ不変の差異があるという反マルクス主義的なほのめかしだと認識されたために、資本主義者のでっちあげと言われて攻撃されていた(同じように、二〇〇三年、〝責任ある遺伝学評議会〟の代表者は、「現代の遺伝学についての概念と、〝ワトソンとクリック〟に今認められている重要性は一掃されるだろう」と予想した)[10]。その帰結として、一人前になろうとしていたモスクワの遺伝研究とその環境は、骨抜きにされた。しかし、ソヴィエトの指導者たちの視界に入らず注意も向けられない、ノボシビルスクから東へ五千キロの場所で、遺伝学者は静かに植物と動物の遺伝的性質の研究を続けた。

一九八九年の夏、二歳半になる娘レベッカと妻とわたしは、アナトリー・ルヴィンスキーの誘いを受けて、その自宅と彼が副所長を務めるシベリア遺伝研究所を訪れた。ある晴れた午後、アナトリーはわたしの家族を散歩に連れ出し、針金で作られたギンギツネの大型ケージが何列も連なる巨大な屋外繁殖施設を歩いた。アナトリーがわたしたちをひとつのケージのそばまで連れていくと、内部の二頭の動物は歯をむき出しにした攻撃態勢で、内外を隔てる金網に繰り返し跳びかかった。「一九五九年に繁殖を始めたとき、キツネはすべてこういうようすでした」アナトリーが穏やかに告げる横で、レベッカが母親の脚にしがみついていた。そのあと、わたしたちが数列のケージの前を歩いて通り過ぎ、ひとつのケージの前で立ち止まると、アナトリーがレベッカに地面に座るよう頼んだ。アナトリーが扉をあけると、はにかみ屋の動物が一頭、用心深く足を踏み出し、娘の目をのぞき込んでから、両膝のあいだにすとんと座り込んで、娘の手をなめ始めた。「三十年がかりの繁殖と淘汰で、最初はだんだんおとなしくさせ、それから人間との絆を強めて、人間を満足させたいという欲望を植えつけていった末に、キツネたちはこういうふるまいをするようになったのです[11]」わずか三十年で、獰猛な野生動物から飼い慣らされた膝乗りキツネに変化したのだが、ケージから森に逃げ込むこともある。「心配いりません」アナトリーが説明する。「膝乗りキツネはいつもホームシックになって、自分から帰ってきますから」

最もはなはだしく、最も変化に富んだ改良を受けた動物種は、まちがいなく東アジアのオオカミの子孫だ[12]。このひとつの種から、体重約一キロのチワワから百キロのセントバーナードまで、大きさも外見も多岐にわたる膨大な種類のイヌが品種改良されてきた。オオカミなどほかの種とは異なり、多くの種のイヌは、言葉によらない人間の微妙な意思伝達の合図を読み取るという遺伝的に固有の行動様式を持つ。[13] しかし、それに加えて、ヒツジの群れを見張ったり、狩猟において獲物の位置を示し、追い立て、狩りをして、獲物を持ってきたり、縄張りを守ったり、単に愛情を注ぎ込む機会を与えたりと、品種によってまったく異なる本能的行動を人間の選択に従って表わす。[14]

ニワトリは鶏舎に戻るように品種改良された動物だ。現在百二十種に及ぶこの飛べない鳥はすべて、六千年前にインド北東部の森で飛んでいた二十から三十種のセキショクヤケイ(*Gallus bankiva*)まで起源をたどることができる。紀元前一四〇〇年には、ヨーロッパ、アフリカ、アジア一帯で、ニワトリの卵や肉が使用されていた。インドネシア、ベトナム、ミャンマー、ベリーズのような発展途上国の農村では、ニワトリは今でも囲いなしで育てられ、日中は餌を求めて激しく動き回って、間接的に、農民の一家に栄養を供給する土地の実質面積を増やしてくれる。毎日夕方になるとねぐらに戻り、そこで産んだ卵は持ち去られて食べられ、そして、最終的にはニワトリみずからも大皿の上に載せられることになる。

中東では、野生のウシが、ばかばかしいほど大きな乳房を持って工場のように毎日四十リットルほどのミルクを産み出す乳牛に作り替えられた。その乳腺は膨張し、ミルクのアミノ酸組成物は人間の栄養補給にもっと適したものになるように工夫され、子ウシは成熟を早めて、もっと迅速に草をミルクに転換させられるよう、離乳年齢を引き下げられた。[15] さらに中東では、毛に覆われたヤギが品種改良によって、波のようにうねる不自然な毛を全身に生やした従順なヒツジになり、イノシシが、生ごみを食べて子孫をあふれんばかりに産み、急速に成熟し、人々と密接なつながりを持って安楽に暮らすブタへと作り替えられた。[16] その結果、ブタは世界じゅうで人間が消費する肉を、ほかのどの動物よりもたくさん供給している。ある動物がひとつの目的のために飼い慣らされると、同時に付加製品ももたらすように選別するほうが理にかなっていた（ただし、現代の農場主は、たったひとつの用途のために特別な品種を選別する方向に逆戻りした）。ニワトリは卵と肉と断熱材としての羽毛を供給する。ウシは肉とミルクと皮が使われる。そして、ヒツジは肉と羊毛を与えてくれる。最後に、植物の栽培と動物の家畜化のあと、昔のバイオテクノロジー実践者は、第三の生物〝界〟である微生物の生化学的能力を発見し、発達させて、チーズ、食用酢、ワイン、醤油などの新しい製品を創り出し、食品の腐敗を防ぐという要求に応えるとともに、人々に今までにない味覚経験や、薬物による高揚感を提供した。

バイオテクノロジーの重要性は、いくら強調してもし足りない。その発明は、ヒトという種の画期的な転換点を象徴し、文明への道を開いた。植物の栽培と動物の家畜化とともに、部族集団はもはや、自然環境が与えてくれる栄養の量によってその規模を制限されることがなくなった。人間の手が入っていない森や茂みがトウモロコシ畑や水田に転換されたとき、食べられる植物の生産を数百万倍にまで拡大することが可能になった。適切に管理すれば、同じ水田を毎年再利用して高い収穫量を維持することができるだろう。農民は自分と家族が必要とする以上の食料を生産し、余剰分と引き替えに職人からほかの必需品やサービスを入手できるようになった。家畜化、栽培品種化された生物そのもの——ウシ、ブタ、ニワトリ、トウモロコシ、コムギ、イネ、その他バイオテクノロジーで作り出された数十の有用な創造物——は、移民と貿易の道筋に沿って、南北アメリカ、ヨーロッパ、アジア、そしてアフリカ全体に流れ込んだ(17)。部族の居住地が大きくなって村になり、村が町や都市になり、都市が互いに結びついて、絶えず多様化する経済と複雑化する技術を持つ国家になるにつれて、交易を担う職業が生まれ、その内容もすさまじい勢いで多様化していった(18)。そして、当時は誰も知らなかったが、地球上の生命の歴史におけるほんのわずかな一瞬のうちに、わたしたちの種とほかのすべての種との関係に永続的な変化が生じたのだ。

緑の革命

バイオテクノロジー時代の最初の一万年はずっと、革新の進行度は明らかに驚嘆すべきものだったが、それでも、遺伝子の変化――突然変異――が自然発生的に起こる割合がきわめて低いために、依然として枠のはまった状態だった。しかし、二十世紀の前半、科学者たちは、高エネルギー放射線と突然変異の可能性を高めるある化学物質によって、突然変異が起こる確率を百倍に高められることを、偶然に発見した。一九六七年には、人工的に突然変異を起こす方法がはっきりと確証され、農学者や先進国の代表者、人道援助グループから成る国際社会集団が、世界で最も開発が遅れている国々の自給自足農民の生活を改善するために力を発揮しようと一堂に会した。国際イネ研究所（IRRI）がフィリピンに設立され、国際トウモロコシ・コムギ改良センター（CIMMYT）がメキシコに設立された。これらの研究機関は一団となって世界で最も重要な三つの作物に努力を集中した。

一九六八年、世界的規模の支援を受けて、新たな種類の作物を開発する努力がなされていたちょうどそのとき、スタンフォード大学の生態学者ポール・エーリックが、ベストセラーとなった著作、『人口爆弾』（宮川毅訳、河出書房新社、一九七四年）を出版した。[19]冒頭の段落で、エーリックはきびしい口調で書く。「人類すべてに食物を与えようとする戦いは終わった。一九七〇年代には、世界は飢饉に見舞われるだろう――数億の人間（アメリカ人を含めて）が飢え死にすることになりそうだ」これは持続不可能な農業実践のせいで農業生産性が停滞・低下するとともに、人口が増加することによる避けられない結果だと、エーリックは主張する。『ジョニー・カーソン・ショー』などテレビやラジオの番組にたびたび登場したり、国じゅうで公開講義を行なったりするたびに、この世の終わりが来るというメッセージを発した。『人口爆弾』は、西洋世界の至るところで、一般的通念となった（そして、多くの地域で今でもそのままになっている）。

三十七年経ったが、まだこの世の終わりは来ない。なぜか？　エーリックを含む当時の理論家はすべて、世界の人口増加は加速し続けるだろうと思い込んでいた。ところが実際には、一九七〇年代、人口増大の速度は低下し始め、今では高度産業国家のほとんどすべてで、出生率が大きく低下したために人口の増加が鈍化している。それどころか、日本とロシアの政治家は、人口圧縮という、エーリックが予測した問題の正反対の結末を憂慮している。それでも、今日の世界の人口は、エーリックの本が出版された当時の三十八億から六十五億に増えている。しかし、平均すると、一九六八年に比べて、より多くの人々が栄養状態がよく、健康になっている。エーリックの主な誤りは、科学的というよりはむしろ心情的なものだった。エーリックは、バイオテクノロジーが人類に恩恵をもたらすという考えを、心の中では受け入れられなかった。母なる自然を操るのは長い目で見れば自然に害をなすことになるだけであり、それはまたわたしたちを滅ぼすことになるだろう、と確信していた（そして今でも確信している）。

『人口爆弾』が出版されてから三十年間に食料生産の分野で実際に起こったことは、今では〝緑の革命〟と呼ばれている。公の支援を受けた有用なバイオテクノロジーのおかげで、病気や害虫に対してさらなる抵抗力をつけ、干魃（かんばつ）や劣悪な土壌状態への耐性が増し、栄養価も高まった数千種もの作物が作り出された。[20]（数ある中から）ひとつだけ顕著な例を挙げると、新しい種類のイネは――かつては年一回しか実らなかったが――今では毎年複数回植えて収穫できる。インドネシア、インド、メキシコなど、アジアとラテンアメリカの国の貧しい農民に、遺伝子改良された種子が配られると、収穫高は二倍になり、生産コストは大幅に削減された。さらに言えば、有機農場経営者が育てる食物でさえ、緑の革命の遺伝子組み換えテクノロジーにその起源がある。

明らかに、今でも人々が飢えている場所が、特に戦争で荒廃したサハラ以南のアフリカ地域に存在する。しかし、今日では、反バイオテクノロジー活動家が「われわれはすでにすべての人に行き渡るだけの食料を育てることができる――飢餓はそのほとんどが食料の不平等な分配、政治的情勢、富める国の経済力によるものだ」と主張するとき、彼らは承知のうえで、エーリックが説いたのとは正反対の立場を取っている。[21] 確かに、こういう活動家の主張は正しい。現代の農地では、世界のすべての人に食べさせるだけの食料を生産できるだろう。しかし、それはバイオテクノロジーによる革新があってのことだという事実を、バイオテクノロジーに反対する人間は無視しがちだ。反対派はまた、バイオテクノロジーが単にじゅうぶんな量の食料を確保するためだけのものではなかったという事実を理解しようともしない。食料の生産と消費のコストが減少すると、人々がほかの分野で使える金額が増えて、生活の〝質〟を向上させることができる。そして、もし国際社会が地球規模で力を合わせたら――緑の革命をもたらしたときと同じように――農業によって引き起こされた環境悪化を緩和するために、バイオテクノロジーを応用できるだろう。しかし、ポスト－キリスト教を信奉する西洋人が、現在抱いている信仰を基礎とした信念に固執するかぎり、そういうことは起こりそうもない。

現代のバイオテクノロジー

一九七〇年代までは、ひとつの生命体のDNAに起こる変化を、意識を持つ存在がコントロールすることは不可能だった。緑の革命がもたらした技術により、遺伝学者は突然変異の発生率を高めたが、すべての突然変異は依然としてランダムな場所で生じていた。数百ないし数千の突然変異体を検査して、望ましい変化を起こした生物を特定しなければならなかった。しかも、それすら運頼みだった。しかし、その後、分子生物学者が特定のDNA改造の設計・実施を正確にコントロールするためのさらに精巧な方法を開発したとき、バイオテクノロジーの新しい章の幕が切って落とされた。はじめは、ひとつの生物から別の生物に遺伝子を移動させる方法を習得したにすぎなかった。しかし、この第一世代の目標遺伝子組み換えテクノロジーの持つ力を示す例として、人間のインスリンを生産するために作り出されたある微生物が挙げられる。そのおかげで、糖尿病患者は、かつて正常な生活を送るために必要としていたブタの膵臓（すいぞう）のインスリンに代えて、より安価で自然な代替策を手にする。治療効果のあるほかのヒト・タンパク質を多く生産する遺伝子も、人間の遺伝子を微生物のゲノムに挿入するという同じような方法で生み出された。

遺伝子工学の手法は、今ではさらに精巧になり、遺伝子全体の交換よりはるかに微細な変更を実践できる。あらゆる変更の中で最も微細なのは、遺伝子コードを表す文字列に含まれるたったひとつの文字を、前もって決められた方法で取り替えるというものだ。例えば、GC**G**AGAGTTCをGC**A**AGAGTTCに取り替える。自然界で自発的に起こる突然変異のほとんども、文字がひとつだけ変更されるが、その文字はまったく無作為に抽出され、予測不可能だ。〝自然な〟遺伝子組み換え方法と現代のバイオテクノロジーを使った取り組みとの効率性の違いは、家畜化されたブタの繁殖の歴史から取った実例によってはっきり証明される。千年ほど前、一頭の子ブタが、特定の成長因子の決定遺伝子コードの活性を調整するDNA領域で、ある特定の文字ひとつに突然変異が起こった（ひとつのGがAに入れ替わった）状態で生まれた。[22]この突然変異により、筋肉組織における遺伝子の活性が高まり、その結果として、その動物の肉の割合が三から四パーセント増加した。同時に、脂肪組織の遺伝子活性が低下し、その結果として、全脂肪量が三から四パーセント減少した。中世の農民は、もちろん、DNAの変化を目で見ることはできなかったが、肉が多く脂肪分が少ないブタの生産に与えた微妙な効果を感知することはできた。ひとたび突然変異が現われると、農民がその変異を持つ動物を選択し、家畜仲買業者がその変異を広めた結果、全世界の家畜化されたブタの品種にその突然変異が組み込まれたことが、現代のDNA分析によって判明している。

今ここで、仮にDNAの一文字の突然変異がかつて一度も起こったことがなく、それでも現代の分子生物学者が、ブタ肉の生産に突然変異がもたらす利点を突き止めたと考えてみよう。その場合、ブタの生産者なら、その特定のDNA変化を持つ個体を手に入れて、そのあと同じ突然変異を持つブタをひと群れまるまる生産するように品種改良する選択肢がふたつある。時代後れの成り行き任せの取り組みかただと、群れの始祖となるたった一頭をほぼ確実に見つけるには、約十億頭の動物を繁殖させて調べなければならないだろう（とんでもなく金のかかる企てだ）。現代のバイオテクノロジーなら、実験室で培養したブタの胚細胞の中で、望みどおりの改変を作り出してから、適切に改変された胚をブタへと成長させるだけだ。

ブタの飼育にもウシの飼育にも強い商業的関心があれば、きっと分子分析という新しい道具を使って、ブタやウシのゲノム(遺伝情報)内のひとつもしくは複数の文字を変えることで、動物の価値を高めたり、人間が食べると健康によい製品を提供したり、動物が環境に与える悪影響を減らしたりできそうな変化を、ほかにも数多く確認するに違いない。指向の定まった遺伝子工学の手法によって、目当てにしていたそれぞれの変化が効率的に実践されて、適切に組み換えられたゲノムを持つ動物を生産できるだろう。それぞれの遺伝子変化は、ブタの肉を増やし脂肪を減らす突然変異とまったく同様に、偶然によっても起こりうる。だとすると、結果が同じなのに、なぜ有機食品に熱中する人々やそのほかの人々にとっては〝過程〟がそれほど大切なのだろうか? 唯一考えられる答えは、母なる自然は神聖であるが、人間による遺伝子の組み換えは母なる自然の霊性の無謬さを侵害するという信念の中に見出される。

遺伝子工学は、一九八〇年代に、自然に存在しようがしまいが、考えつくかぎりのあらゆるDNAコードを現実に作り出せる機械をリロイ・フッドが発明したときに、無限の創造可能性を獲得した(フッドのバイオテクノロジーに対する貢献は、あとでもっと詳しく論じる)。その一方で、細胞テクノロジーにおける革新のおかげで、生命体内部で成し遂げられるゲノム組み換えの正確さが増し、コンピュータ・テクノロジーの進歩のおかげで、分子生物学者は、そのような変化が何をもたらすかを現実に実践される前によりよく理解できる。バイオテクノロジー学者は今、まったく斬新な遺伝子コードを作り出したり、ひとつないしは複数の生命体の中に存在する実際の遺伝子を基礎とした昔から知られているコードと、斬新なコードの切れ端とを接合したりできる。コンピュータによるシミュレーションでコードの有用性の確証を得たあと、機械に命じて作り出したそのコードを、専門技師が好ましい生命体に挿入する。ジョイス・キャロル・オーツ〔アメリカの女性作家。一九三八年生まれ〕が限られた数の言葉で語りうる物語の数が無限であるのとまったく同様に、頭のいい遺伝子工学者が起こしうるバイオテクノロジー革新に限界はないのだ。

三十年も経っていないのに、現代のバイオテクノロジーの能力と業績はすでに圧倒されるようなものになっている。二〇〇二年、日本のキリンビールは、血液内で人間のタンパク質を生産するための遺伝子を付加されたウシを作り出した。[23]『ネイチャー・バイオテクノロジー』誌の論説が説明するように、「研究者は今」、人間に輸血するための血漿を安く簡単に入手できる採取源として、人間のものとまったく同じ血液を有する『ヒト化されたウシ』を作り上げるために、必要な構成要素と技術すべてを把握している」。[24]一方で、韓国の科学者は、BSEにかからず、感染もさせないよう、ウシの遺伝子を操作した。[25]さらにニュージーランドでは、科学者が、人間の母乳に近いミルクを生産するようにウシの遺伝子操作を少しずつ行ないつつある。[26]普通のウシのミルクは人間の幼児の命を維持するにはじゅうぶんではなく、そして世界の貧困に見舞われた地域では、乳児用調合ミルクは高すぎて手に入らないにもかかわらず、栄養不足の母親はじゅうぶんな量の母乳が出せない。ヒト化されたウシなら、牧草をはむだけで、すぐに自己生産で乳児の完全な栄養源を供給できるだろう。遺伝子工学者は、じゅうぶんな量のビタミンA、C、D〔西洋の強化ミルクに加えられている〕に加えて、ほかのビタミンや、さらには子どもの病気に対するワクチンまで自然に生産するウシも作り出せる。[27]すでに、マサチューセッツ州のGTCバイオセラピューティックス社の科学者は、マラリア・ワクチンの主要成分を含むミルクを生産するヤギを遺伝子操作で生み出した。[28]初期段階の臨床研究では、精製されたワクチン成分は安全で、マラリア原虫に対する免疫応答を引き起こせることが示されている。

ワクチン生産への別の取り組みは、従来からある農作物の遺伝子操作に基づいたものだ。植物の遺伝子操作は、動物の遺伝子操作より技術的に求められるレベルが低く、ビタミンAを強化するよう生産された"ゴールデンライス"や、ビタミンCの含有量が高められたイチゴ、ワクチンを含有するバナナなどで、すでに前段階の成功を収めてきた。[29] バイオテクノロジーが目指しているもうひとつの目標は、大豆やさまざまな穀類、枯れ草熱を引き起こすライグラス(休息用の芝生やゴルフコースや牧草地向けに市販されている)などから、アレルギー原因となるタンパク質を取り除くことだ。[30] 大豆アレルギーはアジアでは広く認められ、ピーナッツ・アレルギーはアメリカとヨーロッパで広く認められて、偶然に摂取したことで致命的なアナフィラキシー・ショックを引き起こして毎年数十人が死亡している。大豆によるアレルギーの可能性を除去するには、少数の遺伝子を物理的に取り除けばいい。しかし不幸にも、ピーナッツからアレルギー源のタンパク質を取り除くと、人々が楽しみにしている食感が減少してしまうだろう。だから、遺伝子工学者は、アレルギーを起こさず、なおかつ消費者に受け入れられる製品を生み出すために、関連遺伝子を丁寧に細工している。バイオテクノロジーの適用がすべて、コストを上回る利益をもたらすわけではないが、可能性を含む着想と目標とされる実践のそれぞれに対して、事例ごとに個別に評価を下すことができ、その点では、ランダムに突然変異を起こした種子や新種の動物から得られる産物に現在求められている成果を上回る。

生命の理解

一九八〇年、バイオテクノロジーはまだ揺籃期にあった。分子生物学者はその技術を応用して、生命の働きを理解しようとし始めていたが、基礎となる研究は依然としてほぼすべてが大学と非営利機関に限定され、そこでは大学院生と若い特別研究員（わたし自身もそうだった）がひとり手作業をこなし、紙と鉛筆でデータを集めていた。わたしたちが行なった個々のプロジェクトは、生物学的パズルのほんの小さな一片、一度にひとつの遺伝子か分子の解読を目指していた。政界の左右両陣営の、科学に批判的な面々は、そのやりかたに理解を示さず、還元主義者的な取り組みだと嘲笑った。確かに、分子生物学者はゲームの基本規則を知っているが、パズルのたったひとつのかけらに焦点を当てるばかりでは、生命という森の近くにはとても近寄れないだろう、と言うのだ。今日でも、多くの批判者がいまだに確信を持って、特定の生物が――分子レベルで――どのように機能しているかを理解しようという試みは失敗に終わる運命にあると述べている。左翼の批判者は、すべてのバイオサイエンスを、公的研究も私的研究もひっくるめて、腐敗した政治家とねんごろになっている利益優先のいんちき製薬会社や農業関連企業と、同列のものと見ている。一方で、新保守主義者（ネオコン）のレオン・カスは、神のような威厳をこめて、「生命と魂は還元不可能なくらい神秘的なのだ」と言明する。医師兼科学者兼教育家兼登山家のリロイ・リー・フッドと、フッドが生物学に対して抱いていた構想について、カスは知らないのだろう(31)。

リー・フッドは、この上ない楽観主義と自信と、すべての職業の人々に対する謙虚な尊敬の念とを併せ持つ、心が和むような印象を与える人物だ。フッドは、こういう特質はモンタナ州の農村で育ったことから身についたと考えているが、天性のリーダーシップと知的能力は、若いころから発揮されていた。平均的身長しかないのに、高校のフットボール・チームのクォーターバックとキャプテンを務め、チームを州の決勝戦まで導いた。最終学年には、一・二年生に生物学を教える手助けをし、ウエスティングハウス科学人材賞を受賞した。カリフォルニア工科大学に進学し、ジョンズ・ホプキンズ大学医学部で医学博士号を取り、ふたたびカリフォルニア工科大学に戻って博士号を取り、そのまま教員として残った。初めて指導した博士課程修了学生のひとりがサリー・エルジンで、そのエルジンが一九七三年にハーヴァードに移り、わたしの博士論文の指導教官になった。

フッドは、国内最大の分子生物学研究グループをまとめあげ、一九八〇年には、カリフォルニア工科大学の生物学科主任になった。一九九二年、ビル・ゲイツに誘われて、シアトルのワシントン大学に移籍し、分子バイオテクノロジーの新しいプログラムを作り出し、二〇〇〇年には非営利のシステムバイオロジー研究所を創立して、二年で二百人の従業員をかかえるまでになった。その過程で会社を十社設立し、カリフォルニア州パサデナの公立高校の理科教師たちが現代生物学のスピードに追いつくのを手助けし、さらにシアトルに引っ越すやいなや、市の公立学校地区と提携して科学教育の組織立った改革を行ない、訓練された科学者のボランティアが教室で教師の手助けをするシステムを築いた。今でも高校時代の恋人との結婚生活を維持している。

一九七〇年代後半、フッドは生物学研究の進展の遅さに失望していた。科学的好奇心だけに駆られていたわけではなく、分子についての発見を人の健康増進に結びつけたいという思いに突き動かされていた。発見過程の障害になっているのは、科学者や専門技師がみずからの手で生物学的データを集めなければならないことだ、とフッドは思った。人間には、作業速度や作業時間、目で見たり扱ったりする物体の大きさ、情報記録の正確さに限界がある。場所を取るし給料も必要だから、研究グループが雇える人数は限られてくる。フッドにとっては、専門技師は第二次世界大戦当時の〝コンピュータ〟だった。〝コンピュータ〟とは名ばかりで、実際には女性たちが機械仕掛けの加算機を使って計算を行ない、手でデータを記録していたのだ。そういう人間コンピュータが、電気で動くもっと効率的なコンピュータに取って代わられたのとまったく同じように、実験室で退屈な化学反応を繰り返し起こさせている労働者も機械に代わりを務めてもらうべきで、そうすればデータの意味を考える時間をもっと得られるだろう。ただし、そんな機械は存在していなかった。だから、リー・フッドはその機械を発明することにした。成功への鍵となったのは、生命を有機物としてではなく、有形物の内部に含有されていて、その組み立てを担っている無形の〝情報〟として解釈したことだった。

〝情報〟という言葉は、一九四八年以来、現代数学的な意味で定義され、使用されてきたが、その概念を生命に適用する意味は、一世紀以上前に、ジョン・ティンダルという幅広い興味を持った科学者兼教育者兼登山家が理解していた。

> ……意識にとって有形物は必要だ。しかし、どんな時代の有形物もすべて変化するかもしれず、その一方で、意識の連続性は断絶を示すことがない。見張りが交代するように、離れていく酸素、水素、炭素が、到着した仲間に自分たちの秘密をささやいているように思える。……分子そのものの不変性ではなく、分子が集団を作る際の形の不変性こそが、この知覚の不変性と相互に関係しているのだ。(32)

一八七二年のティンダルの記述は、意識だけではなくすべてのレベルの生命にも当てはまる。すべての生命体が持つほとんどの分子は、物理的にはほんの数時間か数日間だけ存在したあと廃棄されるが、一方で新しい分子が絶えず生産されている。月が替わるともう、人間の体内の有機物はそっくり入れ替わっている。けれど、あなたは一年前と同じ人であり続ける。なぜなら、あなたの生命を特徴づける――細胞と精神両方の――情報ネットワークが、古い分子から新しい分子へと、ある瞬間から別の瞬間へと受け渡されたからだ。生命は、短命な分子という部品のあいだで起こる情報処理と組織化という自動継続の動的システムなのだ。

リー・フッドが知っていて、ジョン・ティンダルが知らなかったのは、生命の最も重要な構成要素は、単なるひとつひとつの情報ではなく、きわめて限られた数の基本的化学成分を持つDNAとタンパク質分子(DNAは四つの塩基、タンパク質は二十一のアミノ酸から成る)の内部に含有される〝デジタル〟情報だという事実だった。これが――理論的に――意味するのは、その情報は限られた数の化学検査を遂行するようプログラムされた特殊な機械によって〝読み取れる〟ということだ。さらに、デジタル情報は有機分子にも電子記憶媒体にもまったく同じように蓄えられるから、もう一台の機械を――理論的には――反対方向に作動させると、磁気媒体から有機媒体に生物学的情報をコピーないし〝書き込める〟ということに、フッドは気づいた。思いついたのは、〝DNA書き込み機械〟に四本のチューブをつけて、それぞれのチューブに異なる純粋な塩基を入れるという方法だ。人ないしコンピュータが、例えばGAGGCATATCGCA……など、特定の配列ないしコードをキーボードで入力し、機械を動かす。機械は磁気記憶媒体の中のコードから読み取り、自動的に基本成分を正しい順序でつなぎ合わせて、DNA分子を合成する。〝タンパク質書き込み機械〟は同じ一般原則に従って作動するが、基本成分には二十一のアミノ酸を用い、化学反応のプログラムも異なる。

一九八二年、フッドはひらめきを得た。動的な情報処理という有機的システムから姿を現わす〝生命を目にする〟ためには、全体論的視点――神秘主義的な意味ではなく、純粋に科学的な意味の――で考えて作業をしなければならない。テクノロジーはサイズを縮小する方向に進み、コンピュータはより速く、より多くの情報を保持できるようになった(最新のデスクトップPCは十メガバイトのハードディスクドライブを持ち、わずか五千ドルで購入できた)ので、フッドはひとつの生物体の〝完全なる部品リスト〟を機械で読み取って電子記憶媒体に書き込める未来を思い描いた。もちろん、これは還元主義の最たるものであり、フッドがよく知っていたとおり、静止状態のリストからは生命は生まれない。それでも、そういうリストは、パズルを完成させるために各部分がどのように絡み合うのかを探し当てる出発点を提供してくれる。しかし、当時は、生命のパズルは救いようもないくらい複雑なものに思えた。最も単純な生体細胞でさえ、可能性としては数十万通りものやりかたで相互作用しうる数千タイプの分子の大量コピーを持っている。フッドはひるまなかった。こういう相互作用すべてを区別すると同時にコンピュータにアップロードするようプログラムされ、相互接続されたコンピュータ制御のロボット生化学者を作り出せるだろうと確信していた。そしてそのあと、ある生物体の(時の流れのある一瞬における)構成要素について、さらには起こりうる相互作用について、現にある知識に基づき、生体システムのモデルとして、ひとつのコンピュータ・プログラムを設計することができるだろう、と。[33]

今日の若い生物学者には理解しにくいかもしれないが、一九八〇年代初めには、フッドが初めてその構想を提示したとき、該当分野の指導者の誰ひとり、フッドの構想を真剣に取り上げなかった。むしろ、例外なく否定的で、なかには恐怖を示す者さえいた！　問題の一部は、〝ある種の生命は近づきがたいし、そうあるべきだという無意識の受け止めかた〟が広く普及していたことだと、フッドは確信している。一九八六年、フッドが招待を受けて、何年にもわたり多くの生物学者が夏を過ごしてきた、ケープコッドの由緒あるウッズ・ホール海洋生物学研究所で講演を行なったとき、多くを物語る出来事が起こった。フッドがスライドを見せながら、テクノロジーを利用して生物実験の骨折り仕事を取り除く方法を、また、科学者たちに、生物体のすべての構成要素が相互作用して生命を作り出すようすを観察する機会を提供する方法を説明していると、主催者が激怒して演壇に上がり、フッドの前に立ちはだかって反語的疑問文をひとつ投げかけた。「きみの研究のどこに〝人間らしさ〟があるというのだ？」 科学者でもあるその主催者は、ホールから足音も荒く出ていき、フッドは残り時間、自分で講演の進行役を務めるはめになった。ひとりの学者が別の学者に与えた侮辱として、これ以上ひどい対応は想像しがたい。特にフッドの講義はけっして癇(かん)に障るようなものではなく、いつも楽しいものであるというのに。

フッドの機械と生命科学への新しい取り組みかたは、生命に関する生気論的観念のみならず、学生がひとりでひとつの仮説をもとに進める研究プロジェクトという生物学の特徴であった従来のやりかたにも、異議を唱えるものだった。機械の創造には、それまで一度も交流がなかった科学と工学のさまざまな分野のあいだでの協力が必要だった。ノーベル賞受賞者でのちにカリフォルニア工科大学の学長になったデイヴィッド・ボルティモアが説明したように、「ほとんどの人々は初歩の技術ですっかり満足していた」のだ。[34] 分子遺伝学という分野の優秀で辛辣なリーダー、デイヴィッド・ボットステインは、大量かつ無計画なデータの生成は時間のむだであり、本物の科学から資源を流用するものだと考えた。そして、国立衛生研究所の諮問委員会によると、フッドのDNA解読機械は〝実現不可能〟なSFの道具だった。言うまでもなく、国立衛生研究所は財政的支援を拒み、フッドは篤志家たちの気前のよさに頼らざるをえなかった。

もちろん、SF作家は将来のテクノロジーを自由に夢見ることができる。ほとんどの作家が描き出したアイデアは無価値なものだったが、科学を深く掘り下げる先見の明を持った、少数の洞察力あふれる作家は、百五十年以上にわたって技術者にすばらしい着想を提供してきた。一八六〇年代、ジュール・ヴェルヌは、自動車、飛行機、ファックス、そして電灯について書いた。一九五〇年代、アイザック・アシモフは、話し言葉を理解して応答することができるコンピュータに満ちあふれる世界を想像した。そして、ウィリアム・ギブスンは、一九八四年に発表した小説『ニューロマンサー』(黒丸尚訳、早川書房、一九八六年)で、ワールド・ワイド・ウェブが実際に考案される六年前にサイバースペースを作り出した。それと対照的に、実践に携わる生物学者は、夢を見ないよう訓練を受けている。事実に固執し、どちらかといえば、自分たちが携わる分野における将来の発見可能性を控えめに見積もって、病気を治せるというまやかしの希望も、魂の神聖さに攻撃を仕掛けているという大衆の根拠のない恐怖心も、誘発することがないよう努めているのだ。その結果として、特に生物医学者は、理想家よりもむしろ反理想家であることが多い。

五年という短い期間に、フッドは遺伝子とそのタンパク質生成物の読み取りと書き込みのための四つの機械を発明し、SFを現実に変えた。そして、小説の未来像から科学がヒントを得るのとまったく同様に、科学から最もすばらしい小説の着想が得られる。マイクル・クライトンが一九九〇年に発表した小説『ジュラシック・パーク』(酒井昭伸訳、早川書房、一九九一年)で、恐竜のDNAを読み取る機械には、〝フッド〟という名前がつけられた。それればかりか、フッドの機械は、分子生物学という学問の一分野をバイオテクノロジーという科学技術に一変させた。その科学技術は今、あらゆる主要大学、およびアメリカだけで十九万四千人を雇用する千四百のバイオテクノロジー会社で実践されている。[35]その作業の九十九・九九九パーセントを、フッドの頭脳から生まれた電子的-科学的-物理的自動機械がこなすが、同じ作業量を自動化以前の時代にこなすとすれば、百九十億人(地球の人口の三倍にあたる)

以上の科学者が必要だったろう。二〇〇二年、現代のバイオテクノロジーの成果として、数千の医学診断検査法が開発され、二百以上の病気を標的にした三百七十の薬が使用を許可されたか臨床試験中であり、そのほかの数千の病気に関して、治療への応用基盤となる分子レベルの理解が進んでいる。しかも、それがすべて、この二十年に実現したのだ。デイヴィッド・ボットステインは、当初はフッドの案に対してきわめて否定的な態度を示していたが、今ではフッドの機械の後継機のおかげで機能しているプリンストン大学バイオテクノロジー研究所の所長だ。

一方で、フッドは続いて、生命システムを解体し、動的な情報処理を行なう電子システムとして再構築するという壮大な構想を追い求めた。システムズ・バイオロジー研究所(ISB)を設立する際、生命を扱うさまざまな科学に対して、従来の学問分野を隔てていた壁を壊す新しい取り組みを提唱した[36]。生化学者、物理学者、技師、数学者、コンピュータ科学者、生物学者が力を合わせて、生体分子の出入りと相互作用を細かくほぐして調べるための、高度に自動化された新世代の技術とコンピュータ化された道具を設計し、作り出すのだ。ISBは現在のところ、この取り組みを、ウニのような単純な動物の胚の成長、心臓における病変の発現、そしてさまざまな組織における癌の進行などを含む、多様な動的生体作用を理解するのに応用しようとしている[37]。同時に、ほかの主な研究機関や大学の先進生物学プログラムは、還元主義を飛び越えて、フッドの学際的なシステム生物学への取り組みに自分たちの資金を注ぎ込む気になっている。データと概念に関わる着想がそれぞれの科学グループによって発表されると、インターネットを通じてほかのグループすべてがそれらを利用できるようになるのだ。二〇〇二年には、パンの発酵用の単細胞酵母菌体内で生産されるタンパク質について、起こりうる八万の相互作用に関する総合情報を入手できた[38]。

バーチャルスペースで生命を再構築しようとするこの取り組みは、どこまで進んでいけるのか？フッドは、単細胞生物はすぐにシミュレートされるだろうと自信を持っている。その次は、単純な動物と、動物と人間の体から分離された器官だろう。バイオテクノロジー学者は、ヴァーチャル・リアリティ技術を使って、コンピュータ・モデル内の桁外れに複雑な情報へのアクセスをやすやすと果たすだろう。この技術は、成長・進化中のヴァーチャル生物という動的な情報処理ネットワークに入るための通行手形のようなものだ。意識はどうですか？　と、わたしはフッドと長時間話し合った夜の締めくくりに尋ねる。知覚を持つバーチャルな生物体か、もしかすると電子ネットワーク内部の人間の心をいつかは構築できるのだろうか？(39)　フッドは初めてためらいを見せてから、答えた。「それはコンピュータからどれだけ多くの創発的行動を得られるかによる。おそらく、ゆくゆくはできるだろう」ＳＦか科学か？　現時点では、どちらとも言いがたい。

第十六章　母なる自然の遺伝子を巡る戦い

緑の革命はわたしたちに、技術革新が効率性を高め、収入を増やし、食品価格を下げることで、貧しい人々にとてつもなく大きな恩恵をもたらすことができるということを教えてくれた。

国際連合食糧農業機関（FAO）、二〇〇四年(1)

この種の遺伝子組み換えは人類を神の領域に、それも神のみに属する領域に連れていくものだと、わたしは思うのです。

英国皇太子チャールズ、一九九八年(2)

生命は単なる道具でも、商品でも、ほかの目的を達するための手段でもない。

ジョージ・W・ブッシュ、二〇〇四年五月十四日(3)

トウモロコシの中にある悪い科学と悪い遺伝子

アメリカ農務省の推計によると、イモムシや毛虫などの害虫——例えば、アワノメイガ、ハムシモドキ、オオタバコガ——のせいで、毎年歳入が十億ドル減少している。農家は作物に殺虫剤をまくことができるが、その措置は多大な費用と労働力を要し、しかも百パーセントの効果があるわけではなく、場合によっては畑で働く人に害をもたらすおそれがある。一般の農民は実験室で作り出されたさまざまな殺虫剤を使うが、有機農場経営者は——みずから課したルールに従って——自然の中で見つかる殺虫剤しか使えない。過去三十年間、有機農場経営者は作物を守るために、土壌の中によく見かけるバクテリアのバチルス・チューリンゲンシス・クルスタキ桿菌（かんきん）、略称BT菌から生産した噴霧剤や粉末剤に頼ってきた。

BT菌によって引き起こされる生化学メカニズム——害虫に食べられるのを防ぐ作用——は、きわめてよく理解されている。この微生物が持つ約十個の遺伝子は、昆虫の消化管の中にある特定の受容体に結びついて消化を妨げるタンパク質（CRYと呼ばれる）の遺伝暗号を指定している。[4]その消化管内の受容体は昆虫の中にしかなく、脊椎動物にはない。その結果、実験室における徹底的な検査によって実証されているように、CRYタンパク質を大量に投与しても、鳥類、哺乳類、爬虫類、両生類には、中毒作用はいっさい生じない。これらの事実は、有機製品会社セブン・スプリングス・ファーム（「自然に従って有機的に育てられた」を標語にしている）によって認められている。「ひと噛みで、昆虫は食欲を失います。BT菌は葉を食べるガの幼虫を殺すのです。ゆっくり効いてきますが、効力は抜群で、幼虫は二日で死にます。BT菌は幼虫の消化器系を麻痺させますが、益虫や動物、人間には無害です[5]」

この幅広い知識をもとに、いくつかのバイオテクノロジー企業の科学者が、現在のところトウモロコシ、ワタ、ジャガイモ、大豆、トマトを含む、遺伝子操作された作物種のゲノム内で働くように設計された遺伝子コードの切片とともに、CRY遺伝子の断片を含むDNA分子を作り出した。[6]これらのDNA分子を、多種多様な作物のそれぞれに直接挿入して、害虫抵抗力を持つ新しい植物を生み出した。従来の異種交配の実行により、会社も農家も、すでに育てられているすべての作物種に遺伝子を移し入れる能力を持つ。しかし、遺伝子組み換えトウモロコシは、非遺伝子組み換えトウモロコシと同じように、中央アメリカ（遺伝子組み換えトウモロコシの原型種、〝ブタモロコシ〟という雑草の原産地）以外には、交雑が可能なくらい遺伝的に近い関係にある近縁種は存在しない。だから、アメリカ、ヨーロッパ、アジアで育てられる遺伝子組み換えトウモロコシは、野生の生態系に生息している牧草や雑草を〝汚染する〟ことはありえない。そして、BT遺伝子そのものは――トウモロコシそのものの染色体内に存在するから――ほかのどんな遺伝子とも同じく、当該植物から飛び出してほかの無関係な牧草や雑草の中に入り込むことはありそうにない。

ごく一部の人間（人口の五パーセント未満）は生まれつき、ある種の食品、最も多いのは乳製品、貝類や甲殻類、小麦、ピーナッツ、木の実に、アレルギーを起こす傾向を持つ。食物アレルギーは時には重篤な症状をもたらし、まれに死に至ることもある。わたしたちが口にする食品中のタンパク質の大半は、唾液や胃液に触れると急速にアミノ酸成分に分解されるので、アレルギーを引き起こす力を持たない。しかし、少数のタイプのタンパク質は、口から胃を通って腸管へと至る旅路のあいだ生き残れるような化学的特質を持っている。生まれつきアレルギー反応を起こしやすい人々の体内では、これら特定のタンパク質が長いあいだ生き残って、異物に対する免疫的過剰反応を引き起こし、これがアレルギー症状となって現われる。

バイオテクノロジーに反対する者はしばしば、遺伝子組み換え食品はすべて、消費するとアレルギー反応を起こす危険性があると主張する。この主張の妥当性は、化学的・生物学的検査をひととおり行なうことで、個別に評価できる。最も広範に検査されている遺伝子組み換え食品は、ＢＴ菌から取り出したＣＲＹ１Ａｂ遺伝子を保持するトウモロコシの変種ＭＯＮ８１０だ。普通のトウモロコシはゲノムの中に約二万の遺伝子を保持している。ＭＯＮ８１０のゲノムの中にはＣＲＹ１Ａｂの遺伝子がひとつ加えられている。これは、割合で言うと組み換えられたゲノムの〇・〇〇〇〇五に当たる。実際には、遺伝子組み換えトウモロコシの中にＢＴタンパク質は一千万分の三（〇・〇〇〇〇〇〇三）というレベルで検出され、ソフトドリンク製品に使用される抽出コーンシロップの中には存在しない[7]。予想されたとおり、遺伝子組み換えトウモロコシ種と遺伝子組み換え前のトウモロコシ種のあいだに、アミノ酸、ビタミン、炭水化物、そのほか栄養面での特性における違いは検出されなかった。これに対して、ブタの飼料用、コーンシロップ用、人が直接摂取するスウィートコーン用など、用途別に品種改良された従来のトウモロコシ種のあいだには、大きな差異が現実に存在する。

　これほど微量のタンパク質がアレルギー反応を誘発するという事実は知られていないが、アレルギーを起こす可能性を正確に評価するには、まだほかにも検査をする必要がある。そういう検査から、ＢＴ菌は唾液や胃液によって急速に消化され、実験動物に大量に投与してもアレルギー症状は誘発しないことがわかった。科学的には、ＭＯＮ８１０品種がアレルギーを引き起こす可能性はほぼゼロだという結論になる。もちろん、百パーセントないと断言することはできないが、一般的に消費されているアレルギー誘発性食品と比較して、人の消費用に初めて認可されたＢＴトウモロコシ品種は、はるかに危険が少ない。そして、現在アメリカ市場に出回っている遺伝子組み換え食品と、人体におけるなんらかの健康障害との関連が実証されたことは一度もない。だからといって、未来の遺伝子組み換え植物がすべて支障をもたらさず、危険性はないと言えるわけではないが、リスク評価は、特定の遺伝子組み換え製品がない場合に人々が代わりに食べると思われる代替食品と比較して初めて意味を持つのだ。

二〇〇〇年に、まだ人間の食用としては認可を受けていないスターリンクという遺伝子組み換えトウモロコシの変種が、きわめて低レベルだがクラフト・フード社のコーンチップの一部で検出された。発覚後、同じ業者が製造したコーンチップを食べたあとアレルギー反応が出たと、十七人が主張した。しかし、血液サンプルを直接調べると、十七人のうちのひとりとして、BTタンパク質にアレルギー反応を示したことがあるという証拠は示されなかった。[8] それにもかかわらず、二〇〇一年、『ポリティカル・アフェアズ』誌の科学編集者が、スターリンクは「人体に重度のアレルギー反応を引き起こすと信じられている」と書いた。[9] 今では、人々はアレルギーの主張は覚えているが、確固たる科学的反駁は忘れてしまっている。

一九九九年、『ニューヨーク・タイムズ』は、コーネル大学の三人の昆虫学者が予備調査で得て、イギリスの科学雑誌『ネイチャー』の編集者に送った短い手紙で公表した結果をもとに、第一面の記事で、BTトウモロコシが「オオカバマダラ（チョウ）を殺すおそれがある風媒花粉を生み出す」と発表した。[10] 二年後、五つの大学の研究者で作る大規模な共同研究グループが、オオカバマダラについてのこの記事に対して、米国科学アカデミーが発表した五回の連載記事で詳細なデータを発表して反論した。研究者は全員一致で、コーネル大学の実験のやりかたが悪く、オオカバマダラへの真のリスクは無視できるほどわずかだという結論を出した。[11] 『ニューヨーク・タイムズ』は、この反論をいくつかの目立たない記事で伝えた。[12] 驚くべきことではないが、この事例についても裏づけ証拠が徹底的に反駁されてきたにもかかわらず、今日でも、多くの人がBTトウモロコシはオオカバマダラを殺すと確信している。

一九九八年、ＢＢＣ放送の番組で、イギリスの科学者アーパド・プズタイが、遺伝子組み換えジャガイモを与えられたネズミは脳の発達が遅れ、免疫系の機能不全を起こしたと主張した。[13] 英国王立協会の科学の専門家が、この実験には「企画、実施、分析の多くの点で欠陥がある」と酷評したにもかかわらず、高名なイギリスの医学誌『ランセット』が、一年後に、脳の発達遅滞の主張を撤回して、代わりに胃の疾患に焦点を当てたプズタイの論文を発表した。プズタイも、自分が出した結果はほかの遺伝子組み換え作物にも幅広く当てはまると主張した。[14] つまり、プズタイによると、大昔にひとつの作物に組み込まれた植物突然変異とまったく同一の遺伝子組み換えを正確に再現しても、その組み換えの過程に問題があるので、安全とは言えないというのだ。この結論は、科学的な表現としては、まったく意味をなさない。

英国王立協会は、プズタイの説に分不相応な信憑性を与えたとして、『ランセット』を酷評した。発表前に、論文掲載を拒絶するべきだと進言した科学者は、「この仕事が学生の研究の一部であったなら、その学生は落第しただろう」と言った。そして、プズタイは解雇された。[15] しかし、そのあと、プズタイの処遇に憤慨した二十一人の科学者がプズタイを擁護する覚え書きを公表し、イギリスの大衆はプズタイを支援するために結集した。[16] 英国王立協会とイギリス政府は、理性的態度から大衆の慰撫へと退歩せざるをえなかった。

アメリカでは、プズタイの問題はイギリスほど知られていない。なぜなら、アメリカのジャーナリストは、遺伝子組み換え食品が健康に悪いという主張に懐疑的だからだ。[17] きわめて多数のアメリカ人が十年以上遺伝子組み換え作物を食べているが、支障が出たという例はただのひとつもないという事実を承知している。それでも、害があると主張されたあとで科学的に反駁されたこれらの話すべてから、教訓を得ることができる。それは、科学者でさえだまされる可能性があるということだ。特に、政治的に微妙な問題について判断を迫られた科学者が、その問題について直接的な経験や知識を持たない場合には。

遺伝子工学にリスクがないというのは、事実ではない。科学者が今までにない病気を引き起こす生物を設計することは、確かに可能だが、母なる自然が炭疽菌、天然痘ウイルス、ボツリヌス菌（ボツリヌス中毒を引き起こす）、イエルシニア属のペスト菌（腺ペストの原因）などの形ですでに供しているものを超えるのはむずかしいだろう。遺伝子操作された作物の花粉が風下にある非遺伝子組み換え品種とほぼ確実に交雑受精するというのも正しい。これで困るのは、結果として生産物を有機作物として認証してもらえなくなるかもしれない有機農場経営者だけだ。

状況によっては、遺伝子操作された形質が、うっかりと野生の植物に移転する危険性が存在する。それどころか、ほとんどの科学者は、実際に言われている健康への危険性よりも、この危険性をはるかに深刻に考えている。しかし、イギリス政府の前首席顧問ロバート・メイが論じたように、危険性は大局的に考える必要がある。

他種に侵入する生命体についての心配は確かにある。しかし、問題は遺伝子組み換え作物か従来の作物かではなく、園芸用品店で販売可能なものに対する規制がふじゅうぶんなことにある。イギリスでは、すでに園芸用品店にある植物が本当の有害種になってしまっているのだ。[18]

科学的情報に基づく規制措置により、生態系に重大な害を及ぼす危険性は事前に評価され、特定の遺伝子組み換え作物を実践投入するか、再設計するか、認可を拒否するかの決定を個別に下す際に利用できる。さらに言えば、遺伝子操作された形質が狙っていた作物以外に移転するおそれは、遺伝子組み換え植物に繁殖を妨げる遺伝子も与えることで、排除できるだろう[19]。しかし、遺伝子組み換えに反対する人々が言及しているような〝ターミネーター遺伝子〟は、開発当初に大きな騒動が巻き起こって研究が一時停止され、〝ターミネーター遺伝子〟を持つ遺伝子組み換え製品が作り出されたことは一度もなかった。いずれにしても、遺伝子組み換え植物が自然の生態系に悪影響をもたらす可能性は、農業全般の有害な影響に比べるとかすんでしまう。

生命を創り出すことができるか？

一九九七年に、スチュアート・ニューマンがジェレミー・リフキンの助けを借りて、一部が人間で一部が動物のキメラについて合衆国の特許を申請したとき、そこに記述した発明をなんらかの目的に現実に使用する意図はまったくなかった。むしろ、目標は、現在の特許法の、ほとんど知られていないが、ふたりには不条理だと思える現実に、マスコミと大衆の目を向けさせることだった。現在の米国では微生物も植物も動物も――人間以外のあらゆるタイプの生き物が――特許の対象になる。一部は人間である生命体について特許を申請することで、ニューマンとリフキンは合衆国政府に、特許の対象になる生物と対象にならない人間を分ける境界線を定めさせようとした。どこに境界線を引こうと、それを認めない人々、受け入れない人々は多数にのぼるだろう。ふたりの最終的な目標は、さらに高

邁なものだった。ニューマンが説明したように、

特許商標局は説き伏せられてわれわれに特許を付与するか――これは多くの人にとっては忌むべき予想だ――次々と訴えを起こされて、生命体はそもそも発明ではないと司法ないし立法の場で認められることになるだろう。リフキンとわたしが望んでいるのは、まさにこの後者の結末なのだ。[20]

特許商標局がなぜ、ニューマンの特許申請を真剣に考慮しなければならないかを理解するためには、トマス・ジェファーソンが練り上げ、合衆国議会が可決した一七九三年の特許法に始まる、この国の特許法の歴史を振り返ってみる必要がある。特許法は、「新規の、または有用な［方法］、機械、製造品、合成物、または［それらの］新規で有用な改良点いかなるものも」発明者が特許を取ることができる手順を確立した。[21] ジェファーソンは、自由市場経済体制の範囲内で、最高の創意工夫と進歩を奨励したかった。同時に、発明が社会全体に可能なかぎり最大の恩恵をもたらすようにしたかった。これら相互に絡み合う目標を達成するために、ジェファーソンは特許法にふたつの決定的に重要な特徴を組み入れた。第一に、特許は発明者に〝限られた〟期間だけ（今は申請日から二十年間というのが一般的だ）、発明に対するある様式の〝所有権〟を付与する。第二に、特許が付与されるのは、〝当該技術に熟練した〟ほかのすべての人がみずから発明品を再現することができるように、その内容を詳細に開示かつ記述する場合に限られる。こういう特許法の特徴の目的は、「特許期間の満了後、一般大衆が［発明品の］恩恵をすべて［自由かつ無制限に］享受できる」ように保証することだった。

機械などの生命のない製造物が、ジェファーソンの言う〝人間の創意工夫〟を表現する人々によって

発明できることには、誰も疑問を抱かない。しかし、一九三〇年まで、生き物は〝自然の産物〟であって、生命のない機械や合成物とは根本的に異なると言われていたので、特許を受けることはできないと見なされていた。ある意味では、特許商標局は正しかった。最も単純な生命体でさえ、絶えず排除と再生を遂げて相互に作用し合う構成部分を数十億の数十億倍も含有している。個々の生命体で、合成物または動く機械という観点で完全に定義できるものはかつてなかった。ふたつの生命体がまったく同一であることもかつてなく、すべての生命体は寿命に限界がある。そういう理由で、ある生命体が〝合成物〟として特許を受けられるとしても、特許は生命体そのものが死ぬと自然に失効するから、法令の原文に厳密に従ったら、特許はむだになるだろう。生命体の特許に対する第二の障害物は、特許が失効したあと、〝当該技術に熟練した〟ほかの誰かが一から発明品を再現できるようにする〝文書〟を供するのが不可能なことだった。

二十世紀の初め、遺伝形質の継承についてメンデルが考えた数式(今のいわゆる〝メンデルの法則〟の一部)が再発見され、その後三十年のあいだに、育種家と生物物理学者は、遺伝子とは普通は世代から世代へと完全に不変のまま複製される個別の物体だと考える、遺伝特性についての物理理論の証拠を獲得した(遺伝物質の実際の化学構造は、一九五三年にワトソンとクリックによって初めて発見された)。植物学者はいまや、多様な植物を交配して新しい種類を選び出すとき、実は、以前は存在していなかった組み合わせの遺伝物質を寄せ集めているのだと理解していた。そういう新しい植物は、〝人間の創意工夫〟の適用によって作り出されたのであって、〝自然の産物〟ではなかった。そう主張することで、育種家は、議会を説得して植物類をきわめて唯物論的に考えさせて、「新しい植物の開発において植物創作者が果たす役割は、新しい合成物の開発において化学者が果たす役割[に相当する]」と述べる特許法の改正案を可決させた。[22] 一九五二年、議会は、発明の意味を〝人類によって作られるこの地上のあらゆるものを含む〟と拡大解釈して法令を抜本的に再構成し、生きている生命体についての特許保護をさらに強化した。[23]

一九七二年にゼネラル・エレクトリックの科学者アナンダ・チャクラバーティが、漏出油を清掃するための道具として、意図的に油を〝食べる〟ように遺伝子操作した特定のバクテリアについての特許を申請したとき、唯物論者と唯心論者の生命の概念化を巡る対立が再燃した。特許商標局は四十年以上にわたって植物特許を付与してきたにもかかわらず、昔に使われた、霊的な意味を秘めた言い回しと同じような表現で、チャクラバーティの主張をはねつけた。微生物は〝自然の産物〟であって、〝製造物〟でも〝合成物〟でもないと断じられた。ゼネラル・エレクトリックはこの決定に対して訴訟を起こし、一九八〇年、この訴訟は最高裁に持ち込まれた。特許商標局長官のシドニー・ダイヤモンドは、微生物は法律上の問題として特許の対象となりえないと論じただけでなく、特に遺伝子工学は、その製品が〝汚染と病気〟を広めるおそれがあるので、〝人類にとって深刻な脅威〟を突きつけるとも主張した。[24] ダイヤモンドは、肉体に害をもたらす可能性があるという漠然とした主張とともに、精神にも害をもたらす可能性があるという、同じように漠然とした主張をこっそりと行なっている。遺伝子操作された微生物の創造は、〝人間の生命の価値を減じる〟だろう、と。

最高裁でもふたたび、生命を唯物論の観点から概念化する考えかたが——かろうじてではあるが——五対四で勝利を収めた。最高裁判所長官ウォレン・バーガーは、多数意見を代表して書いた判決文の中で、次のように説明した。

特許申請者は、自然の中で見つかるいかなるバクテリアとも著しく異なる特徴を持つ新しいバクテリアで、際立った有用性を示す可能性のあるものを生産した。その発見は自然のなせるものではなく、特許申請者がなしたことである。……[特許権の付与にとって]問題となる区別は、〝生きている〟ものか〝生命のない〟ものかではなく、生きているかどうかにかかわらず、〝自然〟の産物か人間が〝発明したもの〟かである……[チャクラバーティの]微生物は[自然の産物というよりもむしろ]人間の創意工夫と研究の結果である。[25]

微生物に特許を付与できるかどうかについての特許商標局の立場が一九八〇年に覆されたことで、治療効果のあるヒト・タンパク質を生産することに焦点を当てていた揺籃期のバイオテクノロジー産業に、大きな弾みがついた。その同じ年、動物の遺伝子操作が成し遂げられて、農業への応用の道が一気にひらけた。今度は特許商標局が率先する形で、一九八七年、「自然によらない方法で生じた、動物も含む、人間以外の多細胞生物体を特許付与の対象物として」ただちに「考慮する」と発表した。一年も経たないうちに、癌を引き起こす試薬および処置に過剰反応を示すよう遺伝子操作された〝腫瘍マウス〟を対象として、最初の動物特許がハーヴァード大学医学部の科学者たちに付与された。[26]それ以降、さらに六千以上の特許が、遺伝子操作された動物の創造、その使用方法、その産物に付与されてきて、その多くが人間由来の遺伝子を保持している。[27]

母なる自然の無欠性を冒瀆する

「二十一世紀に神の役割を果たすのは誰か?」という見出しが、一九九九年十月十一日、まるで神自身がそのメッセージの書き手であるかのように、巨大な百三十ポイントという活字で『ニューヨーク・タイムズ』の全面広告の上から三分の一を飾った。

生き物の遺伝子構造は、自然の創造物の中でも最後まで販売するために冒瀆されたり改造されたりしてはならないものだ……誕生したばかりのバイオテクノロジー産業が、進化の過程を簒奪しても、そして、みずからの貸借対照表の帳尻を合わせるために地球上の生命を別の形に作り替えても構わないと考えているることに、衝撃を受ける人はいないのか?……自然の働きを奪い取っても構わないのか?……神の功績とするか自然の功績とするか、どちらにしても、生物のあいだにはそれぞれに無欠性と独自性を与える境界があるのだ[28]。

広告に個人名は添えられておらず、〝経済トレンド財団〟、〝国際技術評価センター〟、〝食の安全センター〟、〝有機食品消費者組合〟などの印象的な名称を持つ十二の団体に加えて、由緒ある環境保護団体〝シエラ・クラブ〟を含む、非営利の賛同団体のリストだけが掲載されていた。本文によると、六十を超える非営利組織が、〝ターニング・ポイント・プロジェクト〟という旗のもとに集まり、この広告と、この二年のあいだに「バイオテクノロジー=飢餓」などの挑発的な大見出しをつけて登場した別の二十四の広告を発表したとのことだ。

科学的であるかのように響く弁論を満載し、印象的に響く多数の推薦の言葉をちりばめたこれらの広告をきっかけに、『ニューヨーク・タイムズ』の平均的な読者は、バイオテクノロジーの容認可能性についてそれまで持っていたかもしれないあらゆる考えを、立ち止まって見直すことになった。もちろん、それこそが、小規模の活動家集団が意図したことであり、こういう集団に資金を提供しているのは、さらに小規模な支援者グループだ。このグループが次から次へと送り出してくる団体には、社会の主流として尊敬される大きな集団で地域問題や地球規模の問題について科学的知識をもとに偏りのない取り組みをしているとほのめかすために、センターや組合やプロジェクトや財団など、誤解を招きかねない名前がわざと付けられている。[29] 実は、上記の組織はすべて(シエラ・クラブを除く)、反バイオテクノロジー活動家ジェレミー・リフキンと弟子のアンドルー・キンブレルとロニー・カミンズのおかげで存在している。

ジェレミー・リフキンは、三十年前にバイオテクノロジーが初めて形をなし始めたときから、この現代産業に対する戦いを続けてきた。一九七〇年代に特許商標局が微生物への特許付与に反対して敗訴した際、弁論を練り上げるのに手を貸して最初の経験を積んだが、このとき科学者たちは、リフキンをハエのようにつきまとって自分を売り込む無害なうるさ型だと見ていた。[30] リフキンは科学、工業技術、農業のどの分野の学位も持っていないが、なぜか科学知識を素人向けに解説するのが使命だと思っているらしく、半解や誤解に満ちた本を十冊以上も上梓している。[31] スティーヴン・ジェイ・グールドは——利益優先企業の忠実な擁護者ではないが——リフキンが最も早い時期に書いた本の一冊、『二十一世紀の生存原理——遺伝子工学時代の世界観』(竹内均訳、祥伝社、一九八三年)の批評に、この本は「反知性主義の宣伝活動に学問の仮面をつけて巧みに組み立てた小冊子だ。著名な思索家による真剣な知的言明として宣伝されている本の中で、これほど粗雑な作品を読んだことはいまだかつてなかったと思う」と書いた。[32]

リフキンは科学と経済の基礎概念を誤って伝え、それらをみずからの霊的信念と混同させるすべに長けていた。運動の一般法則は知的世界から神を排除しているという理由で、アイザック・ニュートンを糾弾する。リフキンに言わせると、ダーウィンは十九世紀の産業資本主義の副産物にすぎず、信じてはならない。リフキンは、パソコン時代の黎明期に書かれた著書『大失業時代』(松浦雅之訳、TBSブリタニカ、一九九六年)で、機械化に反対した十九世紀英国の労働者風に、職場のコンピュータは仕事を削減し、かつて経験したことのない失業率の急上昇をもたらすと論じた。『二十一世紀文明観の基礎』(竹内均訳、祥伝社、一九八二年)では、人々がエネルギーを速く消費すればするほど、エントロピー(無秩序)が急速に増加して使用できるエネルギーがなくなり、地球上のすべてのものが死に絶えてしまう日がますます早く訪れるから、「効率性がこの惑星を破壊しつつある」と、世界の全経済学者とは正反対の主張を展開した。数億年ものあいだ、数十億トンの数十億倍の木や動物が(太陽からの)エネルギーを使い果たすことなく、効率的に〝使用〟してきたことを、リフキンはわかっていなかった。

科学と経済に関する誤解は無知のみが原因だと言えるが、リフキンと協力者はもう一歩進んで、科学では擁護できない、信仰に基づくイデオロギーを補強する意図で、真っ赤な嘘をついた。〝ターニング・ポイント・プロジェクト〟の広告の見出し、「ラベルなし、検査なし……そしてあなたはそれを食べているのです」は、バイオテクノロジー作物は検査を受けずに市場出荷の認可を得ているという誤った主張を包含している。実際には、認可が付与される前に、データを包括的に評価して三つの政府機関(食品医薬品局、農務省、環境保護庁)に提出することが個々の事例ごとに求められている。この広告の終わりに、「可能なときはいつも、認定された有機食品を買いなさい」という読者への指示がある。皮肉なことに、リフキンの忠告に従う人間が購入する有機食品は、現実にはなんの検査も受けていないのだ。
「二十一世紀に神の役割を果たすのは誰か?」という広告には、二枚の写真とその説明文が添えられているが、どちらもそれぞれ違う意味で詐欺的なものだ。背中から人間の耳が生えているように見えるマウスの写真には、「これは遺伝子操作されたマウスを撮影した実物写真だ」という解説がつけられていた。そのマウスは奇異に見えたかもしれないが、遺伝子操作されたマウスではなかった。人間の耳を育てて先天性奇形の子どもに外科手術で接合するために、人間の軟骨を皮膚の下に埋め込んだものだったのだ(実験室での培養技術の進歩で、こういう目的で動物を使う必要はなくなった)。二枚めの写真は、ドリー(クローン羊の単生児)の写真をデジタル操作して、寸分違わぬ三匹の動物が隣り合わせで立っているもので、不自然な印象を与えるために作り出された。要するに、読者に衝撃を与えて、自分たちも複製されるかもしれないとか、そのうちに人間の個性が破壊されるだろうとかいう恐怖感を引き出そうとしたのだ。

しかし、リフキンの予測がどれほど信頼できないものであっても、その偽科学がどれほどばかげたものであっても、どれほどたくさんの嘘を大衆に投げ与えたとしても、リフキンの巧言によって、数百の組織と何千万人もの人々が、食品生産と消費のより完璧な未来――バイオテクノロジー抜きの――への導き手としてリフキンを信じるようになった。[33] 過去二十五年間にわたって、リフキンは、アメリカ政府機関がバイオテクノロジーの応用を認可するのをやめさせようと、法律用語を駆使してきた。『ニューヨーク・タイムズ』の記者キース・シュナイダーは、十五年間リフキンの取材を続けた結果、「現代の最も偉大な草の根活動家のひとり」と呼ぶようになった。[34] 科学者たちはもはや、リフキンの名前を聞いて失笑してばかりはいられない。

バイオテクノロジーが母なる自然を冒瀆するという恐れは、アメリカよりもヨーロッパで広まっている。スイス憲法は、〝生きている生命体の無欠性〟と〝生物の尊厳〟を尊重することを求めている。[35] この修正条項は、動物の苦痛を軽減することや、動物を食用目的に繁殖するのをやめることを求めているのではない（というのも、国民投票で賛成票を投じたほとんどの人々は肉を食べるからだ）。そうではなくて、スイス国民の大半は、よく手入れされた牧草地、きれいな農場、草をはむウシが並ぶ、絵のようにみごとな谷が、より深遠な霊性というレベルで保たれるべき〝自然の秩序〟を象徴していると感じたのだ。この絵のすべての構成要素が、はるか前に消え去ってしまったかつての自然の秩序に人間が介入した直接の成果であることは、問題ではない。スイスの国民にとって、遺伝子工学は神の至高性または母なる自然の魂への攻撃になるのだろう。

このタイプの考えかたの例をもうひとつ明示しているのが、三人のオランダの生命倫理学者による「勇敢な新種の鳥」という題名の論説だ。これは、遺伝子工学を使うと、完全なニワトリの代替物として〝疑似ニワトリ――卵を産むだけのために生きている鶏肉のかたまり〟を生産できるだろう、という仮説のアイデアに答えて書かれた。[36] わたしの同僚のピーター・シンガーのような功利主義倫理学者は、このアイデアは動物の受難に対する非の打ちどころのない解決策だと考える。さらに言えば、ピーターはベジタリアンだが、永遠に植物的な状態に維持されたニワトリを食べるのは問題ないだろう、と述べる（説明のための個人的な覚え書きの中で、ピーターは、「問題はないが、穀物を動物に与えるのは直接人間が食べるよりも効率が悪いので、工場飼育全般と同じく、おそらくこれは資源の浪費になるだろうという事実は残る」と書いていた）。

しかし、オランダの生命倫理学者たちは、〝人間の無欠性〟と〝生態系の無欠性〟になぞらえて〝動物の無欠性〟を心配する。「無欠性が冒瀆される可能性を客観的に証明することはできない」と認めながらも、植物状態の疑似ニワトリはそのような場合を象徴するかもしれないと主張する。「……われわれが疑似ニワトリの肉体構造に干渉したのは、ニワトリ自身のためではなくわれわれのためだから、ニワトリの無欠性が冒瀆されている。われわれはニワトリをニワトリにする特性をみだりにいじくりまわしたのだ」しかし、傷つけられたり殺されたりする動物がいないのに、いったい何が冒瀆されるのか？　想像上の——そして、言葉にされてはいない——ニワトリという種の魂だけではないか。ニワトリという種の魂の無欠性を守りたいという願望は、ニワトリ固有の特性はすべて、ニワトリのためではなくわたしたちのために作られたものだったからこそ、特に皮肉に響く。

農業と人間の文化の起源をたどってみても、前近代の人間社会がどういう形であれ、動物の種の〝無欠性〟を尊重していたと信じる根拠は見出せない。人類は農業革命の始まり以降、進化の過程に介入して、地球を作り替え、種の無欠性を冒瀆してきた。家畜化された動物や栽培品種化された植物はすべて、自然や生物のためではなく人間の必要性と欲望を満たすだけのために、人間の手によって作り出された。異種交配は、自然にはない多種多様な特性を生成して、その中から最も価値ある組み合わせが選択されるようにするために、先史時代の利口な品種改良家が意図的に行なったものだ[37]。家畜のウシやブタはどちらも異なる亜種を異種交配させて得られたものだし、羊毛をまとったヒツジの起源を遠くさかのぼると三つの種に行き当たり、毛に覆われた南アメリカのラマは、野生ではけっしてつがうことがない別々の属の遠く隔たった種に由来する遺伝子の組み合わせを持っている[38]。一八五九年という早い時期に、ダーウィンは、「わたしたちが家畜化した動物のほとんどは、交雑によって混合されて以来、ふたつないしそれ以上の原種の血を受け継いできた」ということを理解していた[39]。

それにもかかわらず、バイオテクノロジーは必然的に危険で有害なものだという信念が――ジェレミー・リフキンの〝遺伝子汚染〟やイギリスの〝フランケン食品〟などの煽動的な文句の助けによって――あまりにも効果的に社会全体に吹聴されたので、多くの人々は数々の事実をまったく知らないのだ。アメリカでは四十六パーセントの人が、遺伝子組み換え食品は〝安全な食べ物ではない〟と考えている。イギリスでは四十三パーセントの人が、〝きわめて〟ないし〝かなり〟有害だと考えている。ＥＵ全体では五十六パーセントの人が、〝危険だ〟と考えている。(40) 〝果物や野菜を科学的に改造するのは、人間の健康や環境を害するかもしれないので、よくない〟かどうかと、もっと一般的な質問をすると、アメリカ人の五十五パーセント、イギリス人の六十五パーセント、ドイツ人の八十一パーセント、フランス人の八十九パーセントがよくないと答えた。(41) これに対して、〝自然な〟ハーブ系製品は〝安全性に大いに問題がある〟と考えているアメリカ人はわずか四パーセントで、〝安全性に多少問題がある〟と考えているのは十パーセントだ。(42) ある種の薬草の中で生産される天然化学物質が原因で、これまでに数百人のアメリカ人が死亡し、さらに数千人が重篤な臓器障害を患っている。しかし、薬草は天然で、遺伝子組み換え作物はそうではない。

反バイオテクノロジー活動家が考えようとしないのは、遺伝子組み換え製品を使わない場合に生じる人的犠牲の問題だ。そういう思考拒否のある悲劇的な結末が、二〇〇二年の秋にザンビアというアフリカの国で見かけられた。数百万もの国民が長期にわたる干魃のせいで飢餓に瀕していたとき、ザンビアの指導者レヴィー・ムワナワサ大統領は、合衆国からのＢＴトウモロコシの人道的供与を、国民に〝毒〟を食べさせたくないという理由で受け取り拒否した。ほかのアフリカ諸国の指導者も、最初は合衆国からのＢＴトウモロコシ供与の申し出を拒絶したが、合衆国側から、トウモロコシを粉にして食料生産サイクルに組み込めないようにするという申し出があったとき、態度を和らげた。アフリカ諸国が本当に心配していたのは、ＢＴトウモロコシを食料生産サイクルに入れると、将来の収穫物をヨーロッパに輸出できなくなることだった。供与を受け入れたアフリカ諸国は、その政策転換のせいで、遺伝子組み換え穀物の毒性を恐れているという当初の主張をみずから否定した形になった。もし本当に毒性を恐れていたのなら、すりつぶされた穀物も受け入れられないはずだからだ。しかし、ムワナワサだけは拒否の態度を変えなかった。そして、反バイオテクノロジー運動の指導者は、自分たちの反遺伝子組み換え行動方針にこだわるあまり、誰ひとりザンビア国民を飢え死にさせるより遺伝子組み換えトウモロコシを受け入れたほうがましだと、ムワナワサを説得しようとはしなかった[43]。じゅうぶんな栄養を得ている西洋人によるこの非人道的ふるまいの唯一の説明は、ほかの宗教的原理主義者が固執しているものと同じだ。つまり、個々人の犠牲は、より偉大な神への奉仕として正当化されるということになる。

　動植物の遺伝子操作は、第三世界全体で子どもの死亡率を、おそらくはわたしたちの豊かな社会で達成されたレベルまで、劇的に低下させることができるだろう。この文で鍵となる語は〝できるだろう〟だ。現代のバイオテクノロジーを人道主義的目的に応用する研究に着手する許可が、将来、来るべき数年あるいは数十年のあいだに得られるかどうか、まだわからない。不幸なことに、現在のところ、母なる自然の擁護者は心得違いをしているにもかかわらず、この研究を差し止めようとして大いに成功してきた。国連の食糧農業機関（ＦＡＯ）は二〇〇四年の報告書で、以下のように説明している。

――農業バイオテクノロジー研究の大半は、主に工業国に基礎を置く民間企業が実施している。これは、農――

業研究の力を第三世界の飢餓や農村の貧困という問題に注ぎ込むうえで公共部門が強力な役割を果たした緑の革命からの劇的な変化だ。……今日の世界で商品化されてきた遺伝子組み換え作物は、中国ものを除くと、すべて民間農場で開発されてきた。……農業バイオテクノロジーにおいて民間部門が優位に立つと、発展途上国の農民、特に貧しい農民が――適切な新技術が利用不可能であるか、あまりにも高価すぎるという理由で――恩恵を得られないかもしれない。[44]

第十七章　失われた楽園と到来した楽園

オオカワウソの絶滅

堂々たる哺乳動物や美しい鳥が絶滅してしまうのは、わたしも含めて多くの人の心の琴線に触れる出来事だ。絶滅危惧種のひとつオオカワウソは、十五世紀にヨーロッパの探検家がやってくる前は、アマゾン全体に数百万匹もいた。今日では、わずか数千匹が、ペルー南東部のアマゾン川流域にある孤立した複数の湖に生き残っているだけだ。オオカワウソの急速な減少の責めを負わなければならない種は、明らかに人間だが、現実には、問題の根はヨーロッパ人との接触が始まったころにさかのぼる。オオカワウソの毛皮は、ヨーロッパ人にとっては異国趣味の贅沢品であり、貿易業者は現地の人々が一匹捕獲するたびに気前よく金を払った。一九七〇年代に狩猟は禁止されたが、違法な狩猟が依然としてある程度続いている。オオカワウソが減少し続けている主な原因が密猟かどうかは、ほかにも疑わしいものが存在するので、明言できない。

ヨーロッパ人との接触以降、アマゾン川流域の部族はニワトリ、ブタ、ネコ、イヌを得た。これらの動物は今ではほとんどすべての村にあり余るほどおり、簡単に逃げ出してジャングルに入ってしまう。現地の人々自身が最初に訪れたヨーロッパ人から死をもたらすウイルスをもらったのとまったく同じように、アマゾンのカワウソはこれらの家畜動物から移されるウイルスに感染しやすい。もうひとつの新しい脅威は、化学物質だ。一九七〇年代に始まった金の採掘で、きわめて有毒な水銀化合物が水中に浸み出して、カワウソと魚の筋肉や肝臓の中で濃縮されている。[1] 原因が水銀か、ウイルスか、狩猟か、ほかの未知の脅威か、それともいくつかの組み合わせなのかはわからないが、オオカワウソという種は消え去る運命にあるようだ。わたしの孫たちがこの地を訪れることができるくらいの歳になるころには――もっと早い時期になる可能性が高いが――この遊び好きでおとなしい生物は、マンモスやサーベルタイガーとまったく同じように、古い写真の中や化石で存在するだけになるだろう。

前の章で説明したように、わたしは一九九八年に、オオカワウソを(ほかの種の動物とともに)自然の天国の中で見られるかもしれないと期待して、アマゾンへ旅行した。そして、熱帯雨林で過ごした三日めに、わたしたち一行はガイドに付き添われて、生き残っているオオカワウソの家族の生息地を訪れる川旅に出かけた。現地のポーターふたりがカヌーを操っていくつかの水路を通り抜け、ついにわたしたちは上にあるジャングルの地面と下の川を隔てている高さ一・八メートルの粘土層の断崖に到着した。至るところから垂れ下がっている蔓植物やアシをつかんで体を引き上げ、ふたたび集合して沼地やぬかるみを通って短いハイキングを始めた。ジャングルのこの部分では、ぶんぶんと空中を飛び回る蚊が特に密集しており、その多くが疑いもなくマラリアを引き起こす微生物を保持していた。わたしは苦労して蚊の雲の中を進みながら、長袖のシャツと、ソックスの中にたくし込んだ長ズボンと、ティリーハットと、手・首・顔・肩に塗った強力防虫剤が功を奏して、すべての蚊がほかの大型動物を餌にしようと思ってくれることを願った。

湿度は一日じゅう九十パーセントを上回っていたが、森の中心部では気温だけはましになっていた。

ジャングルの底には太陽光線のわずか二パーセントしか届かないので、気温は二十七度と温暖だった。ようやく、わたしたちは鎌のような形をした〝三日月湖〟の端にたどり着いた。この湖は昔、流れる川の湾曲部だった。アマゾンの支流は洪水が引いたあと頻繁に川筋を変えて、このような孤立した水域を残した。(2) わたしたちは、木の板の両端を二艘のカヌーの上に縛りつけた原始的な双胴船のような急ごしらえの筏に乗り込んだ。ポーターはそれぞれのカヌーの後部に座って、静かに櫂で水をかき、岸から離れた。直射日光からわたしたちを守ってくれた熱帯雨林の天蓋はもはやなかった。その直後から蚊の攻撃はやんだが、湿度はそのままで、遅い午後の気温は三十四度まで急上昇した。わたしは意識して、むっとするような空気を無理やり肺に吸い込んでは吐き出すようにした。衣類は上から下まで汗と殺虫剤が混ざったものを吸い込み、洗ったままで乾かしていないような感触とにおいがした。ポーターは、Tシャツと短パンだけだが、生まれつき免疫を持っているらしく、天候にも虫にもまったく煩わされるようすがなかった。

湖に出るとたちまち、目当ての動物を目と耳で確認できた。わずか六メートルほどしか離れていないところにいた三匹のオオカワウソが、わたしたちの乱入に驚いて、すばやく泳いで安全な距離まで離れた。十五メートルくらいのところで、三匹すべてがいっせいにくるくると回りながら振り返り、好奇心にあふれた大きな目で、ホモ・サピエンスという種がそれぞれ見慣れない物体を両手で顔の前に掲げている姿を見た。同様にわたしたちも双眼鏡を使って、両親が一匹の子どもを両側から守っている昔ながらの核家族の光景を拡大して見た。数分後、オオカワウソはわたしたちが動かずにいることに満足したようで、やりかけていたことを再開した――魚を捕りに潜っていったのだ。空中で全身を弓なりにすると、流れるように優雅な動きで頭から湖に潜る。成長したオオカワウソは全長一・八から二・四メートルという巨体を持ち、同類のラッコよりもはるかに大きい。数分後、一頭ずつ湖面に戻ったときには、あごに軽く、でもしっかりと魚をくわえていた。まだ生きている魚を空中に放り投げると、そのあとふたたび大きくあけた口で魚を受け止めて、ひと口で呑み込んだ。不幸なことに、オオカワウソは体が大きいがゆえに底なしの食欲を持っていて、一日じゅう絶え間なく魚を捕まえ続けなければならない。縦百五十メートル、横三十メートルの湾曲した湖という生息地では、たった一家族が生きていけるだけの魚しか捕れない。わたしたちは四十分間、オオカワウソが食べたり遊んだりするのを観察してから、太陽が沈んで蚊の雲がさらに密度を増す前に、ジャングルを横切って撤退した。

カヌーでキャンプ地まで静かにさかのぼったあと、川からポンプでくみ上げた冷水のシャワーを浴びて体から泥と汗と化学物質のDEETを洗い流し、きれいな服を着た。それからテーブルの周りに集まって、ろうそくの明かりでチキンのバーベキューと地元の果物の夕食をとった。長時間エコツアーに出た日にはよくあることだが、種や生態系が話題にのぼり、わたしは集まった人々にぶしつけな質問をぶつけてみることにした。「なぜわたしたちは、オオカワウソという〝種〟が絶滅するかどうかを気にかけるのでしょうか?」ろうそくの明かりの中、言葉を失った全員の顔に恐怖の表情が浮かんだ。よりによってここに集まったこの人々に、そんな質問はないだろうと、その顔は告げていた。

数々の理性的な説明が試みられているが、どれひとつとして本当に説得力のあるものはない。母なる自然に対する受け止めかたで、幅広く受け入れられているほかの多くのものと同じように、この受け止めかたも、なぜなのかはっきりわからないけれど、とにかく正しいと感じられるのだ。

無人の地は過去のもの

フランス北部にあるパリの中心部から、七百七十キロ南の地中海沿岸の街マルセイユに行くには、ガール・ドゥ・リヨン駅から一時間ごとに出ているフランスTGV（超特急列車）に乗るといい。本を読むか、隣の席の人と話すかしていたら、知らぬ間に旅は始まっているだろう。列車はゆっくりと速度を上げ、市街を出て労働者階級が住む郊外を滑るように通り抜ける。広々とした場所が見えてくるころには、時速三百キロメートルに達しているが、注目すべきは、客室がとても静穏なことだ。しかし、窓の外に目をやると、景色がすばやく通り過ぎていく。そのほとんどが農耕地か牧草地で、ところどころ小さな森や、中世の教会が目を引く心地よさそうな村がある。その光景は、どの部分を取り出しても、千年前とは様相が異なる。大型の野生動物はすべていなくなり、代わりに乳牛がのんびりと歩き回りながら草を反芻している。

紀元前六二〇〇年までに、ユーラシアでは、牛が引く犂（すき）の発明とウマの家畜化が行なわれてきた。そのあとすぐ集中的な灌漑（かんがい）が続き、それとともに、青銅と鉄の時代に、さらなる金属の道具や器具が発明される。人口が増えるにつれて、人間が利用するために、ますます多くの土地を自然から奪い取らなければならなかった。森を農地や牧草地に転換するときはいつも、今も低開発国では最もよく使われている〝焼き畑〟方式が採られた。最初に斧で木を切り倒し、そのあと幹や枝や下生えを取り除くために火を放つ。丘陵の斜面には平らな地面で農業ができるよう段が作られ、作物を育てるにはまったく不向きな山腹ではヤギやヒツジが草をはんだ。木は建築資材や暖房・料理用の燃料としても使われた。必然的に地元の森が消耗したことが、他国に侵入して領土を広げる大きなきっかけとなった。古代ギリシア・ローマ時代にヨーロッパの景観がすでにある程度作り直されていたことは、西暦一八〇年にローマの学者テルトゥリアヌスの書いた文章から、うかがい知れる。

確かに、全世界を見ると、古代に比べて日々耕される土地が増え、さらに多くの人が住み着いているのは明らかだ。今ではすべての場所に近づくことができ、すべてがよく知られており、すべてが売買される。……耕された田畑が森を征服した。家畜の群れが野生の獣を追い払った。砂そのものがまかれ、岩が据えられ、沼地が排水される。かつては一軒家でさえほとんどなかったところに、今では大きな街ができている。……至るところに家があり、住人がいる。(3)

現代のフランスをはじめとするヨーロッパの国々には、保護されている大きな森林地帯や国立公園がいくつかあり、そこでは未開墾地がふたたび幅をきかせることを許されてきた。しかし、大昔の花粉の研究により、現在の〝野生の〟植生の組成は、農業革命以前に存在していたものとはほとんど類似点がないことがわかっている。事実、文明の黎明期以来、人類による直接ないし間接の破壊や分断を免れた地球の生態系は、たとえあったとしてもごくわずかだろう。特にアメリカ大陸は、コロンブスが到着するずっと前から影響を受けていた。マディソンにあるウィスコンシン大学の教授ウィリアム・デネヴァンはこう説明する。

――一四九二年の南北アメリカは未開の地で、人間が荒らしたあとはほとんど認められない世界だったとい――

う神話が根強く残っている。しかし、当時のアメリカの風景は……ほとんどすべての場所に人間が住んでいた。人口は多かった。森の組成は改変され、草地が作り出され、野生生物は分断され、場所によってはひどく浸食が進んでいた。土盛り、道路、田畑、集落が至るところにあった。……今日では未開墾の……森はほとんどないが、一四九二年にもなかったのだ。(4)

農業が考案される前も、人々は野生動物に途方もない衝撃を与えていた。紀元前一万二五〇〇年から一万一〇〇〇年のあいだに、南北アメリカとヨーロッパで、乱獲と生息地の破壊によって、数百という種の哺乳動物が絶滅に追いやられた。失われた種には、マンモス、マストドン、サーベルタイガー、ホラアナグマ、オオツノジカ、ケサイ、フクロオオカミ、そのほか数十の属の動物が含まれていた。(5) その後、太平洋を渡って、十三世紀のニュージーランドで、モア科の十一種の鳥も同じ運命をたどった。ダチョウに似た飛べない鳥で、背が二メートル以上にも達する。ポリネシアからの移民が、主として食料源と衣類の生地にするため大量に虐殺したことで、人間の到達から百五十年以内に、この大きな鳥はすべていなくなってしまった。(6) ニュージーランドにいたその他の種の鳥も、数世紀で絶滅に追いやられた。(7)

アマゾンのジャングルも、一般に描き出されているのとは違って、原始時代のままでも手つかずでもない。(8) コロンブスが到着したころ、アマゾンの人口密度は高く、広大な耕作地に支えられた高度な社会が存在した。アマゾンの森には「先史時代と有史時代を通じて繰り返し人が住み着き、木を切り倒し、草を焼き払い、土を耕し、その活動によって地勢や土壌や水質を大幅に変えてきた」(9)。しかし、ヨーロッパからの侵略者と商人によって持ち込まれた病を引き起こすウイルスのせいで、先住民の大半が死亡し、コロンブス以前の複数の文明がもろくも崩壊した。ジャングルはふたたび放置された土地に戻り、多くの科学者や大衆向けの本の著者は、過去を知らずに、アマゾンの熱帯雨林は今も昔もずっと同じなのだと決めてかかった。

アンナ・ルーズヴェルト、クラーク・エリクソンをはじめとする人類学者が、大昔の複数のアマゾン文明とそれらが現在の植生に与えた影響のあらましを明らかにしたとき、知識階級のあいだに不信と憤慨が巻き起こった。[10]新しい人類学は、現代文化のふたつの神話に挑んだ。ひとつめは、アマゾンの熱帯雨林は非常に壊れやすく、ごくわずかな攻撃にも耐えられないというものだ。ふたつめは、ジャン＝ジャック・ルソーが胸に描いた〝高貴な野蛮人〟で、母なる自然と仲よく暮らし、生きていくのに必要なものは取るが、環境に害をなすことは意識的に避ける人々、つまり、今日のいわゆる文明人の対極にある先住民だった。

高貴な野蛮人に対して、その反例として頭に浮かぶのは、西暦四五〇年にイースター島に到達した二十人から三十人のポリネシア人の子孫がたどった歴史と運命だろう。最初の入植者は、サツマイモとニワトリを持ち込み、新しい農業共同体を築き上げた。やがて、その文化は、神のような力を持った先祖への貢ぎ物として、高さ六メートルの石像の創作を求める宗教儀式を発達させた。[11]石像は数十トンの重さがあり、島の唯一の採石場から石を切り出さなければならなかった。そのあと、何キロメートルもの距離を運ばれて、海を見下ろす高台にまっすぐ立てられた。問題は、輸送に丸太を〝ころ〟として使わないと成し遂げられないことだった。木は、料理の燃料として使ったり家を建てたりするためにも切り倒される。森が消え去るにつれて、人々は自暴自棄になった。神を称えれば見返りに〝なんらかの方法で〟救いを得られるのではないかと期待して、石像をますますたくさん立てた結果、より多くの木を切り倒してしまった。

すべての木が姿を消したとき、三百体の石像があるべき場所に置かれ、さらに部分的に完成した三百体が採石場に残された[12]。社会が崩壊し、その後数世紀にわたって、ごくわずかな生存者が生にしがみつき、各世代は洞窟に住んで、乏しいベリーのみを頼りに生命を維持していた。島から脱出できなかったのは、ボートを作るための木材がなく、さらに、そもそも祖先がどのようにして島にたどり着いたのかも、石の巨像がなんのために作られたのかも知らなかったからだ。それどころか、もはや〝木〟という言葉さえなかった。十八世紀（の復活祭の日〔イースター・サンデー〕）に、ヨーロッパの探検家たちが初めて到着したとき、この無知な石器時代人の祖先が木もない不毛の島にどうやって奇妙な石像を建造したのか、突き止めることはできなかった。それよりは、異星人の手で造られたと考えるほうが、まだ納得がいきそうに思えたが、二十世紀後半になってようやく、人類学者が実際にあった歴史の断片をつなぎ合わせた。

複数の生態系が互いに結びついた地球のシステムに対して、人間が引き起こした最大の大量殺戮は、つい最近までまったく認知されていなかったし、それは今でも一般に認められているとは言えない。米国科学アカデミーの会報に発表された「沿岸部の海における自然とはどういうものか？」という題名の記事で、ジェレミー・ジャクソンは、沿岸部の海の生態系（サンゴ礁と河口域を含む）が二十世紀以前は「〝自然な〟または〝未開拓の〟生物群集」だったという〝根強い神話〟に反論した[13]。アメリカが〝発見〟される千年前にはすでに、人類が出現する以前に存在した自然かつ手つかずの海の生態系は姿を消していた。それにもかかわらず、コロンブスがカリブ海の島々に上陸したとき、海にはまだ、体重が二トンにもなるマナティーや五十キロのアオウミガメ、サメ、タラ、ハタなどの大きな魚を含む、長生きの大型脊椎動物が生息していた。一九〇〇年には、西大西洋にいた魚の大きな個体群は、ブラジルからメイン州に至るまで、熱意過剰の漁師のせいで激減した。世界じゅうで、同じ物語が進行する。ジャクソンが書いているように、「海草に覆われた海底やカキの礁やカリブ海のサンゴ礁が手つかずのまま広がる昔の光景や、そういうものを食べて生きていた大型の動物の群れは、今日では空想上の信じられないものに思える。……かつての最上位の捕食者は忘れられているか無視されている」のだ。

生態系は生き残れないが、生命は生き残れる

過去五億年間に五回、とてつもなく大きな小惑星または彗星(すいせい)が地球に衝突し、この星全体に大惨事を引き起こした。それぞれが、広島に落とされた原子爆弾の数百万倍から数十億倍の衝撃力を有し、地表を超高温にして土と岩を気化させたせいで空が暗くなり、大規模な森林火災を起こして大気から酸素を取った。同時に、地球の中心が揺さぶられたために、火山の噴火が始まって有毒ガスが噴き出した。なかでも最も壊滅的な被害をもたらした出来事は、二億四千万年前に起こったもので、当時生存していた種の九十五パーセントが絶滅した。しかし、空気がきれいになったあと、生き残っていたごくわずかな種子が新しい種(しゅ)を生み出し、地球全体をふたたび緑にした。そして、生き残っていたごくわずかな動物は進化によって、新しい森で暮らしていくのに最も適した新しい属性を備えた。比喩的な言いかたをすると、それぞれの大惨事のあと、生物圏はすばやく以前の健康な状態に回復した。しかし、現実的な言いかたをすると、大惨事の前の生態系は永遠に消滅してしまった。その代わりに現われたのは、以前にはけっして生じえなかった種と相互作用を持つ真新しい生態系だ。大惨

事で交代が起こった出来事の中で、（最も過酷ではなかったが）最もよく思い出され、最もよく知られているものは、六千五百万年前にメキシコに小惑星が衝突したことで引き起こされた。地上の支配者だった数百種の恐竜はすべて絶滅した。怪物のような競争相手がいなくなったことで、以前は取るに足らない存在だった齧歯類に似た生物が栄え、現在の地球を支配する多様な大型哺乳動物が生まれた。なかでも最も繁栄してきたのが、わたしたちだ。

生態系は消滅するから、交代はまれな出来事ではない。生命の誕生以来、地球上のどこかでずっと交代が継続してきた。先に述べたように、広大なサハラ砂漠は、ほんの八千年前には、多くの大型動物のいる鬱蒼と茂った森だった。わずか過去数十万年間に、氷期が訪れて過ぎ去るのに合わせて、ほかの地方の気候も暑さと寒さ、湿潤と乾燥の両極端のあいだを揺れ動いた。種同士の複雑な相互作用を数千も伴う高度に進化したジャングルや森の生態系が、地質学的にはほんの一瞬のあいだに姿を消し、別の相互作用を有する新しい生態系が、きっかけがあればいつでもどこにでも現われた。

個々の生物と生態系全体ははかないものかもしれないが、生命は——全体的に見ると——際立って回復力・適応力に富んでいる。南極大陸の沿岸の気温は、太陽が昇らない冬期のあいだはマイナス六十度まで低下するが、地表にはたくさんのアシカ、ペンギンなどの動物が棲んでいる。一方では、大西洋の真ん中の海底には、数億年ものあいだ、完全な暗闇が存続してきた。海面から数キロ下では、アメリカとヨーロッパの構造プレートがゆっくりと離れて、三百五十度という高温の硫黄ガスを放出する熱水噴出口を開いている。一九七七年まで科学者たちは、この地獄のような状況では生命は存在しえないと決めてかかっていた。しかし、深海潜水艇のカメラで見ると、大きな二枚貝や、奇妙な形をした長いチューブワーム、その他多くの種が、微生物の作り出す、以前は知られていなかったタイプの硫黄酸化物から暗闇の中でエネルギーを取り出して、重なり合うように密集して暮らしていることがわかった。

生態系災害のあとに——ある種の——生命がよみがえる速さは、アメリカ北西部沿岸地方にあるセントヘレンズ山が一九八〇年に噴火したあと、思いがけなく実証された。頂上に雪をいただく標高三千メートルの堂々としたこの火山は、百二十年間完全に沈黙していた。しかし、一九八〇年の春、火山はゆっくりと目覚め、北側に幅一・五キロメートル以上にわたる膨らみができて、毎日一・五メートルの割合で盛り上がった[14]。まるで大きな土の腫れ物のようなその膨らみは、地球の中心からの溶解したマグマで満たされていた。二カ月後の五月十八日、腫れ物が爆発して、二十億立方メートルの溶岩が時速二百四十キロで斜面を流れ落ちた。岩石なだれの連鎖反応が起こり、粘性のある岩塊の焼けつくような噴流とガスが地表を覆う。その日の終わりには、セントヘレンズの中央部は九百メートル低くなっていた。同時に、以前は密林だった五百五十平方キロの大地は、立木が一本もなく、そのほか生命の兆候をいっさい見かけない不毛の月面のようなありさまと化した。

不幸な出来事にも何かしらいい面はあるもので、今回の出来事は、広い範囲にわたって生物が根こそぎ抹殺されたあとの、動植物の再生を観察するまたとない好機となった。昔は、生態系は壊れやすく、生物多様性の縮小は致命的だと考えられていた[15]。それゆえ、以前は珍しい存在だった植物種や動物種が広々とした地表を生かしてかつてない数まで勢力を拡大したとき、生態学者も環境学者も仰天した[16]。五種類のカエル、ヒキガエル、サンショウウオ——一般には環境崩壊にきわめて敏感であると決めつけられていた——が、五年も経たないうちに栄えつつあった[17]。クモや甲虫、ホリネズミが山の斜面に押し寄せた。十五年めを刻むころには、九種の鳥が集落を作ったが、荒らされていない同じような森では平均十五種が見つかるのが普通だ。今から五年のうちに、もしかするともっと早く、山の斜面の全生物量(バイオマス)はふたたび最大に達するだろうが、種の組成は以前とは異なり、したがって生態系も異なる。

十九世紀、チャールズ・ダーウィンは、比較的小規模の環境変化に反応して、これと同じような生態系の解体・再構築が行なわれることに気づいて驚いた。イギリスで、ある二、三平方キロの低木地に囲いがされ、数本のモミの木が植えられたのだが、「それ以外はまったく何もなされなかった」[18]。それから二十五年間、その囲われた土地にも、元は見分けのつかなかった隣の区画にも、人間は手を触れなかったのに、囲われた土地の生態系は劇的に変化して、そこにしか見られない十二の新しい植物種(草は含まれていない)と、開けた場所ではめったに見られない六種の鳥と、数えきれないほど多くの新しい昆虫が生息していた。その一方で、囲いの外ではまだよく見かけられた三種の鳥は、中にはいなかった。囲いを壊したら、ふたたび生態系は変化するかもしれないが、囲われる前の状態に戻る可能性はほとんどない。この観察が持つ意義を、ダーウィンははっきり理解していた。ささいな偶然の出来事がこれほど広範囲に次々と影響をもたらすのなら、特定の生物体や生態系がほかのものよりさらに〝自然な〟ものだと主張しても無意味なのだ。

一万二千年前に初めて人類が生物圏を征服するまでは、絶滅や生態系の破壊に責任を負っていたのは、もっぱら母なる自然だった。以来、人類は、ゆっくりと母なる自然の役割を引き継ぎ、さらに復讐を遂げた。二十世紀に入ると、世界の人口が四倍になり、産業が環境に与える影響が痛切に感じ取れるようになったことから、種の絶滅のペースが加速した[19]。現在、わたしたちは世界の全陸地の三十八パーセントを農業に使用し(緑の革命が起こらなければ、この数字は二倍になっていただろう)、さらに十五パーセントを都市圏などの人口密集地として使用している。[20] これにより——公園、森、砂漠、雪に覆われた山の頂など——ほかのすべてをあわせても、残された陸地はわずか四十七パーセントにすぎない。

決定的に重要なのは、土地の使用はゼロサム・ゲームだという点だ。農業やその他の用途に利用された区画はすべて、野生が否定されている。もし農業の効率性が同じままで、人口が予測どおり増加したら、二〇五〇年には、地球の土地の七十パーセントが居住と食糧生産のために必要とされ、種類を問わず無人のまま残されるのは、ごくわずかの貴重な土地だけになる。無人の地がだんだん減っていくと、種が絶滅する割合は爆発的に増大する。今から五十年後には、アフリカの大型類人猿——チンパンジー、ボノボ、ゴリラ——は、動物園でしか見られないかもしれない。[21] ライオンやトラ、チーターなどの大型ネコ科動物も、自然界から排除される方向へと急速に進んでいるようだ。[22] 千年のあいだに、最大で全生物種の五十パーセントに及ぶ哺乳動物、鳥類、植物、昆虫が姿を消したおそれがあるが、この現象を生態学者は地球史の第六の大量絶滅時代と呼ぶ。[23] しかし、人間社会が繁栄できるのなら(できるかどうかははっきりしないが)、ほかの種が生き残るかどうかを気にかける必要があるだろうか？

なぜ気にかけるべきか、何をするべきか

種の保存を正当化するひとつの考えかたは、自分たちが扱ってほしいと思うように感覚を有する動物を扱うべきだという倫理、つまりキリスト教の黄金律「みずからせられんと欲することは他者に対

してもそのごとくせよ」の延長だ。プリンストン大学の哲学者ピーター・シンガーは、「苦痛と苦悩は悪であり、苦しんでいる生物の……種にかかわらず、阻止するか最小化するべきだ」という見解を促進するのに最も大きな役割を果たした。[24] しかし、絶滅の脅威は個々の動物を傷つけるわけではない。個々の動物は、自分たちの種が将来消滅することを悲しみ嘆くどころか、自分たちが死を避けられないことを思い悩む知的能力も持たない。動物が苦痛を感じるのは、その肉体に生物学的、化学的、物理的攻撃が加えられるか、情緒面の安寧を直接脅かされるかしたときだけだ。

あまり愉快なことではないが、自然と文明を比較してみると、動物に生じうる多くの苦しみは博識な獣医と動物学者が配属されている現代の野外動物園の中でなら最小化できるだろうということが明らかになる。ひとつの例として、サンディエゴ動物園の五百五十平方メートルの野外ボノボ飼育場が挙げられる。ガラス張りの大きな見物区画が複数あり、そこから訪問者がのぞき込むと、背後の壁から滝がいくつも急流に落ち込み、ヤシの木が風に揺れ、青々と茂る草木のあいだから大きな岩が露出したディズニー風の熱帯の楽園が目の前に広がる。[25] 頂上に穴のあいた人造のシロアリの巣が、あちこちに散らばっている。ほかのボノボとまったく同様に、サンディエゴのボノボも小枝で巣を探って、おいしいご馳走を——ここではアップルソースだ——抜き取る。

わたしは七時間続けて、ボノボのマイコ、イケラ、キリがゲームをし、向かい合ってセックスをし、餌を食べる（ほかの活動に比べて一頭で行なわれることがはるかに多いのは食事だ）のを見守った。[26] 少なくともわたしの目には、ボノボは幸せそうに見えた。だからこそ、ボノボが現実に選択することができるなら、〝どこに〟棲みたいと思うだろうかという疑問が頭に浮かぶ。コンゴの自然林だろうか？ それとも、水は塩素処理され、マラリアを心配する必要のない環境で、食肉用に狩りをする者が忍び寄ってくることもなく、コンゴの〝ホモ・サピエンス〟が受けているよりも質の高い医療を受けられるサンディエゴの人工林だろうか？　西洋社会の教育を受けた〝見識ある〟成員のほとんどは、当てにならない自然の生息地に動物を放(はな)っておくべきだと考える。そういう人々にとって、個々の動物の幸せと長寿は最優先事項にはなりえないのだ。

第二の正当化は、一九九二年の映画『ザ・スタンド（原題 *Medicine Man*）』で広く知られるようになった。主演のショーン・コネリーは、迫り来る生態系破壊と必死に競争している熱帯雨林に入り、奇跡の癌治療物質を生み出す生命体を特定しようとしている科学者の役だった。この物語の教訓は明らかで、それぞれの種が消え去るにつれて、人間の健康に不可欠な未発見の天然の薬を見つけ出すチャンスが減っていくと言いたいのだ。情緒的な主張の多くがそうなのだが、この主張も一片の真実を源としている。薬理学の発展当初には、植物と微生物が確かにほとんどの薬の原材料を提供していた。しかし、ロバート・メイ卿が説明し、すべての現代生物学者が知っているように、これは〝ご都合主義的な主張〟にすぎない。なぜなら、「あすのバイオテクノロジー革命によって、生命の分子機構についての理解が深まり、それを基礎にして新しい薬、新しい材料、そのほかの新しい製品が分子から組み立てられるようになる」からだ(27)。

第三の正当化は、生物の多様性は生態系全体の健康に不可欠だという現代的な通念に基づいている。オーストラリアの昆虫学者ジェフ・クラークは、「昆虫は生態系を維持するのに重大な役割を果たす。……わたしたちには昆虫を失う余裕はない――もし失えば、生態系の崩壊に直面する」と記した(28)。この主張の妥当性を検討評価するためには、生態系の健康の客観的な尺度が必要となる。環境が異なると〝健康な〟生態系が有しうる種の数も大いに異なるから、種の数そのものは健康の尺度にはならない。

生態系の〝健康〟は、その生態系が維持できる生命の総量、つまり〝生物量(バイオマス)〟という観点からのみ客観的に理解されうる。特に緑の生物量は、酸素の生産と空気中からの二酸化炭素の除去——生態系がわたしたちを含む生物圏に提供してくれる主要な恩恵——に直接相関している。一九七〇年代には、ひとつの種が絶滅するたびに、ひとつの生態系の健康度が低下し、その結果さらなる絶滅の可能性が増すと想定された。この筋書きを最も極端に推し進めると、人間が引き起こした種の減少が、生物圏全体の崩壊という終着点へと速度を増しながらたどり着く過程を始動させることになるだろう。

この通念に初めて異議を唱えた科学者がオーストラリアの理論物理学者ロバート・メイで、生態系と生物個体数の、時間の経過に伴う変化の研究に、コンピュータによる精巧かつ緻密な数学的分析を持ち込んだ。メイは、科学者としてだけでなく環境保護論者としても尊敬されている。メイが受けた数多くの名誉(ナイトの爵位と英国議会上院の終身議員資格を含む)のひとつが、「地球の環境問題を解決するのに主要な貢献を果たした個人と組織を表彰する国際賞」である青い惑星賞(ブルー・プラネット)だ。一九七〇年代後半になされたメイの主張は、理論とコンピュータ・モデルに基づいた異端の主張だった。しかし、生物学者が管理された区画でメイの主張を直接検証したとき、その結論は、「種の豊かさそれ自体は、植物の生産性に統計的ないし生物学的に重大な効果をもたらさない……」というメイの予測と一致していた。[29]

この世の終わりを意味する最も極端な絶滅の筋書きでは、人間の侵略がおおむねすべての〝野生の〟動物種を排除して、生き残るのは家畜化された動物か、人間が作り出した環境(おそらく二酸化炭素レベルの増加も含まれる)にうまく適応する動物のみになるおそれがある。[30]しかし、メイが嘆くように、わたしたち［人間］が、生物の種はきわめて少ないけれど、自然の恵みにはなんとかありつける世界で生きられるくらい利口である可能性は、たっぷりある。それは『ブレードランナー』というカルト映画で描かれた世界になるだろう。[31]

この『ブレードランナー』的世界に生まれた人々は、かつて存在していた自然の壮麗さを目にすることはけっしてないだろう。しかし、わたしたちは、今日都会や郊外に住む人々の大多数が、現存している自然の壮麗さをほとんど目にしていないという事実を見落としがちだ。毎年オオカワウソを現実に目にするのは、ペルーの国外から訪れるほんの数千人にすぎない。オオカワウソが絶滅しても、ほとんど誰も気づかないのだ。絶滅の危機に瀕した種や崩壊の危機にさらされている生態系を助けたいと思う動機のうち、ただひとつ議論の余地がないのは、科学から生まれるものではなく「心から生まれるものなのだ」と、メイは説明する。[32]

環境保護基金で二十年活動してきた、プリンストン大学の同僚マイク・オッペンハイマーも、これに同意する。オッペンハイマーは、アラスカ州の北極圏野生動物保護区（生態系の中でも最も原始の状態に近い）を存続させるための政治的戦いに携わっているが、今後どの世代も訪れる人はほとんどいないということはよくわかっているし、この保護区がなくなっても人間が生き残る能力に実際にはなんの影響も及ぼさないかもしれないということもわかっている。マイクたち環境保護論者を今の仕事に駆り立てるのは、自然を愛する人の心であり、自然を将来も存続させ続けたいという人の願望なのだ。

もちろん、科学者は通常は情緒的な――〝霊的な〟と言う人もいるかもしれない――言葉で話すことはない。しかし、誤って組み立てられた科学的主張よりむしろ、情緒が〝なすべきだ〟と命じることを認識するほうが、反環境保護論者の攻撃をうまく耐え忍んで、この惑星に対して果たすべき責任の最強の〝理論的根拠〟を提示できる。

地球の人口が同じままか、さらに増大していくかぎり、自然保護区（と生物種の多様性）を保つには、より少ない土地でより多くの食料を生産することが不可欠だということは、簡単な計算をすればわかるだろう。二十世紀のバイオテクノロジーで実行可能な収穫高増加の妙策は、ほとんど使われ尽くしてしまった。しかし、現在分子生物学の分野でわかっていることを利用して、さらに収穫高を増やすと同時に、今は耕作不可能な不毛の地域に農業をもたらすための、精巧な遺伝子工学技術をすでに思い描くことはできる。しかし、人間性と環境の擁護者が偏見のない心で交渉のテーブルについて、その技術を実現へと導く手助けをしないと、そういうことは成し遂げられない。バイオテクノロジーの〝賢明な〟使用を受け入れることで、人類と野生動物の真の擁護者は、バイオテクノロジーの発展と応用に発言権を得るのだ。

帰ってきたジュラシック・パーク

楽天家であるわたしは、すべての社会の人々が立ち上がって民主化を求める未来、先進国の援助により、すべての子どもたちのために万人向けの教育と健康管理が確立されるとともに、若い男女が世界経済に参加する平等な機会と、人々が老齢期に養ってもらうために子どもをたくさん産まなくてもいいような社会保障制度とが確立される未来が訪れることを望んでいる。そのような社会的・政治的環境においては、世界の人口は安定する。一方で、もし作物と家畜化された動物とに関する遺伝子工学が最も効果的に展開されたら、公園や森として保存される土地の面積は現実に増加するかもしれない。わたしたちは、これらの土地を運営するのに不干渉主義の取り組みかたを採用することもできる。しかし、そうすることによって、望ましい種が姿を消し、望ましくない種がそれに取って代わるなら、その結末はわたしたちの理想どおりにはならないかもしれない。

第一級の国際的科学誌『サイエンス』に発表された公開状の中で、十八の団体に所属する生態学者と環境保護論者が、この惑星の未来を監督する新たな取り組みの承認を求めた。[33] わたしがこれまで述べてきたように、生態系をいわゆる人類出現以前の原始の状態に復元することは、可能ではなく望ましくもないことが多いと、彼らは主張している。その場合、(最終的にはこの惑星のすべての生態系を包含するような)〝科学設計(デザイナー)生態系〟を意図的に作り出し、生態学的、社会的、経済的目標の達成をめざすことができる。科学的理解とコンピュータ・モデルと最先端技術があれば、これらの〝人工的〟ないし〝合成の〟生態系を、環境条件を最適化する機能的な生物共同体として築いていけるだろう。

この目標を成し遂げるための遠大な計画案が、米国科学アカデミーが主催した「進化の将来」と称する公開討論会で議論された。意見は分かれたが、カリフォルニア大学サンディエゴ校教授デイヴィッド・ウッドラフの率いるグループが、この惑星の「管理責務は今人間に課されており、科学としての進化生物学に対する最終的な評価は、過去の謎を解決するか否かではなく、むしろわたしたちが生物圏の未来を管理運営できるようになるかどうかによって下される。……この難題は依然として未解決で、さらに緊急性を増している」と主張した。[34] 人間が指揮する進化過程において、どの種とどの生態系を保護し、改変し、作り出すべきかを選ぶたびに、ほかの種や人間の個体群に有形ないし無形の複雑な損害や恩恵がもたらされることは間違いない。しかし、地球上の生命は常に、さまざまな選択に関わってきた。今選択すべきは、わたしたちが勝者と敗者だけでなく損害と恩恵を検討評価するのにも一定の役割を果たすのか、それともその役割を放棄して、美学にも人類にも特定の何かの生存にもまったく関心を持たない母なる自然の気まぐれな行為に任せるのか、どちらにするかなのだ。人間の評価がどれほど不正確なものでも、成り行き任せより悪いものになるはずはない。最終的な問題は、わたしたちはどこまで進むことができるか、そしてどこまで進むべきかだ。

一九九三年、作家のマイクル・クライトンと映画監督のスティーヴン・スピルバーグは、常軌を逸した起業家がバイオテクノロジー学者を雇って恐竜を絶滅からよみがえらせ、意図しない悲惨な帰結をもたらすSF小説を映画化した『ジュラシック・パーク』で、世界じゅうの観客の想像力を刺激した。クライトンの多くの作品と同様、『ジュラシック・パーク』は、意図的にハイパー・リアリズムの手法を採っている。映画に登場した技術を利用できるのなら、恐竜テーマパークを偽エコツーリズムや現代的動物園と混ぜ合わせるというアイデアは、大いに信憑性があるように思えるだろう。当時、コンピュータ・グラフィックで描かれた映画の恐竜は、動画リアリズム技術の飛躍的発展を象徴していた。しかし、最も重要なのは、物語の核となる科学的前提が、最先端のバイオテクノロジーの書物から飛び出してきたように見えたことだ。一億年前、不幸にも恐竜の血液を吸った直後に樹液に埋もれて琥珀（こはく）に埋没することになった蚊、その体内に保存された恐竜のDNAの断片を解読するのには、リロイ・フッドの遺伝子読み取り機械が使われている。恐竜のDNAと、充塡物としてのカエルのDNAとを縫い合わせるためには、遺伝子工学が使われている。借用した胚を使ってクローニングすると、（少なくとも映画の中では）本物の恐竜が生まれる。映画を見に行く一般大衆にとっては、科学は非常に現実的で、今にも実現可能に思えたのだ。

しかし科学者たちは、クライトンのSFスリラーを好意的には受け取らなかった。「DNAテクノロジーの潜在能力をひどく誇張しすぎている」と、ひとりの科学者は言う。[35]『米国医師会ジャーナル』に書評を書いている人物の批判はもっと具体的で、一年でひとつの個体に含まれる「ゲノムの三・五パーセント以上」の配列を決定するのは不可能だと述べた。[36]わずか三千万ドルの予算で三年間に十五種類の恐竜のゲノムを読むことができたなどと想像するのはばかげている、とこの人物は書く。「無傷の遺伝子コードを持つ生きている動物でさえ、まだ誰もクローニングに成功していないのだから、遺伝子のほとんどが破壊されたか損傷を受けている絶滅動物を再生できるわけがない」と指摘して、この小説は「まるっきりの絵空事だ」と主張する科学者たちもいた。[37]一九九四年に、八千万年前の恐竜の骨からDNAを取り出したという学術的報告がなされたが、一年以内にその結果は捏造で、DNAは何百万年も生存できないという判定が下された。[38]「審理終了」と、科学者たちは言った。墓場から恐竜をよみがえらせるのは永久に不可能だ、と。

クライトンの小説の出版からわずか十五年後、分子生物学者が揃って自分たちのテクノロジーが持つ未来の可能性を過小評価していたことが明らかになる。今日では、生きている動物、または最近死に絶えた原種と遺伝子配列に共通部分がある動物のクローニングは、広く行なわれている。改良型のフッドDNA読み取り機械などの新しいバイオテクノロジーを使うと、動物や人間の個体のゲノム全体を、百万ドルをはるかに下回る予算で一週間以内に解読できるし、今ではほとんどのバイオテクノロジー学者が、今後十年間に数千ドルまで費用を削減できると確信している。それでも、すべての恐竜のDNAがとうの昔に姿を消しているのだから、バイオテクノロジーが想像しうるかぎりの進歩を遂げても恐竜をよみがえらせることはできないと、あなたは思うかもしれない。もしそう思うなら、それは間違いだ。発生生物学、遺伝学、進化論に基づく概念とテクノロジーをつなぎ合わせることによって、恐竜の生きた模造品を作り出せる可能性があることを、これから説明していこう[39]。

一九九三年、わたしの研究室に所属する大学生セーラ・ハンコックが[40]、成長中の胎児に腕や脚をそれぞれ体側のどこに生み出すべきかを教えるふたつの遺伝子を確認した。一方で、世界じゅうのさまざまな研究所に所属する科学者が、胴体と首の詳細な成長を調整したり、手足や指の骨や軟組織の形と大きさなどの形態構造を整えたりする別の数十の遺伝子を明らかにしつつあった。遺伝子による発生のコントロールは複雑だが、驚くほど分析しやすく、ほんの数年前に科学者が思い込んでいたほど不可解なものではないことが判明した。驚くべきことに、脊椎動物はすべて――哺乳類も鳥類も爬虫類も魚類も――同じ一式の基本的遺伝子を使うのだ。

ひとつの動物種で遺伝子がどのように発生をコントロールするかを分子レベルで理解することで、ほかの種で遺伝子がどのように発生をコントロールするかについての強力な洞察を得られる。セーラが発見したＴＢＸ５遺伝子は、マウスでも人間でも同じように腕の発生をつかさどるが、コード内でその活動を統制する部分に隣接する部分のささいな違いが原因で、ニワトリでは手羽の、魚では胸びれの成長をもたらす。どれかひとつの特定の遺伝子とそのすぐ近くの配列が果たす役割に関する仮説は、実験動物の遺伝子を改変することで検査できる。例えば、すでにニワトリの胚に、くちばしの代わりに歯を、羽毛の代わりに鱗を、脚と手羽のあいだに三組めの肢を成長させるような組み換えがすでに加えられている。今利用可能な遺伝子工学という道具があれば、ＴＢＸ５を使い、聖書の呪いを逆転させて、蛇に腕を与えるようにすることさえ可能だろう。さらに興味深いことに、正常なニワトリの発生をもっと精密に理解することで、ニワトリではなく恐竜の発生プログラムを内蔵する、組み換えられたニワトリ・ゲノムを構想することが可能になるかもしれない（鳥類は、現存する中では血縁的に最も恐竜に近い動物なのだ）。

科学者は、発見手順をスピードアップして、過去に実在していた恐竜のゲノムにいっそう似通ったゲノムを作り出す別の方策をひそかに用意している。その方策とは、絶滅したゲノムを復元するために進化の過程を分解して組み立て直すというもので、チンパンジーと人間とゴリラのＤＮＡに関する以下の仮説例で説明できる。人間とチンパンジーのＤＮＡの同じ領域を比較すると、以下の結果が出るとしよう。すべての人間のＤＮＡにあるコードがＴＴＡＣＣ**Ｇ**ＴＴＡＧで、チンパンジーのコードがＴＴＡＣＣ**Ａ**ＴＴＡＧだとする。九つの同一の文字は、五百万年前に生きていたチンパンジーと人間の共通の祖先にも存在していたに違いないが、中央の相違――**Ｇ**か**Ａ**――は、どちらかの種の系統に生じた突然変異を表わす。しかし、これらのデータだけでは、**Ｇ**と**Ａ**どちらの文字がチンパンジーと人間の共通の祖先に存在していたかを特定するにはじゅうぶんではない。解決策は、ゴリラのような、ほんの少しだけ遠い種のＤＮＡの同じ領域を見ることだ。もしゴリラのＤＮＡコードがチンパンジーと同じＴＴＡＣＣ**Ａ**ＴＴＡＧなら、**Ａ**という文字が、人間へと至る系統のどこかで**Ｇ**という文字に突然変異したと推測できる。ここまで分析すると、人間の祖先の五百万年前に絶滅した種が持っていたＤＮＡ配列――ＴＴＡＣＣ**Ａ**ＴＴＡＧに違いない――を、その種のＤＮＡが現実にはまったく残っていなくても特定できるのだ。現在生きている三種すべてのＤＮＡの端から端まで同じ比較を実施すれば、絶滅して今はいない人類の原型のゲノムを、コンピュータがすべて算出してくれる。複雑な問題があってコンピュータ処理は完璧なものにはならないが、発想の骨子は揺るがない。

同じような取り組みかたで、鳥類と爬虫類——どちらも恐竜から進化した——のDNAを比較したら、絶滅した恐竜のゲノムについて、完全ではないが、ある程度は洞察を得られるだろうと、進化発生遺伝学者は信じている。遺伝や発生、進化についての理解とデータを、分子についての理解と組み合わせることで、コンピュータ上で恐竜の合理的な設計図を描けるはずだ。バーチャルなニワトリのゲノムを出発点に、バーチャル遺伝子を変化させることで、成鳥の体を全体的に大きくし、羽毛を取り除いて鱗を復活させ、手羽を長い前脚に戻し、さらにそのバーチャル動物を、首の長い巨大恐竜アパトサウルスや、トリケラトプス、さらにはティラノサウルス・レックスなど、特定の恐竜の理にかなった模造品に形作っていくことができるだろう。こうして設計された電子ゲノムは、数千の細かなDNA断片を自動的につないで完全な染色体へとまとめあげるナノDNA書き込み機械を使って、生物のDNAへと転換される。それから、本来のDNAを取り除いたニワトリの卵にそのゲノムを挿入する——ドリーを作り出した工程を高度にしたものだ——と、その場で恐竜の模造品ができあがる。

なぜ模造品なのか？　最終生成物は確かに生きているし、確かに動物ではある（この言葉に対するわたしたちの理解の範囲内では）が、実際にジュラ紀に生きていたいずれかの種の正確な複製ではない。むしろ、人間の欲望を満足させるために人々が心に描いて設計した、わたしたちの想像上の〝恐ろしい生物〟なのだ。人々がシベリアオオカミを愛玩犬に、野生のウシをおとなしい乳牛に変えたのとまったく同様に、ニワトリを、おそらく大きな吠え声をあげはするけれど草食の、恐ろしい生物に転換させることができるだろう。同時に、現存の絶滅危惧種の動物——オオカワウソやジャイアントパンダのような——について、餌や生息地の許容度などの遺伝子を微妙に変化させて絶滅を防ぐことは、恐竜模造生物を作り出すよりもはるかに簡単に成し遂げられる。ひとつの例として、ジャイアントパンダを改変して、ササ以外のものも食べられるようにすることができるだろう。

そういう遺伝子創造のレベルに到達するのは、いつのことか？　ノーベル賞を受賞した分子生物学者シドニー・ブレナーは、二〇七〇年には、バイオテクノロジー専攻の大学院生に「ケンタウロス――ウマの体に人間の頭と胴体と腕がついている架空の生物――を生み出す遺伝子プログラムを図示しなさい」という課題が出される可能性がある、と確信している。[41] ブレナーの説明によると、人間の腸がウマの食道につながっているように見えるから、実際にケンタウロスを設計するのは厄介だ。この課題のむずかしいところは、半人半馬の肉体にふさわしい斬新な消化管を生み出すことだろう。ブレナーは単に、大学院生が完全な有機生物ではなくケンタウロスのバーチャル電子模型を作り出すこと（前者なら倫理的に不快に感じるだろう）を提案しているだけだが、もっと重要なのは、生物体の創造に限界を設けるのは、わたしたちの想像力と物理学の法則だけだと暗示している点だ。

もしわたしたちが種を絶滅させないために実際に利用可能な唯一の道をたどるのなら、その場合はきっと、数世紀ないし数千年かけて、〝人間が作り上げる自然〟が、わたしたちの心の中に存在する理想化された世界のイメージに含まれる母なる自然を作り変えることになるし、それによって人類はさらに繁栄する。わたしたちは、人なつっこい動物が自由に歩き回る安定した生態系を築き上げ、おそらくはいつの日か、現実のジュラシック・パークの世界が架空生物の森とともに現われてくる。その森にいる生物は、現在サンディエゴ動物園に居住している動物に比べて、多少なりとも〝魂を持った〟ものになる。もちろん人間は、作り変えられる世界の必須の一部だ。人間だけが不変のままでいるのか、それともわたしたちは、〝自然〟界のほかのすべてのものと同じように、人間という一族の存在自体を――意識的にしろ無意識にしろ――作り変え、再編成するのか？

第五部

人類の最終章とは？

第十八章

文化、宗教、倫理

未来の人類の自然進化

未来はホモ・サピエンス――わたしたちの種――に何をもたらすのだろうか？　千年後、十万年後、百万年後、一億年後に、人間の子孫は、今日存在している人類の多種多様な個体差分布のどこかに位置する人々と――肉体的にも精神的にも――区別がつかないほど似ているだろうか？　それとも、遺伝子変化により、フランシス・フクヤマが恐怖を込めて〝ポスト・ヒューマン〟と名づけた、わたしたちには想像もつかないような独特の属性を持つ種になるだろうか？　特に、人間の子孫は――アリストテレス的な意味における――第四のレベルの〝魂〟を獲得して、精神性ないし意識における質的な改善を遂げ、ほんの二十万年前に生存していた先輩のホモ・ハイデルベルゲンシスという種とわたしたちとの差異以上に、わたしたちとは大きく異なる存在になってしまうのだろうか？　あるいは、地上で時を過ごしてきた他の大多数の種と同じように、ホモ・サピエンスという系統が完全に死に絶えてしまうのか？

過去の進化から未来を推測できると考える者もいる。プリンストン大学の天体物理学者リチャード・ゴットは、簡単な統計手法を使って、ヒトという種が絶滅する可能性が最も高いと考えられる未来の期間を予測した。(1)一九九三年に『ネイチャー』に書いた論文で、ひとつの種の平均的な存続期間――登場から絶滅まで――が百万年から一千万年だということを、化石記録が実証していると指摘した。第一に、現在のわたしたちが、ヒトという種の過去と未来の存在によって規定される総存続期間の中の任意の時点に生きているという前提と、第二に、〝わたしたち〟がすでに二十万年のあいだ存在してきたという知識とを出発点にして、ゴットは今後二十万年から八百万年までのどこかの時点で、ホモ・サピエンスが九十五パーセントの確率で消滅するという予測を立てる。さらに二次的に、理論に基づく計算と経験で得られた証拠から、ヒトの子孫が地球を去って銀河系のほかの太陽系に入植する方法を開発する、または入植する時間的余裕を持つ可能性が〝きわめて小さい〟ことも指し示している。

ゴットの分析は、わたしたちの世界が宇宙において特権的な地位を占めているわけではないという、コペルニクスの発見に基づく暗黙の仮定(〝コペルニクス原理〟とゴットは呼んでいる)を出発点にする。実際、宇宙全体から見ると、地球は一片のほこりよりも小さな、取るに足りない存在だ。ゴットはまた、ダーウィンにならい、わたしたちの種の起源をもたらした進化のメカニズムは、どれであれほかの種の起源をもたらしたものとなんら異なるものではないと主張する。これもまた正しい。スティーヴン・ジェイ・グールドが多数の著書で実にうまく説明したように、地球上の高度な知的存在はどのタイプも、想像もつかないくらい多くの偶然の出来事に左右される〝偶発的な〟存在だった。それらの出来事のどれかひとつでも起こらなかったら、自己意識を持つ有機生物が存在することはなかっただろう。しかし、わたしたちは現実に出現したし、ほかのすべての種とは異なり、自然選択の冷酷な支配から抜け出せる可能性をも持っている。わたしたちの種だけが持つ、科学を見出して技術を発明する能力の結果として、未来の進化は過去の進化とはまったく異なるものになるかもしれない。

ホモ・サピエンスという種は、成員の生存可能性を高めるよう自然界を意識的に操縦できる技術を生まれつき持っている。それだけでなく、個々の社会の器は常にその技術によって定められてきた。そして、じゅうぶんな大きさを持つすべての社会で、両親の世代の技術を改良する方法を考え出す人々が生まれてきた。発見と発明はどちらも、積み重ねと分配による進展が見込める工程だ。ひとつの問題に——共同研究したり情報交換によって競い合ったりしながら——取り組む独立した科学者の数が多ければ多いほど、速く進歩する(独立独歩の例外は、常にまれだ)。今日、世界じゅうの科学者が、ひとつの地球共同体を作っている。アジアとアフリカ出身の聡明な若者が、数十年前まで先端科学分野をほぼ独占していたアメリカやヨーロッパの研究室で学び、研修を受けている。彼らは新しい知識、技術、学界での縁故を土産に母国へ帰る。研究材料が数日のあいだにやりとりできる一方で、科学出版物や実験結果、さらには投下資本でさえも、ひとつの大陸から別の大陸へと光速でばらまかれる。革新にとって最も重要なのは、世界的規模のウェブでつながれた何千人もの科学者の頭脳の中で、新しい発想が発生して進化することだ。その結果として、かつては想像もつかなかった発明に驚く回数が、加速度的に増え続けることが考えられる。

ローマ帝国の技術者は、当時生きていたほかの人々に比べて信じられないほど高度な教養を備えていたが、印刷機や燃料エンジン、電気で動く機械は想像できなかった。二百年前には、電話やテレビ、ジェット旅客機を想像するのは不可能だった。そして、電子計算機が発明された五十年前でも、今日のわたしたちの使用方法を想像するのは不可能だった。数世紀後の高度テクノロジーがどのようなものになるかを想像することはできないが、割合を累乗する簡単な演算(複利による手形割引の手法だ)を使って、技術的観点から見た未来の人間世界が今日のありさまとどのくらい異なっているかを見積もることができる。例えば、重要な革新と発明が一年間に一パーセントの割合で技術交代をもたらすという前提で計算し始めると、翌年の技術は九十九パーセントが同じで、翌々年の技術は今日わたしたちが持っているものと九十八パーセントの類似性を示す。しかし、年に一パーセントという同じ交代率がその後四百七十年間続くと、西暦二四七五年に利用されている技術の九十九パーセントが、今日生存している人々には認識不能なものになる。さらに千年後まで進むと、今日わたしたちが持っている知識や能力は、未来の人間社会の器を定める技術のわずか〇・〇〇五パーセント――おおむねゼロ――を占めるにすぎない。(2)

科学や技術に批判的な多くの一般大衆は、科学と技術は過去と同じように未来も発展し続けられるというわたしの主張に、異議を唱えるだろう。それどころか、科学に反対する立場から著書を書いているジョン・ホーガンが一九九七年に書いた本の題名によると、『科学の終焉(おわり)』(竹内薫訳、徳間書店、一九九七年)がすでに到来している。五百年以上にわたって、批判的な人々は繰り返し同じ主張をしてきたが、そのたびに現実に裏切られた。しかし、批判者は、科学者が――特に既得権を持つ者が――未来の革新はすぐにもたらされ、大きな力を持つとあおり立てる傾向があるとも主張する。この批判だけを取り上げるなら、そこには真実が含まれている。実際、進歩の割合を累乗すると、ゆるやかながら着実に幾何級数的な上昇が見込めるので、革新の現場にいる者たちは、自分たちが短期間で成し遂げられることを過大評価する一方で、長期間で成し遂げられることを過小評価する傾向がある。

現代技術文明が文化的な変化をまとめて引き起こした結果、人間社会全体はすでに、ダーウィンの法則に従ったふるまいをするのをやめてしまった。過去には、特定の有利な遺伝子が生命体に、生き残ってもっと効率的に繁殖する能力や、同じ遺伝子を持たない生命体を駆逐する能力を与えるとき、常に自然選択の原理が働いた。しかし、進歩的な民主政体のもとでは、生命と自由に対する万人の権利という価値体系が存在するので、ある種類の遺伝子を持つ人々が別の種類の遺伝子を持つ人々の生殖行動を阻むことはできない。高度に発達した民主主義社会では、一夫一婦制が標準であり、ほとんどの人は配偶者を見つけて生殖する。さらに、健康管理と社会福祉が行き渡るとともに、不妊を克服するテクノロジーがすでに有効なものとなり、年々その威力を増している。最後に、ほかのすべての生物と異なり、ヒトの男女は産む子どもの数を意識的に決めることができる。

ヨーロッパ、北アメリカ、日本、ロシア、その他の先進国では、大半の人々が潜在的生殖能力を限界まで発揮することはないので、結果として自国生まれの人口は退行中だ(3)。このような社会条件のもとでは、人間の文化や倫理の発達をもたらす高度な精神性と創造性——知性、道徳性、優美さ、指導力、才能、自己意識——という側面を高める突然変異は、生殖において人々に標準以上の利点をもたらさない。今日、首相、大学教授、優秀な音楽家や無私無欲で難民に尽くす人々は、平均すると、労務者層に属する人より子どもの数が多いわけではない。自然選択というゲームにおいて得点を挙げる方法は生殖だけであり、誰もが受け入れる数字は出産統計だけだから、繁栄や教育(特に女性の)や万人の人権は、人類そのものの決定的に重要な特徴を規定する遺伝子の自然進化と、根本的に矛盾するように思える。もし民主主義がすべての人間社会に広がったら(楽観的な未来観だ)、上向きの自然選択は——意図や目的にかかわらず——停止してしまう。

進歩的な民主政体のもとで生きている人々のパーセンテージは、この数世紀のあいだに劇的に増加したが、百パーセントに達したことはかつて一度もないし、今も達していない。抑圧的な社会では、慣習化された一夫多妻制によって、少数の男性の支配者が複数の女性の繁殖能力を独占することが許される。これらの社会では、遺伝的変異体の有無によって、誰が複数の妻を——その結果、より多くの子どもを——持つようになるかが決まる可能性もある（この点に関して、明白な証拠はないが）。そのうえ、人類の大部分が今でも、遺伝子が人生と生殖の成否に重要な役割を果たす可能性のある低開発国で生きている。同時に、インドのように今も発展途上にある国では、人口が急速に拡大しつつある。もしこれらの人口増加傾向が続くなら、全人口における遺伝的変異体の現在のバランスは、ゆっくりと変遷していくかもしれない。今日、統計的に別々の民族集団と関連づけられる特質が、ある程度世界全体に共通するものになっていくかもしれない。しかし、そういう可能性のどれかが、人間性というものの枠組みを定める決定的な特徴となるだろうか？

人口遺伝学という科学が、この疑問に答えるのに必要な数理的手段を提供してくれる。その解答は、世界の人口、現在の世界的な移動連絡路の継続性、そして今日と同じかそれ以上の科学技術力を持った文明全般の持続性によって決まる。人口規模が大きくなると、新しい遺伝的な突然変異が全体に広まるまで、より長い時間が（より多くの世代が）かかる。十万年前のホモ・サピエンスの出現が可能だったのは、東アフリカに住んでいた一万個体よりも少ない初期人口の中で起こったからこそだ。(4) 子孫の小部族がアフリカ-ヨーロッパ-アジアの広大な陸地を移動し、あちこちの居住地に根を下ろしたとき、人種的・文化的分岐が始まった。しかし、世界的規模で通信と移動が行なわれると、人類のすべてが（科学用語における）単一の生殖集団になるので、今日でも存在しているあいまいな人種的境界はどれも薄れてしまう。内部での意思伝達が可能な単一の世界的共同体が三億人（今日のわずか五パーセントにすぎない）以上の成員を抱えて存在し続けるかぎり、計算上では、数十億年以内、地球自体が生命を維持する能力を失うより前に、自然選択によるヒトの重大な進化が起こることはない。

いくつか警告しておこう。理論的には、現代文明はその高度の科学知識や技術ともども、外的要因による大災害か人為的な惨事によって破壊される可能性がある。どちらの要因も、大衆向けの映画やSF小説に描かれてきた。外的要因による厄災で人々の関心が最も高いのは、大きめの小惑星か彗星がわたしたちの惑星に衝突することで、今度それが起こると、この五億年間で六回めになる。一九九四年にシューメーカー＝レヴィ第九彗星が木星の大気に華々しく衝突した際には、地球より大きな穴が残り、地球が次にそういう目にあったときの被害の大きさを想像させた。事実、わたしたちの惑星が今後一億年のあいだに、衝突に見舞われる可能性は高い。二〇〇三年九月、マスコミが「巨大な小惑星が地球に向かっており、二〇一四年に命中するおそれがある」と報告したとき、束の間だがパニックが起こった。[5] イギリスの天文学者によると、衝突の確率は九十万九千分の一だが、もし命中すると、「衝突する岩は三十五万メガトンの力を持ち、第二次世界大戦中にアメリカ軍が日本の広島に落とした核爆弾の八百万倍の力を持つだろう」[6]。

SFファンも科学者も、世界文明が無傷であるかぎり、急速に進歩しつつある科学技術の力で、いずれは、大規模な隕石や小惑星や彗星が地球に近づくはるか前にそれを特定し、核の力などの方策で向きをそらすことができると信じている。[7] しかし、核による大火災や、バイオテロの病原体、とめどなく進む温室効果、その他の意図しない環境災害などから生じる、みずから招いた破壊についてはどうか？ 悲観論者は、現代以前のほぼすべての文明が崩壊したことを歴史的証拠として、現代地球村もいつかは崩壊すると指摘する。この点、新しい千年紀の最初の数年は、温室効果ガスのレベルが急上昇し、人が住むすべての大陸において宗教的原理主義者が民主主義に挑戦状を突きつけ、アメリカの政策立案に反民主的原理主義者が破滅的なほどの影響力を発揮するなど、勇気づけられるような情勢だったとは言いがたい。

太陽が明るく燃え、海があるべき場所にとどまっているかぎり、人類は文明破壊という筋書きを避けることができる、とわたしが信じているのは、能天気な楽観主義ゆえだろう。現代以前の世界の至るところに存在していた帝国がすべて崩壊したのは、上昇を続ける過程にほんの一時的に訪れた下落にすぎなかった。遠くからながめてみると、この一万年間の世界の人類史は、途切れることなく続く文化的・技術的・倫理的発展を記録している。[8] 今のいわゆる世界市場が「……最も開発の遅れた国も含めて、すべての国家を文明へと引き込む……すべての国家に、従わなければ絶滅すると脅して、資本家階級の生産様式を無理やり採用させる……ひとことで言うと、みずからが描くとおりの世界を作り出す」ものであることを、一八四八年に観察・予言したカール・マルクス——人間性について能天気であったことは今では広く認められている——は、際立って先見の明があったのかもしれない。[9] 今日では、すべての経済学者——所属する政治グループは多岐にわたる——が、グローバル化が続くと最終的には、最貧社会もクモの巣(ウェブ)にからめ取られて恩恵を受けると理解している。おそらく、今後数世紀のあいだに、抑圧や貧困は歴史書の中にしか見つからないようになるだろう。

敷衍(ふえん)して述べると、最悪の大惨事がわたしたちに降りかかったとしても、その結果生じる大変動は、ヒトの進化に重大な影響を与えるほど長くは続かない。未来の筋書きがどんなものであれ(人類の完全なる絶滅を除く)、文化的・技術的知識はどこかで生き残り、数世代もすれば、人々は産業を再建して、民主主義を回復する。楽観的な結論を書くと、ヒトという種は、始まりはそうではなかったとしても、自然選択との関わりにおいてまったく類を見ない存在になる。わたしたちは、大いなる転身を遂げて、ダーウィン的な自然の裏切りに終止符を打つことができるかもしれない。だとすると、これは、わたしたちが進化の系統の終点にたどり着いたことを意味するのだろうか？　必ずしもそうではない。

遺伝子で神を演じる

人間の遺伝子工学とそれがヒトという種にもたらす影響――もしそういうものがあるのなら――について、感情を交えずに書いたり話したりするのは、臆病者にはできない芸当だ。ほかの生命体にそのテクノロジーを現実に施す科学者なら、なおさら勇気がいる。だから、わたし自身やわが子が生きているあいだには人類になんら影響を及ぼしそうにないテクノロジーについてのわたしの推測は、思考を刺激するためのものであって、世界を変えるためのものではない、とここで明言しておきたい。わたしはそういうテクノロジーの擁護者でも敵対者でもない。むしろ、この話題が間接的にでも切り出されたときに、教育程度の高い非常に多くの人々が口にする不安や恐怖、そして怒りなどの根深い感情を理解することに関心を持っている。これらの情動はすべてどこから生まれるのか？

著名な人類学者アシュリー・モンタギューは、一九五九年に書いて人気を博した『人間の遺伝』という本で、「受胎の際に母の血と父の血が混ざる、だから子孫が両親の特質が混じり合った特質を示すようになるのだと……いまだに信じている人が多い」と嘆いた。[10]もはや、そんなことはない。今日、テレビを見たり新聞を読んだりする人はみな、〝血〟とは、卵子と精子の中に存在する本当の有形伝達物質である〝遺伝子〟の古い比喩的表現にすぎないということを知っている。

一九九六年、フランス領コルシカ島で、中世のたたずまいを残すゾンザという村のカフェにわたしが座っていたとき、五、六人の若者が、フランス政府の所有する公的建造物で夜間に爆弾を爆発させる(夜にするのはけが人が出ないようにするためだ)分離独立派を支持するかどうかを議論していた。ひとりの男が冗談交じりの話でほかの者を笑わせると、グループの中のある女性が、どうしてふざけていられるのかと尋ねた。「遺伝だよ!」と、男は即座に答えた。テーブルにいたほかの友人たちは、同意してうなずいた。彼らの目には、そして今日学問の世界の外にいるほとんどの人々の目には、遺伝子が個性や好みにとてつもない力を(ときには本来の力よりも誇張された力を)及ぼしているように見える。しかし、同時に、ほとんどの西洋人は相変わらず、神から与えられた霊魂が存在すると、堅く信じている。科学と宗教との衝突は、多くの心の中では、神がそれぞれの人間を組み立てるための道具として遺伝子を〝使っている〟と想像することで解決されている。

この神と遺伝子とのつながりの深さは、『ハーパーズ』誌が行なった全米電話調査の結果に表われている。その質問内容は、「誕生前の子どもの遺伝的な特性をコントロールする力を、誰が持つべきだと思いますか?」というもので、答えの選択肢は「両親のみ」「医師のみ」「神のみ」「誰も持つべきではない」だ。医師を選んだのは一パーセント未満で、両親を選んだのは十一パーセントだった。七十パーセントという圧倒的多数は神を選んでいる。それから、離れた二位として、両親を選んだよりも多い十六パーセントの人が「誰も持つべきではない」を選んだ。[11] 遺伝子を与えるものとして神を選ぶのは、わたしが説明したばかりの言葉で容易に理解できる。しかし、将来の両親の願望よりも「誰も持つべきではない」という信念を上位に選んだ人々についてはどうだろう? 「誰も持つべきではない」という選択肢のほうが愛情深い両親よりもいい答えだと見なすのなら、自然は作為的だと認めることになる。作為的な母なる自然とは、もちろん、ポスト・キリスト教における神の代替物だ。

特定の宗教に忠誠を誓っていても、そういう対象がなくても、西洋文化に同化した霊的な人々は、人間には神や母なる自然の仕事を代行する権利はないという観念的な原則を信じている。一九八二年、欧州評議会は、「人工的な変更を加えられなかった遺伝子パターンを受け継ぐ権利」は人間の尊厳にとって必要不可欠だと宣言した。遺伝子治療という分野の先駆者フレンチ・アンダーソンは、「正常な人間を改良しようとする試みに遺伝子を提供することは……見当違い、さらには邪悪なことだ」と書いた。そして、ハーヴァード大学政治学部の教授で、ブッシュの生命倫理諮問委員会のメンバーであったマイケル・サンデルは、以下のように主張する。

> 遺伝子工学は……人間に火を与えたプロメテウスにならって、人間の本質を……作り直したい、われわれの目的に役立て、われわれの欲望を満たしたいという野心を［表わしている］……［しかし］世界のものはすべて、われわれが望んだり考案したりするどんな使いかたをしてもよいわけではない。授かり物という生命の性質を正しく認識することが、この〝プロメテウス的な〟プロジェクトを抑制し、ある程度の謙虚さに導く……［遺伝子工学の］問題点は、思いどおりにしようという両親の〝思い上がり〟にある。[12]

プリンストン大学で二〇〇四年に行なった講義で、サンデルは、男の子または女の子を持ちたいという欲望を満たすために精子分離テクノロジーを使っているアメリカやイギリスの（将来の）親たちを集中的に非難した。サンデルは、一部の貧しい地域で男女の人口比が百三十対百（自然状態の誕生時の比率は百五対百だ）になっているインドにおける性選別の結果について説明した。しかし、インドで男の子が好まれるのは主として、高度産業化社会とは関係のない要因による。両親は娘を嫁入りさせるのに高額の持参金を払わなければならない。若い女性は自立した職業に就く機会がほとんどない。そして、伝統的に男性が老親を扶養することになっている。これに対して、世論調査や経験的データは一貫して、アメリカ、ヨーロッパ、日本を含む先進国では、好まれる赤ん坊の性別比は男女ほぼ同等であるか、あるいは、どちらでもいいという答えが大勢を占めている。[13] しかし、サンデルはこれらの不都合な事実には言及しなかった。思うに、これらのデータは、彼があらかじめ決めてかかった結論、つまり人間が妊娠する過程の〝自然の〟要素であり続けたものを人間がコントロールするのは断じて不道徳だ、という結論を裏づけるものではなかったからだろう。

サンデルの発表後の質疑応答時間に、わたしは、仮定の思考実験で人々が行なった仮想選択の道徳性を考えてみてほしいと頼んだ。夜にセックスをすれば男女の受胎確率は同じだが、午前中にセックスをすれば常に男の子が生まれ、午後にセックスをすれば常に女の子が生まれるとする。これを知っているカップルが午前中または午後にセックスをするのは、不道徳だろうか? サンデルの返答はイエスで、「午前中または午後にセックスをするのは——そういう状況のもとでは——不道徳だろう」と答えた。

サンデルの〝プロメテウス的願望〟への恐れに対し、先見の明ある返答を、遺伝学者のJ・B・S・ホールデンが、一九二三年二月二日に、イギリスのケンブリッジの〝異端者に読ませる論文〟に書いていた。ホールデンは以下のように述べる。

> 化学や物理学の発明家は、常にプロメテウスだ。火を使うことから空を飛ぶことに至るまで偉大な発明はみな、いずれかの神を侮辱するものとして世に迎えられた。しかし、物理学や化学における発明がす

べて神への冒瀆であるのなら、生物学的発明はすべて神の力の悪用になる。(14)

自然法に感化されたほかのきわめて多数の知識人と同じように、サンデルも自分の見解が神学上の主義主張とは無関係だと信じている。しかし、選んだ言葉が暴露しているのだ。プロメテウスはギリシア神話の登場人物で、神から火を盗んで人類に与えた。この〝思い上がり〟からなされた行為──本来なら神ないし母なる自然に属する権利を行使すること──の結果、プロメテウスは未来永劫に地獄で罰せられることになった。サンデルは──欧州評議会やアンダーソン、その他の者と同意見で──たとえ次の世代に受け渡し可能な遺伝子改良方法を、子どもたちを癌や心臓病やアルツハイマーから守るために安全に使うことができたとしても、それでもやはり不道徳だろうと言っているのだ。そして、そういう方法を許可したり促進したりする社会は、どんな社会であっても不道徳だ、と。しかし、米国ヒトゲノム・プロジェクトの責任者であり、敬虔なキリスト教徒を自認する医師のフランシス・コリンズが指摘するように、この論理は個人の幸福という観点から見るとばかげている。

遺伝子工学は倫理的ジレンマを生み出す可能性があるから全面的に受け入れられないというのは、何にも増して倫理に反する姿勢だ。それは基本的に、ここに人間の苦しみを軽減しうる強力な取り組みがあるが、乱用が起こるおそれがあるので実行しないと言っているのと同じだろう。そんな姿勢は、考えうるかぎりのすべての観点から見て、何より神学的観点から見て、受け入れがたい。(15)

明らかに、ユダヤ教とキリスト教の影響を受けた多くの一般知識人に不安を抱かせるのは、遺伝子工学を使用したひとつひとつの事例ではない。それは、人類が自己進化という過程を通じて、神の最高傑作――ヒトという種――を永遠に、かつ大々的に変えてしまうのではないかという恐れなのだ。人間は、現在の形態では、神の姿に似せて作られたので、次の人類は神よりも偉大な〝姿〟を持つだろう――これは、神を畏れている人々にとっては、まったくもってけしからぬ発想なのだ。

米国科学振興協会のマーク・フランケルは、なぜ非遺伝子的改良方法は受け入れられるが、遺伝子改良方法は受け入れられないかを説明する際に、この恐れを表明している。「薬理学から高度な音楽レッスンまで、現存している改良方法は現代の大人と子どもの世代を対象にしている。〔遺伝子工学とは異なり〕わたしたちの進化の道筋をかなりの程度まで方向づけるようなやりかたを生物に押しつけるわけではない[16]」 環境保護論者のビル・マッキベンは、『自然の終焉――環境破壊の現在と近未来』(鈴木主悦訳、河出書房新社、一九九〇年)という前著で、〝自然の終焉〟について心配していたが、『人間の終焉――テクノロジーは、もう十分だ!』(山下篤子訳、河出書房新社、二〇〇五年)では、わたしたちの情緒的本能が理性的本能に打ち勝って、人類は変わらないままでいるという希望を探っている。「……来るべき〝改良〟世界に対するわたしたちの本質的な嫌悪は、みずからを救おうとする意識だ[17]」 そして、遺伝子治療の創設者フレンチ・アンダーソンは宣言する。「わたしたちの遺伝子はわたしたち自身だけのものではない。遺伝子プールは社会全体のものなのだ。社会の同意なしに遺伝子プールを意図的に変える権利を持つ個人はいない[18]」

同じ気持ちから、反バイオテクノロジー唱道者ジェレミー・リフキンは、例によって科学用語を盗用し、囊胞性線維症(のうほうせいせんいしょう)、鎌状赤血球貧血症、テイ=サックス病、その他の遺伝疾患の原因となる突然変異を保持している両親は、これらの突然変異を子どもに伝える道徳的責務を有していると主張する。

遺伝子の多様性を豊かに蓄えておくことは、変化し続ける環境や今までにない外部からの攻撃に対して、種の生存能力を維持するために欠かせない。……劣性形質と突然変異は進化図式において必要不可欠な役割を果たす。それらは間違いではなく、むしろ選択肢であり、その中の一部は好機になる。いわゆる〝悪い〟遺伝子を取り除く行為は、遺伝子プールを使い果たして将来の進化の選択肢を狭める危険を冒している。劣性遺伝子形質はあまりにも複雑で流動的なので、単なる遺伝暗号の誤りだと非難することはできない。(19)

いや、実際は、すべての突然変異は単なる遺伝暗号の誤りとして起こるのだ。毎年、新生児に生じる数百万の新しい突然変異の中で(あなたもわたしも、十くらいの突然変異を保持している)、その大半は、今も将来も、なんの利益ももたらさない。

リフキンとアンダーソンはどちらも、〝遺伝子プール〟という言葉を、種全体が持つひとつの霊性を表わす科学まがいの比喩的表現として使っているが、この言葉は個人の集団が保持しているさまざまな種類の遺伝子をまとめあげるために、集団生物学者が発明した数学的抽象にすぎない。すべての個体群のすべての世代に関して、繁殖する個体と繁殖しない個体がいるので、そして新しい無作為の突然変異が絶え間なく生じるので、遺伝子プールは変化する。遺伝子プールの大きさは、近親交配になっている絶滅危惧種の生存可能性を査定する場合には重要かもしれないが、ヒトという種は絶滅危惧種からはほど遠く、近親交配のおそれもない。それどころか、隕石が地球を襲って世界の現人口の九十五パーセントが蒸発してしまっても、なお残っている人々の数と遺伝子プールはキリスト誕生時よりも大きく、かつて存在していたどの大型哺乳動物種のものより大きいだろう。[20]

よく耳にするもうひとつの誤解は、人間が変化しつつある気候の中で生き残るには遺伝的適応が必要になるというもので、リフキンが表明した。過去一万年に及ぶわたしたちの種の歴史と普通の良識が、そうではないことを示している。最小限の遺伝的相違を有する人間の個体群は、信じられないくらい多様な環境で同時に生き残り、繁栄してきた。ベドウィンは灼熱の太陽のもと、乾燥したアラブの砂漠を歩き回った。イヌイットは北極圏の雪塊に覆われた平原に囲まれて住んでいた。アマゾンのいくつもの部族は、危険な動物や蚊が数多くいる暑くて湿気の多いジャングルで栄えた。そして、ニューヨーカーは今、鋼鉄とれんがとコンクリートとガラスのジャングルで暮らしている。わたしたちの祖先は過去に、地球が温暖になった時代と氷期を通じて生き残ってきたし、わたしたちとなんら変わらない子孫も、寒冷地でも温暖地でも、乾燥地でも湿潤地でも、同じように繁栄できるだろう。文化適応は遺伝的適応よりもずっと速くて効率的だ。そして、現代の科学技術は、暖かいコートや暖房を寒冷地域にもたらし、エアコンを温暖地域にもたらして、適応能力を計り知れないくらい増強する。

環境をコントロールすることで、東南アジアの都市国家シンガポールは——ほぼ赤道直下に位置しているにもかかわらず——五十年に満たないあいだに第三世界の国家から先進世界の国家に変身を遂げた。エアコンのおかげで、息苦しい熱帯の気温と湿度の中では達成しえないレベルの生産性が可能になる。シンガポールには、道行く人々が数ブロックごとに駆け込める、エアコンの効いたキオスク（エアコン・シェルターと呼ばれている）さえある。もちろん、局地的に気候を変える技術には多量のエネルギー投入が必要で、今日そのほとんどが化石燃料によって供給されている。しかし、現在人間世界全体で使用されているエネルギーの全ワット数は、地球に降り注ぎ続ける太陽エネルギーの〇・〇一パーセントにも満たない、という重要な事実を心にとどめておくべきだ。将来化石燃料源が枯渇しても、太陽から、または核融合による、そのほかなんらかの無限の源からのエネルギーを効率的に捕捉するテクノロジーがきっと開発される。千年もすれば、人間は、今日では想像もつかない方法でエネルギーを獲得しているに違いない。

人間が引き起こす人類の進化

将来の進化に対する干渉という誤った考えかたをあと押ししているのは、進化と進歩、進化と発生の紛らわしい類似だ。不幸なことに、一部の科学者までもが、〝発生〟と〝進化〟という単語を互換性があるような使いかたをする。明確に述べるためには、〝発生〟という言葉を使うのは、個々の生命体が、ふつうは胚のDNA内で事前決定された発生プログラムとして大半が暗号化されている作りかたに従って、単細胞の胚から大人の動物へと成長する過程を指す場合に限定するべきだ。化学的・物理的な混乱が正常な発生過程に干渉することに疑問の余地はない。そして、もし生物学的進化が単に大規模な〝発生〟であるのなら、進化に対する干渉の可能性があると推測されるかもしれない。しかし、生物体は将来の進化プログラムを含有していないし、どんな種も種全体に基本計画が隠されているわけでもない。〝自然な〟進化過程が人類や生物圏の改善をもたらすものだと信じる科学的な根拠はない。むしろ、そういう信念は、母なる自然そのものの上に立つ、もしくはその中に含まれる、神によって定められた〝種の魂〟の存在を信じることのみから生じるのだ。

伝統的な文化はあまりにも確固としていて、あまりにも永続的で、人々の継承資産のかなりの部分を占めているので、文化を変える要素を導入することは社会に対する犯罪と見なされかねない。しかし、文化はときに急速な変化を経験し、その変化が文化的記憶からすばやく消し去られることもある。ボローニャソースを使ったピザやスパゲティはイタリア料理の真髄だと思われている一方で、フランス人は常にフライドポテト(フレンチフライ)を食べてきたし、ゆでたジャガイモはドイツ伝統料理の一品だ。しかし、ヨーロッパの探検家が南北アメリカ大陸から帰国した十六世紀以前に、イタリア人やフランス人、ドイツ人がどんなものを食べていたにせよ、トマトもポテトもアメリカ大陸以外には存在していなかったのだから、ヨーロッパの食材にはなりようがなかった。同じ理由で、コメはメキシコの食事の一部であったはずがないし、コロンブス到着以前の南アメリカやカリブ海諸国の先住民がブタを育てていたはずがない。

ほかにも、いわゆる〝伝統的な〟文化が持つ特性の中で、外国生まれのものは数多く存在し、それらは一般に理解されているよりずっと最近になって組み入れられた。フランスのワインはアメリカの亜流ワインより優れていると思っている人々にとって皮肉な例を挙げると、フランスのブドウの木の根はすべて、もとはアメリカ産なのだ。[21]十九世紀後半、根に寄生するとても小さいが致死性のアブラムシがヨーロッパじゅうのブドウ畑に広がった。フランスのワイン産業を救う唯一の方法は、害虫に強いアメリカ産のブドウを土壌に移植し、そのあとフランス産の枝を接ぎ木して、実をつけさせることだった。

前に説明したとおり、昔ながらの動物や植物の遺伝子コントロールは間接的なもので、動植物の誕生後に育種家が介入して、どの個体に親の役目を務めさせるかを決めるという形で行なわれた。十九世紀後半から二十世紀初頭にかけて、一部の知識人が、人間の生殖を同じようにコントロールすることを提案した。遺伝的欠陥を持って生まれた人々を保護する寛大な社会制度がもたらした〝ヒトの遺伝子プールの弱化〟に、それで対抗しようというわけだ。社会がその成員に選択的生殖を強要することを、優生学と呼ぶ。今日では、優生学は基本的人権の侵害であるとあまねく認められている。しかし、皮肉にも、優生学――進化の理解を誤っており、個人の幸福と種全体の幸福とを混同している――を推し進めた信念が、遺伝子工学に対する現代の〝対抗勢力〟の中心になっているのだ。

一九六二年、進化と遺伝学を単一の理論的枠組みに統合した立役者であるセオドシアス・ドブジャンスキーが、『進化し続ける人類』という、賞を獲得した大衆向けの本を書いた。同じ分野のほかの研究者と同様、ドブジャンスキーは、優生学者の思考の科学的欠点を並べ立ててみせたが、巻末近くで、「［遺伝病を克服するための］根本的に異なる解決法が遠い将来に発明される可能性に言及しなければならない。コントロールされた突然変異を誘発するために、すなわち、特定の遺伝子を望ましい方法で変化させるために、いつかひとつの方法が発見されるかもしれない」という余談を思いきって書いた。(22) 精密遺伝子工学は、ひとりの人間より別の人間を選ぶことを基礎としているわけではないので、倫理的な観点からは優生学の実践とは根本的に異なるということを、ドブジャンスキーははっきりと見抜いていた。精密遺伝子工学は、ひとりの子どもとなるべき存在の中にある一部の遺伝子より別の遺伝子を選ぶことを基礎とするだろう。遺伝的に改造された子どもは、改造されていない子どもと〝同じ〟だろうか？　同じではないが、両親が誘発した変化は、性的クライマックスを一秒遅らせることで引き起こされる仮定の変化（母の卵子が、数千の異なる遺伝子を持つ異なる精子を受精する結果になる）よりはるかに小さいだろう。

遺伝子工学が〝人格の選択〟ではなく遺伝子の選択として提示されると、アメリカ人は大いに異なる反応を示す。先に挙げた遺伝コントロールに関する電話調査（誕生前の子どもの遺伝的な特性をコントロールする権利を、神が持つべきである、または〝誰も持つべきではない〟という選択肢を支持した者が八十六パーセントを占めた）で、最初の質問とは微妙に異なる補足質問がなされた。妊娠中の自分の子どもに焦点を当てた、複数の部分から成る質問で、「もし妊娠しているとしたら、あなたにとって以下の［遺伝的］特性をコントロールすることはどのくらい重要でしょうか」というものだ。最初の特性は、〝病気に対する免疫〟で、八十四パーセントが遺伝的コントロールは〝非常に〟または〝ある程度重要だ〟と答えた。第二の特性は、〝知性〟で、肯定的な答えが六十四パーセントに達した。フランシス・フクヤマ、マイケル・サンデル、フレンチ・アンダーソン、レオン・カス、ビル・マッキベンなど、左右両派の知識人は、こういう態度に恐れを抱き、自分の子どもに恩恵をもたらしたいという近視眼的な意向は、人類のためにあらかじめ定められた基本計画に対する不当な挑戦だと考えるのだ。

一九六二年、ドブジャンスキーは遺伝子工学を〝遠い未来の可能性〟だと考え、一九七〇年には、ジャック・モノーがさらに悲観的な見解を示した。

現代の分子遺伝学は、先祖から受け継いだものに働きかけて、新しい特色でそれを改良する――つまり遺伝子によって〝スーパーマン〟を作り出す――ための方法を〝なんら〟提供していない。それどころか、そのような希望のむなしさを暴き出す。ゲノムは顕微鏡でしか見えないくらいの大きさだから、この種の操作は今日でも、そしてたぶん永遠に不可能だ。(23)

そのわずか三年後の一九七三年、遺伝子操作が微生物に施され、一九八〇年には、外来遺伝子をマウスのゲノムに移植するのに成功した。それ以来、遺伝子工学はおびただしい数のほかの哺乳類に適用されてきたし、もはや率直な分子遺伝学者は、人間が祖先から受け継いだ資質も改造できるということになんら疑いを抱いていない。

第十九章　テクノロジー

わたしたちは息を潜めて、チンパンジーのゲノムを目にする瞬間を待つ……［しかし、どうやら］言語能力の発生、精巧化した前頭葉、ほかの指と向かい合わせになる親指、直立歩行姿勢の出現、抽象的な推論能力の獲得……は、主にささいな変化に由来する［ようだ］……進化のこの重要な段階を完全に究明するには、大勢の生物学者が今後半世紀にわたって研究を重ねる必要があるかもしれない。

カリフォルニア工科大学教授でノーベル賞受賞者のデイヴィッド・ボルティモアが、完全なヒトゲノム配列の発表に対して行なった二〇〇一年の論評より(1)

チンパンジーはわたしたちに最も近い類縁の動物なので……［わたしたちと］チンパンジーとの［遺伝的］差異は、ほかのどんな種との差異よりも小さく、かつ貴重なものなのだ。

ヒトゲノム国際機構二〇〇一年度会長、国際チンパンジーゲノム配列決定プロジェクトリーダー、東京大学教授　榊佳之(2)

榊佳之は、チンパンジーのゲノムを解読したいという燃えるような願望の背後にある原動力を率直に口にする。それは、チンパンジーを理解したいからでも、人間の病気に対する理解を深めるためにその情報を使いたいからでもない。もっとも、彼の努力からこれらの成果が生じることは確実だろう。だが、榊教授の原動力はむしろ、人類自身と同じくらい昔から存在する問いの答えを知りたいという思いだ。その問いとは、「『人間に知性を与えるものは何か?』という問いに答える能力を持つ知性を人間に与えるものは何か」というもの。長いあいだ、学者の中でも神学者と哲学者が独占していた分野における論争に、二十世紀になって、心理学者と神経科学者が加わった。今でも、その答えは見つからないと考える者は多い。しかし、榊はそう思わない。チンパンジーのゲノムを詳細に分析することで、人間のみが有する特徴を理解する道が開けると確信している。

高性能の顕微鏡で観察しても、受精したばかりのチンパンジーの胚と受精したばかりの人間の胚は、ほとんど区別がつかないだろう。そして、もしそれぞれの内部を拡大して分子レベルまで見ることができたとしても、やはりおおむね同等の生物学的活動、遺伝子、細胞構造が見出されるだろう。しかし、チンパンジーの胚が、チンパンジー型の知性を示すチンパンジーの脳を持ったチンパンジーの体に成長する潜在能力しか持っていないのに対し、人間の胚は、著しく高い知的特性を示す人間の脳を持った人間の体に成長する。ほぼ同一の単一細胞から、そういう異なる知性がどのようにして現われるのか? 答えは、それぞれに存在するＤＮＡコードのあいだの、多岐にわたるごくわずかな違いにある。

アメリカ人とイギリス人は、二〇〇一年に大半が終了した国際ヒトゲノム・プロジェクトを束ねてきた。意外なことではないが、人間に知性を授けるコードの断片は、干し草の山の中に小さな針が紛れ込んだごとく、DNAの中に隠されたままだった。しかし、当時、両国の一線級のゲノム科学者は、哲学的探求ではなく、自分たちが見つけ出したデータを実用化することのほうに関心を持っていた[3]。だから、実験で操作しやすく、将来人間の治療に応用可能かどうかを検査しやすいマウスなど他の種に、DNA読み取り機械を集中して使っていた。クレイグ・ヴェンター――民間のゲノム解読作業の先駆者だ――は、なぜチンパンジーのゲノムを読み取るのかという合理的理由をすべて退け、チンパンジーは「人間に近すぎ」、「現段階ではあまり有用ではない」と主張した。おそらくヴェンターは、ゲノム研究の商品化のことだけを考えていたのだろう。あるいはおそらく、「……生命は内蔵された遺伝子コードから進化した。人間の進化は前もって決定された精巧な活動だ。生命は成り行き任せの手違い、ないし偶然の出来事によって進化したのではない」という何気ない論評で暴露されたように、信仰上の理由で人間の知性の神秘を精査したがらなかったのだろう[4]。

榊博士は、生命のいちばん根底をなす神秘を精査することに、なんのためらいも感じなかった。すでに日本最大のDNA配列決定研究施設を運営していた。だから、ヒトゲノム解読作業が最後の追込みに入ったとき、榊自身は、人間の知性について、そしてその秘密を暴く最も効率的な道について考え始めていた。主にアジア出身のゲノム解読先駆者と神経・分子遺伝学者を集めて、東京で〝サルゲノム学に関する智の遺伝子探索計画（GEMINIプロジェクト）研究会議〟を開いた[5]。榊の研究会は、国際チンパンジーゲノム配列決定プロジェクトの結成へとつながる。この研究会は、共同作業でチンパいた。

ンジーの遺伝子コードとヒトの遺伝子コードのあいだにある〝種の違い〟を見つけ出し、それを第一歩として、人間の特質である知性と肉体を形作るヒトゲノムの構成要素を探り当てることを目的として

二〇〇一年の終わりに、わたしは、東京から南西方向に新幹線で二十分の横浜にある、理化学研究所ゲノム科学総合研究センター内の榊博士の研究室を訪れた(6)。榊は、渡辺日出海とアメリカ出身のタッド・テイラーという、共同研究者ふたりも呼んでいた。わたしたちはかなり長いあいだ、厳密な科学用語を使って科学について語り合い、種を決定づけるDNAの相違点のほとんどが、現実の種の特性とは関連のない進化の産物だという事実について議論した。体の構造や外観という、知性以外の属性の発現においてさまざまな役割を果たすものもある。しかし、ある特定のコードの断片は、胎児と子どもの脳の成長における遺伝子の活動を調節することで、知性のタイプを確定することに直接関わってくる。渡辺は、自然選択の原理を応用して重大なDNA変化とそうではないものを区別するソフトウェアの開発方法を説明した。そして榊は、サルの種類ごとに成長中の脳で異なる活動をするような遺伝子を特定するためのテクノロジーについて述べた。こういう特定の遺伝子セットの中に、人間の知性をもたらす原因となる遺伝子があるかもしれない。わたしにそう話したときの榊の目は、こちらにも乗り移りそうなほどの熱意で輝いていた。

この時点で、わたしは会話の方向を科学から哲学へと移した。高い教育を受けた人々のほとんどが人間の知性はすなわち人間の魂だと考えがちだと述べて、口火を切る。もしそれが事実なら、榊たちは人間の魂をつかさどるDNAコードを見つけようとしているのではないだろうか？

「まったくそのとおりです」榊は言った。渡辺も無造作にうなずいて同意した。

わたしはこの答えに続けて、もうひとつの所見を付け加えた。敬虔なキリスト教徒は、魂は永遠の神秘であり、人間が理解できるものではないと信じている。そして、聖書の冒頭にある物語のひとつは、ひと組の男女のどちらかが禁断の知識の樹から実を食べると、人類に苦難が降りかかるという道徳律だ。榊には、自分の研究目標が達成されたら、人々が恐怖を抱いたり怒りを感じたりするかもしれないという懸念はないのだろうか？

榊に懸念はなかった。「日本では、そのような発見に動揺する人は多くないでしょう」と説明する。榊の共同研究者の多くが働く中国や台湾でも、人々は動揺しないだろう。なぜなら、東洋の伝統では、背く相手となる全能の神など存在しないからだ。

テイラーは、彼と同僚が実施している研究にわたしが加えた神学的ひねりに不快感を覚えていた。それまでこういう視点で自分の仕事を論じたり考えたりしたことがなかったらしく、分子生物学が魂の神秘を暴きうるという、あるいは人間の魂のレシピがヒトゲノムの中に存在しうるという考えに当惑しているようだ。

「環境が大きな要因を占めているのです」と、テイラーはほのめかした。わたしは、人間ひとりひとりの個性が遺伝子のみに還元できないことには同意したが、環境とは関係なく、たぶん数千のＤＮＡ小片が、チンパンジーの脳と知性より優れた人間の脳と知性の発達を引き起こすことをテイラーに思い出させた。テイラーはしばらく考えて、人間の知性がほかに類を見ないものであることを、もう一度、起源を遺伝子に求めないようなやりかたで描き出そうとした。「そうですね、数千の遺伝子の変化にすぎないのかもしれません。しかし、この数千の変化から生まれるチンパンジーの脳と人間の脳との差異は数百万にのぼります」確かに、わたしもそう思う。しかし、すべての始まりはデジタル暗号化された情報内の数千の差異であり、テイラーの研究はその解明の手助けをしようとしているのだ。

わたしは続いて、はっきりと頭に浮かんでいた次の疑問に進んだ。もし榊のグループが人間の〝魂の暗号〟であるかもしれないものを暴き出したら、榊のグループや共同研究者は、遺伝子操作によってそのコードをチンパンジーのゲノムに埋め込むことで、最も効果的にコードを検査できるだろう。そのような実験についてどう思うか？　一瞬沈黙が流れたあとで、渡辺が真っ先に返答した。

「わたしはやりたいですね。とてもわくわくします」

しかし、テイラーは前にも増して不快感を示した。

「チンパンジーをそんなふうに扱うのは、正しいことではないでしょう」

テイラーとわたしはともに、チンパンジーなどの大型類人猿はもはや昔のような実験動物とは見なされていないという事実を知っていた。[7] 大型類人猿に実験を行なうには、大きな苦しみを与えないこと、実験で得た知識から人類が相当程度の恩恵を受ける公算があることに加えて、厳格な倫理基準を満たさなければならないだろう。それでもやはり、わたしはテイラーに、チンパンジーの遺伝子操作が、その個体の知的能力を高めてチンパンジーらしくもなく人間らしくもないものにするという、その程度の影響しかもたらさないような思考実験を考えてみてほしいと頼んだ。もしその動物が苦しまないのなら、愛情を込めて世話をしてもらえるのなら、この実験に何か問題があるだろうか？「どう思いますか？」と、わたしは質問をぶつけた――数年前にプリンストン大学の学生から同じ質問をされたのだ。

テイラーはひと言も発しなかった。しかし、その目の中に、理性的思考と生の感情との衝突によって引き起こされた心理的葛藤が見えた。さらに、テイラーと日本人の同僚のあいだに、西洋文化全般に巧妙に浸透しているキリスト教的魂の全一性と、東洋精神の可塑性のあいだに存在するとてつもなく大きなギャップが見えた。これはおそらく、将来バイオテクノロジーを進んで受け入れるかどうかについての、西洋と東洋の違いの予兆だろう。ヨーロッパ人が作物のことを思い煩い、アメリカ人が胚のことで思い煩っているときに、アジアの国々はいつでも前に飛び出して、これまでに発明された中で最も強力なテクノロジーの恩恵を射止められるよう準備を整えているのだ。

横浜を去る直前、わたしは榊博士に、博士が人間を人間たらしめる遺伝子を発見したいという野心を抱いていることを、ほかの科学者はどう思っているのかと尋ねてみた。博士は、「脳科学者はかなり懐疑的です。進化生物学者も懐疑的です。一部の遺伝子科学者だけが、人間の知性の土台を理解しようというこの取り組みに賛成してくれています」と言った。わたしは新幹線に乗って西の神戸へ向かった。しばらくすると、新幹線の軌道が大きな弧を描き、堂々とそびえ立つ日本のシンボル、雪を頂く富士山の裾野を通った。榊は、金のためでも個人的名声のためでもなく、はるかな目標に到達して、日本をはじめとするアジアの国が技術だけでなく基礎科学研究においても猛者であることを世界に示したいという、純粋な喜びのために頂上を目指すのだと、比喩的な表現を使って話していた。

ヒトゲノムが解明されてから三年が経過した二〇〇四年五月、榊とテイラーと渡辺は、日本、中国、韓国、台湾、ドイツの共同研究者とともに、チンパンジーの染色体とそれに対応する人間の染色体上の遺伝子すべてについて、DNAの完全なる並列比較を初めて行なった結果を発表した(8)。アメリカ人の共同研究者がおらず、ヨーロッパ人もわずかであったことは、添付の論説で言及された(9)。これに続いて、きっとチンパンジーと人間のゲノム全体の比較が行なわれるだろうし、その次はボノボとゴリラのゲノムだ。この情報を使えば、遺伝学者は、今日生きているチンパンジーと人間すべての共通の祖先に遺伝子を伝えたあと五百万年前に絶滅した種のゲノムを完全に復元できる。[10]わたしたちのゲノムという干し草の山の中から、過去五百万年のあいだに発生した分岐という針を取り出して並べ、分子生物学、生化学、発生学、神経科学、コンピュータ科学の各分野の研究者たちが調査する。そして、人間の知性の遺伝的基礎を発見した――きっといつかそういう日が来る――場合、わたしたちはこの情報で何をしようというのか？

見慣れない遺伝子を持つ赤ん坊

ジャック・コーエンは、顕微鏡でしか見えない人間の胚と、信じられないつながりを持つ。コーエンは簡単に胚を作り出し、そのあとニュージャージー州の聖バルナバ医療センターの顕微鏡のレンズ越しに胚が成長するのを見守る。最初の数日間に問題が生じても、コーエンはほかの人間が見逃すようなほんのわずかな不備に気づく。そして、二十年間にわたって――問題がありそうな細胞断片を除去して、問題の見られない細胞を配列し直すという――常に精度を増し続ける顕微解剖操作で、そういう不備を修正する作業を行なってきた。すべては、不妊で絶望している夫婦に愛する子どもを持たせるという目標のためだ。

コーエンが携わっているのは生殖支援テクノロジー（ＡＲＴ）という医療分野で、初めてペトリ皿の中で生を受けた赤ん坊が誕生した一九七八年に、突然この世に姿を現わした。その元になったテクノロジーは体外受精（ＩＶＦ）と呼ばれた。ＡＲＴは、過去三十年間に開発されてきたＩＶＦ由来のさまざまなテクノロジーを表わすのに使われている網羅的なイニシャルだ。世界の数千のクリニックがＡ

RTの医療行為を提供し、すでに百万人を超える子どもがARTによって誕生している。アメリカではは今日、成功した全妊娠の一パーセントがARTでスタートを切る。しかし、今でも改良の余地はあって、そのことが研究に勢いを与え、毎年数百の科学的調査報告書の発表につながっている。

ジャック・コーエンはいつも迅速に研究結果を公開し、ほかの不妊治療の専門家がその情報を使って患者に手を差し伸べることができるようにしてきた。そして、一九九七年、コーエンはイギリスの有力医学雑誌『ランセット』に、「ドナーの無核卵母細胞質をレシピエントの卵子に移植して誕生した幼児」という難解な題名の論文を発表した。[11] この論文の発表につながった研究は、コーエンがその経歴の中でときおり目にしてきた特異な不妊治療問題から派生した。女性の中には、精子を受精して発生を始める卵子を生産する能力を持つが、受精の結果作られた胚は常に数日で活動が低下して死んでしまうものがあった。おそらく、繁殖力のない女性の卵子の細胞質にもともと欠点が存在するのだろう、とコーエンは考えた。それは、患者の遺伝子となんらかの関係があるのではないか。わたしたちの遺伝子の大半、九十九・九五パーセントは、それぞれの細胞の核内にある染色体に閉じこめられている。しかし、細胞質はエネルギー生産に関係する約一ダースの独特な遺伝子の棲みかになっている。もしこれらの細胞質内遺伝子が卵子の中で誤って機能していたら、作られた胚は初期の発生を遂げることができないだろう。問題が細胞質のほかの構成要素に関連しているという可能性もあった。

コーエンは、患者の卵子に健康なドナーの卵子から採取したばかりの細胞質を注入して修復することが解決策になるという結論を出した。最初の結果は、コーエンにとっても驚くべきものだった。今まで一度も生命力のある胚を作り出すことができなかった女性が妊娠した三十三例で、十六人の赤ん坊が生まれたのだ。卵子修復の正確な仕組みは、今でも明確にはなっていない。[12] しかし、いずれにしても、ドナーの細胞質が一部の胚に、生存して赤ん坊へと成長する新たな能力を与えたのだ。一部のマスコミがこの斬新なARTを取り上げ、いずれも賛辞を送った。「ドナーの体液で妊娠に成功」という語句が、『ワシントン・ポスト』のリック・ワイスの記事を飾り、フィラデルフィアの科学記者フェイ・フラムの記事には、「女性の卵子を活性化させる方法」と見出しが付けられた。[13] コーエンのチームは、その後の四年間で治療法を最適化したあと、さらなる報告書を発表した。さらに多くの赤ん坊が誕生したが、一般紙にはまったく追加の記事が載らなかった。

二〇〇一年三月、コーエンのチームは、〝細胞質移植〟のあとに生まれた赤ん坊が注入された体液に由来する遺伝子を現実に保持しているという、予期どおりの発見を記載した短い科学論文を公表した。まとめの段落の最後には、「この報告書は人間の生殖細胞系列の遺伝子組み換えが正常な健康児として結実した最初のケースである」と書かれていた。[14] 二カ月後、急に大騒ぎが持ち上がった。『スコットランド・オン・サンデー』の見出しは、「彼らはできないと言った。やらないと言った。だが、もう実現していた。遺伝子組み換えベイビーの世界へようこそ」と派手に書き立てた。オーストラリアの『サンデー・テレグラフ』の見出しには、「科学者が遺伝子組み換えベビー三十人を作り出す」という文字が躍る。しかし、わたしがいちばん気に入ったのは、『ニュージーランド・ヘラルド』の「医師が語る――アメリカには三十人もの遺伝子チルドレンが」という見出しだ。〝組み換え〟という重要な言葉が抜け落ちている。さて、ジャック・コーエンは何をしでかしたのか？　不妊治療として見ると、〝細胞質移植〟はARTの道具箱に入っている数多い道具のひとつにすぎない。そして、自宅に赤ん坊を連れて帰った夫婦にとっては、コーエンは奇跡をもたらす不妊治療医師だ。しかし、人間の遺伝子の組み換えというレンズを通すと、一部の人々――少数の実験科学者を含む――は恐怖や怯えや怒りを感じた。

マウスの発生学者のあるグループは、マウスでは突然変異によって、卵子の細胞質が核内の遺伝子の大部分と共存できなくなることがまれにあることを指摘した。[15] サルを研究する生殖学者のひとりは、細胞質のドナー自身が欠陥のある細胞質遺伝子を保持しているかもしれないと心配した。[16] これらの異議はいずれも、リスク対便益の分析という観点からは、なんの意味も持たない。しかし、不幸なことに、三十三例の細胞質移植妊娠のうち二例では、胎児に染色体異常があった。どちらの子どもも生まれなかった。ひとりは流産し、もうひとりは中絶された。それに加えて、以下に説明するように、この統計は少ないサンプル数に基づいているので、より大きな状況の中で考えたときのみ意味を持つ。

騒ぎの二カ月後、医薬食品局(FDA)がコーエンなどアメリカの不妊治療医師に通達を送り、臨床研究が実施されるまで細胞質注入措置のさらなる使用を全面的に禁止する決定を下したことを知らせた。[17] 現実には、FDAは医療専門家にその技能の実践方法を指示する権限を持っていないし、アメリカの不妊クリニックで使用されている他の形式のARTに関して、かつてこういう指示を出したことはなかった。しかし、議会から権能を付託されて、特定の病気の治療に使用される薬や医療装置の安全性と有効性を規制している。つまり、FDAは活性化された人間の胚を、不妊という病気の治療を目的とする薬に分類したことになる。とてもまともには受け取れない奇妙な論法だ。

わたしはある科学会議で、この決定に関わったFDAの役人であるフィリップ・ノグチ博士に、本気で胚を薬だと考えているのかと尋ねてみた。ノグチ博士はいとわしそうに、FDAはコーエンたちが〝身の毛もよだつような〟実験をするのをなんとかしてやめさせたかっただけだと答えた。しかし、活性化細胞質液が単に体液と表現されていた四年のあいだは、その実験が特に身の毛もよだつものだと考えた者は誰もいなかった。最終的に他者の遺伝子が胎児の中に入ってしまうことになって初めて、怒りと恐怖が呼び起こされたのだ。

自然に生じた先天性欠損症と人為的な先天性欠損

動物の遺伝子工学に関わる研究を行なう実験科学者は、ほぼ例外なく人間を対象とする遺伝子工学研究に反対している。これらの科学者はたいてい、倫理よりむしろ安全性と効率という技術用語で反対を表明する。その典型例として、イギリス生まれの著名なマウスの発生学者ブリジッド・ホーガンが『ニューヨーク・タイムズ』の記者に告げた声明を挙げよう。「この技法［遺伝子工学］はあまりにも危険性が高く、人々の要求に沿うよう、百パーセント信頼できる段階まで完成されることはありえない」[18]ホーガンの声明の言外に含まれた懸念は、この話題に関してわたしが講演をする際、質疑応答の時間にもしばしば聞かれる。「その技法が百パーセント信頼できるものでないのなら、欠陥のある赤ん坊が作り出された場合、どう対処するのでしょうか？」と人々は尋ねるのだ。

わたしは答えとして、さしあたり名称を挙げないでおくが、危険性の高い別の生殖技術に関する統計を示す。これを利用する女性の二パーセントから十パーセントが、そのせいで重大な障害を負う。胚が死ぬ危険性は約五十パーセントに達し、生き残る胚のうち二十パーセントは胎児まで成長する段階で死ぬ。最後に、生まれてくる赤ん坊の四パーセントが重大な先天性欠損症を持つ危険性がある。ホーガン博士の論理に従うと、この技術は人間が使うにはあまりにも危険性が高すぎることになる。まだわからない人にヒントを出すと、この技術はわたしたちの種が存在当初から使ってきたものだ。つまり、性行為をし、女性の生殖器官内で受精し、子宮内で胚と胎児が成長するという方法だ。もちろん、誰が考えても、技術的には最も低レベルのこの生殖形態を禁止すべきだとか、禁止できるとかいう意見はばかげている。しかし、自然受胎による重大な〝欠陥を持つ〟赤ん坊が、アメリカだけでも毎日数百人生まれていることについては、ほとんどの人が、考えたことがあるとしても、ごくまれにしか考えない。ときには、両親と医師が、きわめて深刻な欠陥を持つ赤ん坊をひそかに死なせることもある。もしその赤ん坊が生きていたら、両親によって育てられるか、あるいはその代わりに、州から特別な世話と教育を受ける施設に入所できるだろう。

自然受胎した子どもに四パーセントの割合で先天性欠損症が生じることを社会が受け入れるのなら、生殖テクノロジーないし生殖遺伝テクノロジーに関しては、どこで線を引くべきなのだろうか？ 自然受胎のエラー比率を容認の限界ラインと見なすなら、現在のARTの使用は失格になってしまう。なぜなら、ARTで生まれた赤ん坊は、自然受胎した赤ん坊の二倍の確率で先天性欠損症を患うおそれがあるからだ。それにもかかわらず、これらの新しい発見に応えて『ニューイングランド医学ジャーナル』に書かれたある論説は、「ほかの手段では妊娠できない女性にとって、ARTは大いなる希望を提供するのであり、意に沿わない結果が生じる危険性は多くの人が許容範囲内だと考えるだろう」と結論づける。[19] 不妊治療の専門家も、テクノロジーそのものが高い確率で先天性欠損症を引き起こすとは考えていない。むしろ、重度の不妊それ自体が、高い確率で発生異常が起こる危険性をもともとはらんでいるのだ。[20]

自然受胎に関連した先天性欠損症で、倫理的もしくは法的観点から容認できないほど高い割合で生じていると見なせるものがあるだろうか？ 生殖についての法律と倫理の専門家がこの問題をどう考えているかを感じ取るために、わたしは、二〇〇三年五月にワシントンDCでラスカー財団が企画した円卓セミナーにおいて、学者のグループに以下のような思考実験を提示した。

ある敬虔なカトリックの夫婦が、最初の子どもが誕生したのを契機に、ふたりとも〝嚢胞性線維症〟を引き起こす遺伝子の突然変異を保持していることを悟る。ふたりめの子どもが欲しいが、突然変異とは無関係な医学的問題で妻の排卵が止まってしまった。かかりつけの医者に、排卵を開始して〝自然な〟妊娠を可能にするホルモン注射を頼む。医者は、もし受胎すれば、胚は二十八パーセントの確率で先天性欠損症を持つと説明する。[21] 夫婦は危険性を理解しているが、それでも妊娠したいと思っている。さらに、どんな状況になっても中絶は考えないと医者に知らせる。子どもが重大な先天性欠損症を持って生まれてくる危険性が二十八パーセント存在する医療行為を医者が提供するのは倫理にかなっているのか、そして合法でありうるのか？

わたしはこの質問を、アメリカで最も古い独立生命倫理研究機関であるヘイスティングス・センターの所長トム・マレーにぶつけてみた。マレー博士は最初、二十八パーセントの危険性は許容するには高すぎるという理性的評価から発言したようだ。医者が薬を与えるのを禁じるべきだと言った。即座に、ジョンズ・ホプキンズ大学の関連施設である遺伝学・公共政策センターの所長キャシー・ハドソンが割り込んで、反対意見を述べた。自由民主主義は法を遵守する成人が同意の上で生殖する権利を妨げることはない、と彼女は言った。生殖能力はあるが病気を保有している妊娠中絶反対の夫婦が子どもを持ちたいと思ったら、国は阻止することも罰することもできない。その女性が第三者である医師に妊娠を可能にする薬を注射してもらう必要があるかどうかは関係ない、と。マレー博士は最初の返答を考え直し、集まったほかの学者――クリントン大統領の国家生命倫理諮問委員会の委員長ハロルド・シャピロ、ノーベル賞を受賞した分子生物学者ポール・バーグ、国立ヒトゲノム研究所所長フランシス・コリンズ、生殖に関する法律の専門家アルタ・チャロとジョン・ロバートソンなど――もすべて、この事例ではハドソン博士の生殖の自由という視点が最優先原則だという考えに傾いた。そこでわたしは、追加の筋書きをグループに提示した。

遺伝子工学を利用して、正常な子どもが一生あらゆる形態の癌にもいっさいかからないようにする医療計画が練り上げられた。残念ながら、この計画には先天性欠損症を生じる危険性が二十パーセント伴う。この計画は許されるべきか？　もし危険性が、現在のＡＲＴ措置と関連づけられる危険性と同じ八パーセントにまで低下したら、結論は違ってくるだろうか？

もし危険性の高いこの遺伝子工学の筋書きのほうを先に提示していたら、出席者のほとんどが安全性のためという口実で反対しただろう。わたしは次に、医者の手ほどきによるこの二種類の生殖法、いずれも将来の子どもに高い確率で危険をもたらす生殖法の、違いについて考えるよう求めた。

チャロ教授は、ＡＲＴ全般を擁護する不妊治療医師が使うのと同じ論理をもとに、ホルモン治療と遺伝子工学の区別を論じた。子どもを持とうとしている両親が、妊娠のために医師の助けを得ることは、たとえ両親の遺伝子や遺伝的資質から高い確率で〝自然に〟先天性欠損症が生じるとしても、許可されるべきだろう。一方で、チャロは、〝不自然に〟加えられた遺伝子から同じ高い確率で病気が生じることは容認できない、と主張した。

なぜ、病気を引き起こすのが〝自然な〟遺伝子か〝不自然な〟遺伝子かということが問題なのか？　なぜ、第三者による二種類の治療が、両方とも容認あるいは否認されないのか？　自由意志論者は、両方を容認することを苦にしないだろう。彼らの考えかたから言えば、妊娠するうえでのリスクを背負うか背負わないかは、あくまで子どもをもうけたい当の親が決めるべきだ。共産主義者も、社会全体に対する恩恵と代償を評価する際に、遺伝子が自然か不自然かを判断材料にはしないだろう。おそらく、両方の治療を拒否するはずだ。しかし、それ以外の一般人は、どんなに合理的な考えかたをする人でも、人為より自然をよしとする根深い情緒的偏見の影響を受ける可能性がある。

テクノロジーの現状

本稿を書いている時点では、遺伝子工学の一般化された方法は、ヒトの生殖に応用する準備が整ったという状況にはほど遠い。理由はいくつかある。第一に、自分の子どもが生存するために遺伝子工学を必要としている者はほとんどいない。成人するのに必要な遺伝子を持つ男女が親となる場合、そのふたりの遺伝子の組み合わせからは、少なくとも両親と同じくらい健康な子どもが生み出されるはずだ(ごく少数の例外はある)。第二に、包括的なヒトゲノムの暗号は解読されたが、個々人の肉体的・生理的・精神的特質におけるほぼすべての差異を生み出す原因となっている、遺伝子と環境の複雑な相互作用の理解という観点からは、科学者はようやくその表面をなぞり始めたばかりだ。結果として、親になりたい多数の人間が熱望していると思われる全体的な遺伝子組み換えは、まだ構想段階にすら至っていない。第三に、人間が安全に利用できるような遺伝子工学医療計画の最適化は、莫大な費用を要する事業なので、対象となる人口が多いか政府の支援があるという条件が満たされなければ、財政的に実行不可能だろう。最後の第四の理由として、レオン・カスが述べた正論、「人間は理性のみによって生きているのではない」が挙げられる。わたしたちの情緒的な衝動が、カスが信じているとおり霊性によってもたらされる深遠なる知恵なのか、進化の産物なのか、文化の産物なのかを問わず、そういう衝動は人々の決断の重大な要素になるので、無視するわけにはいかない。ある国の国民の大多数が、物議を醸しているテクノロジーに対して、しかも現在生きている人間の生命を救うのに必要ではないテクノロジーに対して、利用を強く拒んでいるかぎり、主流の科学者たちは先へ進まない。その時点では、国外の研究施設にいる少数の非主流派も、そのテクノロジーを独力で発展させる力がないので、成功はおぼつかない。

知識人の中には、この状況が永遠に続くと考える者もいる。しかし、永遠とは、特にバイオテクノロジーが進歩し続けるスピードを考慮すると、単に長い時間を意味するにすぎない。一九七〇年代半ばに初めて、個々のＤＮＡの差異を直接目で確認する方法が発明された。四十人の血液タンパク質の遺伝子中に存在するたったひと文字の違いについての結果を得るには、ひとりの分子生物学者が三日間懸命に仕事をしなければならなかった。それでもやはり、わたしも仲間の大学院生も、人間のＤＮＡ内の差異を直接探知するなんてまるで魔法のようだと考えたことを、今でも覚えている。

十年後、リー・フッドがＤＮＡ解読過程を自動化し、ケアリー・マリスが以前は不可能だと考えられていたことを成し遂げる魔法のような技法、ＰＣＲ法（ポリメラーゼ連鎖反応法）を考案した——たったひとつの細胞から得られるたったひとつのＤＮＡ分子内の情報を読み取れるようになったのだ。その十年後の一九九〇年代半ば、ＤＮＡチップとマイクロレーザー読み取り機を基礎に、予想もしなかった別のテクノロジーが開発され、遺伝学者は一日の午後だけで三万人分のヒト遺伝子をすべて同時に目で確認する手段を得る。そのころには、ほとんどの仕事が人間の技師ではなく、ロボットによって行なわれていた。それでも、初めて三十億文字のヒトゲノム配列（現実には複数の人から採取した配列の包括的な組み合わせだった）を完全に暗号解読するために、アメリカ政府だけで二十億ドル以上が費やされた。

今日、多くの先駆的バイオテクノロジー学者は、二〇一五年までには医療専門家がそれぞれの患者個人のゲノムを確定するのに使えるような千ドルのキットが利用可能になると確信している。[22] わずか四十年で、人間の遺伝子変異を探知するテクノロジーは、コストはほぼ同じでも要する労働力と時間が少なくて、三十億倍強力になるのだ。ヒトゲノムの暗号が初めて解読されて以来、テクノロジーがどのくらいの速さで進歩したかを見るもうひとつの方法は、十四年間でコストが二百万分の一になったという観点だろう。[23]

ここで、科学者が〝形質遺伝学〟と呼ぶ分野と〝分子遺伝学〟と呼ぶ分野の区別について注釈する必要がある。形質遺伝学のルーツは、十九世紀にグレゴール・メンデルが自分のマメ畑で行なった実験にある。現代の形質遺伝学は、病気などのある遺伝的影響を受ける特性を発現する――または発現しない――人々の集団を特定する。それから、ふたつの集団についてＤＮＡの差異を探査する。一九八九年、フランシス・コリンズの率いるグループが、ある特定の病気――嚢胞性線維症――の原因となる遺伝的変異を特定するために形質遺伝学を利用することに初めて成功した。当初コリンズには、関連遺伝子が、正常な配列か突然変異体かにかかわらず、どのように機能しているのかまったくわからなかった。それでもやはり、形質遺伝学は、あるタイプの変異遺伝子を有する人もしくは胚は病気になるのに、ほかの人もしくは胚は病気にならないことを、はっきりと実証していた。理論的には、なぜ、またはどのように、この遺伝的変異が機能するかを理解していなくても、遺伝子工学技師は変異遺伝子を正常なものに入れ替えて病気を防ぐことができた。しかし、実際には、ひとたび遺伝的相関関係が築かれたら、分子生物学者は遺伝子の産物を研究し、変異がどのようにして病気を引き起こしたり防いだりするのかを理解しようとするのだ。

いわゆる〝正常な〟人々は、肉体的・生理学的・精神的特質と関連する数千の曲線上のさまざまな出発点からその人生を歩み始める。それぞれの出発点は、単独の遺伝子ではなく、遺伝子の〝集合体〟によって確定される。複雑な遺伝子集合体は、きわめて多数の人々においてすべての遺伝子が比較されて初めて特定されうるが、これはほんの二十年前には不可能なことだった。二〇〇三年、イギリスの政府と民間財団の合弁企業がまさにそれを研究し始めた。その研究は今後三十年で、あらゆるやりかたで調査された五十万人という個人を含むものへと発展する。[24] 数十の製薬会社が、遺伝子集合体における変異に基づいて患者個人に応じた健康管理法を開発するために、同じような研究を実施している。

すべての遺伝子を大規模に分析することで、ときには、驚くべきことに、医学的治療の経過に大きく影響しうるきわめて単純な遺伝的差異が指摘される。例えば、よくある形態の悪性の肺癌を患っている患者に〝ゲフィティニブ〟という薬を投与すると、九十パーセントはいい結果が出ないが、十パーセントは〝急速かつ劇的な臨床反応〟を示す。[25] 遺伝子データなしに、この薬による治療のほうがほかの薬よりいい結果が得られる患者を区別するのは不可能だった。しかし、臨床的遺伝子比較のおかげで、反応の違いの原因となるたったひとつの遺伝子変異が特定された。迅速な遺伝子検査によって、今では医師が、ゲフィティニブが特定の患者に役立つかどうかを前もって確認できる。

一方で、動物に対して実践された遺伝子工学テクノロジーは、絶えずより精巧になっていく。たったひと文字から数千文字まで大きさが異なる、DNA配列のさまざまな領域に狙いを定めて、正確に改変することも可能だ。すでに安全装置を備えた遺伝子がマウスのゲノムに注入されている――該当動物に特別な薬を与えると、不都合な遺伝子の複製はすべて自己破壊するようになっているのだ。二〇〇一年には、もうひとつの予想もしなかった発見によって（RNA干渉と呼ばれる）、意図した成果をあげない遺伝子の作用を取り除くための強力な道具が得られた[26]。

遺伝子解析と遺伝子工学テクノロジーにおいて、予想もしない革新が現われる比率が低下している証しはない。ほぼ確実に、ある時点において、科学知識、テクノロジー、リスクの低減、恩恵の増加、社会の黙認があいまって障壁を打ち破り、人間を対象とする遺伝子工学の進展が可能になる。それが二十五年後に起こるのか、五十年後か、百年後か、二百年後かは、社会と人類の長期的展望にとっては重大な問題ではない。その一線を越える対象は、ほぼ確実に、すでに生殖テクノロジーによる不妊治療を受けている夫婦になる。なぜなら、そういう夫婦の胚はすでにペトリ皿の中にあるからだ。ある意味では、ジャック・コーエンと聖バルナバ医療センターのチームは、たとえその方法がすべての遺伝子に一般的に適用できるわけではないとしても、すでにその一線を越えてしまった。

親たちや健康をつかさどる立場の者たちが工学技術の一般化を支持するのは、平均より著しく健常度の低い遺伝特性が遺伝子組み換えによって克服できるようになったときだろう。そういう特性が最初に目標とされるのは、遺伝学者たちがそういう特性に関連のある遺伝子配列を発見しようとするからであり、また大多数の人々が個人の欠陥や不全を克服するために医学的テクノロジーを使用することを、特に自分の子どもに関しては、容認するからでもある。しかし、遺伝子テクノロジーが健康曲線の最低部分から子どもを引っ張り出すことができるのなら、曲線のどの出発点からでもそこより高い点へと引き上げることもできるだろう。最終的には、誕生後の健康管理の必要性が減少することで生じる経済的・社会的恩恵が、その措置自体のコストをはるかに上回る。人々がこのテクノロジーの恩恵を見抜くにつれて許容度と要求が高まり、幅広い健康保険制度を備えている先進国は、親になりたい夫婦に胚への〝遺伝子ワクチン〟――種類はどんどん増えていく――を提供する気になるかもしれない。世界的規模の単一人間社会が、バイオテクノロジーや他の技術が提供しうる恩恵を利用して――現在豊かな国に住んでいる人々だけでなく――すべての人々に自由で健康に暮らしていける方法を提供してくれるのなら、それはすばらしいことではないだろうか。

第二十章　魔法と人間の魂の未来

健康増進のためだけなら、現在ある方法ですでに、全人口にもたらされる恩恵が代償を上回っていることが立証されているのだから、両親も社会も、それ以上のものを求める必要はない。それでも、〝改良された〟子どもは明らかに人間であり、ただもっと健康で、願わくはもっと幸せな人間になるだろう。しかし、ひとたびヒトの遺伝子操作が——どんな目的であれ——実現可能になると、今想像されているものも想像されていないものも含めて、あらゆる目的の遺伝子操作がそのあとに取って代わる。最も保守的な遺伝子研究者でさえ、ヒト特有の属性すべてを生み出す原因となっている遺伝子コードを、今世紀の終わりまでにわたしたちが手中に収めるという予測に、異を唱えたりはしない。では、ひとたびそのコードを手にして、さらには、ヒトの脳のように複雑な神経回路網を発展させるすべを理解したら、親たちはそれを使って、子どもに改良された魂を与えることができるのだろうか？

現時点で最先端とされているテクノロジーの必要度は時間の経過とともに低下していくので、バイオテクノロジーを使うか使わないかについて今日わたしたちがどんな決定を下そうと、将来の社会にはなんの作用も及ぼさないだろう。ごくひいきめの仮定でも、わたしたちの現在のテクノロジーは、今から五百年後に利用可能なテクノロジーの一パーセント未満を占めるにすぎない。だから、明らかに、わたしたちが理解すらできない将来の社会のことを心配するのも、コントロールしようとするのも無意味なことだ。しかし、それでも好奇心から、わたしたちはどうしても思いを巡らしてしまう。

広大な宇宙空間に自分たち以外にもなんらかの知的生命体が存在するのかどうか、あれこれ考えるのとまったく同じように、はるかなる未来にヒトという種がまったく異なる何かを生み出すのかどうか、あれこれ考えることはできる。

最も興味をそそる疑問は、遺伝子工学が人類の性質を一度でも変えることがあるのかどうかだ。〝ありうる〟という考えに反対する最も単刀直入な哲学的主張と思えるものを提示したのはレオン・カスで、次のように書いている。「人間は、［アリストテレスの定義によれば］魂の持つ〝最高の〟能力を有するとともに、〝すべてが揃った〟能力も有するという点で、至高の存在なのだ。未来に目を向けても、人間より高きものがありうるだろうか？……確かに、われわれはもっと知的な、もっと機敏な、もっと記憶力のいい、もっと精力的な存在になりうるし、もしかするとやがてそうなるのかもしれないが、われわれ自身または魂にとって何か本当に新しいものを想像できるだろうか……魂の向上の物語は、すでに完結しているかもしれない」(1) カスの霊感の（もしくは霊感の欠如の）源流は、ユダヤ・キリスト教の伝統的な信念にあり、彼は、創世記第二章第二節の「神は第七日にその作業を終えられた」という記述をもとに、人間の魂は神の創造性の神聖な終着点を象徴していると考えるのだ。

わたしは、人類は純然たる進化の産物であると見ているが、人間よりも〝高きもの〟とは何を意味するのか――カスと同じく――想像することはできない。それでもやはり、ヒトのゲノムをほかの哺乳類のゲノムと比較したとき、わたしたちのゲノムがなんらかの系統の〝終わり〟に位置しているという証拠は見つからない。おそらく、ホモ・エレクトスから見ると、標準的なホモ・サピエンスの言語と分析能力は、想像すら及ばないものだったろう。もしポスト-ホモ・サピエンスというものが出現するとしたら、ホモ・サピエンスであるわたしたちが今日の立場からポスト-ホモ・サピエンスの性質を認識することなどとてもできない。

次の人類が生まれる〝可能性〟を高めるのは、そもそも理にかなったことなのか？　それが神もしくは母なる自然に対する思い上がった挑戦を強く匂わせるので、一神教を信奉する人々は当惑する。実用主義的な思考の持ち主である分子遺伝学者は、そういう考えが優れた科学とは正反対のものである霊性や魔法を強く匂わせるので、退けたり無視したりする。しかし、カスの表現を借りると、人間の手が届きそうなテクノロジーで、その恩恵が世代ごとに維持されて――ごくわずかずつだが――増幅されるようなものが、数千年ないし数百万年後までに人類を著しく変化させることなどありえないという状況を〝想像〟できるだろうか？　わたしたちはテクノロジーが短期間で成し遂げられることを過大評価するのに対して、科学者は決まってテクノロジーが長期間に成し遂げられることを過小評価する。なぜなら、『二〇〇一年宇宙の旅』（決定版、伊藤典夫訳、ハヤカワ文庫、一九九三年）の著者、アーサー・C・クラークが一九六二年に言ったように、「じゅうぶんに進歩したテクノロジーはどれも魔法と見分けがつかない」からだ。

エアコン、飛行機、抗生物質、自動車、カメラ、コンピュータ、サイバースペース、打上げ花火、食品防腐剤、遺伝子工学、全地球位置ナビゲーションシステム、iPod、体外受精、顕微鏡、MRIスキャン、ラジオ、冷蔵庫、ロケット、遠隔操作で動く火星移動車、太陽系外に出る人工衛星、ガラスと鋼鉄の摩天楼、電話、望遠鏡、テレビ、ワクチン、そのほか数多くのプロメテウス的生物学・化学・物理学テクノロジーはすべて、過去の世代の最も教育程度の高い人々に説明しても、魔法のように思えただろう。きっと未来でも同じように、魔法が起こって人類はみずから進化を遂げる。その物語がどのような結末になるかを見届けることができないことを、わたしの中の科学者はとても残念に思うのだ。

謝辞

まず最初にダン・ハルパーンに感謝を述べたい。ハルパーンが科学と霊性の関わり合いについて大いに興味を示したのがきっかけとなって、本書は、Ｅｃｃｏ社の数ある非科学分野の好著と並んで、出版目録に掲載される機会を得た。わたしが論文指導にあたっていた学生で、助手も務めていたエミリー・スターバには大いに世話になった。スターバが実施したプリンストン大学生の意見の匿名調査をもとに、わたしは徹底的な検討を行ない、また彼女が集めて翻訳してくれた、霊魂についてのきわめて重要な文書を端緒として、わたしは著述を進めた。リロイ・フッド、ジョン・ホップフィールド、ラビのアイタン・ウェッブ、ジョー・ツァイ、故ゴードン・ベンダースカイ、榊佳之、渡辺日出海、トッド・テイラーは、長時間のインタビューに応じてくれた。ピーター・シンガーとわたしの妻スーザン・レミス・シルヴァーは、原稿全体を改訂するたびにきわめて重要な感想を述べてくれた。そして、ヴィンキャン・アダムズ、デニーズ・モーゼラル、アダム・エルガ、テッド・ブロドキン、リチャード・ゴット、スチュアート・ニューマン、アート・キャプラン、ジュディ・ノーシジアン、ボニー・スタインボック、義父バジル・レミス、故デイヴィッド・ブラッドフォードは、特定の項について批評してくれた。なかには、読んでくれた一部の人々から猛烈な反対意見が出た題材もあったが、それを押しきってそのままにしたのはわたし自身なのだから、彼らの専門分野でわたしがミスを犯していても、それは彼らの責任ではない。さらに、直接会って、あるいはEメールで議論を交わして、有益な情報を提供してくれた多くの人々に感謝したい。上記の人々に加え、プリンストン大学の同僚であり友人であるシェルドン・ガロン、ジェレミー・カスディン、デイヴィッド・スパーゲル、ブルース・ドレイン、ジェレミー・グッドマン、エド・ターナー、マイケル・ロスチャイルド、カレン・ベネット、ロバート・ジョージ、ハロルド・シャピロ、フランク・フォン・ヒッペル、ボニー・バスラー、フリーマン・ダイソン、シャーリー・ティルマン、ジム・ブローチ、ジンジャー・ザキアン、デイヴィッド・ウィルコーヴ、マイク・オッペンハイマー、ハーマン・タル、マーサ・ヒメルファルブ。プリンストン大学以外では、ジャック・コーエン、ニューハンプシャー州マンチェスターのフランシス・クリスチャン司教、カリフォルニア州オークランドのジョン・カミンズ司教、ワシントンDCのモンシニョール・ジョン・ストリンコフスキー、ヴァージニア・ポストレル、グレッグ・ストック、グレッグ・ペンス、シドニー・ブレナー、イリヤ・ルーヴィンスキー、クリフ・ピアソン、ウィリアム・ハールバット、ハンク・グリーリー、スティーヴン・ピンカー、マット・リドリー、ロリ・アンドルーズ、ダン・ケヴルズ、エリザベス・ブラックバーン、エリック・コーエン、ホセ・シベリ、ナンシー・マーフィー、ラメシュ・ポンヌル、デイヴィッド・カミングズ、イヴリン・フォックス・ケラー、ダフネ・プレウス、レイチェル・マッシー、トム・ニックソン、ミッチェル・コールサールズ、ジュリア・グリーンスタイン、マット・チュー、リチャード・ヘイズ、マンフレッド・ラウビクラー、スコット・グラント、ジェレミー・パース、ローレン・ヘイル、トム・ヘイウッド、エリザベス・ラット、エリザベス・M・フィッシャー、アルマ・ノヴォトニーの名前を挙げておく。図らずも書き漏らした人々がきっといると思うが、そういう人々も、わたしがこの本で提示した着想や情報に重大な貢献をしてくれた。名前の挙がらなかった人々にお詫びを申し上げる。Ｅｃｃｏ社のエミリー・タコウデスは、速やかに編集方針を示して、着実にわたしを導いてくれ、三人の優れた秘書たち――バーバラ・スミス、ジャネット・トンプソン、ブリジット・コールマン――は、日々の仕事が混乱状態に陥らないようにすることで、わたしがすべてのエネルギーを教育と執筆に注ぎ込めるようにしてくれた。すばらしいエージェント、テレサ・パークは、執筆中常に助言を与えてくれ、絶えずわたしを励まし、支えてくれた。テレサがいなかったら、この本は日の目を見なかっただろう。家族の支えと愛情にも感謝している。子どもたち――レベッカ、アリ、マックス――は、一度たりとも（と言っていいほど）文句を言わずに、床下にブタやアヒルがいて、シャワーから熱いお湯など出ないような（水道設備があった場合の話だが）、一泊三ドルのあばら屋で眠るという困難に立ち向かった。父は必要なときにいつもそばにいてくれた。最後になったが、妻スーザンの多年にわたる愛情と支えがなかったら、わたしはこれまでの経歴の中で成したことを、ひとつもやり遂げられなかっただろう。

本書を読んで想う——人類の未来とバイオテクノロジー

理化学研究所・ゲノム科学総合研究センター長、東京大学名誉教授　榊 佳之

この本が印象的なのは、なんと言っても「霊魂」から話を始めているところです。科学者が書くものとしては、まず日本ではないことでしょう。キリスト教に基づく西洋文化の中で科学を研究するということは、ある意味で戦いであり、著者のような鋭敏な科学者たちは、神や霊魂を信じることと「科学する」ことのギャップや矛盾を日々突きつけられていると想像されます。そこには日本で科学研究をする私たちとは文化的背景に大きな違いがあることを感じます。もっとも私が接してきた多くの欧米の科学者は科学と宗教の関係についてそれほど先鋭的ではありません。シルヴァー博士は欧米の科学者の中でもかなり先鋭的であり、それが本書を面白く、魅力的なものにしています。

たとえば、著者は「科学の力を信じる」という立場から、私たちが日頃なんとなく無自覚に感じたり思い込んでいるようなことに対してさまざまな問題提起を行っています。クローン技術に抵抗を感じたり、遺伝子組み換え食品が自然に反すると思ったりするのはなぜなのか。著者の考えはかなり先鋭的なものでしかも攻撃的に切り込んでいるので、読者は必ずしもうなずけない部分もあると思いますが、バイオテクノロジーの利用について一面的な情報に流されずに自立的に考えるために役立つ示唆

がいくつも含まれています。

著者シルヴァー博士との対話　シルヴァー博士については、デザイナーベビーについて書いた前著（『複製されるヒト』）を読んで、刺激的な論を展開する人という印象を持っていました。あるとき「日本に行くから会いたい」というメールが来て、この本の十九章に書かれている対話をすることになりました。私たちはチンパンジーゲノムの研究やヒトへの進化について純粋に科学的な立場から真剣に話し合いましたが、本書では少し著者の思い入れが強く出過ぎている部分もあります。たとえば、私は自分の研究が、ここに書いてあるような「魂のコード」を読み解くことだとは考えていません。ただ、ヒトを特徴づけるものは何なのかを考えるなら、最も近い種であるチンパンジーのゲノムを解析して比較するのは、科学者としてごく当たり前だと思っています。

また日本の研究環境が、キリスト教の呪縛から解き放たれた歯止めのないもののようにとらえられているのも意外でした。日本人、東洋人も、動かしがたい偉大な力に畏敬の念を持って日々行動していることは言うまでもありません。たしかにチンパンジーゲノムの研究は日本が先進的で、アメリカ国立衛生研究所（ＮＩＨ）は慎重にその成果を見てから始めています。著者は積極的に取り組んでいる日本の研究者と話をして、自分なりに霊魂と科学の関係について考えるヒントにしたのだと思います。

遺伝子組み換え作物の有効性　現在の人類が直面している問題は、飢餓、エネルギー資源の枯渇、環境汚染、地球温暖化、さらに紛争やテロなども、つまるところ人口の急激な増加に端を発していると言えるでしょう。二十万年前、地球の人口は四千人から五千人だったと言われています。それがこの一世紀か一世紀半の間に爆発的に増えて、一九五〇年に二十五億人、二〇〇〇年に六十億人、二〇五〇年には九十億人近くになると予想されています。食糧にしてもエネルギーにしても限られたパイを取り合うことになり、そこから飢餓や紛争が生じています。これを乗りきるには、人間が知恵を絞り科学技術を使って全体としての調和を崩さないようにしていくしかありません。

日本では、遺伝子組み換え食品に抵抗がある人はそれを避けて生活していくことが可能ですが、これは地球全体から見るとかなり特殊な状況です。現在、世界の人口のうち、八億人以上の人々が食糧不足で飢餓状態にあります。遺伝子組み換え技術で開発された、少量でも栄養価の高い穀物や作物も土壌も汚染する農薬を使わなくても育つ品種など、食糧不足の問題に対して遺伝子組み換え作物は間違いなく有効です。

もちろん、自然界に導入するにあたっては、安全性を確認して慎重に行う必要があります。遺伝子組み換え技術の安全性については一九七〇年代以来、実験や検討が重ねられ、遺伝子組み換え作物の生産も世界的には十年近い歴史があります。大豆では六十パーセント以上が遺伝子組み換え型となっています。これまでの遺伝子組み換え作物に反対する一部の人たちが言うような、いったん野に放たれると自然界がまったく変わってしまうということはまずありえないことでしょう。遺伝子組み換え作物に対してはさまざまな立場の方がおられると思いますが、本書の議論を通して遺伝子組み換え作物のあり方についてもう一度考えてほしいと思っています。一人当たりの食糧は確実に減り続けており、食糧問題はグローバルな視点から考えると、かなり切迫した状況にあります。

ヒトの胚クローン技術　遺伝子組み換え作物が人類の生存にかかわる問題であるのに対し、ヒトの胚操作は個人の生命の問題だと言えます。つまり、個人の生命を保持するために使われる医療技術ということです。胚クローン技術はかなり進歩していますが、どこまでこれを生殖技術として応用するかが問題となっています。一般的に受け入れられるとすれば、重篤な遺伝病を避けるなど医療上必要性の高いものに限定し、医療の枠を超えてまで行うべきではないという考え方であると私は思います。

たとえば頭のいい子を作りたいというような優生学的な願望にこの技術を広く応用するとなると、歯止めがなくなり人間社会全体にどのような影響が出るかは予測できないでしょう。しかしこの点について、シルヴァー博士はあえて踏み込んで刺激的な議論をしているので、魂とは何か、生命とは何かまで考えさせられる非常に面白い本になっていると思います。

地球規模での貢献　二十一世紀は「生命の世紀」と言われています。これまで人間は科学技術を発展させ、自然界の物質やエネルギーをあやつって工業化を進めてきました。しかしこれが今、限界を見せ始めています。人間も大きな生物圏のサイクルの中にいます。地球上の生物や生物圏には、私たちがまだ知らない、驚くほど巧みな仕組みがたくさんあります。それを解明して、人間が地球環境と折り合って生きていく知恵を生み出すことが必要です。今までの工業では高温、高圧の中で行われてきた化学反応や物質生産が、常温、常圧で進められる生物工場のようなものに変わることが必要です。

将来の九十億の人口が直面する困難を解決するには、このように生態系のサイクルの中に人間の営みを置くことが必要であり、バイオテクノロジーはそれを解決できる技術だと思います。その意味で私は、この本の著者と同様に「科学の力」を信じています。

（この文章はインタビューに基づいて作成しました）

参考文献

Adams, Nathan A. "An Unnatural Assault on Natural Law." In *Human Dignity in the Biotech Century: A Christian Vision for Public Policy,* edited by Charles W. Colson and Nigel M. de S. Cameron. Downers Grove, Ill.: InterVarsity Press, 2002, 160–180.

Agulnik, S. I., N. Garvey, S. Hancock, et al. "Evolution of Mouse T-Box Genes by Tandem Duplication and Cluster Dispersion." *Genetics* 144 (1996), 249–254.

Ainsworth, Claire. "The Stranger Within." *New Scientist* 180 (2003), 34.

Alford, Ross A., and Stephen J. Richards. "Global Amphibian Declines: A Problem in Applied Ecology." *Annual Review of Ecology and Systematics* 30 (1999), 133–165.

Almeida-Porada, G., D. El Shabrawy, C. Porada, and E. D. Zanjani. "Differentiative Potential of Human Metanephric Mesenchymal Cells." *Experimental Hematology* 30 (2002), 1454–1462.

Ames, B. N. "Dietary Carcinogens and Anti-Carcinogens." *Journal of Toxicology and Clinical Toxicology* 22: 3 (1984), 291–301

Ames, B. N., M. Profet, and L. S. Gold. "Nature's Chemicals and Synthetic Chemicals: Comparative Toxicology." *Proceedings of National Academy of Sciences (U.S.A.)* 87: 19 (1990), 7782–7786.

Ames, Bruce N., William E. Durston, Edith Yamasaki, and Frank D. Lee. "Carcinogens Are Mutagens: A Simple Test System Combining Liver Homogenates for Activation and Bacteria for Detection." *Proceedings of the National Academy of Sciences (U.S.A.)* 70: 8 (1973), 2281–2285.

Ames, Bruce N., and Lois Swirsky Gold. "Chemical Carcinogenesis: Too Many Rodent Carcinogens." *Proceedings of the National Academy of Sciences (U.S.A.)* 87: 19 (1990), 7772–7776.

Ames, Bruce N., Margie Profet, and Lois Swirsky Gold. "Dietary Pesticides (99.99 Percent All Natural)." *Proceedings of the National Academy of Sciences (U.S.A.)* 87: 19 (1990), 7777–7781.

Ames, Bruce N., Lois Swirsky Gold, Thomas H. Slone, Bonnie R. Stern, and Neela B. Manley. "Rodent Carcinogens: Setting Priorities." *Science* 258 (1992), 261–265.

Andreasen, Nancy C. *Brave New Brain: Conquering Mental Illness in the Era of the Genome*. Oxford, Eng., and New York: Oxford University Press, 2001.（ナンシー・C・ア

ンドリアセン『脳から心の地図を読む：精神の病いを克服するために』新曜社　2004年)

Anonymous. *New Scientist* (December 13, 2003), 8.

———. "Wholesome Genetic Modification." *Nature Genetics* 28 (2001), 305.

Apple, Rima D. *Vitamania.* New Brunswick, N.J.: Rutgers University Press, 1996.

Aristotle. "On the Soul." In *The Complete Works of Aristotle: The Revised Oxford Translation,* edited by Jonathan Barnes. Princeton, N.J.: Princeton University Press, 1984, 641-692.

Armstrong, Karen. *A History of God.* New York: Ballantine, 1993. (カレン・アームストロング『神の歴史：ユダヤ・キリスト・イスラーム教全史』柏書房　1995年)

Assady, S., G. Maor, M. Amit, et al. "Insulin Production by Human Embryonic Stem Cells." *Diabetes* 50 (2001), 1691-1697.

Austin, C. R., and R. V. Short. *Reproduction in Mammals,* Book 5, *Manipulating Reproduction.* Cambridge, Eng.: Cambridge University Press, 1986.

Badr, A., K. Muller, R. Schafer-Pregl, et al. "On the Origin and Domestication History of Barley (Hordeum Vulgare)." *Molecular Biology of Evolution* 17: 4 (2000), 499-510.

Baltimore, David. "Our Genome Unveiled." *Nature* 409 (2001), 814-816.

Barberi, Tiziano, Peter Klivenyi, Noel Y. Calingasan, et al. "Neural Subtype Specification of Fertilization and Nuclear Transfer Embryonic Stem Cells and Application in Parkinsonian Mice." *Nature Genetics* (2003), online publication (September 21, 2003).

Barilan, Y. M. "Head-Counting versus Heart-Counting: An Examination of the Recent Case of the Conjoined Twins from Malta." *Perspectives in Biological Medicine* 45 (2002), 593-603.

Barrett, David B., George Thomas Kurian, and Todd M. Johnson. *World Christian Encyclopedia: A Comparative Survey of Churches and Religions in the Modern World,* 2nd ed., 2 vols. Oxford, Eng., and New York: Oxford University Press, 2001. (David B. Barrett『世界キリスト教百科事典』教文館　1986年)

Barritt, Jason A., Carol A. Brenner, Henry E. Malter, and Jacques Cohen. "Mitochondria in Human Offspring Derived from Ooplasmic Transplantation: Brief Communication." *Human Reproduction* 16 (2001), 513-516.

Baynes, K., and M. S. Gazzaniga. "Consciousness, Introspection, and the Split-Brain: The Two Minds/One Body Problem." In *The New Cognitive Neurosciences,* edited by Michael S. Gazzaniga. Cambridge, Mass.: MIT Press, 2000, 1355-1368.

Beja-Pereira, A., G. Luikart, P. R. England, et al. "Gene-Culture Coevolution between Cattle Milk Protein Genes and Human Lactase Genes." *Nature Genetics* 35 (2003), 311-313.

Bent, S., and R. Ko. "Commonly Used Herbal Medicines in the United States: A Review." *American Journal of Medicine* 116 (2004), 478-485.

Billauer, B. P. "On Judaism and Genes: A Response to Paul Root Wolpe." *Kennedy Institute of Ethics Journal* 9 (1999), 159-165.

Blanke, O., S. Ortigue, T. Landis, and M. Seeck. "Stimulating Illusory Own-Body Perceptions." *Nature* 419 (2002), 269-270.

Bondeson, Jan. *A Cabinet of Medical Curiosities.* Ithaca, N.Y.: Cornell University Press, 1997.（ヤン・ボンデソン『陳列棚のフリークス』青土社　1998 年）

———. *The Two-Headed Boy, and Other Medical Marvels.* Ithaca, N.Y.: Cornell University Press, 2000.

Bonnet, Charles. *Essai de psychologie [Electronic Resource]; Ou Considérations sur les opérations de l'âme, sur l'habitude et sur l'éducation. Auxquelles on a ajouté des Principes philosophiques sur la cause première et sur son effet.* London, 1755.

Bouchard, T. J., D. T. Lykken, M. McGue, et al. "Sources of Human Psychological Differences: The Minnesota Study of Twins Reared Apart." *Science* 250 (1990), 223-228.

Bovenkerk, B., F. W. A. Borm, and B. J. van den Bergh. "Brave New Birds: The Use of 'Animal Integrity' in Animal Ethics." *Hastings Center Report* 32 (2002), 16-22.

Boyer, Pascal. *And Man Creates God: Religion Explained.* New York: Basic Books, 2001.

Braidwood, Robert J. *The Near East and the Foundations of Civilization.* Eugene: Oregon State System of Higher Education, 1952.

Brenner, Sydney. *My Life in Science (as told to Lewis Wolpert).* London: BioMed Central, 2001.（シドニー・ブレナー『エレガンスに魅せられて：シドニー・ブレナー自伝：ルイス・ウオルパートに語る』琉球新報社　2005 年）

Brophy, B., G. Smolenski, T. Wheeler, et al. "Cloned Transgenic Cattle Produce Milk with Higher Levels of Beta-Casein and Kappa-Casein." *Nature Biotechnology* 21 (2003), 157-162.

Brown, Kathryn. "A Compromise on Floral Traits." *Science* 298 (2002), 45-46.

Brown, P., T Sutikna, M. J. Morwood, et al. "A New Small-Bodied Hominin from the

Late Pleistocene of Flores, Indonesia." *Nature* 431 : 7012 (2004), 1055-1061.

Bruford, M. W., D. G. Bradley, and G. Luikart. "DNA Markers Reveal the Complexity of Livestock Domestication." *Nature Reviews Genetics* 4 (2003), 900-910.

Buckley, P. "Mystical Experience and Schizophrenia." *Schizophrenia Bulletin* 7 (1981), 516-521.

Bulfinch, Thomas. *The Age of Fable : Or, Stories of Gods and Heroes.* 3rd ed. Boston, Mass. : Bazin & Ellsworth, 1855. (トマス・ブルフィンチ『ギリシャ・ローマ神話：完訳（上・下）』角川書店　2004年)

Campbell, Christy. *Phylloxera : How Wine Was Saved for the World.* New York : HarperCollins, 2004.

Carr, Anna. *Rodale's Chemical-Free Yard and Garden : The Ultimate Authority on Successful Organic Gardening.* Emmaus, Pa. : Rodale, 1991.

Cha, K. Y., D. P. Wirth, and R. A. Lobo. "Does Prayer Influence the Success of in Vitro Fertilization-Embryo Transfer ?" *Journal of Reproductive Medicine* 46 (2001), 781-787.

Chambers, I., D. Colby, M. Robertson, et al. "Functional Expression Cloning of Nanog, a Pluripotency Sustaining Factor in Embryonic Stem Cells." *Cell* 113 (2003), 643-655.

Chenn, A., and C. A. Walsh. "Increased Neuronal Production, Enlarged Forebrains and Cytoarchitectural Distortions in Beta-Catenin Overexpressing Transgenic Mice." *Cereb Cortex* 13 (2003), 599-606.

———."Regulation of Cerebral Cortical Size by Control of Cell Cycle Exit in Neural Precursors." *Science* 297 (2002), 365-369.

Clark, Grahame. *World Prehistory in New Perspective,* 3rd ed., illus. Cambridge, Eng., and New York : Cambridge University Press, 1977.

Claussen, Martin. "On Multiple Solutions of the Atmosphere-Vegetation System in Present-Day Climate." *Global Change Biology* 4 (1998), 549-559.

Claussen, Martin, Victor Brovkin, Andrey Ganopolski, et al. "Climate Change in Northern Africa : The Past Is Not the Future." *Climatic Change* 57 : 1-2 (2003), 99-118.

Claussen, Martin, Claudia Kubatzki, Victor Brovkin, et al. "Simulation of an Abrupt Change in Saharan Vegetation in the Mid-Holocene." *Geophysical Research Letters* 26 (1999), 2037-2040.

Cloninger, C. R. "The Genetics and Psychobiology of the Seven-Factor Model of Personality." In *Biology of Personality Disorders,* edited by K. R. Sild. Washington, D.C. : American Psychiatric Press, 1998.

Cohen, Adam B. “The Importance of Spirituality in Well-Being for Jews and Christians.” *Journal of Happiness Studies* 3 (2002), 287–310.

Cohen, Eric. “The Tragedy of Equality.” *New Atlantis* 7 (2004), 101–109.

Cohen, J., R. Scott, T. Schimmel, et al. “Birth of Infant after Transfer of Anucleate Donor Oocyte Cytoplasm into Recipient Eggs.” *Lancet* 350 (1997), 186–187.

Cohen, Philip. “Monsters in Our Midst.” *New Scientist* (July 21, 2001), 30.

Cooperman, Tod, William Obermeyer, Densie Webb, and ConsumerLab.com LLC. *ConsumerLab.com's Guide to Buying Vitamins and Supplements: What's Really in the Bottle?* White Plains, N.Y.: ConsumerLab.com LLC, 2003.

Crick, Francis. *The Astonishing Hypothesis: The Scientific Search for the Soul.* New York: Scribner; Maxwell Macmillan International, 1994.（フランシス・クリック『DNAに魂はあるか：驚異の仮説』講談社　1995年）

Crisafulli, Charles M., and Charles P. Hawkins. “Ecosystem Recovery Following a Catastrophic Disturbance: Lessons Learned from Mount Saint Helens.” U.S. Geological Survey (USGS) Biological Resources Division, 1998.

Curtiss, S., and S. de Bode. “How Normal Is Grammatical Development in the Right Hemisphere Following Hemispherectomy? The Root Infinitive Stage and Beyond.” *Brain and Language* 86 (2003), 193–206.

Cyranoski, David. “Japan's Ape Sequencing Effort Set to Unravel the Brain's Secrets.” *Nature* 409 (2001), 651–652.

———. “Koreans Rustle Up Madness-Resistant Cows.” *Nature* 426 (2003), 743.

Dahl, Edgar. “Procreative Liberty: The Case for Preconception Sex Selection.” *Reproductive Biomedicine Online* 7 (2003), 380–384.

Daniell, H. “Molecular Strategies for Gene Containment in Transgenic Crops.” *Nature Biotechnology* 20: 6 (2002), 581–586.

Darwin, Charles. *Autobiography, with Original Omissions Restored.* London: Collins, 1958.

———. *The Origin of Species.* 6th ed. London: John Murray, 1872.（チャールズ・ダーウィン『種の起源』岩波文庫　1963年ほか）

———. *The Origin of Species: Complete and Fully Illustrated.* New York: Gramercy, 1979.

Davidson, Diane, Steven Cook, Roy Snelling, and Tock Chua. “Explaining the Abundance of Ants in Lowland Tropical Rainforest Canopies.” *Science* 300 (2002), 969

-971.

Dawkins, Richard. "Précis of the Next Fifty Years: Science in the First Half of the Twenty-First Century." In *The Next Fifty Years: Science in the First Half of the Twenty-First Century,* edited by John Brockman. London: Weidenfeld and Nicolson, 2002.

———. *The Selfish Gene.* Oxford, Eng.: Oxford University Press, 1976.（リチャード・ドーキンス『利己的な遺伝子』増補新装版　紀伊國屋書店　2006 年）

———. "You Can't Have It Both Ways: Irreconcilable Differences?" *Skeptical Inquirer,* Special Issue on Science and Religion (1999), 62-64.

De Lagausie, P., S. de Napoli Cocci, N. Stempfle, et al. "Highly Differentiated Teratoma and Fetus-in-Fetu: A Single Pathology?" *Journal of Pediatric Surgery* 32 (1997), 115-116.

Dekel, B., T. Burakova, F. D. Arditti, et al. "Human and Porcine Early Kidney Precursors as a New Source for Transplantation." *Nature Medicine* 9 (2003), 53-60.

DeMenocal, Peter, Joseph Ortiz, Tom Guilderson, et al. "Abrupt Onset and Termination of the African Humid Period: Rapid Climate Responses to Gradual Insolation Forcing." *Quaternary Science Reviews* 19 (2000), 347-361.

Denevan, William M. "The Pristine Myth: The Landscape of the Americas in 1492." *Annals, Association of American Geographers* 82 (1992), 369-385.

Dennett, Daniel Clement. *Freedom Evolves.* New York: Viking, 2003.（ダニエル・C・デネット『自由は進化する』NTT 出版　2005 年）

Dennis, Carina. "China: Stem Cells Rise in the East." *Nature* 419 (2002), 334-336.

———. "Vaccine Targets Gut Reaction to Calm Livestock Wind." *Nature* 429 (2002), 119.

DeSalle, Rob, and David Lindley. *The Science of* Jurassic Park *and the Lost World.* New York: HarperPerennial, 1997.（ロブ・デサール、デヴィッド・リンドレー『恐竜の再生法教えます：ジュラシック・パークを科学する』同朋舎　1997 年）

Descartes, René. *Discourse on Method and the Meditations.* New York: Penguin, 1968.（ルネ・デカルト『方法序説』岩波文庫　1997）

Diamond, J., and P. Bellwood. "Farmers and Their Languages: The First Expansions." *Science* 300 (2003), 597-603.

Ding, Y. C., H. C. Chi, D. L. Grady, et al. "Evidence of Positive Selection Acting at the Human Dopamine Receptor D4 Gene Locus." *Proceedings of the National Academy of Sciences (U.S.A.)* 99 (2002), 309-314.

Dobzhansky, Theodosius. "Nothing in Biology Makes Sense Except in the Light of Evolution." *American Biology Teacher* 35 (1973), 125–129.

———. *Mankind Evolving; The Evolution of the Human Species.* New Haven, Conn.: Yale University Press, 1962.

Dombrowski, Daniel A., and Robert John Deltete. *A Brief, Liberal, Catholic Defense of Abortion.* Urbana: University of Illinois Press, 2000.

Douglas, Kate. "Puppy Power: Robot Dogs Have Come a Long Way since K9. Is Man's Best Friend About to Be Knocked Off Its Pedestal?" *New Scientist* (July 27, 2002), 44.

Dreger, Alice Domurat. "The Limits of Individuality: Ritual and Sacrifice in the Lives and Medical Treatment of Conjoined Twins." *Studies in the History and Philosophy of Biology and Biomedicine* 29 (1998), 1–29.

Dresser, Rebecca. "Personal Statement." In *Human Cloning and Human Dignity: The Report of the President's Council on Bioethics,* edited by Leon Kass, 2002, 283–287.

Echelard, Y., and H. Meade. "Toward a New Cash Cow." *Nature Biotechnology* 20 (2002), 881–882.

Eck, Diana L. *Banaras: City of Light.* New York: Columbia University Press, 1998.

Editors. "The Fear Factor." *Nature Biotechnology* 20 (2002), 957.

Edwards, A. C., and P. J. A. Withers. "Soil Phosphorus Management and Water Quality: A UK Perspective." *Soil Use and Management* 14 (supplement, 1998), 124–130.

Edwards, Robert. *Life before Birth: Reflections on the Embryo Debate.* London: Hutchinson, 1989.

Edwards, Robert G., and Michael Ludwig. "Are Major Defects in Children Conceived in Vitro Due to Innate Problems in Patients or to Induced Genetic Damage?" *Reproductive Biomedicine Online* 7 (2003), 131–138.

Ehrlich, Paul. *The Population Bomb.* New York: Sierra Club-Ballantine, 1968.（ポール・R・エーリック『人口爆弾』河出書房新社　1974年）

Elbashir, S. M. "Duplexes of 21-Nucleotide RNAs Mediate RNA Interference in Cultured Mammalian Cells." *Nature* 411 (2001), 494–498.

Enserink, Martin. "Bioengineering: Preliminary Data Touch Off Genetic Food Fight." *Science* 283: 5405 (1999), 1094–1095.

———. "Transgenic Food Debate: The *Lancet* Scolded over Pusztai Paper." *Science* 286: 5440 (1999), 656a.

Ewen, Stanley W. B., and Arpad Pusztai. "Effect of Diets Containing Genetically Modified Potatoes Expressing Galanthus Nivalis Lectin on Rat Small Intestine." *Lancet* 354: 9187 (1999), 1353–1354.

Fagan, Brian M. *World Prehistory: A Brief Introduction,* 3rd ed. New York: HarperCollins College Publishers, 1996.

Fedoroff, N. V. "Agriculture: Prehistoric GM Corn." *Science* 302 (2003): 1158–1159.

Fehilly, C. B., S. M. Willadsen, and E. M. Tucker. "Interspecific Chimaerism between Sheep and Goat." *Nature* 307 (1984), 634–636.

Ferriss, Abbott L. "Religion and the Quality of Life." *Journal of Happiness Studies* 3 (2002), 199–215.

Feynman, Richard Phillips. *QED: The Strange Theory of Light and Matter,* Alix G. Mautner Memorial Lectures. Princeton, N.J.: Princeton University Press, 1985.（リチャード・P・ファインマン『光と物質のふしぎな理論：私の量子電磁力学』岩波書店　1988年）

Finnis, John. "Abortion and Healthcare Ethics." In *Bioethics: An Anthology,* edited by Helga Kuhse and Peter Singer. Oxford, Eng.: Blackwell, 1999, 13–20.

Fischbach, Gerald D., and Ruth L. Fischbach. "Stem Cells: Science, Policy, and Ethics." *Journal of Clinical Investigation* 114: 10 (2004), 1364–1370.

Flamm, Bruce. "The Bizarre Columbia University 'Miracle' Saga Continues." *Skeptical Inquirer* 29: 2 (2005), 52–53.

——. "The Columbia University 'Miracle' Study: Flawed and Fraud." *Skeptical Inquirer* 28: 5 (2004), 25–32.

Flanagan, Owen. *The Problem of the Soul.* New York: Basic Books, 2002.

Fontanarosa, P. B., D. Rennie, and C. D. DeAngelis. "The Need for Regulation of Dietary Supplements —— Lessons from Ephedra." *Journal of the American Medical Association* 289 (2003), 1568–1570.

Food and Agricultural Organization of the United Nations (FAO). *The State of Food and Agriculture 2003–2004: Agricultural Biotechnology, Meeting the Needs of the Poor?* Rome: FAO, 2004.

Forrest, Barbara. "The Wedge at Work: How Intelligent Design Creationism Is Wedging Its Way into the Cultural and Academic Mainstream." In *Intelligent Design Creationism and Its Critics: Philosophical, Theological, and Scientific Perspectives,* edited by Robert T. Pennock. Cambridge, Mass.: MIT Press, 2001.

Frankel, M. S. "Inheritable Genetic Modification and a Brave New World: Did Huxley

Have It Wrong?" *Hastings Center Report* 33 (2003), 31-36.

Frazer, J. G. *The Illustrated Golden Bough: A Study in Magic and Religion.* New York: Simon and Schuster, 1996.

Friedman, Richard Elliott. *The Bible with Sources Revealed: A New View into the Five Books of Moses.* San Francisco, Calif.: HarperSanFrancisco, 2003.

Frith, M. "Sprawling Biopolis Jazzes Up Singapore's Science Scene." *Nature Medicine* 9 (2003), 1440.

Fryzuk, M. D. "Inorganic Chemistry: Ammonia Transformed." *Nature* 427: 6974 (2004), 498-499.

Fukuyama, Francis. *Our Posthuman Future: Consequences of the Biotechnology Revolution.* New York: Farrar, Straus and Giroux, 2002.（フランシス・フクヤマ『人間の終わり：バイオテクノロジーはなぜ危険か』ダイヤモンド社　2002 年）

Gazzaniga, M. S. "The Split Brain Revisited." *Scientific American* 279 (1998), 50-55.

Geijsen, N., M. Horoschak, K. Kim, et al. "Derivation of Embryonic Germ Cells and Male Gametes from Embryonic Stem Cells." *Nature* (2003).

George, Robert. "Statement of Professor George (Joined by Dr. Gomez-Lobo)." In *Human Cloning and Human Dignity,* edited by Leon Kass. New York: PublicAffairs, 2002, 294-306

George, Robert P. *The Clash of Orthodoxies.* Wilmington, Del.: ISI, 2001.

———. *In Defense of Natural Law.* Oxford, Eng.: Oxford University Press, 1999.

———. "The Tyrant State." *First Things* 67 (1996), 39-42.

German, Donald R., and Joan German-Grapes. *Make Your Own Convenience Foods: How to Make Chemical-Free Foods That Are Fast, Simple, and Economical.* New York: Macmillan, 1978.

Gibson-Brown, J. J., S. I. Agulnik, D. L. Chapman, et al. "Evidence of a Role for T-Box Genes in the Evolution of Limb Morphogenesis and the Specification of Forelimb/Hindlimb Identity." *Mechanisms Development* 56 (1996), 93-101.

Gilbert-Barness E., J. M. Opitz, D. Debich-Spicer, et al. "Fetus-in-Fetu Form of Monozygotic Twinning with Retroperitoneal Teratoma." *American Journal of Medical Genetics* 120A: 3 (2003), 406-412.

Gleick, James. *Chaos: Making a New Science.* New York: Viking, 1987.（ジェイムズ・グリック『カオス：新しい科学をつくる』新潮文庫　1991 年）

Gold, Lois Swirsky, Thomas H. Slone, Bonnie R. Stern, et al. "Rodent Carcinogens: Setting Priorities." *Science* 258: 5080 (1992), 261-265.

Golovan, S. P., M. A. Hayes, J. P. Phillips, and C. W. Forsberg. "Transgenic Mice Expressing Bacterial Phytase as a Model for Phosphorus Pollution Control." *Nature Biotechnology* 19: 5 (2001), 429-433.

Golovan, S. P., R. G. Meidinger, A. Ajakaiye, et al. "Pigs Expressing Salivary Phytase Produce Low-Phosphorus Manure." *Nature Biotechnology* 19: 8 (2001), 741-745.

Gosling, Raymond. "Completing the Helix Trilogy." *Nature* 425 (2003), 901.

Gott, J. Richard. "Implications of the Copernican Principle for Our Future Prospects." *Nature* 363 (1993), 315-319.

Gould, George Milbry, and Walter Lytle Pyle. *Anomalies and Curiosities of Medicine.* Philadelphia, Pa.: Saunders, 1897.

Gould, Stephen Jay. "On the Origin of Specious Critics." *Discover* (January 1985), 34-42

———. *Rocks of Ages: Science and Religion in the Fullness of Life,* Library of Contemporary Thought. New York: Ballantine, 1999.

———. *The Structure of Evolutionary Theory.* Cambridge, Mass.: Belknap Press of Harvard University Press, 2002.

Greeley, Andrew M. *Religion in Europe at the End of the Second Millennium.* New Brunswick, N.J.: Transaction, 2002.

Green, Rhys E., Stephen J. Cornell, Jorn P. W. Scharlemann, and Andrew Balmford. "Farming and the Fate of Wild Nature." *Science* 307: 5709 (2005), 550-555.

Gurley, B. J., S. F. Gardner, and M. A. Hubbard. "Content Versus Label Claims in Ephedra-Containing Dietary Supplements." *American Journal of Health Systems and Pharmacies* 57 (2000), 963-969.

Hahnemann, Samuel, and Wenda Brewster O'Reilly. *Organon of the Medical Art.* Redmond, Wash.: Birdcage, 1996.

Haldane, J. B. S. *"Daedalus, or Science and the Future": A Paper Read to the Heretics, Cambridge, on February 4, 1923.* New York: Dutton, 1924.

Hansson, Sven Ove. "Is Anthroposophy Science?" *Conceptus* 25 (1991), 37-49.

Harding, G. T. "Religion: Psychiatric Aspects." In *International Encyclopedia of the Social and Behavioral Sciences,* edited by Paul B. Baltes and Neil J. Smelser. Oxford, Eng.: Elsevier Science, 2001.

Hare, Brian, Michelle Brown, Christina Williamson, and Michael Tomasello. "The Domestication of Social Cognition in Dogs." *Science* 298 : 5598 (2002), 1634-1636.

Harpending, Henry C., Mark A. Batzer, Michael Gurven, et al. "Genetic Traces of Ancient Demography." *Proceedings of the National Academy of Sciences (U.S.A.)* 95 (1998), 1961-1967.

Hartwell, Leland, Leroy Hood, Micheal Goldberg, et al. *Genetics : From Genes to Genomes,* 2nd ed. Boston, Mass. : McGraw-Hill Higher Education, 2004.

Hawes, S. M., C. Sapienza, and K. E. Latham. "Ooplasmic Donation in Humans —— The Potential for Epigenic Modifications." *Human Reproduction* 17 (2002), 850-852.

Heifetz, S. A., A. Alrabeeah, B. S. Brown, and H. Lau. "Fetus in Fetu : A Fetiform Teratoma." *Pediatric Pathology* 8 (1988), 215-226.

Hess, Beth B., Elizabeth W. Markson, and Peter J. Smith. *Sociology, 4th ed.* New York : Macmillan, 1991.

Heun, M., R. Schafer-Pregl, D. Klawan, et al. "Site of Einkorn Wheat Domestication Identified by DNA Fingerprinting." *Science* 278 (1997), 1312-1314.

Holdaway, R. N., and C. Jacomb. "Rapid Extinction of the Moas (Aves : Dinornithiformes) : Model, Test, and Implications." *Science* 287 (2000), 2250-2254.

Holden, Constance. "Spiritual Bass (Random Samples)." *Science* 301 (2003), 1665.

Horgan, John. *Rational Mysticism : Dispatches from the Border between Science and Spirituality.* Boston, Mass. : Houghton Mifflin, 2003.（ジョン・ホーガン『科学を捨て、神秘へと向かう理性』徳間書店　2004 年）

Hubner, K., G. Fuhrmann, L. K. Christenson, et al. "Derivation of Oocytes from Mouse Embryonic Stem Cells." *Science* 300 (2003), 1251-1256.

Hunter, Graeme K. *Vital Forces : The Discovery of the Molecular Basis of Life.* San Diego, Calif. : Academic, 2000.

Huston, M. A., L. W. Aarssen, M. P. Austin, et al. "No Consistent Effect of Plant Diversity on Productivity." *Science* 289 : 5483 (2000), 1255a.

Hwang, W. S., Y. J. Ryu, J. H. Park, et al. "Evidence of a Pluripotent Human Embryonic Stem Cell Line Derived from a Cloned Blastocyst." *Science* 303 (2004), 1669-1674.

Hwang, Woo Suk, Sung Il Roh, Byeong Chun Lee, et al. "Patient-Specific Embryonic Stem Cells Derived from Human SCNT Blastocysts." *Science* 308 (2005), 1777-1783.

Ideker, Trey, Timothy Galitski, and Leroy Hood. "A New Approach to Decoding Life : Systems Biology." *Annual Review of Genomics and Human Genetics* 2 (2001), 343-

372.

International Social Survey Program. *Religion II*. Cologne, Ger.: German Social Science Infrastructure Services, 1998.

Jackson, Jeremy B. C. "What Was Natural in the Coastal Oceans?" *Proceedings of the National Academy of Sciences (U.S.A.)* 98 (2001), 5411–5418.

James, William. *The Varieties of Religious Experience: A Study in Human Nature*. New York: Modern Library, 1994.

Johnson, Phillip E. *Darwin on Trial*. Washington, D.C., and Lanham, Md.: Regnery Gateway, 1991. Distributed by National Book Network.

Jones, D. C., M. Reyes-Mugica, P. G. Gallagher, et al. "Three-Dimensional Sonographic Imaging of a Highly Developed Fetus in Fetu with Spontaneous Movement of the Extremities." *Journal of Ultrasound Medicine* 20 (2001), 1357–1363.

Jussim, Daniel. *Double Take: The Story of Twins*. New York: Viking, 2001.

Karatzas, C. N. "Designer Milk from Transgenic Clones." *Nature Biotechnology* 21 (2003), 138–139.

Kass, Leon. *Life, Liberty, and the Defense of Dignity: The Challenge for Bioethics*. San Francisco, Calif.: Encounter, 2002.（レオン・R・カス『生命操作は人を幸せにするのか：蝕まれる人間の未来』日本教文社　2005 年）

———. *Toward a More Natural Science: Biology and Human Affairs*. New York: Free Press, 1985.

Kass, Leon, and President's Council on Bioethics. *Beyond Therapy: Biotechnology and the Pursuit of Happiness*. New York: ReganBooks, 2002.（レオン・R・カス『治療を超えて：バイオテクノロジーと幸福の追求：大統領生命倫理評議会報告書』青木書店　2005 年）

Kass, Leon R., and James Q. Wilson. *The Ethics of Human Cloning*. Washington, D.C.: American Enterprise Institute Press, 1998.

Kaufman, D. S., E. T. Hanson, R. L. Lewis, et al. "Hematopoietic Colony-Forming Cells Derived from Human Embryonic Stem Cells." *Proceedings of National Academy of Sciences (U.S.A.)* 98 (2001), 10716–10721.

Kazez, A., I. H. Ozercan, F. S. Erol, et al. "Sacrococcygeal Heart: A Very Rare Differentiation in Teratoma." *European Journal of Pediatric Surgery* 12: 4 (2002), 278–280.

Keller, Evelyn Fox. *A Feeling for the Organism: The Life and Work of Barbara Mcclintock*. New York: Freeman, 1983.（エブリン・フォックス・ケラー『動く遺伝子：トウモロコシとノーベル賞』晶文社　1987 年）

Kevles, Daniel J., and European Group on Ethics in Science and New Technologies to the European Commission. *A History of Patenting Life in the United States with Comparative Attention to Europe and Canada : A Report to the European Group on Ethics in Science and New Technologies.* Luxembourg : Office for Official Publications of the European Commission, 2002.

Khush, Gurdev S. "Green Revolution : The Way Forward." *Nature Reviews Genetics* 2 (2001), 815–822.

Kijas, J. M., and L. Andersson. "A Phylogenetic Study of the Origin of the Domestic Pig Estimated from the Near-Complete MtDNA Genome." *Journal of Molecular Evolution* 52 (2001), 302–308.

Kirk, K. M., L. J. Eaves, and N. G. Martin. "Self-Transcendence as a Measure of Spirituality in a Sample of Older Australian Twins." *Twin Research* 2 (1999), 81–87.

Koenig, H. G., and D. B. Larson. "Religion and Mental Health." In *Encyclopedia of Mental Health,* edited by H. S. Friedman. New York : Academic, 1998, 381–392.

Kuiper, Harry, et al. "Adequacy of Methods for Testing the Safety of Genetically Modified Foods." *Lancet* 354 : 9187 (1999), 1315–1316.

Kunzig, Robert. "Exit from Eden (How the Sahara Became a Desert)." *Discover* (January 2000).

Kuroiwa, Y., P. Kasinathan, Y. J. Choi, et al. "Cloned Transchromosomic Calves Producing Human Immunoglobulin." *Nature Biotechnology* 20 (2002), 889–894.

Kurzweil, Ray. *The Age of Spiritual Machines : When Computers Exceed Human Intelligence.* New York : Viking, 1999.（レイ・カーツワイル『スピリチュアル・マシーン：コンピュータに魂が宿るとき』翔泳社　2001 年）

Kvist, Lars Peter, and Gustav Nebel. "A Review of Peruvian Flood Plain Forests : Ecosystems, Inhabitants, and Resource Use." *Forest Ecology and Management* 150 (2001), 3–26.

Kwan, K. M., and R. R. Behringer. "Conditional Inactivation of Lim1 Function." *Genesis* 32 (2002), 118–120.

Lai, L., D. Kolber-Simonds, K. W. Park, et al. "Production of Alpha-1, 3-Galactosyltransferase Knockout Pigs by Nuclear Transfer Cloning." *Science* 295 (2002), 1089–1092.

Landau, Elaine. *Joined at Birth : The Lives of Conjoined Twins.* New York : Franklin Watts, 1997.

Landecker, Hannah. "Immortality, in Vitro." In *Biotechnology and Culture : Bodies,*

Anxieties, Ethics, edited by Paul E. Brodwin. Bloomington: Indiana University Press, 2000, 52-71.

Lanza, R. P., D. K. Cooper, and W. L. Chick. "Xenotransplantation." *Scientific American* 277 (1997), 54-59.

Larson, Edward J., and Larry Witham. "Leading Scientists Still Reject God." *Nature* 394 (1998), 313.

Lawler, Peter. *Aliens in America: The Strange Truth about Our Souls.* Wilmington Del.: ISI, 2002.

LeDoux, Joseph. "The Self: Clues from the Brain." *Annals of the New York Academy of Science* 1001 (2003), 295-304.

Levin, Yuval. "The Paradox of Conservative Bioethics." *New Atlantis* 1 (2003), 53-65.

Levy, Rachel, Kay Elder, and Yves Menezo. "Cytoplasmic Transfer in Oocytes: Biochemical Aspects." *Human Reproduction Update* 10 (2004), 241-250.

Liechty, K. W., T. C. MacKenzie, A. F. Shaaban, et al. "Human Mesenchymal Stem Cells Engraft and Demonstrate Site-Specific Differentiation after in Utero Transplantation in Sheep." *Nature Medicine* 6 (2000), 1282-1286.

Lim, Miranda M., Zuoxin Wang, Daniel E. Olazabal, et al. "Enhanced Partner Preference in a Promiscuous Species by Manipulating the Expression of a Single Gene." *Nature* 429 (2004), 754-757.

Logan, J. S. "Prospects for Xenotransplantation." *Current Opinions in Immunology* 12 (2000), 563-568.

Lynch, Thomas J., Daphne W. Bell, Raffaella Sordella, et al. "Activating Mutations in the Epidermal Growth Factor Receptor Underlying Responsiveness of Non-Small-Cell Lung Cancer to Gefitinib." *New England Journal of Medicine* (2004), 2129-2139.

MacDougall, Duncan. "The Soul: Hypothesis Concerning Soul Substance Together with Experimental Evidence of the Existence of Such Substance." *American Medicine* (April 1907).

Magaziner, Allan, Linda Bonvie, and Anthony Zolezzi. *Chemical-Free Kids: How to Safeguard Your Child's Diet and Environment.* New York: Kensington, 2003.

Mahony, William K. "Soul: Indian Concepts." In *The Encyclopedia of Religion,* edited by Mircea Eliade. New York: Macmillan, 1987, 438-443.

Mann, Charles C. "Archaeology: Earthmovers of the Amazon." *Science* 287 (2000), 786-789.

Mannix, Daniel Pratt. *Freaks: We Who Are Not as Others,* rev. ed. San Francisco, Calif.: Re/Search, 1990.

Margulis, Lynn. *Symbiotic Planet: A New Look at Evolution.* New York: Basic Books, 1998.（リン・マーギュリス『共生生命体の30億年』草思社　2000年）

Martell, Joanne. *Millie-Christine: Fearfully and Wonderfully Made.* Winston-Salem, N.C.: Blair, 2000.

Marx, Karl. "Introduction to a Contribution to the Critique of Hegel's Philosophy of Right." *Deutsch-Französische Jahrbucher* (February 1844).

Marx, Karl, and Friedrich Engels. *The Communist Manifesto.* New York: Washington Square, 1964.（カール・マルクス、フリードリッヒ・エンゲルス『共産党宣言・共産主義の諸原理』新日本出版社　1998年ほか）

Masood, Ehsan. "Food Scientist in GMO Row Defends Premature Warning." *Nature* 398 (1999),98.

Maton, Anthea. *Ecology: Earth's Living Resources,* annotated teacher's ed, Prentice Hall Science. Englewood Cliffs, N.J.: Prentice Hall, 1993.

May, Robert M. "The Future of Biological Diversity in a Crowded World." *Current Science* 82 (2002), 1325-1331.

McCollum, E. V., and Cornelia Kennedy. "The Dietary Factors Operating in the Production of Polyneuritis." *Journal of Biological Chemistry* 24 (1916), 491-502.

McConkey, Edwin H., and Ajit Varki. "A Primate Genome Project Deserves High Priority." *Science* 289 (2000), 1295-1296.

McKibben, Bill. *The End of Nature.* New York: Random House, 1989.（ビル・マッキベン『自然の終焉：環境破壊の現在と近未来』河出書房新社　1990年）

——. *Enough: Staying Human in an Engineered Age.* New York: Audio Renaissance, 2003.（ビル・マッキベン『人間の終焉：テクノロジーは、もう十分だ！』河出書房新社　2005年）

McNatt, Logan. "Cave Archaeology of Belize." *Journal of Cave and Karst Studies* 58 (1996), 81-99.

Meehl, P. E. "Schizotaxia, Schizotypy, Schizophrenia." *American Psychologist* 17 (1962), 827-838.

Meilaender, Gilbert. "Begetting and Cloning." *First Things* 74 (1997), 41-43.

Miller, David. "One Body, Two Souls." *Life* (April 1996), 44-56.

Miller, Walter M. *A Canticle for Leibowitz: A Novel.* Philadelphia, Pa.: Lippincott,

1960.（ウォルター・ミラー『黙示録3174年』創元推理文庫　1971年）

Mills, James L., and Lucinda England. "Food Fortification to Prevent Neural Tube Defects: Is It Working? " *Journal of the American Medical Association* 285 (2001), 3022-3023.

Mills, James L., and Caroline C. Signore. "Folic Acid and the Prevention of Neural-Tube Defects." *New England Journal of Medicine* 350 (2004), 2209.

Milo, R., S. Shen-Orr, S. Itzkovitz, et al. "Network Motifs: Simple Building Blocks of Complex Networks." *Science* 298 (2002), 824-827.

Mitchell, Allen A. "Infertility Treatment —— More Risks and Challenges." *New England Journal of Medicine* 346 (2002), 769-770.

Mitchell, Michael, and Charles Eisenmann. *Monsters of the Gilded Age: Photographs by Charles Eisenmann*. Agincourt, Ont.: Gage, 1979.

Mitchell, Peter. "UK Launches Ambitious Tissue/Data Bank Project." *Nature Biotechnology* 20 (2002), 529.

Mitsui, K., Y. Tokuzawa, H. Itoh, et al. "The Homeoprotein Nanog Is Required for Maintenance of Pluripotency in Mouse Epiblast and ES Cells." *Cell* 113 (2003), 631-642.

Monod, Jacques. *Chance and Necessity (Le Hasard et la Nécessité)*. New York: Knopf, 1974.（ジャック・モノー『偶然と必然：現代生物学の思想的な問いかけ』みすず書房　1972年）

Montagu, Ashley. *Human Heredity*. Cleveland, Ohio: World, 1959.

Mooney, Chris. "Sins of Petition." *American Prospect* 13: 8 (2002).

Moore, Peter D. "Plant Ecology: Favoured Aliens for the Future." *Nature* 427 (2004), 594.

Murphy, Mark. "The Natural Law Tradition in Ethics." In *The Stanford Encyclopedia of Philosophy*, edited by Edward N. Zalta. Palo Alto, Calif.: Stanford University Press, 2002.

Nagy, A., J. Rossant, R. Nagy, et al. "Derivation of Completely Cell Culture-Derived Mice from Early-Passage Embryonic Stem Cells." *Proceedings of National Academy of Sciences (U.S.A.)* 90 (1993), 8424-8428.

National Research Council, Committee on Long-Term Care of Chimpanzees. *Chimpanzees in Research: Strategies for Their Ethical Care, Management, and Use*. Washington, D.C.: National Academy Press, 1997.

Newberg, A., A. Alavi, M. Baime, et al. "The Measurement of Regional Cerebral Blood

Flow during the Complex Cognitive Task of Meditation: A Preliminary Spect Study." *Psychiatry Research* 106 (2001), 113-122.

Newberg, Andrew B., Eugene G. D'Aquili, and Vince Rause. *Why God Won't Go Away: Brain Science and the Biology of Belief.* New York: Ballantine, 2001. (アンドリュー・ニューバーグ、ユージーン・ダギリ、ヴィンス・ローズ『脳はいかにして〈神〉を見るか：宗教体験のブレイン・サイエンス』PHP エディターズ・グループ 2003 年)

Oostra, R. J., B. Baljet, B. W. Verbeeten, and R. C. Hennekam. "Congenital Anomalies in the Teratological Collection of Museum Vrolik in Amsterdam, the Netherlands. 5: Conjoined and Acardiac Twins." *American Journal of Medical Genetics* 80 (1998), 74-89.

Ourednik, Vaclav, Jitka Ourednik, Jonathan D. Flax, et al. "Segregation of Human Neural Stem Cells in the Developing Primate Forebrain." *Science* 293 (2001), 1820-1824.

Ozkan, H., A. Brandolini, R. Schafer-Pregl, and F. Salamini. "Aflp Analysis of a Collection of Tetraploid Wheats Indicates the Origin of Emmer and Hard Wheat Domestication in Southeast Turkey." *Molecular Biology Evolution* 19: 10 (2002), 1797-1801.

Palmer, M., E. Bernhardt, E. Chornesky, et al. "Ecology for a Crowded Planet." *Science* 304 (2004), 1251-1252.

Parker, Heidi G., Lisa V. Kim, Nathan B. Sutter, et al. "Genetic Structure of the Purebred Domestic Dog." *Science* 304 (2004), 1160-1164.

Paterson, A. D., G. A. Sunohara, and J. L. Kennedy. "Dopamine D4 Receptor Gene: Novelty or Nonsense?" *Neuropsychopharmacology* 21 (1999), 3-16.

Pearce, Fred. "Violent Future." *New Scientist* (July 21, 2001), 44.

Pennell M. T., and A. J. Kukral. "An Unusual Case of Holocephalous." *American Journal of Obstetrics and Gynecology* 52 (1946), 669-671.

Pennisi, Elizabeth. "Fast Friends, Sworn Enemies." *Science* 302 (2003), 774-775.

Perkins, Sid. "Global Vineyard." *Science News* 165 (2004), 347-349.

Perrez, Franz Xaver. "Taking Consumers Seriously: The Swiss Regulatory Approach to Genetically Modified Food." *N.Y. U. Environmental Law Journal* 8 (2000), 585-604.

Philips, Helen. "Paranormal Beliefs Linked to Brain Chemistry." *New Scientist* (July 27, 2002).

Pizzagalli, D., D. Lehmann, L. Gianotti, et al. "Brain Electric Correlates of Strong Belief

in Paranormal Phenomena: Intracerebral EEG Source and Regional Omega Complexity Analyses." *Psychiatry Research* 100 (2000), 139–154.

Plomin, Robert, J. C. DeFries, and G. E. McClearn. *Behavioral Genetics: A Primer*, 2nd ed. A Series of Books in Psychology. New York: Freeman, 1990.

Ponting, Clive. *A Green History of the World: The Environment and the Collapse of Great Civilizations*. New York: St. Martin's, 1992.（クライブ・ポンティング『緑の世界史（上・下）』朝日新聞社　1994 年）

Pope John Paul II. "Letter of Pope John Paul II to the Reverend George V. Coyne, S.J., Director of the Vatican Observatory, June 1, 1988." In *Consilium De Cultura, Jubilee for Men and Women from the World of Learning*. Vatican City, 2000, 59.

———. "Truth Cannot Contradict Truth: Address of Pope John Paul II to the Pontifical Academy of Sciences," 1996.

Popper, Karl. "The Problem of Demarcation (1974)." In *Popper Selections,* edited by David Miller. Princeton, N.J.: Princeton University Press, 1985, 118–130.

Porter, Roy. *Flesh in the Age of Reason*. New York: Norton, 2004.

Pray, Leslie. "A Cheap Personal Genome?" *Scientist* (October 4, 2002).

Quigley, Christine. *Conjoined Twins: An Historical, Biological, and Ethical Issues Encyclopedia*. Jefferson, N.C.: McFarland, 2003.

Rajakumar, Kumaravel. "Pellagra in the United States: A Historical Perspective." *Southern Medical Journal* 93 (2000), 272–277.

Remnick, David. "Gadfly of the Gene Scene: Jeremy Rifkin —— Throwing a Wrench into Bioengineering." *Washington Post* (May 18, 1984), B1.

Rifkin, Jeremy. *The Biotech Century: Harnessing the Gene and Remaking the World*. New York: Tarcher/Putnam, 1998.（ジェレミー・リフキン『バイテク・センチュリー：遺伝子が人類、そして世界を改造する』集英社　1999 年）

Riviere, Claude. "Soul: Concepts in Primitive Religions." In *The Encyclopedia of Religion,* edited by Mircea Eliade. New York: Macmillan, 1995, 426–431.

Rogo, D. S. "Researching the Out-of-Body Experience: The State of the Art." *Anabosis: The Journal for Near Death Studies* 4 (1984), 21–49.

Roosevelt, A. C., M. Lima da Costa, C. Lopes Machado, et al. "Paleoindian Cave Dwellers in the Amazon: The Peopling of the Americas." *Science* 272 (1996), 373–384.

Rothenberg, S. P., M. P. da Costa, J. M. Sequeira, et al. "Autoantibodies against Folate Receptors in Women with a Pregnancy Complicated by a Neural-Tube Defect." *New*

England Journal of Medicine 350 (2004), 134-142.

Rubin, Charles T. "Man or Machine?" *New Atlantis* (Winter 2004).

Sacred Congregation for the Doctrine of the Faith (as approved by the Vatican). "Declaration on Procured Abortion (Questio de Abortu)," 1974.

Sandel, Michael J. "The Case against Perfecion." *Atlantic* (April 2004), 50-62.

Satge, D., F. Jaubert, A. J. Sasco, and M. J. Vekemans. "Are Fetus-in-Fetu Highly Differentiated Teratomas? Practical Implications." *Pediatric International* 45 (2003), 368.

Sathananthan, H., S. Gunasheela, and J. Menezes. "Critical Evaluation of Human Blastocysts for Assisted Reproduction Techniques and Embryonic Stem Cell Biotechnology." *Reproductive Biomedicine Online* 7 (2003), 219-227.

Savolainen, P., Y. P. Zhang, J. Luo, et al. "Genetic Evidence for an East Asian Origin of Domestic Dogs." *Science* 298 (2002), 1610-1613.

Schatten, G. P. "Safeguarding Art." *Nature Medicine* 8 (2002), 19-22.

Sears, Mark K., Richard L. Hellmich, Diane E. Stanley-Horn, et al. "Impact of BT Corn Pollen on Monarch Butterfly Populations: A Risk Assessment." *Proceedings of the National Academy of Sciences (U. S. A.)* (2001), 11937-11942.

Seeman, P., H. C. Guan, and H. H. Van Tol. "Dopamine D4 Receptors Elevated in Schizophrenia." *Nature* 365 (1993), 441-445.

Segal, Nancy L. *Entwined Lives: Twins and What They Tell Us about Human Behavior.* New York: Dutton, 1999.

Sergi C., et al. "Huge Fetal Sacrococcygeal Teratoma with a Completely Formed Eye and Intratumoral DNA Ploidy Heterogenicity." *Pediatric and Developmental Pathology* 2: 1 (1999), 50-57.

Shakespeare, William. *The Tempest.* New York: Penguin, 1959. (ウィリアム・シェイクスピア『テンペスト』ちくま文庫『シェイクスピア全集8』所収ほか)

Sharma, Devinder. "GM Foods: Towards Apocalypse." *GeneWatch* (July-August 2003), 14-15.

Shawlot, W., and R. R. Behringer. "Requirement for Lim1 in Head-Organizer Function." *Nature* 374 (1995), 425-430.

Shendure, Jay, Robi D. Mitra, Chris Varma, and George M. Church. "Advanced Sequencing Technologies: Methods and Goals." *Nature Reviews Genetics* 5: 5 (2004), 335-344.

Silver, Lee M. *Remaking Eden : Cloning and Beyond in a Brave New World.* New York: Avon, 1997. (リー・M・シルヴァー『複製されるヒト』翔泳社　1998年)

Singer, Peter. *Animal Liberation,* 2nd ed. New York: *New York Review of Books,* 1990. Distributed by Random House.

———. *Practical Ethics,* 2nd ed. Cambridge, Eng., and New York: Cambridge University Press, 1993. (ピーター・シンガー『実践の倫理』昭和堂　1999年)

Skolnick, Andrew. *"Jurrasic Park." Journal of the American Medical Association* 270 (1993), 1252-1253.

Smaglik, Paul. "For My Next Trick." *Nature* 407 (2000), 828-829.

Smirnoff, Nicholas. "Vitamin C Booster." *Nature Biotechnology* 21 (2003), 134.

Smith, B. D. "The Initial Domestication of Curcurbita Pepo in the Americas 10,000 Years Ago." *Science* 276 (1997), 932-934.

Smith, Bruce D. "Documenting Plant Domestication: The Consilience of Biological and Archaeological Approaches." *Proceedings of the National Academy of Sciences (U.S.A.)* 98 (2001), 1324-1326.

Smith, Huston. *The World's Religions.* New York: HarperCollins, 1991.

Solomon, Paul R., Felicity Adams, Amanda Silver, et al. "Ginkgo for Memory Enhancement: A Randomized Controlled Trial." *Journal of the American Medical Association* 288 (2002), 835-840.

Spencer, R., and W. H. Robichaux. "Prosopo-Thoracopagus Conjoined Twins and Other Cephalopagus-Thoracopagus Intermediates: Case Report and Review of the Literature." *Pediatric Developmental Pathology* 1 (1998), 164-171.

Spencer, Rowena. *Conjoined Twins : Developmental Malformations and Clinical Implications.* Baltimore, Md.: Johns Hopkins University Press, 2003.

———. "Parasitic Conjoined Twins: External, Internal (Fetuses in Fetu and Teratomas), and Detached (Acardiacs)." *Clinical Anatomy* 14 (2001), 428-444.

Sperry, R. "Lateral Specialization in the Surgically Separated Hemisphere." In *Neuroscience, Third Study Program,* edited by F. O. Schmitt and F. G. Worden. Cambridge, Mass.: MIT Press, 1974.

Sperry, R. W., E. Zaidel, and D. Zaidel. "Self-Recognition and Social Awareness in the Deconnected Minor Hemisphere." *Neuropsychologia* 17 (1979), 153-166.

Steiner, Rudolf. *Agriculture (Reprint of 1924 Publication).* Dornach: Rudolf Steiner Press, 2003.

———. *An Outline of Occult Science.* Chicago, Ill.: Anthroposophical Literature Concern, 1922. (ルドルフ・シュタイナー『神秘学概論』ちくま学芸文庫　1998年)

Stencell, A. W. *Seeing Is Believing: America's Sideshows.* Chicago, Ill.: Independent, 2002.

Stock, Gregory, and John Campbell. *Engineering the Human Germline.* New York: Oxford University Press, 2000.

Stryer, Lubert. *Biochemistry,* 2nd ed. San Francisco, Calif.: Freeman, 1981. (ストライヤー『ストライヤー生化学』東京化学同人　1983年)

Svitil, Kathy A. "Biologist Lord Robert May: He Brings Order to Chaos." *Discover,* (October 2002).

Tamaki, S., K. Eckert, D. He, et al. "Engraftment of Sorted/Expanded Human Central Nervous System Stem Cells from Fetal Brain." *Journal of Neurosciences Research* 69 (2002), 976-986.

Thalbourne, M. A., and P. S. Delin. "A Common Thread Underlying Belief in the Paranormal, Creative Personality, Mystical Experience, and Psychopathology." *Journal of Parapsychology* 58 (1994), 3-38.

Thomson, J. A., J. Itskovitz-Eldor, S. S. Shapiro, et al. "Embryonic Stem Cell Lines Derived from Human Blastocysts." *Science* 282 (1998), 1145-1147.

Thornton, Joseph W. "Resurrecting Ancient Genes: Experimental Analysis of Extinct Molecules." *Nature Reviews Genetics* 5 (2004), 366.

Tompkins, Peter, and Christopher Bird. *The Secret Life of Plants.* New York: HarperCollins, 1973. (ピーター・トムプキンズ、クリストファー・バード『植物の神秘生活：緑の賢者たちの新しい博物誌』工作舎　1987年)

Tooby, John, and Leda Cosmides. "The Psychological Foundations of Culture." In *The Adapted Mind,* edited by Jerome H. Barkow, Leda Cosmides, and John Tooby. New York: Oxford University Press, 1992, 19-136.

Triendl, Robert. "Study Compares Chimps and People." *Nature* 406 (2000), 4.

Trivers, Robert L. "The Evolution of Reciprocal Altruism." *Quarterly Review of Biology* 46 (1971), 35-57.

Trut, Lyudmila N. "Early Canid Domestication: The Farm-Fox Experiment." *American Scientist* (1999), 160-169.

Tyndall, John. *Fragments of Science,* Part 2, Vol. 6. New York: Collier, 1902.

Uryu, Y., O. Malm, I. Thornton, et al. "Mercury Contamination of Fish and Its

Implications for Other Wildlife of the Tapajos Basin, Brazilian Amazon." *Conservation Biology* 15 (2001), 438-446.

Van Laere, A. S., M. Nguyen, M. Braunschweig, et al. "A Regulatory Mutation in IGF2 Causes a Major QTL Effect on Muscle Growth in the Pig." *Nature* 425 (2003), 832-836.

Venugopal, Prasad. "The Science and Politics of Genetic Engineering." *Political Affairs* 80 (2001), 20.

Vogel, Gretchen. "Visiting German Profs Could Face Jail." *Science* 301 (2003), 577.

Von Mering, Christian, Roland Krause, Berend Snel, et al. "Comparative Assessment of Large-Scale Data Sets of Protein-Protein Interactions." *Nature* 417 : 6887 (2002), 399-403.

Waal, Frans de, and Frans Lanting. *Bonobo : The Forgotten Ape*. Berkeley : University of California Press, 1997.（フランス・ドゥ・ヴァール『ヒトに最も近い類人猿ボノボ』ティビーエス・ブリタニカ 2000 年）

Waldorf, V. A., and T. B. Moyers. "Psychotherapy and Religion." In *International Encyclopedia of the Social and Behavioral Sciences,* edited by Paul B. Baltes and Neil J. Smelser. Oxford, Eng. : Elsevier Science, 2001.

Wallace, Irving, and Amy Wallace. *The Two : A Biography*. New York : Simon and Schuster, 1978.

Waller, N. G., B. A. Kojetin, T. J. Bouchard, et al. "Genetic and Environmental Influences on Religious Interests, Attitudes, and Values : A Study of Twins Reared Apart and Together." *Psychological Science* 1 (1990), 138-142.

Wallis, Claudia. "The Most Intimate Bond." *Time* (March 25, 1996), 60-64.

Watanabe, H., A. Fujiyama, M. Hattori, et al. "DNA Sequence and Comparative Analysis of Chimpanzee Chromosome 22." *Nature* 429 (2004), 382-388.

Watson, D. M. "Mistletoe —— A Keystone Resource in Forests and Woodlands Worldwide." *Annual Review of Ecology and Systematics* 32 (2001), 219-249.

Weissenbach, Jean. "Genome Sequencing : Differences with the Relatives." *Nature* 429 (2004), 353-355.

Westphal, Sylvia Pagán. "Organs from Sheep-Human Chimeras." *New Scientist* (December 3, 2003), 4.

Williams, Michael. *Deforesting the Earth : From Prehistory to Global Crisis*. Chicago, Ill. : University of Chicago Press, 2003.

Williams, William F., ed. *Encyclopedia of Pseudosience.* New York: Book Builders, 2000.

Wilson, James Q. "Personal Statement." In *Human Cloning and Human Dignity: The Report of the President's Council on Bioethics,* edited by Leon Kass, 2002.

Woodruff, David S. "Declines of Biomes and Biotas and the Future of Evolution." *Proceedings of the National Academy of Sciences (U.S.A.)* 98 (2001), 5471-5476.

Wright, Robert. *Nonzero: The Logic of Human Destiny.* New York: Pantheon, 2000.

Xu, R. H., X. Chen, D. S. Li, et al. "Bmp4 Initiates Human Embryonic Stem Cell Differentiation to Trophoblast." *Nature Biotechnology* 20 (2002), 1261-1264.

Zorpette, G. "Off with Its Head!" *Scientific American* 278 (1998), 41.

Zukav, Gary. *The Seat of the Soul.* New York: Simon and Schuster, 1990. (ゲーリー・ズーカフ『カルマは踊る』青土社　1992 年)

注

序文

(1) 『異星の客』（井上一夫訳　創元推理文庫 1969 年）はロバート・ハインラインが書いた小説で、1962 年に年間最優秀 SF 作品に与えられるヒューゴー賞を獲得した。題名の“客”とは、打ち捨てられた火星植民地で生まれ、人類の唯一の生存者として火星人に育てられた普通の少年のことで、極度に合理的な思考と行動の持ち主だ。少年は若者に成長すると、地球に連れ戻される。この“異星”で、若者は初めて、広く普及した霊的・神秘的信仰と、その信仰につけ込む悪徳説教師に出会う。ハインラインのこの破壊的な小説は、12 歳のわたしの人格形成に大きな影響を及ぼした。

(2) 現代生物学の領域に収まる研究分野を表現するのに、さまざまな用語が使われる。素人にとっては、同じ生物学でも種類が異なると、方法も目標もそれぞれ別個のものだという印象を受けることもある。実際には、（現在、生物学と呼ばれている）生命科学はすべて、分子生物学のおかげで、以前にもまして統合されている。分子生物学は、本質的には生物学の一分野ではない。そうではなくて、遺伝子とタンパク質を含む分子レベルで、生命システムと生物を研究するための実験的手法であり、一連の検査手法なのだ。分子遺伝学、遺伝子工学、生化学、システム生物学、遺伝子組み換え、クローニングの研究はすべて、科学者やメディアが分子生物学とほぼ同じ意味で使っている語で、1970 年以来分子生物学者が発明し、改良してきた道具箱を指す。こういう道具は今では、医学と生命科学全体のほとんどすべての研究領域に組み込まれている。例えば、腫瘍学、神経生物学、精神医学、栄養学、薬理学、老年医学、生殖生物学、心臓病学、ゲノム学、農学、進化論、微生物学、法医学、遺伝子学、生態学などだ。

(3) “Seeds of Disaster,” *Daily Telegrph* (June 8, 1998).

(4) Leon Kass and President's Council on Bioethics, *Beyond Therapy: Biotechnology and the Pursuit of Happiness* (New York: ReganBooks, 2002), 261-62.（レオン・R・カス『治療を超えて：バイオテクノロジーと幸福の追求：大統領生命倫理評議会報告書』倉持武監訳　青木書店　2005 年）

(5) 反科学知識人は自分たちの学問分野を“科学技術社会論（Science and Technology Studies, STS)”と称するが、これは科学者をまるでモルモット扱いする学問だ。2004 年 10 月 28 日、とある会議からヴァージニア空港へと車で向かう 45 分間の道中、我慢して耳を傾けるわたしに対し、ロスマン教授と、大学院生にしては歳を取っているチェーンスモーカーのシャロン・ラフはともに、本文に書かれたような見解を断固として擁護した。

(6) Rhys E. Green et al., “Farming and the Fate of Wild Nature,” *Science* 307 (2005), 550-555.

第1章

(1) 霊魂に関するバリ島民の伝統的な考えかたは、一千年以上前、インドからの移住民とともにもたらされたヒンズー教を源としている。しかし、動物や植物の個体群が遺伝子レベルで進化と分岐を行なうように、宗教的な信条や風習も進化と無縁ではいられない。バリ島民は今もみずからをヒンズー教徒と称するが、バリ島のヒンズー教と南アジア各所に見られるヒンズー教とは、かなり趣を異にする。

(2) Diana L. Eck, *Banaras: City of Light* (New York: Columbia University Press, 1998), 121.

(3) William K. Mahony, "Soul: Indian Concepts," in *The Encyclopedia of Religion,* ed. Mircea Eliade (New York: Macmillan, 1987), 41.

(4) Huston Smith, *The World's Religions* (New York: HarperCollins, 1991), 63.

(5) Logan McNatt, "Cave Archaeology of Belize," *Journal of Cave and Karst Studies* 58 (1996), 81-99.

(6) Chabad, *About Chabad Lubavitch | Chabad.Org.*; http://www.chabad.org/generic.asp?aid=36226.（2003年12月7日に参照）

(7) 創世記2章7節。

(8) 伝道の書12章7節。

(9) このインタビューは2003年6月23日に行なわれた。

(10) "存在の科学的声明"は、メアリー・ベイカー・エディが著した聖書解説本、『科学と健康』の中でも最も重要な一節であり、日曜礼拝の最後に大声で読み上げられる。「物質には、生命も、真理も、知性も、実体もない。すべては無限の精神であり、すべてはその無限の発露である。なぜなら、神こそがすべてなのだから。霊は不朽の真理であり、物質は必滅の誤謬である。霊は神であり、人間は神に似せた形象である。それゆえ、人間は物質的ではなく、霊的であるのだ」

(11) 天国での戦いのようすは、ヨハネの黙示録12章7～9節で説明されている。「そして、天国では戦いがあった。ミカエルは天使たちとともに、龍を相手に戦った。龍とその使者たちは、戦いに勝つことができず、天国における居場所さえも失った。悪魔とも魔王とも呼ばれ、全世界を欺く老いた蛇でもある巨大な龍は、地上へと追い払われた。龍の使者たちも、同じく追い払われた」地上での戦いのようすは、ヨハネの黙示録19章11節と19節と20節で説明されている。「わたしの目の前で、天国の門が開かれ、白馬が姿を現わした。馬の背には、"忠実と誠実の人"がまたがっていた。彼［イエス］は、正義によって裁きと戦いを行なう人である……。そして、獣［悪魔］と、地上の王たちと、その軍隊が集まり、馬上の人［イエス］と、その軍隊に対して戦いを仕掛けた……。そして、［悪魔の］像を崇拝する者たちは、硫黄が燃えさかる炎の池へ生きたまま放り込まれた」

(12) コリント人への第一の手紙15章52節、「それは、最後のらっぱの響きとともに、瞬く間に、あっという間に起こる。らっぱが吹かれると、死人は不朽の肉体としてよみがえり、われわれは変化させられるのだ」。

(13) マタイによる福音書25章34節、「それから、王は右側にいる人々に告げる。『さあ、我が父に祝福されし者たちよ、創世のときより用意されていた王国を受け継ぐのだ』」。マルコによる福音書16章16節、「信じて洗礼を受ける者は救われる。信じざる者は永遠の罰を受ける」。ヨハネの黙示録20章12～13節、「そして、わたしは小さな死人や大きな死人が神の前に立つのを見た。そして、さまざまな本とともに、ある1冊の本が開かれた。これが生命の書である。生命の書に記された各々の行ないに応じ、死人たちは裁きを受けた。そして、海の中から放り出された死人も、死や地獄の中から吐き出された死人も、皆各々の行ないに応じて裁きを受けた」。

(14) マタイによる福音書25章41節、「それから、彼［イエス］は左側にいる人々にも告げる。『呪われし者たちよ、わたしのもとを離れ、悪魔とその使者に用意した永遠の炎へ入るがいい』」。ヨハネの黙示録20章15節、「そして、生命の書に載っていない者は、誰であろうと炎の池へ投げ込まれた」。ヨハネの黙示録21章8節、「しかし、恐怖する者、信じぬ者、忌まわしき者、人を殺す者、女を買う者、魔術を使う者、偶像を崇拝する者、嘘をつく者には、硫黄と炎の燃えさかる池、という報いが待ち受け、第二の死を迎える」。

(15) ヨハネの黙示録21章1～2節、「そして、わたしは新たなる天国と地上を見た。元の天国と地上は消え去り、海はもうどこにもなかった。わたしことヨハネは、聖なる都、新たなるエルサレムが、まるで美しく着飾った花嫁のごとく、準備万端整えて神のもとを離れ、天国から降りてくるのを見た」。

(16) ヨハネの黙示録21章4節。

第2章

(1) Margaret Wertheim, "Scientist at Work: Francis Crick and Cristof Koch," *New York Times* (April 13, 2004), F3.

(2) ウィリアム・ジェームズは"宗教的経験の諸相"を初めて詳述した近代の学者であり、1902年に同名の著作を出版している。自身キリスト教徒であったジェームズは、万人が納得する方法で宗教を定義するのは不可能だと認識し、そのうえで、最も啓発的だと思われる定義を書き記した。「宗教とは……なんらかの対象を神と見なしている個々人が、他人から隔絶された状態で、それぞれの神と一対一で向かい合ったときの、感情と行動と経験を意味する」William James, *The Varieties of Religious Experience: A Study in Human Nature* (New York: Modern Library, 1994), 36.

(3) David B. Barrett, George Thomas Kurian, and Todd M. Johnson, *World Christian Encyclopedia: A Comparative Survey of Churches and Religions in the Modern

World, 2nd ed., 2 vols. (Oxford, Eng., and New York: Oxford University Press, 2001). (David B. Barrett『世界キリスト教百科事典』教文館　1986 年）本文中で触れた *Encyclopaedia Britannica*『ブリタニカ大百科事典』, 2005 の宗教の項目は、2005 年 3 月 15 日、Encyclopaedia Britannica Online〈http://www.search.eb.com/eb/article?tocId=9389861〉を参照した。

(4) 『オックスフォード英語辞典』によると、啓蒙運動以前の科学（science）は、「特定された事象あるいは暗示された事象に関する知識あるいは認識。また広義には、個人的特質としての（多少なりとも冗長な）知識も指す……"良心（conscience）"と対比あるいは並立して用いられ、真理の理論的認知と道徳的信念との区別に重きを置く」と定義されていた。現在の科学は、「"自然科学"と同義語。物質世界の諸現象とその法則を研究する学問だけを指し、純粋な数学を除外する場合もある。現在はこの用法が一般的」と定義される。1834 年、英国科学振興協会は"科学者（scientist）"という新語を造り、"物質世界の知識を探求する学者"を他と分別した。*Oxford English Dictionary* http://dictionary.oed.com/（2004 年 2 月 5 日に参照）

(5) Karl Popper, "The Problem of Demarcation (1974)," in *Popper Selections,* ed. David Miller (Princeton, N.J.: Princeton University Press, 1985).

(6) ヘブル人への手紙 11 章 1 節（New Living Translation and Revised Standard Version）。

(7) K. Y. Cha, D. P. Wirth, and R. A. Lobo, "Does Prayer Influence the Success of in Virto Fertilization-Embryo Transfer?" *Journal of Reproductive Medicine* 46 (2001), 781-787.

(8) この金言の文脈で議論を展開したのは、18 世紀の懐疑論的哲学者デイヴィッド・ヒュームだが、この金言自体を作ったのは、科学の大衆化の立役者カール・セーガンだとされている。

(9) Bruce Flamm, "The Columbia University 'Miracle' Study: Flawed and Fraud," *Skeptical Inquirer* 28 (2004), 25-32.

(10) Bruce Flamm, "The Bizarre Columbia University 'Miracle' Saga Continues," *Skeptical Inquirer* 29 (2005), 52-53.

(11) Barrett, Kurian and Johnson, *World Christian Encyclopedia: A Comparative Survey of Churches and Religions in the Modern World.*（『世界キリスト教百科事典』）http://www.adherents.com のウェブサイト上に引用された。

(12) ハリス世論調査、2003 年 2 月 26 日。

(13) Edward J. Larson, Larry Witham, "Leading Scientists Still Reject God," *Nature* 394 (1998), 313.

(14) この概説にはいくつか例外が存在する。合衆国における最も顕著な例外のひとりは、フランシス・コリンズ。政府が支援するヒトゲノム・プロジェクトの責任者であり、みずからを"敬虔なキリスト教徒"と表現する。もうひとり挙げるなら、遺伝子治療の共同創始者であ

るフレンチ・アンダーソンだ。

(15) 理性的というより本能的な理由から、わたしは自分を急進派不可知論的懐疑主義理神論者に分類する。

(16) *Merriam-Webster Online Dictionary;* http://www.m-w.com/.（2003 年 10 月 7 日に参照）

(17) ギャラップ世論調査、2001 年 3 月 5 日。The International Social Survey Program（国際社会調査プログラム）*Religion II* (Cologne: German Social Science Infrastructure Services, 1998), 63.

(18) "Letter of Pope John Paul II to the Reverend George V. Coyne, S. J., Director of the Vatican Observatory, June 1,1988," in *Consilium De Cultura, Jubilee for Men and Women from the World of Learning* (Vatican City, 2000), 59.

(19) Stephen Jay Gould, *Rocks of Ages: Science and Religion in the Fullness of Life,* Library of Contemporary Thought (New York: Ballantine, 1999).

(20) Stephen Jay Gould, "Nonoverlapping Magisteria," *Natural History* 106 (March 1997), 16-22.

(21) "Truth Cannot Contradict Truth: Address of Pope John Paul II to the Pontifical Academy of Sciences" (1996).

(22) 敬虔なキリスト教徒は全員が、福音（Gospel）を受け入れている。福音とは"よい知らせ"であり、イエスを神として信仰すれば、魂が救済され、地獄ではなく天国へ行けることを意味する。しかし、魂の救済に"よい行ない"が条件となるかどうかは、キリスト教徒のあいだでも意見が分かれるところだ。福音派の学者であるマーク・A・ノール教授によると、現代福音主義の鍵となる要素は、「積極行動主義、ないしは、聖職者だけでなく在家一般信者を含む全信者が、神への奉仕に身命を賭して取り組むことである。ここで言う奉仕とは、特に伝道（福音を広める）と宣教（他の社会に福音をもたらす）を意味する」Mark A. Noll, *Understanding American Evangelicals, a Lecture by Mark A. Noll, Mcmanis Professor of Christian Thought at Wheaton College* (2003); http://www.eppc.org/publications/pubid.1943/pub_detail.asp.（2005 年 3 月 1 日に参照）キリスト教福音主義者がみずからの動機として位置づけているのは、マルコによる福音書 16 章 15 ～ 16 節に記された"偉大なる使命"である。「世界の隅々まで足を踏み入れ、すべての人々に福音を述べ伝えよ。信じて洗礼を受ける者は救われる。信じざる者は永遠の罰を受ける」Wikipedia, *Evangelicalism* (2005); http://en.wikipedia.org/wiki/Evangelicalism.（2005 年 3 月 1 日に参照）

(23) Noll, *Understanding American Evangelicals.*

(24) ラーソンとウィザムの論文 "Leading Scientists Still Reject God" にも引用された。

(25) Joseph LeDoux, "The Self: Clues from the Brain," *Annals of the New York*

Academy of Science 1001 (2003), 295-304.

第3章

(1) Pascal Boyer, *And Man Creates God: Religion Explained* (New York: Basic Books, 2001), 8.

(2) 聖書の古代ヘブライ語で記述された部分では、魂の諸性質を説明するために、三つの単語——ネフェシュ（nefesh）ルアク（ruach）、ネシャマー（neshamah）——が使用されている。しかし、ある現代のユダヤ人学者の説明によれば、「この三つの違いを理解するのは、控えめに言っても、かなりの困難を伴う」。B. P. Billauer, "On Judaism and Genes: A Response to Paul Root Wolpe," *Kennedy Institute of Ethics Journal* 9 (1999), 159-165. わたしが本書内で触れた"生命力"もしくは生命原理を、カトリック教徒の学者たちは"魂（soul）"という言葉を使って説明してきた。一方、"霊（spirit）"のほうは、完全な人間の内部における「魂（soul）と肉体（body）の結合」とされた。Michael Maher and Joseph Boland, *The Catholic Encyclopedia,* Volume 14 (1912); http://www.newadvent.org/cathen/14153a.htm.（2005年1月1日を参照）しかしながら、カトリック主義のほかの著作を見てみると、"魂"と"霊"があべこべに使われていたり、ごちゃ混ぜに使われたりしている。

(3) 現代西洋社会では、"魂（soul）"と聞いて真っ先に思い浮かぶのはキリスト教的な観念で、ひとりひとりの人間に固有なものという印象である。対する"霊（spirit）"には宗派色がない。

(4) 霊の死後の生を信じなくても、実体二元論が本質的に成り立つのに対し、死後の生の観念が成り立つには、肉体内での霊の生という前世が必須となる。

(5) Karen Armstrong, *A History of God* (New York: Ballantine, 1993)（カレン・アームストロング『神の歴史：ユダヤ・キリスト・イスラーム教全史』柏書房 1995年）; Claude Riviere, "Soul: Concepts in Primitive Religions," in *The Encyclopedia of Religion,* ed. Mircea Eliade (New York: Macmillan, 1995), 426-431.

(6) 創世記2章7節。聖書研究者たちはこの一節を"J"による執筆と特定している（"E"と"D"と"P"を含め、旧約聖書の執筆者は合計4人とされる）。"J"の担当部分は紀元前10世紀ごろに書かれたとみられる。Richard Elliott Friedman, *The Bible with Sources Revealed: A New View into the Five Books of Moses* (San Francisco, Calif.: HarperSanFrancisco, 2003).

(7) 詩篇104章29節。

(8) エゼキエル書37章7〜11節。

(9) "21グラム"の都市伝説の起源については、バーバラ・ミケルソンとデイヴィッド・P・ミ

ケルソンのウェブサイトから情報をいただいた。*Soul Man;* http://www.snopes.com/religion/soulweight.asp（2003年12月31日に参照）

(10) Duncan MacDougall, "The Soul: Hypothesis Concerning Soul Substance Together with Experimental Evidence of the Existence of Such Substance,"*American Medicine* (March 1907), 240–243.

(11) 米国人と欧州人が幽霊を信じるかどうかについては、各世論調査の結果に大きなばらつきが見られる。問題の一因は定義のしかたにある。幽霊の定義を"死者の霊"に限定すれば、信じる人の比率はアメリカで51%、イギリスで40%まで上昇する（ハリス世論調査2003年2月23日、マーケット&オピニオン・リサーチ・インターナショナル世論調査1998年3月）。

(12) 高い学歴を持つ西洋人の大半は、正体を隕石だと理解しているのに、今でも"流れ星"という言い方がまかり通っている。

(13)『ニューズウィーク』世論調査2002年7月13日、ローパー・センター世論調査1994年5月15日、『USニューズ・アンド・ワールドリポート』世論調査1997年3月21日。

(14)『USニューズ・アンド・ワールドリポート』、1997年3月21日。

(15) ギャラップ世論調査1999年7月6日、ギャラップ・イングランド世論調査1997年1月、ユーロバロメータ世論調査2001年12月、ギャラップ世論調査1999年8月24～26日。

(16) ギリシアの哲学者アリスタルコスは、紀元前3世紀に、これと同じような考えかたを提唱していた。しかし、裏づけとなる科学的証拠がほとんどなく、進取の気性に富む同僚もいなかったため、彼の説は徹底的に無視された。

(17) 1995年以降、独立した数多くの情報源から天文学者にもたらされた各データは、果てしない宇宙が加速度的に拡大し続けていることを暗示する。遠い将来、銀河同士は大きく離れ、別の銀河に属する星々の光は、地球まで届かなくなってしまうだろう。

(18) René Descartes, *Discourse on Method and the Meditations* (New York: Penguin Books, 1968), 54.（ルネ・デカルト『方法序説』谷川多佳子訳　岩波文庫 1997年）

(19) こののち17世紀後半には、英国人のロバート・ボイルとロバート・フックがあらゆる気体の運動を説明できる方程式を編み出した。そして、18世紀末には、フランス人のアントワーヌ・ラヴォアジエが、大気を構成する気体も液体も固体もすべて同じ基本的な諸元素から作られていることを発見した。

(20) Aristotle, "On the Soul," in *The Complete Works of Aristotle: The Revised Oxford Translation,* ed. Jonathan Barnes (Princeton, N.J.: Princeton University Press, 1984), 641–692. 細かく見ていくと、アリストテレスの著作には、今日では通用しない記述が数多く含まれる。科学者、科学に通じた哲学者、科学に通じた神学者が受け入れられる現代世界の諸相（現実的なものも想像上のものも含まれる）とは、あまりにもかけ離れてしまっているのだ。しかし、わたしはこれらの詳細には目をつむり、アリストテレスが示した

全体像に焦点を絞った。また、アリストテレスの思考を解釈する際には、科学知識と科学用語の面で現代風なアレンジを加えた。

第4章

(1) Graeme K. Hunter, *Vital Forces : The Discovery of the Molecular Basis of Life* (San Diego, Calif.: Academic Press, 2000).

(2) John Tyndall, *Fragments of Science,* Part 2, Vol. 6 (New York: Collier, 1902), 55.

(3) Hunter, *Vital Forces.*

(4) あらゆる力が大きさの等しい作用と反作用で構成されているという概念は、直観的には理解しにくいかもしれない。例えば、リンゴの実が枝から地面へ落ちるとき、地球がリンゴを引っ張っているようには見えても、リンゴが地球を引っ張っているとはとても見えないだろう。しかし、これはリンゴと地球との膨大な質量差がもたらす錯覚なのだ。ある物体にゼロを超える力が働くと、その物体は加速運動を行なう。重力 F による加速は、運動方程式によって説明できる。m を質量、a を加速度とした場合、$F=ma$。よって、$a=F/m$ が成り立つ。地球がリンゴにもたらす加速度は、(空気摩擦がないと仮定すると) 9.8m/秒^2。逆に、リンゴが地球に及ぼす反作用は、地球をリンゴの方向へ引き寄せるが、その加速度は、地球とリンゴの質量の比に反比例する。地球の質量はリンゴの 10^{24} 倍であるため、地球がリンゴへ向かう加速度 (F/m_{earth}) は、0.000,000,000,000,000,000,000,001m/秒^2 となる。これでは、とうてい検知することなどできない。

(5) われわれの太陽系周辺部に限れば、自然界は四種類の力だけで申し分なく説明できる。重力、"強い力"、"弱い力"、電磁気力は、いずれも数式に従った振る舞いをする。太陽や月や地球などの大質量は、互いに強い重力を与え合っている。重力は、惑星や衛星の軌道を決定し、また、われわれの両足を地面にしっかりと固定してくれる。"強い力"と"弱い力"は、陽子と中性子を原子核内に封じ込め、太陽にあの輝きを発散させる。人類はこのふたつの力を制御することで、核エネルギーを解き放ち、平和目的と破壊目的に利用している。上記の三つは、大きすぎたり小さすぎたり、われわれの身近な現実とは縁遠いが、第四の力である電磁気力だけは、人体丸ごとから人体を構成する原子まで、なじみ深いサイズの領域に影響を与える。電磁気力は、正反対の電荷を持つ粒子――陽子と電子――を互いに引き合わせ、同じ電荷を持つ粒子を互いに反発させる。原子の構成を行なうのも、分子内で原子を拘束するのも、電磁気力の働きである。また、電磁気力を媒介し、光の速さで飛び、エネルギーを持つ質量のない素粒子、すなわち光子(フォトン)を発生させたり吸収したりするのも、電磁気力自身のなせるわざだ。電磁放射線――光波、電波、X線、マイクロ波を含む――は、光子で構成されている。あらゆる化学物質、そして、あらゆる電子機器とコンピュータの機能は――実際、人工物のほとんどは――、電磁気力の完全な制御下にあるのだ。

(6) 20世紀初頭、原子の内外における素粒子の量子(クァンタム)の常ならざる特性を説明するため、物理学者たちは斬新な方程式の数々を編み出した。量子力学を用いることによって、

実験結果の予測は正確になったものの、これらの方程式は、ニュートンが概念化した昔ながらの物理世界では使いものにならなかった。1927 年、ドイツ人物理学者ヴェルナー・ハイゼンベルクがその原因を探り当てた。素粒子レベルでは、ニュートンやラプラスをはじめ、物理学者全員の考えが間違っていたのだ。ハイゼンベルクは著作の中で、「もしも、現在を正確に知っているなら、われわれは未来を計算で弾き出せる」と因果律について言明した。奇しくも、彼は有名な " 不確定性原理 " の定式化を通じて、「間違っていたのは［言明の］結論ではなく前提であった」ことを発見した。Rudi Volti, "*Heisenberg Uncertainty Principle*" (Facts On File, Inc. Science Online.The Facts On File Encyclopedia of Science, Technology, 1999); http://www.factsonfile.com（2004 年 1 月 27 日に参照）

(7) 量子力学の理論によれば、個々の粒子――電子や陽子――は、ある特定の時間に、ある特定の空間に位置することはない。1 個の粒子は、複数の異なる位置に同時に存在し、複数の異なる速度で同時に移動し、複数の異なる方向へ同時にスピンする。とはいえ、他の物体と相互作用するときの粒子は、" われわれと同じ " 唯一の現実内に、矛盾しない属性を持って " きちんと " 位置する。粒子の軌道は、他と衝突もしくはニアミスするまで確定できず、したがって個々の相互作用は事前の予測がつかない。そもそも、現在を完全に描写できない以上、未来は予測不能――実践上だけでなく、現代の物理主義の理論上も――なのだ。古くからある量子力学の別の解釈では、粒子が複数の異なる位置に同時に存在するのではなく、複数の異なる位置それぞれが、粒子を包含する一定の確率を持つ。言葉を換えれば、実際粒子はひとつの位置に存在するが、ほかの粒子と相互作用するまで、物理法則では特定できないということだ。ノーベル賞を受賞した物理学者のリチャード・ファインマンは、電子と陽子に関する実験結果を予測する際、粒子が同時に存在するという量子学的解釈が果たす重要な役割を明らかにした。Richard Phillips Feynman, *QED: The Strange Theory of Light and Matter,* Alix G. Mautner Memorial Lectures (Princeton, N.J.: Princeton University Press, 1985).（リチャード・P・ファインマン『光と物質のふしぎな理論：私の量子電磁力学』釜江常好、大貫昌子訳　岩波書店　1988 年）

(8) この正確性がいかに重要かは、一読しただけでは伝わりにくいかもしれない。そこで、理解を深めるために、ひとつ思考実験をしてみてほしい。重量的な偏りが皆無のルーレットを用意し、回転盤を均等な 20 の区画に分け、各区画に 1 から 20 までの数字を割り振ったとする。ルーレットを回転させるとき、17 が出る確率は（ほかの 19 の数字と同じく）5.000000%と予測できる。しかし、どの数字が出るかを予測することはできない。陽子や電子の属性と相互作用の説明に、量子論はきわめて大きな成功を収め、特に電磁気力に関する実験――予測精度を試すための実験――では、ニューヨーク・ロサンジェルス間の距離を、髪の毛 1 本の太さの誤差内で計測するのと同じ精度で結果予測を行なってきた。

(9) 最近発想された量子コンピュータは、まだテスト段階で実用化には至っていないものの、ひとつの素粒子が複数の異なる位置に同時に存在するという特徴を利用している。

(10) 以下で論じるように、量子の不確定性は、自由意志の不在下において、行動決定論的要素を排除する役割を果たす。

(11) Quoted in Raymond Gosling, "Completing the Helix Trilogy," *Nature* 425 (2003),

901.

(12) Francis Crick, *The Astonishing Hypothesis: The Scientific Search for the Soul* (New York: Scribner; Maxwell Macmillan International, 1994), 11.（フランシス・クリック『DNAに魂はあるか：驚異の仮説』中原英臣訳　講談社　1995年）

(13) Leon Kass, *Life, Liberty, and the Defense of Dignity: The Challenge for Bioethics* 1st ed. (San Francisco: Encounter Books, 2002), 292–96.（レオン・R・カス『生命操作は人を幸せにするのか：蝕まれる人間の未来』堤理華訳　日本教文社　2005年）

(14) Jacques Monod, *Chance and Necessity (Le Hasard Et La Nécessité)* (New York: Alfred A. Knopf, 1974).（ジャック・モノー『偶然と必然：現代生物学の思想的な問いかけ』渡辺格、村上光彦訳　みすず書房　1972年）

(15) Kass, *Life, Liberty, and the Defense of Dignity,* 280.（前掲書『生命操作は人を幸せにするのか』）

(16) Monod, *Chance and Necessity,* 160.（前掲書『偶然と必然』）

(17) Kate Douglas, "Puppy Power; Robot Dogs Have Come a Long Way since K9. Is Man's Best Friend About to Be Knocked Off Its Pedestal?" *New Scientist* (July 27 2002), 44.

(18) David Phelan, "Fast Forward: Full of Artificial Goodness," *Independent,* London (September 20, 2003), 49.

(19) Douglas, "Puppy Power."

(20) Phelan, "Fast Forward."

(21) この部分は、〈ソニー〉のQRIOのウェブページから引用した。http://www.sony.net/SonyInfo/QRIO/Interview/index4_nf.html（2003年10月8日に参照）

(22) Free will, definition 2.a,（『オックスフォード英語辞典』）."両立主義"学派に属する哲学者の多くは、一般の理解とは異なる感覚で自由意志を説明する。両立主義者は物理主義者であり、あらゆる精神事象が物理法則に縛られる、という物の見かたを受け入れている。しかしながら、彼らは自由意志を、行動の結果に責任を負う前提で、理性的かつ道徳的な決断を下せる能力、と再定義する。この発想が完全な形で表現されている書籍は、下記の非専門家向けのベストセラーである。Daniel Clement Dennett, *Freedom Evolves* (New York: Viking, 2003).（ダニエル・C・デネット『自由は進化する』 山形浩生訳　NTT出版　2005年）

(23) この調査はプリンストン大学の"人間を対象とした研究に関する倫理審査委員会"から認証を受けた。聞きとり作業には学生助手のエミリー・スターバがあたり、4つある大学食堂のひとつで学生に声をかけ、計335名からそれぞれ2ページ分の質問の回答を得た。回答率は95%以上。プリンストン大学の1、2年生は学内に住むことが義務づけられ、寮と食堂の振り分けも無作為なため、この調査で抽出されたサンプルはコーシャー厳守のために別の

食堂を使うユダヤ人を除き、1、2 年生の下位集団の比率を完璧に再現している。調査の結果、1 年生でも 2 年生でも下位集団間で重要な差異や本質的な差異は見られなかった。しかし男女間では、ほとんどすべての回答に関し、きわめて重要で本質的な差異が見られた。

(24) 広範囲の社会経済的、人種的、民族的グループを対象とする種々の調査では、女性は同集団内の男性と比べ、多様な霊性信仰を表明する傾向が本質的に高いという結果が首尾一貫して示されている。

(25) 科学用語を使えば、バタフライ効果は「初期値に対する鋭敏な依存性」と言い換えられる。James Gleick, *Chaos: Making a New Science* (New York, N.Y., U.S.A.: Viking, 1987).（ジェイムズ・グリック『カオス：新しい科学をつくる』大貫昌子訳　新潮社 1991 年）

(26) Owen Flanagan, *The Problem of the Soul* (New York: Basic Books, 2002), xi.

(27) Richard Dawkins, "You Can't Have It Both Ways: Irreconcilable Differences?" *Skeptical Inquirer,* Special Issue on Science and Religion (1999), 62-64.

(28) "消去主義" と呼ばれる哲学観は、あらゆる精神的事象がわれわれの想像の産物にすぎないと主張する。わたしは哲学の専門家ではないが、明らかに精神的事象である想像なくして、いったいどうやって "想像の産物" が存在できるのか理解に苦しむ。

(29) *"L'âme n'est que simple spectatrice des mouvements de son corps...celui-ci opére seul toute la suite des actions qui compose une vie...il se meut par lui-même...c' est lui seul qui les arrange, qui forme les raisonnements, imagine et exécute des plans de tout genre."* Charles Bonnet, *Essai de psychologie; ou Considérations sur les opérations de l'âme, sur l'habitude et sur l'éducation. Auxquelles on a ajouté des principes philosophiques sur la cause première et sur son effet* (London: 1755), 91.

(30) William Shakespeare, *The Tempest* (New York: Penguin Books, 1959edition), 102.（ウィリアム・シェイクスピア『テンペスト』松岡和子訳　ちくま文庫『シェイクスピア全集8』所収ほか）

(31) Crick, *The Astonishing Hypothesis,* 257.（前掲書『DNA に魂はあるか』）

第 5 章

(1) A. Newberg et al., "The Measurement of Regional Cerebral Blood Flow During the Complex Cognitive Task of Meditation: A Preliminary SPECT Study," *Psychiatry Research* 106(2001), 113-122.

(2) 連名で執筆した著作が出版される前に、ダキリ博士はこの世を去った。Andrew Newberg, Eugene G. D'Aquili, and Vince Rause, *Why God Won't Go Away: Brain*

Science and the Biology of Belief (New York: Ballantine Books, 2001).（アンドリュー・ニューバーグ、ユージーン・ダキリ、ヴィンス・ローズ『脳はいかにして〈神〉を見るか：宗教体験のブレイン・サイエンス』茂木健一郎監訳　PHP エディターズ・グループ　2003 年）

(3) John Horgan, *Rational Mysticism: Dispatches from the Border between Science and Spirituality* (Boston: Houghton Mifflin, 2003), 77.（ジョン・ホーガン『科学を捨て、神秘へと向かう理性』　竹内薫訳　徳間書店　2004 年）

(4) J. G. Frazer, *The Illustrated Golden Bough* (New York: Simon and Schuster, 1996).

(5) O. Blanke et al., "Stimulating Illusory Own-Body Perceptions," *Nature* 419 (2002), 269–270.

(6) D. S. Rogo, "Researching the Out-of-Body Experience: The State of the Art," *Anabosis: The Journal for Near Death Studies* 4(1984), 21–49.

(7) *John F. Nash, Jr.——Autobiography;* http://www.nobel.se/economics/laureates/1994/nash-autobio.html.（2004 年 7 月 7 日に参照）

(8) P. Buckley, "Mystical Experience and Schizophrenia," *Schizophrenia Bulletin* 7(1981), 516–521.

(9) G. T. Harding, "Religion: Psychiatric Aspects," in *International Encyclopedia of the Social & Behavioral Sciences,* ed. Paul B. Baltes and Neil J. Smelser (Oxford, Eng.: Elsevier Science, 2001), 13099.

(10) V. A. Waldorf and T. B. Moyers, "Psychotherapy and Religion," in *International Encyclopedia of the Social & Behavioral Sciences,* ed. Paul B. Baltes and Neil J. Smelser (Oxford, Eng.: Elsevier Science, 2001), 12467.

(11) ウィリアム・ジェームズは神秘体験（もしくは霊的体験）と精神疾患的体験との区別を支持した。しかしながら、彼は「神秘体験をする者は、まるで、自分の意志が一時停止したような感覚を味わう。実際、超越した力に押さえつけられたように感じることもある」とも記している。James, *The Varieties of Religious Experience.*

(12) P. E. Meehl, "Schizotaxia, Schizotypy, Schizophrenia," *American Psychologist* 17(1962), 827–838. D. Pizzagalli et al., "Brain Electric Correlates of Strong Belief in Paranormal Phenomena: Intracerebral EEG Source and Regional Omega Complexity Analyses," *Psychiatry Research* 100(2000), 139–154; M. A. Thalbourne & P. S. Delin, "A Common Thread Underlying Belief in the Paranormal, Creative Personality, Mystical Experience and Psychopathology," *Journal of Parapsychology* 58(1994), 3–38.

(13) 紀元前 4 世紀、ギリシア人哲学者のレウキッポスとデモクリトスは原子論を唱え、宇宙に存在するすべてのもの——生物であろうと無生物であろうと——は、同じ自然法則の適用を

受けると主張した。また、生物と無生物の違いは、原子配列の差にすぎないとし、特定の原子配列が生命の特性を生み出すとした。

(14) Theodosius Dobzhansky, "Nothing in Biology Makes Sense except in the Light of Evolution," *The American Biology Teacher* 35(1973), 125-129.

(15) Roy Porter, *Flesh in the Age of Reason* (New York: W. W. Norton, 2004), 358. ハートリーの引用は同書による。

(16) ケーニッヒとラーソンによれば、「信仰の篤い人々は、霊的資源を持たない人々に比べ、より大きな幸福と人生の満足感を経験できるだけでなく、不安感と憂鬱感と孤独感をより小さく、自殺とアルコール依存症の発生率をより低く、ストレスに対する適応性をより高くすることができる」と疫学研究の結果は暗示しているという。H. G. Koenig & D. B. Larson, "Religion and Mental Health," in *Encyclopedia of Mental Health,* ed. H. S. Friedman (New York: Academic Press, 1998), 381-392.

(17) Abbott L. Ferriss, "Religion and the Quality of Life," *Journal of Happiness Studies* 3 (2002), 199-215.

(18) Adam B. Cohen, "The Importance of Spirituality in Well-Being for Jews and Christians," *Journal of Happiness Studies* 3(2002), 287-310.

(19) Porter, *Flesh in the Age of Reason,* 359.

(20) Constance Holden, "Spiritual Bass (Random Samples)," *Science* 301 (2003), 1665.

(21) 文化的革新が集団内の遺伝子変異を誘発した例は、ほかにも存在する。いちばん有名なのは、成人の乳製品（例えばチーズ）消費が欧州人の遺伝子に与えた衝撃である。ヨーロッパ以外の地域に住む人々は、一般的に、幼児期を脱すると乳糖の消化能力を失う。しかし、進化は欧州人の成人に乳糖耐性を常備させた。

(22) Nancy C. Andreasen, *Brave New Brain: Conquering Mental Illness in the Era of the Genome* (Oxford, Eng., and New York: Oxford University Press, 2001), 200.（ナンシー・C・アンドリアセン『脳から心の地図を読む：精神の病いを克服するために』武田雅俊、岡崎祐士監訳　新曜社　2004 年）

(23) Lelend Hartwell et al., *Genetics: From Genes to Genomes,* 2nd ed. (Boston, Mass.: McGraw-Hill Higher Education, 2004), 685-686.

(24) みずからの研究活動のために、科学を "脱構築" しようと目論む学者たちは、科学技術社会論（STS）の旗のもとで組織化を続けている。

(25) Evelyn Fox Keller, *A Feeling for the Organism: The Life and Work of Barbara McClintock* (New York: W. H. Freeman, 1983).（エブリン・フォックス・ケラー『動く遺伝子：トウモロコシとノーベル賞』石館三枝子、石館康平訳　晶文社　1987 年）

(26) バーバラ・マクリントックがノーベル生理学・医学賞に輝いたのは、受賞対象の業績を発表

してからほぼ半世紀後の1983年。染色体のあいだを動く遺伝子という発想は、当初、科学者たちからほとんど相手にされず、1970年代にようやく分子生物学によって実証された。

(27) Beth B. Hess, Elizabeth W. Markson, and Peter J. Smith, *Sociology,* 4th ed. (New York: Macmillan, 1991), 98.

(28) Charles Darwin, *The Origin of Species,* 6th ed. (London: John Murray, 1872), chap. 8.（チャールズ・ダーウィン『種の起源』八杉竜一訳　岩波文庫　1963年ほか）

(29) 鳥が新たな行動を学習できないという考えは、真実からはほど遠い。ひとつの例は、いくつかの種の雄が歌う求愛歌である。幼鳥は集団内の成鳥から歌を学ぶ。

(30) Frans de Waal & Frans Lanting, *Bonobo: The Forgotten Ape* (Berkeley: University of California Press, 1997).（フランス・ドゥ・ヴァール、フランス・ランティング『ヒトに最も近い類人猿ボノボ』加納隆至監修　藤井留美訳　ティビーエス・ブリタニカ 2000年）

(31) John Tooby and Leda Cosmides, "The Psychological Foundations of Culture," in *The Adapted Mind,* ed. Jerome H. Barkow, Leda Cosmides, and John Tooby (New York: Oxford University Press, 1992).

(32) M. M. Lim et al., "Enhanced Partner Preference in a Promiscuous Species by Manipulating the Expression of a Single Gene", *Nature* 429 (2004), 754-757.

(33) ほかの大半の種と異なり、人類に属する構成メンバーは、単婚、多婚、乱婚と、きわめて幅の広い傾向を見せる。

(34) 2001年10月だけで、この雌ライオンは連続して5頭のオリックスを養子にした。"5 Little Oryxes and the Big Bad Lioness of Kenya," *New York Times* (October 11, 2002), A8.

(35) C. R. Cloninger, "The Genetics and Psychobiology of the Seven-Factor Model of Personality," in *Biology of Personality Disorders* ed. K. R. Sild, (Washington. D.C.: American Psychiatric Press, 1998). N. G. Waller et al., "Genetic and Environmental Influences on Religious Interests, Attitudes and Values: A Study of Twins Reared Apart and Together," *Psychological Science* 1 (1990), 138-142.

(36) T. J. Bouchard et al., "Sources of Human Psychological Differences: The Minnesota Study of Twins Reared Apart," *Science* 250 (1990), 223-228. Waller et al., "Genetic and Environmental Influences on Religious Interests, Attitudes and Values."

(37) ウォラーらが概算した宗教性の遺伝率と、カークらが概算した霊性の遺伝率は、ともに0.4だった。遺伝率の評価は0.0から1.0までの11段階に分かれ、0.0は特性に対する遺伝子の影響がないことを、1.0は特性が遺伝子のみに起因することを示す。宗教性と霊性が遺伝的に継承される程度は、外向性、協調性、実直さなどの人格特性と同レベルだ。K. M.

Kirk, L. J. Eaves, and N. G. Martin, "Self-Transcendence as a Measure of Spirituality in a Sample of Older Australian Twins," *Twin Research* 2(1999), 81-87; Robert Plomin, J. C. DeFries, and G. E. McClearn, *Behavioral Genetics: A Primer,* 2nd ed., A Series of Books in Psychology (New York: Freeman, 1990); Waller et al., "Genetic and Environmental Influences on Religious Interests, Attitudes and Values."

(38) A. D. Paterson, G. A. Sunohara, and J. L. Kennedy, "Dopamine D4 Receptor Gene: Novelty or Nonsense?" *Neuropsychopharmacology* 21 (1999), 3-16.

(39) 性差によって起こりうる混同を避けるため、この調査は計200名の男性のみを対象に行なわれた。調査の有意性は、P値で0.002。男女を対象とした主要な研究では、例外なく、女性のほうにより大きな霊性傾向が見られる。

(40) 研究は七つの一般的な人格側面を対象とした。1進取性、2危機回避性、3報酬依存性、4持続性、5協調性、6自律性、7自己超越性もしくは霊的信仰受容性。

(41) 霊的信仰に及ぼす遺伝的影響のうち、DRD4遺伝子の占める割合が5%にすぎないことは、ここで指摘しておく必要があるだろう。しかし、複雑な人間の特性（例えば、心臓病、脳卒中、癌の発症リスク）に対する単独の影響としては、この5%という数字は強力である。結局、DRD4のほかにも、影響力の低い遺伝子が数多く関与していると考えられる。

(42) Helen Philips, "Paranormal Beliefs Linked to Brain Chemistry," *New Scientist* (July, 27, 2002).

(43) P. Seeman, H. C. Guan, and H. H. Van Tol, "Dopamine D4 Receptors Elevated in Schizophrenia," *Nature* 365 (1993), 41-445.

(44) クロザピンはDRD4受容体と結合しやすいが、他の神経伝達物質と結合する場合もあり、今のところどの結合が抗精神障害効果をもたらしているかは判明していない。実際、複数種の受容体との結合こそが独特な有効性の鍵であると主張する神経科学者たちもいる（解説してくれたテッド・ブロドキンに感謝する）。

(45) Y. C. Ding et al., "Evidence of Positive Selection Acting at the Human Dopamine Receptor D4 Gene Locus," *Proceedings of the National Academy of Science (U.S.A.)* 99(2002), 309-314.

(46) Charles Darwin, *Autobiography, With Original Omissions Restored* (London: Collins, 1958).

(47) Karl Marx, "Introduction to a Contribution to the Critique of Hegel's Philosophy of Right," *Deutsch-Franzosische Johrbucher* (February 1844).

(48) The International Social Survey Program, *Religion II.*

(49) Andrew M. Greeley, *Religion in Europe at the End of the Second Millennium* (New Brunswick, N.J.: Transaction, 2002).

第6章

(1) "Statement of Professor George (Joined by Dr. Gomez-Lobo)," in *Human Cloning and Human Dignity*, ed. Leon Kass (New York: PublicAffairs, 2002), 294-306.

(2) 筆者は分子生物学科所属だが、当時は生命科学を扱う姉妹学科でも教壇に立っていた。

(3) 2002年にハーヴァード・メディカルスクールのアンジュン・チャンとクリス・ウォルシュが発見したαカテニンという遺伝子は、まさに1994年のこの晩、わたしが説明したとおりの働きを備えていた。A. Chenn and C. A. Walsh, "Regulation of Cerebral Cortical Size by Control of Cell Cycle Exit in Neural Precursors," *Science* 297 (2002), 365-369. ふたりが遺伝子操作を行なったマウスは、胎児の段階で大脳皮質に高レベルのαカテニンが確認された。大脳皮質は脳の外層に位置し、高次の知能や意識をつかさどる器官。普通のマウスの場合、この外層は表面がなめらかで頭蓋骨の下にぴったり収まっている。哺乳類が霊長類そしてヒトへと進化する過程で、大脳皮質は著しい成長を遂げ、隣り合った細胞を増殖させて、全体の厚みを同じに保ったまま水平方向へ拡張し続けた。やがて、膨張した皮質の表面は頭蓋骨にぴったり収まらなくなり、ねじれやおびただしい数の皺を生じさせた結果、解剖写真で見られるような入り組んだ形ができあがった。驚いたことに、チャンとウォルシュが遺伝子操作を行なったマウスの大脳皮質も同じような成長を遂げ、高度の知能と意識を備えた動物特有のねじれと皺を生じさせたのだ。A. Chenn and C. A. Walsh, "Increased Neuronal Production, Enlarged Forebrains and Cytoarchitectural Distortions in Beta-Catenin Overexpressing Transgenic Mice," *Cerebral Cortex* 13 (2003), 599-606.

(4) この逸話は、実際の会話から数年を経たのちに回想として綴っている。

(5) この交配種馬の生存能力には目を見張るものがある。ポニーの染色体が66個あるのに対して、シマウマの染色体は44個しかないのだから。"Wholesome Genetic Modification," *Nature Genetics* 28 (2001), 305. ヒトとチンパンジーの場合は、前者の染色体が46個、後者が48個と、この点でははるかに近い。染色体の数の差は遺伝子の数の差を意味しない。哺乳類の遺伝子の数はどれもほぼ同じだが、染色体の違いによってそれぞれのグループ分けがなされる。ヒトとチンパンジーの染色体でもっとも大きな違いは、(祖先の時代に)ヒトではふたつの染色体が融合してひとつとなっているものがあり、チンパンジーの場合はそれがないこと。したがって、ヒトの染色体は全部で23組、チンパンジーの染色体は24組となる。いくら共通点が多いからといって、半ヒト・半チンパンジーの子どもが生存できるとは限らない。実際に生まれて初めて証明できることだ。障壁として予測しうるのは、チンパンジーの精子がヒトの卵子とは結合できないのではないかという点。もっとも、もしそれが問題なら、精子を直接卵子の細胞質に注入すればよい。たとえ人工授精による交配種が生存できなくても、筆者が本章で説明したように、ヒトとチンパンジーの胚を混ぜ合わせたキメラが生存可能なのはほぼ間違いない。半ヒト・半チンパンジーのキメラは、人工授精による交配種と同じように、ヒトの定義論争を巻き起こすだろう。

(6) M. W. Bruford, D. G. Bradley, and G. Luikart, "DNA Markers Reveal the

Complexity of Livestock Domestication," *Nature Reviews Genetics* 4 (2003), 900-910.

(7) 博物学者のアルフレッド・ラッセル・ウォレスは、1858年にチャールズ・ダーウィンにあてた手紙の中で、自然選択に関して独自の概念を記している。この手紙がきっかけで、ダーウィンは20年間先延ばしにしていた（聖職者の抗議を恐れて）自著の出版に踏み切った。ダーウィンの『種の起源』は、自然選択の原因と結果について、より深い理解と研究がなされていた。一方ウォレスはダーウィンと異なり、ヒトの精神は特別な存在で、自然選択によって進化したのではなく、完全に神の手で作られたのだと主張した。

(8) Charles Darwin, *The Origin of Species : Complete and Fully Illustrated* (New York: GramercyBooks, 1979), preface.

(9) ふたつの振動数のあいだに無数の中間の振動数が存在するという証明は以下のとおり。オレンジ色領域にぴったり隣接する振動数は、5.03587652345129243545 × 10^{14} と 5.03587652345129243546 × 10^{14}。ここに挙げた振動数は、紙片やコンピュータのメモリに振動数を書き込むときと同じように、桁数を制限してある。しかし、振動数に実数の値を与える方法もある。つまり、桁数を制限せずに表示するということだ。この場合、5.03587652345129243545 の次は 5.035876523451292435451、その次は 5.0358765234512924354510 という調子で、5.03587652345129243546 に到達するまで、無限大に数字を並べることができる。

(10) Darwin, *The Origin of Species : Complete and Fully Illustrated,* 438.

(11) P Brown et al., "A New Small-Bodied Hominin from the Late Pleistocene of Flores, Indonesia," *Nature* 431(2004), 1055-1061.

(12) Tim Radford, "Countdown to Extinction for World's Great Apes," *Guardian,* November 26, 2003.

(13) Peter Singer, *Animal Liberation,* 2nd ed. (*New York Review of Books,* distributed by New York: Random House, 1990).

(14) Richard Dawkins, "Precis of the Next Fifty Years: Science in the First Half of the Twenty-first Century," in *The Next Fifty Years : Science in the First Half of the Twenty-first Century,* ed. John Brockman (London: Weidenfeld & Nicolson, 2002).

(15) 教育程度の高い人たち——進化遺伝学を専門的に学んでいない多くの科学者を含む——は往々にして、生物学的な進化がおもに大気や地球の条件の変化によって生じるという固定観念を持っている。しかし、12章と18章でもっと詳しく論じるとおり、自然選択においてゆるやかな外的環境の変化が演じる役割はあくまで二次的なものであり、生命の維持に必要な有限の資源をめぐってすべての個体間で行なわれる生存競争の役割には及ばない。ほとんどの場合、自然選択の最大の推進力は、無生物的な世界という意味の"環境"ではなく、生命体の競争によって定義される"環境"である。じつに多くの人々が、ダーウィン的進化における競争の圧倒的な重要性を認識し損ねているのは、現代の西欧型社会に深く根づいたロ

マンチックな人間観、自然観のせいではないかと思われる。

(16) "Truth Cannot Contradict Truth: Address of Pope John Paul II to the Pontifical Academy of Sciences" (1996).

(17) 会話をつかさどる遺伝子はたくさんあるはずだが、そのうちひとつが突然変異を起こしただけで、システム全体に支障をきたす。同じように、例えば50個ある遺伝子のうちひとつが突然変異を起こしたせいで、耳が聞こえなくなることもある。つまり、遺伝子50個すべてが聴覚に必要なのだ。遺伝子が1個欠ければヒト限定の特性が損なわれるが、遺伝子システムに、他と関連性のない遺伝子を1個足しても、ヒト限定特性を得られるわけではない。

(18) Francis Fukuyama, *Our Posthuman Future: Consequences of the Biotechnology Revolution* (New York: Farrar, Straus and Giroux, 2002), 125.（フランシス・フクヤマ『人間の終わり：バイオテクノロジーはなぜ危険か』鈴木淑美訳　ダイヤモンド社　2002年）

第7章

(1) この発言は、2004年6月7日、ダイアナ・シャウブがワシントンDCの米国エンタープライズ研究所で行なった講演から採った。2005年10月13日、全文を http://www.aei.org/publications/pubID.20654,filter.all/pub_detail.asp で参照した。著者のウェブサイト（http://www.leemsilver.net）からも入手可能。この発言のあと、シャウブ教授は講演を次のように続けている。
「この世に生を受けたすべての人間が、胚および胎児として同様の発生過程を経てきたことは否定の余地がありません。わたしたちはみんな、かつては胚盤胞だったのです。この細胞の塊が、人生のその段階におけるわたしたちの姿です。原初の生命に関するこの知識は、畏怖と敬意の感覚を呼び起こすものではないでしょうか。それに引き換え、黒人奴隷の境遇は、多くの白人たちによって本質的な人間性を否定されるというものでした。みずからの自由を誇りとする白人たちの誰ひとりとして、黒人奴隷の劣等で屈辱的な境遇に身を置こうなどとは考えもしませんでした。その劣等な境遇に責を負う奴隷所有者であれば、なおのことです。黒人は人間だったのでしょうか？　答えは、但し書き付きの『はい』です。人間のようなものであって、全面的な人間ではない。つまり、重んじられるべき諸権利を有する一人前の人間ではなかったわけです。人間的な関わりを認めることへのこの心理的な拒絶は、当然のごとく、経済面での不公正な配慮によってさらに複雑化しました。倫理への鈍感さが、当時は利益につながったからです（そういう構造は、今日でも残っています）」

(2) E. Gilbert-Barness et al., "Fetus-in-Fetu Form of Monozygotic Twinning with Retroperitoneal Teratoma," *American Journal of Medical Genetics* 120A: 3 (2003), 406–412.

(3) Kazez A et al., "Sacrococcygeal Heart: A Very Rare Differentiation in Teratoma," *European Journal of Pediatric Surgery* 12, no.4 (2002), 278–80; C. Sergi et al.,

"Huge Fetal Sacrococcygeal Teratoma with a Completely Formed Eye and Intratumoral DNA Ploidy Heterogenicity," *Pediatric and Developmental Pathology* 2, no.1 (1999), 50–57. 足のある奇形種の写真は、2004年7月7日、匿名の解剖学者のサイトを参照した。http://www.vesalius.com/graphics/archive/archtn.asp?VID=484&nrVID=101.

(4) P. de Lagausie et al., "Highly Differentiated Teratoma and Fetus-in-Fetu: A Single Pathology?" *Journal of Pediatric Surgery* 32 (1997), 115–116; Gilbert-Barness et al., "Fetus-in-Fetu Form of Monozygotic Twinning with Retroperitoneal Teratoma."

(5) Hannah Landecker, "Immortality, in Vitro," in *Biotechnology and Culture: Bodies, Anxieties, Ethics,* ed. Paul E. Brodwin (Bloomington: Indiana University Press, 2000), 52–71.

(6) Nigel M. de S. Cameron, *The Importance of Theological Understanding* (1998). http://www.cbhd.org/resources/bioethics/cameron_1998-spring.htm.（2004年7月7日に参照した）

(7) ゾグバイ世論調査が2004年2月に実施した。質問は、「まったく重要ではないものを1、きわめて重要なものを5として、1〜5の5段階評価を行なったとき、政教分離を維持することはどの程度重要ですか？」というものだった。60%の人が、4または5と答えた。

(8) Phillip E. Johnson, *Darwin on Trial* (Washington, D.C., and Lanham, Md.: Regnery Gateway, 1991). Distributed by National Book Network.

(9) Barbara Forrest, "The Wedge at Work: How Intelligent Design Creationism Is Wedging Its Way into the Cultural and Academic Mainstream," in *Intelligent Design Creationism and Its Critics: Philosophical, Theological, and Scientific Perspectives,* ed. Robert T. Pennock (Cambridge, Mass.: MIT Press, 2001).

(10) Daniel A. Dombrowski and Robert John Deltete, *A Brief, Liberal, Catholic Defense of Abortion* (Urbana: University of Illinois Press, 2000).

(11) プリンストン大学の元学生で、現在『ナショナル・レビュー』誌の編集主任ラメシュ・ポンヌルが、カトリック教会が "immediately" という言葉を使うときは、口語とは異なり、「すぐに」という意味ではなく、むしろ「仲介者を通さずに」という意味であることをわたしに指摘してくれたことに感謝する。

(12) *Second Edition English Translation of the Catechism of the Catholic Church Including the Corrections Promulgated by Pope John Paul II on 8 September 1997*; http://www.scborromeo.org/ccc.htm.（2005年1月1日に参照）

(13) 「この声明はいつ霊的な魂を注入されるのかという疑問を脇に置く……それは哲学的問題で、以下のふたつの理由でわたしたちの道徳的確言とは無関係なのだ—— 1）あとから生気を与えられるとしても、やはりほかならぬ人間の生命が存在し、両親から受け継いだ性質を完成させる魂に備え、魂を求めるから。2）その一方で、生命を奪うことは必然的に、魂を待

ち望んでいる人間だけでなく、すでに魂を持っている人間をも殺す危険を受け入れることになるのだと主張するには、この魂が存在する可能性がありうると言うだけでじゅうぶんだから（存在しないと証明するのは不可能だ）」Sacred Congregation for the Doctrine of the Faith (as approved by the Vatican), "Declaration on Procured Abortion (Questio De Abortu)" (1974).

(14) Quoted in *New Scientist* (December 13, 2003), 8.

(15) Kathy Barrett Carter, "Wrongful Death Suit Used against Abortion Doctor," *Star-Ledger,* New Jersey (April 12, 2002).

(16) Robert P. George, *The Clash of Orthodoxies* (Wilmington, Del.: ISI, 2001), 319.

(17) Wesley J. Smith, "Bioethics: Research, Religion and Stem Cells. A Conversation with Leon Kass: Science Doesn't Trump All," *San Francisco Chronicle* (October 20, 2002).

(18) Robert Edwards, *Life before Birth: Reflections on the Embryo Debate* (London: Hutchinson, 1989).

(19) 中絶に反対する知識人の多くがこの論証を提示してきた。みごとな説明としては、Eric Cohen, "The Tragedy of Equality," *New Atlantis* 7 (2004), 101–109 を参照のこと。

(20) "Statement of Professor George (Joined by Dr. Gomez-Lobo)."

(21) わたしの同僚のピーター・シンガーは、人間であるということはわれわれがほかの生物個体に付与する内在的な価値を決定するうえで最も重要な尺度にすらならないと主張した。そうではなくて、内在的な価値にとって大切なのは直観や意識の程度であり、いくつかの点を比べると、人間以外の成熟した動物の中には、明らかに生後数カ月の乳児を含む一部の人間を上回る個体もいるというのだ。

(22) James Q. Wilson, "Personal Statement," in *Human Cloning and Human Dignity: The Report of the President's Council on Bioethics,* ed. Leon Kass (2002).

(23) George, "Statement of Professor George (Joined by Dr. Gomez-Lobo)."

(24) ロバート・ジョージ教授から筆者に提供された未発表の報告書による。胚が分離する素因を抱えていることがあるという主張を支持するデータは存在しない。

(25) ロバート・ジョージ教授から筆者に提供された未発表の報告書による。

(26) Anglican bishop of Oxford quoted in *New Scientist* (December 13, 2003), 8.

(27) Keith Sinclair and Vicky Collins, "Science Creates She-Male Human Hybrid; Anger at Embryo Experiment," *Herald* (July 3, 2003).

(28) Claire Ainsworth, "The Stranger Within," *New Scientist* 180 (2003), 34.

(29) Patrick Lee and Robert P. George, *Embryology, Philosophy, and Human Dignity* (2001); http://www.nationalreview.com/comment/commentlee080901.shtml (2004年7月7日に参照)

(30) Karl Popper, "The Problem of Demarcation (1974)," in *Popper Selections,* ed. David Miller (Princeton, N.J.: Princeton University Press, 1985).

(31) カール・ポッパーは以下のように書く。「われわれは反論に直面すると常に、言い逃れ戦術を採りうる……予想外の興味深い何かを学ぶことよりも正しいと主張することに関心を持つ知識人は、めったにいない例外的な存在ではけっしてない」ポッパーが書いているのはお粗末な科学を実践している科学者のことだが、同じ描写は科学者ではない者にも当てはまる。

(32) *NPR Morning Edition* (April 22, 2003), transcript.

(33) http://www.tiu.edu/index.html.

(34) エリオット・エイブラムズとジーン・カークパトリックなどのEPPC会員はレーガン政権の政府高官であり、ジョージ・W・ブッシュのスピーチライターとして陰で重要な役割を果たしてきた会員(コリーン・キャロル・キャンベル、マイケル・ガーソン、ウィリアム・マックガーンなど)もいる。

(35) Yuval Levin, "The Paradox of Conservative Bioethics," *New Atlantis* 1 (2003), 53-65.

(36) Alan Cooperman, "Openly Religious, to a Point: Bush Leaves the Specifics of His Faith to Speculation," *Washington Post* (September 16, 2004), A1.

(37) Steven Ertelt, "Pro-Life Groups Applaud President Bush's State of the Union Address," *LifeNews.com* (February 3, 2005); http://www.lifenews.com/nat1172.html.

(38) Kass and Council on Bioethics, *Beyond Therapy,* 286-87. (前掲書『治療を超えて』)

(39) Robert P. George, *In Defense of Natural Law* (Oxford, Eng.: Oxford University Press, 1999), 166.

(40) 自然法信奉者のほとんどは、わたしたちの種の歴史を通じて、人間の性行為の95%以上は生殖に結びつかなかったという事実を無視している。

(41) George, *In Defense of Natural Law,* 144.

(42) Natan A. Adams, "An Unnatural Assault on Natural Law," in *Human Dignity in the Biotech Century: A Christian Vision for Public Policy,* ed. Charles W. Colson and Nigel M. de S. Cameron (Downers Grove, Ill.: InterVarsity Press, 2002), 160-180.

(43) Mark Murphy, "The Natural Law Tradition in Ethics," in *The Stanford Encyclopedia of Philosophy,* ed. Edward N. Zalta (Palo Alto, Calif.: Stanford University, 2002).

(44) John Finnis, "Abortion and Healthcare Ethics," in *Bioethics : An Anthology,* ed. Helga Kuhse and Peter Singer (Oxford, Eng.: Blackwell Publishers, 1999), 13-20; George, *The Clash of Orthodoxies.*

(45) John Finnis, "Natural law," in *Routledge Encyclopedia of Philosophy,* ed. E. Craig (London: Routledge, 1998). 2005 年 1 月 7 日 http://www.rep.routledge.com/article/T012SECT1 より検索。

(46) Fukuyama, *Our Posthuman Future,* 125.（前掲書『人間の終わり』）

(47) "自然主義的誤謬"という用語は、1903 年に倫理学者の G・E・ムーアが造り出した。

(48) Murphy, "The Natural Law Tradition in Ethics."

(49) The Human Fertilization and Embryology Authority, *HFEA Code of Practice* 6th ed. (2003); http://www.hfea.gov.uk/AboutHFEA/Consultations/Draft%20CoP%20document.pdf.（2003 年 9 月 16 日に参照）

(50) Kass, *Life, Liberty, and the Defense of Dignity.*（前掲書『生命操作は人を幸せにするのか』）

(51) Gilbert Meilaender, "Begetting and Cloning," *First Things* 74 (1997), 41-43.

(52) Dr. Ben Carson, *Faith and Family;* http://www.drbencarson.com/faith.html（2004 年 3 月 4 日に参照）; Rick Weiss, "Bush Ejects Two from Bioethics Council, Changes Renew Criticism That the President Puts Politics Ahead of Science," *Washington Post* (February 28, 2004), A6.

(53) 勤務先の Berry College については、http://www.berry.edu/about.asp.（2004 年 3 月 4 日に参照）

(54) Peter Augustine Lawler, "Pursing Happiness," *National Review* (December 22, 2003).

(55) Peter Lawler, *Aliens in America : The Strange Truth About Our Souls* (Wilmington, Del.: ISI, 2002).

(56) Diana Schaub, *How to Think About Bioethics and the Constitution.*

(57) Leon Kass, "We Don't Play Politics with Science," *Washington Post* (March 3, 2004), A47.

(58) Robert P. George, "The Tyrant State," *First Things* 67 (1996), 39-42.

第8章

(1) Joe Mathews and Megan Garvey, "Schwarzenegger Backs Stem Cell Study," *Los Angeles Times* (October 19, 2004).

(2) J. A. Thomson et al., "Embryonic Stem Cell Lines Derived from Human Blastocysts," *Science* 282 (1998), 1145–1147.

(3) D. S. Kaufman et al., "Hematopoietic Colony-Forming Cells Derived from Human Embryonic Stem Cells," *Proceeding of the National Academy of Sciences (U. S. A.)* 98 (2001), 10716–10721.

(4) Tiziano Barberi et al., "Neural Subtype Specification of Fertilization and Nuclear Transfer Embryonic Stem Cells and Application in Parkinsonian Mice," *Nature Biotechnology* 21(2003), 1200–1207.

(5) Bio News, "Stem Cells Help Paralysed Rats to Walk" (2003); http://www.bionews.org.uk/new.lasso?storyid=1711.（2004年7月8日に参照）

(6) Associated Press, "Israeli Researchers Grow Heart Cells," *San Diego Union-Tribune* (August 2, 2001), A16.

(7) "Stem Cell Hope for Heart Patients" (April 21, 2003); http://newsww.bbc.net.uk/2/hi/health/2956131.stm.

(8) S. Assady et al., "Insulin Production by Human Embryonic Stem Cells," *Diabetes* 50 (2001), 1691–1697.

(9) 国立衛生研究所の2003会計年度の予算より。

(10) 2003年10月3日にアメリカ生殖医学学会のウェブサイトから得たオリン・ハッチ上院議員への手紙で、ナンシー・レーガンは、「……わたしは治療目的のクローニングの倫理的な使用を認める新しい法制定に賛成です」と書いている。American Society of Reproductive Medicine, *ASRM Bulletin* 5: 14 (February 11, 2003); http://www.asrm.org/Washington/Bulletins/vol5no14.html.（2004年7月8日に参照）

(11) ロイ・モルガン・リサーチが実施し、2001年7月24日に発表された世論調査による。

(12) 生殖クローニングの科学、政治、倫理については、わたしの前著 *Remaking Eden: How Genetic Engineering and Cloning Will Transform the American Family*（リー・シルヴァー『複製されるヒト』東江一紀、真喜志順子、渡会圭子訳　翔泳社　1998年）で論じている。

(13) Human Cloning Prohibition Act, 1st, S.1758.

(14) ヴァージニア・コモンウェルス大学公共政策センターが実施し、2002年9月30日に発表

した世論調査による。

(15) Human Cloning Prohibition Act of 2001, 1st, HR 2505.

(16) ReasonOnline, *Text of a Petition Supporting Legislation to Prohibit "Therapeutic Cloning" and Related Medical Research* (2001); http://reason.com/bioresearch/petition.shtml.（2003 年 9 月 25 日に参照）

(17) Sheryl Gay Stolberg, "Some for Abortion Rights Lean Right in Cloning Fight," *New York Times* (January 24, 2002), A5.

(18) Jeremy Rifkin, *The Biotech Century: Harnessing the Gene and Remaking the World* (New York: Tarcher/Putnam, 1998), 14.（ジェレミー・リフキン『バイテク・センチュリー：遺伝子が人類、そして世界を改造する』鈴木主悦訳　集英社　1999 年）

(19) BBC News Online, "Schroeder Urges Stem Cell Easing" (June 14, 2005); 〈http://news.bbc.co.uk/2/hi/europe/4093082.stm〉.

(20) Stolberg, "Some for Abortion Rights Lean Right in Cloning Fight."

(21) Chris Mooney, "Sins of Petition," *American Prospect* 13: 8 (2002).

(22) Judy Norsigian, Todd Gitlin, Benjamin Barber, Stanley Aronowitz, Michael Lerner, Quentin Young, and Howard Zinn.

(23) Mooney, "Sins of Petition."

(24) Our Bodies, Ourselves, *Statement on Human Cloning;* http://www.ourbodiesourselves.org/clone3.htm.（2003 年 10 月 2 日に参照）

(25) *William Kristol Comments on Cloning Report by President's Council on Bioethics;* http://www.cloninginformation.org/prps/bp_02-07-11.htm.（2003 年 10 月 2 日に参照）

(26) Our Bodies, Ourselves, *Statement of Judy Norsigian, Executive Director, Our Bodies, Ourselves, to Senate Health, Education, Labor and Pensions Committee;* http://www.ourbodiesourselves.org/clone4. htm.（2003 年 10 月 2 日に参照）

(27) Our Bodies Ourselves, *Cloning as a Women's Health Issue;* http://www.ourbodiesourselves.org/clone7.htm.（2003 年 10 月 2 日に参照）

(28) Rebecca Dresser, "Personal Statement," in *Human Cloning and Human Dignity: The Report of the President's Council on Bioethics,* ed. Leon Kass (2002), 283-287.

(29) 卵子売却についての詳しい検討は、『複製されるヒト』に記述されている。また、*New York Times* (March 4, 1998), A21 掲載の Lee M. Silver, "Fertility for Sale (Very Brief Comments)" も参照してほしい。

(30) Allison Stevens, *Cloning Debate Splits Women's Health Movement;* http://www.womensenews.com/article.cfm/dyn/aid/935/context/archive.（2003 年 10 月 2 日に参照）

(31) K. Hubner et al., "Derivation of Oocytes from Mouse Embryonic Stem Cells," *Science* 300 (2003), 1251-1256.

(32)『複製されるヒト』でわたしが書いたように、「クローニングがなければ、遺伝子工学は SF にすぎない。だがクローニングが可能になり、遺伝子工学も現実味を帯びてきた」のだ。

(33) 包括的な反胚クローニング法案は S.790: Human Cloning Prohibition Act of 2001 だ。生殖クローニングのみを禁じている法案は同じ名前の S.1758: Human Cloning Prohibition Act of 2001 だ。

(34) Gretchen Vogel, "Visiting German Profs Could Face Jail," *Science* 301 (2003), 577.

(35) Carina Dennis, "China: Stem Cells Rise in the East," *Nature* 419 (2002), 334-336.

(36) M. Frith, "Sprawling Biopolis Jazzes up Singapore's Science Scene," *Nature Medicine* 9 (2003), 1440.

(37) At *Botanical Sciences international Advisory Council* (2005); http://www.biomedsingapore.com/bms/sg/en_uk/index/singapore_at_a_glance/advisory_committees/biomedical_sciences2.html.

(38) Frith, "Sprawling Biopolis Jazzes up Singapore's Science Scene."

(39) Chang Ai-lien, "Boost for Biopolis: Two Top Cancer Scientists Moving Here," *The Strait Times* (Singapore), November 9, 2005.

(40) Lisa Krieger, "Biologists Pick Singapore," *San Jose Mercury News,* November 20, 2005.

(41) キリスト教神学者はしばしば、キリスト教の神の東洋版が、宇宙全体に広まる単一の共通的霊魂であるブラフマンという概念に存在していると主張する。しかし、ブラフマンは世界を作り出した見返りに忠誠を要求する支配者とは考えられていない。東洋的霊魂はどれも、キリスト教の神のために想像されるような力は持たないのだ。

(42) Claudia Dreifus, "A Conversation with Woo Suk Hwang and Shin Yong Moon," *New York Times* (February 17, 2004), F1.

(43) William Kristol and Eric Cohen, "A Clone by Any Other Name," *Weekly Standard* (December 23, 2002).

(44) 科学者の中には、ES 細胞と胚の中にある ES 細胞の元になる細胞との外観にわずかな違いがあることを、ペトリ皿の中では ES 細胞が実際にはより " 胚に近い " 状態に退行する証拠

だと解釈する者もいる。この解釈は、わたしがこの章で展開する論拠になんの影響も及ぼさない。H. Sathananthan, S. Gunasheela, and J. Menezes, "Critical Evaluation of Human Blastocysts for Assisted Reproduction Techniques and Embryonic Stem Cell Biotechnology," *Reproductive Biomedicine Online* 7 (2003), 219-227.

(45) The National Academies, *Glossary of Cloning Terms from the National Academies Report;* http://www4.nas.edu/news.nsf/0/e9466e869bdbb50a85256ca70072dc7d?OpenDocument.（2003 年 10 月 8 日に参照）

(46) A. Nagy et al., "Derivation of Completely Cell Culture-Derived Mice from Early-Passage Embryonic Stem Cells," *Proceedings of National Academy of Sciences (U.S.A.)* 90 (1993), 8424-8428.

(47) Gina Kolata, "When a Cell Does an Embryo's Work, a Debate Is Born," *New York Times* (February 9, 1999), D2.

(48) John Gearhart, personal communication, September 1, 2001.

(49) Thomson et al., "Embryonic Stem Cell Lines Derived from Human Blastocysts."

(50) R. H. Xu et al., "Bmp4 Initiates Human Embryonic Stem Cell Differentiation to Trophoblast," *Nature Biotechnology* 20 (2002), 1261-1264.

(51) Hübner et al., "Derivation of Oocytes from Mouse Embryonic Stem Cells."

(52) N. Geijsen et al., "Derivation of Embryonic Germ Cells and Male Gametes from Embryonic Stem Cells," *Nature* 427 (2003), 148-154.

(53) 執筆時、科学者は女性の ES 細胞を精子に転換するのに成功していなかった。2003 年現在の生物学の理解では、多くの科学者がこの性変換は不可能だと論じている。ただし、それは、多くの人がこの章で述べたおびただしい数の異種交雑技術について言っていたことだ。

(54) Patrick Lee and Robert P. George, *Reason, Science, & Stem Cells* (2001); http://www.nationalreview.com/comment/comment-george072001.shtml.

(55) U.S. Patent No. 4,714,680.

(56) レクシス・ネクシス・データベースに登録された主要紙の調査結果に基づく。

(57) U.S. Patent No. 6,200,806 and U.S. patent No. 6,607,720.

(58) Amended U.S. Patent Application 09/881, 204; filed June 15, 2001; original application 60/211, 593 filed on June 15, 2000.

(59) U.S. Patent Application 10/026, 420; filed December 19, 2001.

(60) I. Chambers et al., "Functional Expression Cloning of Nanog, a Pluripotency Sustaining Factor in Embryonic Stem Cells," *Cell* 113 (2003), 643-655; K. Mitsui

et al., "The Homeoprotein Nanog Is Required for Maintenance of Pluripotency in Mouse Epiblast and ES Cells," *Cell* 113 (2003), 631-642.

(61) Rick Weiss, "Ability to Manipulate It May Aid Therapy," *Washington Post* (May 30, 2003).

(62) Laura Spinney, "The Inefficient Clone," in *Biomednet* (2003); http://gateways.bmn.com/conferences/list/view?fileyear=2003&fileacronyn=ELSO&fileday=day2&pagefile=story_1.html.

第9章

(1) James Mundie, *The Life History of Francesco A. Lentini: The Three-Legged Wonder;* http://www.missioncreep.com/mundie/gallery/gallery11.htm（2003年10月22日に参照）; Elizabeth Ratt, *The Life History of Francesco A. Lentini: The Three-Legged Wonder;* http://phreeque.tripod.com/frank_lentini.html.（2003年10月22日に引用）

(2) Charles T. Rubin, "Man or Machine?" *New Atlantis* (Winter 2004); http://www.thenewatlantis.com/archive/4/rubin.htm.

(3) 1960年代にA・W・ステンセルが、本物の双頭乳児の保存体がサーカスの余興として売られたり展示されたりしていたことを文書に記録している。A. W. Stencell, *Seeing Is Believing: America's Sideshows* (Chicago, Ill.: Independent, 2002).

(4) 展示物の写真は、Gretche Worden, *Mütter Musium* (New York: Blast, 2002) 参照。

(5) "Body Doubles: Siamese Twins in Fact and Fiction", an exhibit constructed by Laura E. Beardsley at the Mütter Museum, Philadelphia, Pa., Spring 1995; http://zygote.swathmore.edu/cleave4b.html.

(6) 一卵性の（identical）双子、三つ子、四つ子は同一の遺伝子を持ち、だからこそ生物学的観点からはお互いの正確なクローンであるとも考えられる。しかし、一卵性双生児の中にはまるで同じ人間のように見える（双子のことをよく知らない相手にとっては）組もあるが、遺伝子はどんな生物体についても完全なる同一性（identity）まで決定するわけではないので、実際には同一である（identical）わけではない。一卵性双生児やクローンのような拡大解釈される用語の代わりに、臨床医は"単一受精卵（monozygotic）"双生児（三つ子、四つ子）という用語を好んで使用する。この用語は、複数の個人の発生をさかのぼると単一の精子と卵子による受精で生み出された単一の接合子または胚にたどり着くことができるという事実のみを指している。

(7) Irving Wallace and Amy Wallace, *The Two: A Biography* (New York: Simon and Schuster, 1978).

(8) このよくある型の結合双生児は臀結合体と呼ばれる。Christine Quigley, *Conjoined Twins: An Historical, Biological, and Ethical Issues Encyclopedia* (Jefferson, N.C.: McFarland & Company, 2003); Rowena Spencer, "Parasitic Conjoined Twins: External, Internal (Fetuses in Fetu and Teratomas), and Detached (Acardiacs)," *Clinical Anatomy* 14 (2001), 428-444.

(9) Joanne Martell, *Millie-Christine: Fearfully and Wonderfully Made* (Winston-Salem, N.C.: John F. Blair, 2000), 5.

(10) Martell, 270.

(11) Elaine Landau, *Joined at Birth: The Lives of Conjoined Twins* (New York: Franklin Watts, 1997). 表紙のイラストは少女ではなくふたりの少年を描いていた。しかし、それぞれの頭の位置関係は、ヘンゼル姉妹（本の中身では写真で示されていた）に自然に生じたものとまったく同じだった。ヘンゼル姉妹についてはこの章でのちに述べる。

(12) 1996年4月5日放送のオプラ・ウィンフリー・ショーの台本より。

(13) David Miller, "One Body, Two Souls," *Life* (April 1996), 44–56; Claudia Wallis, "The Most Intimate Bond," *Time* (March 25, 1996), 60–64.

(14) Daniel Jussim, *Double Take: The Story of Twins* (New York: Viking, 2001).

(15) Miller, "One Body, Two Souls"; Wallis, "The Most Intimate Bond."

(16) Landau, *Joined at Birth,* 51.

(17) Alice Dreger, speaking on a BBC program, quoted in Quigley, *Conjoined Twins,* 152.

(18) レンティニの服を脱いだ写真が Daniel Pratt Mannix, *Freaks: We Who Are Not as Others* (San Francisco, Calif.: Re/Search, 1990), 55 に掲載されている。

(19) 引用は "The Life History of Francesco A. Lentini: the three legged wonder" という、レンティニが書いて"フリークショー"で売った6ページのパンフレットより。Mundie, *The Life History of Francesco A. Lentini;* Ratt, *The Life History of Francesco A. Lentini.*

(20) Michael Mitchell and Charles Eisenmann, *Monsters of the Gilded Age: Photographs by Charles Eisenmann* (Agincourt, Ont.: Gage, 1979).

(21) George M. Gould and Walter L. Pyle, *Project Gutenberg Etext of Anomalies and Curiosities of Medicine;* ftp://sailor.gutenberg.org/pub/gutenberg/etext96/aacom10.txt（1996年7月9日引用）; George Milbry Gould and Walter Lytle Pyle, *Anomalies and Curiosities of Medicine* (Philadelphia: Saunders, 1897).

(22) その結果ヤヌス体と呼ばれる、胸と胸、首と首、顔と顔が結合した胎児や乳児が生まれる。

(23) Quigley, *Conjoined Twins,* 44.

(24) R. J. Oostra et al., "Congenital Anomalies in the Teratological Collection of Museum Vrolik in Amsterdam, the Netherlands, 5, Conjoined and Acardiac Twins," *American Journal of Medical Genetic* 80 (1998), 74-89; Nancy L. Segal, *Entwined Lives: Twins and What They Tell Us About Human Behavior* (New York: Dutton, 1999).

(25) 少しあとで説明するが、寄生双生児と二重化した下半身部位の区別は主観的なものだ。

(26) Mannix, *Freaks;* Quigley, *Conjoined Twins.*

(27) Gould and Pyle, *Anomalies and Curiosities of Medicine.*

(28) Spencer, "Parasitic Conjoined Twins."

(29) Jan Bondeson, *The Two-Headed Boy, and Other Medical Marvels* (Ithaca, N.Y.: Cornell University Press, 2000); Gould and Pyle, *Anomalies and Curiosities of Medicine.*

(30) Bondeson, *The Two-Headed Boy, and Other Medical Marvels.*

(31) Maseeh Rahman, "Separated Twins Need Surgery," *Guardian* (December 9, 2004).

(32) Jan Bondeson, *A Cabinet of Medical Curiosities* (Ithaca, N.Y.: Cornell University Press, 1997).（ヤン・ボンデソン『陳列棚のフリークス』松田和也訳　青土社　1998 年）

(33) CNN.com, *Baby Born with Two Heads Dies after Surgery* (2004); http://www.cnn.com/2004/HEALTH/02/07/dominican.surgery.ap/index.html.（2004 年 6 月 11 日に参照）

(34) Gould and Pyle, *Anomalies and Curiosities of Medicine.*

(35) D. C. Jones et al., "Three-Dimensional Sonographic Imaging of a Highly Developed Fetus in Fetu with Spontaneous Movement of the Extremities," *Journal of Ultrasound Medicine* 20 (2001), 1357-1363.

(36) 胎児の体内の双子には、血液を循環させうる機能だけを持つ心臓が確認されてきた。A. Kazez et al., "Sacrococcygeal Heart: A Very Rare Differentiation in Teratoma," *European Journal of Pediatric Surgery* 12 (2002), 278-280.

(37) Spencer, "Parasitic Conjoined Twins."

(38) Jones et al., "Three-Dimensional Sonographic Imaging of a Highly Developed Fetus in Fetu."

(39) Gould and Pyle, *Anomalies and Curiosities of Medicine;* Jones et al., "Three-Dimensional Sonographic Imaging of a Highly Developed Fetus in Fetu."

(40) De Lagausie et al., "Highly Differentiated Teratoma and Fetus-in-Fetu: A Single Pathology?" *Journal of Pediatric Surgery* 32(1997), 115-116; E. Gilbert-Barness et al., "Fetus-in-Fetu Form of Monozygotic Twinning with Retroperitoneal Teratoma," *American Journal of Medical Genetic* 120A (2003), 406-412; S. A. Heifetz et al., "Fetus in Fetu: A Fetiform Teratoma," *Pediatric Pathology* 8 (1988), 215-226; D. Satge et al., "Are Fetus-in-Fetu Highly Differentiated Teratomas? Practical Implications," *Pediatrics International* 45 (2003), 368.

(41) PBS, *Footprints through Time: Rowena Spencer* (1922-) (2003); http://www.pbs.org/wgbh/amex/partners/legacy/l_colleagues_spencer.html.（2003年10月31日に参照）

(42) R. Spencer and W. H. Robichaux, "Prosopo-Thoracopagus Conjoined Twins and Other Cephalopagus-Thoracopagus Intermediates: Case Report and Review of the Literature," *Pediatric and Developmental Pathology* 1 (1998), 164-171; Rowena Spencer, *Conjoined Twins: Developmental Malformations and Clinical Implications* (Baltimore, Md.: Johns Hopkins University Press, 2003); Spencer, "Parasitic Conjoined Twins."

(43) Walter M. Miller, *A Canticle for Leibowitz; a Novel* (Philadelphia, Pa.: Lippincott, 1960).（ウォルター・ミラー『黙示録3174年』吉田誠一訳　創元推理文庫　1971年）

(44) Gould and Pyle, *Anomalies and Curiosities of Medicine,* 187.

(45) Quigley, *Conjoined Twins,* 12.

(46) Quigley, 100.

(47) Alice Domurat Dreger, "The Limits of Individuality: Ritual and Sacrifice in the Lives and Medical Treatment of Conjoined Twins," *Studies in History and Philosophy of Science* C 29 (1998), 1-29.

(48) Y. M. Barilan, "Head-Counting versus. Heart-Counting: An Examination of the Recent Case of the Conjoined Twins from Malta," *Perspectives in Biology and Medicine* 45 (2002), 593-605.

(49) René Descartes, *Discourse on Method and the Meditations,* 164. Sixth Meditation, 1637.（前掲書『方法序説』）

(50) K. Baynes and M. S. Gazzaniga, "Consciousness, Introspection, and the Split-Brain: The Two Minds/One Body Problem," in *The New Cognitive Neurosciences,* ed. Michael S. Gazzaniga (Cambridge, Mass.: MIT Press, 2000), 1355-1368.

(51) いい加減な観察をもとに初期の研究者たちは誤って、脳の（視床下部と小脳を含む）意識を持たない未分割の原始的部分がふたつの大脳半球の神経を間接的につないでおり、それでじゅうぶん統一された心を維持できると決めつけていた。R. Sperry, "Lateral

Specialization in the Surgically Separated Hemisphere," in *Neuroscience, Third Study Program,* ed. F. O. Schmitt and F. G. Worden (Cambridge, Mass.: MIT Press, 1974), 1751.

(52) Baynes and Gazzaniga, "Consciousness, Introspection, and the Split-Brain"; M. S. Gazzaniga, "The Split Brain Revisited," *Scientific American* 279 (1998), 50-55.

(53) 目のレンズは、すべての単レンズと同じように、網膜に焦点があたったとき、実像を上下逆さまにした像を結ぶ。それぞれの目の右半分から出ている神経の束は――実像の左半分を伝える――右半球へと送られるひとつの束を形成する。同じように、実像の右半分は脳の左半分に信号を送ることになる。

(54) R. W. Sperry, E. Zaidel, and D. Zaidel, "Self Recognition and Social Awareness in the Deconnected Minor Hemisphere," *Neuropsychologia* 17 (1979), 153-166.

(55) Baynes and Gazzaniga, "Consciousness, Introspection, and the Split-Brain."

(56) Sperry, Zaidel, and Zaidel, "Self Recognition and Social Awareness in the Deconnected Minor Hemisphere."

(57) このタイプの手術は、大脳半球切除術と呼ばれ、ラスムッセン脳炎に苦しんでいる子どもに何度も施されてきた。右半球か左半球のいずれかが除去されうる。子どもがじゅうぶん若ければ、残っている半球は以前は反対側の半球に位置していた言語能力をふたたび発達させることができる。S. Curtiss and S. de Bode, "How Normal Is Grammatical Development in the Right Hemisphere Following Hemispherectomy? The Root Infinitive Stage and Beyond," *Brain and Language* 86 (2003), 193-206.

(58) その遺伝子は Lim1 と名づけられた。Lim1 遺伝子を直接突然変異させると、ほとんどの胎児は成熟するはるか以前に死んでしまう。なぜなら Lim1 は発生の初期段階でほかの重要な臓器の生産にも使用されるからだ。頭部のない体として生まれることが可能な段階まで成長したのはほんのわずかな胎児だけだった。しかし、リチャード・ベーリンガーの研究グループは、より精巧な遺伝子操作技術を用いれば、脳以外のすべての臓器に胚の突然変異の効果が生じるのを排除して、頭部のない体がほかの臓器がすべて無傷で機能している状態で生き残って効率よく成長できるようにできるだろうということを示した。K. M. Kwan and R. R. Behringer, "Conditional Inactivation of Lim1 Function," *Genesis* 32 (2002), 118-120; W. Shawlot and R. R. Behringer, "Requirement for Lim1 in Head-Organizer Function," *Nature* 374 (1995), 425-430.

(59) Leon R. Kass and James Q. Wilson, *The Ethics of Human Cloning* (Washington, D.C.: American Enterprise Institute Press, 1998).

(60) Editors, "Dissecting an Autopsy," *New York Times* (November 22, 2002).

(61) ほとんどのアメリカ人とヨーロッパ人はカスほど厳格な宗教的信念を持っていない。それどころか、現実的な欲望や理性的な欲求のために深く根ざした感情を克服できるくらい順応性がある。アメリカでは今、成人の 81%（さらにミネソタ居住者の 96%）が、脳死状態で

人為的に数日間生かし続けられた人の体から臓器移植を受けることを認めている。実際には（移植外科医でないかぎり）ナイフが体を切り開いたり、拍動する血まみれの心臓を取り出したりするところを目にすることはないから、心の平和をかき乱すような映像を思い浮かべなくてすむ。ピュー研究センターが 1999 年 5 月 20 日にアメリカ全土で実施した世論調査と、ミネソタ調査研究センターが 2003 年 6 月 8 日にミネソタで実施した世論調査による。

(62) Leon Kass, *Toward a More Natural Science: Biology and Human Affairs* (New York: Free Press, 1985).

(63) G. Zorpette, "Off with Its Head!" *Scientific American* 278 (1998), 41.

(64) M. T. Pennell and A. J. Kukral, "An Unusual Case of Holocephalous," *American Journal of Obstetrics and Gynecology* 52 (1946), 669-671.

(65) 今日、医師はごくあたりまえのこととして、臓器をレシピエントの患者に移植するための手配が行なわれるあいだ、脳死の人間の体を——ときには数日間——生かし続ける。この慣行と、機能する脳をけっして持たない体を作り出すという仮定の違いは、誰を創造主と認識するかにある。第一の事例では神ないし自然であり、第二の事例では人間なのだ。

第 10 章

(1) President's Council on Bioethics, Meeting Transcript; http://www.bioethics.gov/transcripts/oct03/oct16full.html.（2003 年 10 月 16 日に参照）

(2) R. P. Lanza, D. K. Cooper, and W. L. Chick, "Xenotransplantation," *Scientific American* 277 (1997), 54-59.

(3) Sinclair Research Center, *Micro-Yucatan Miniature Swine*; http://www.sinclairresearch.com/micro_yucatan_mini.htm.（2003 年 12 月 23 日に参照）

(4) L. Lai et al., "Production of Alpha-1,3-Galactosyltransferase Knockout Pigs by Nuclear Transfer Cloning," *Science* 295 (2002), 1089-1092.

(5) J. S. Logan, "Prospects for Xenotransplantation," *Current Opinion Immunology* 12 (2000), 563-568.

(6) ジュリア・グリーンスタインとの E メール連絡による。

(7) マーケット＆オピニオン国際研究所が 1999 年 6 月に実施した調査による。

(8) ギャラップ世論調査が 2003 年 5 月に実施した調査による。

(9) ギャラップ世論調査が 2003 年 5 月にアメリカで実施した調査と、英国ギャラップが 1995 年 9 月にイギリスで実施した調査による。

(10) John D. Young, "Inhuman Animal Protection," *Washington Times* (July 28, 2003), B05.

(11) Associated Press, "Cloned Pigs Could Someday Supply Organs to Humans" (December 1, 2002).

(12) Uncaged Campaigns, *Diaries of Despair Report;* http://www.uncaged.co.uk/xeno.htm.（2004年7月9日に参照）

(13) Centers for Desease Control, *The Influenza (Flu) Viruses;* http://www.cdc.gov/flu/about/fluviruses.htm.（2003年12月10日に参照）

(14) C. B. Fehilly, S. M. Willadsen, and E. M. Tucker, "Interspecific Chimaerism between Sheep and Goat," *Nature* 307 (1984), 634-636.

(15) Picture and quotation in C. R. Austin and R. V. Short, *Reproduction in Mammals,* Book 5 *Manipulating Reproduction* (Cambridge, Eng.: Cambridge University Press, 1986), 37.

(16) Thomas Bulfinch, *The Age of Fable: Or, Stories of Gods and Heroes,* 3rd ed. (Boston, Mass.: Bazin & Ellsworth, 1855).（トマス・ブルフィンチ『ギリシア・ローマ神話：完訳　上・下』大久保博訳　角川文庫　2004年）

(17) Václav Ourednik et al., "Segregation of Human Neural Stem Cells in the Developing Primate Forebrain," *Science* 293 (2001), 1820-1824.

(18) S. Tamaki et al., "Engraftment of Sorted/Expanded Human Central Nervous System Stem Cells from Fetal Brain," *Journal of Neuroscience Research* 69 (2002), 976-986.

(19) B. Dekel et al., "Human and Porcine Early Kidney Precursors as a New Source for Transplantation," *Nature Medicine* 9 (2003), 53-60.

(20) G. Almeida-Porada et al., "Differentiative Potential of Human Metanephric Mesenchymal Cells," *Experimental Hematology* 30 (2002); K. W. Liechty et al., "Human Mesenchymal Stem Cells Engraft and Demonstrate Site-Specific Differentiation after in Utero Transplantation in Sheep," *Nature Medicine* 6 (2000), 1282-1286.

(21) Sylvia Pagán Westphal, "Organs from Sheep-Human Chimeras," *New Scientist* (December 3, 2003), 4.

(22) 胚や胎児にとって致死性の突然変異を持っている保因動物でも、嚢胞性線維症や鎌状赤血球貧血症、テイ=サックス病を引き起こす突然変異と同じように、その突然変異が劣性遺伝であるかぎりは無限に繁殖させられる。遺伝子検査で保因動物を特定し、特定の臓器を成長させることができない胚を生み出す必要性が生じたら、保因精子と保因卵子を使って体外受精が行なわれる。子孫の胎児の約25%が欠陥を示し、これらの胎児も遺伝子検査で簡単に特

定される。

(23) 今もなお回避策を必要としている大きな問題は、すべての臓器を縦横に走る入り組んだ血管網だ。発生中にブタの腎臓やヒツジの肝臓を人間の代替物で置き換えるだけなら、臓器の内部血管はまだ動物由来のもので、人間の体から拒絶反応を受けやすい。解決策は、さらに遺伝子を操作して、人間の幹細胞が血管と血清タンパク質と血管壁にも優先的に組み入れられるような動物の胚を生み出すことだ。ここで終わりにする必要はない。最終的には、遺伝子工学の巧妙な技を動物の幹細胞と人間の幹細胞の両方に応用して、出産まで動物の子宮で育てられる結合胎児においてどちらの幹細胞がどこに納まるかを、コントロールできるようになるだろう。結果として生まれてくる動物は、全面的に人間由来の臓器と組織をいくつでも保有できるだろう。遺伝子工学と幹細胞テクノロジーのこの究極的な拡張は数十年間は達成不可能だろうが、結果的に、研究室で臓器を育てるよりも実現可能性が高く、より効率的だということになるかもしれない。

(24) Shawlot and Behringer, “Requirement for Lim1 in Head-Organizer Function.”

(25) Nicolas Wade, “Stem Cell Mixing May Form a Human-Mouse Hybrid,” *New York Times* (November 27, 2002), A21.

(26) *Jacobellis v. Ohio. Appeal from the Supreme Court of Ohio* (1964).

第 11 章

(1) 『ブリタニカ百科事典』2004 年版 “Mistletoe” の項目参照。http://www.search.eb.com/eb/article?eu=54328.（2004 年 2 月 21 日に参照）

(2) D. M. Watson, “Mistletoe - a Keystone Resource in Forests and Woodlands Worldwide,” *Annual Review of Ecology and Systematics* 32 (2001), 219–249.

(3) Peter de Menocal et al., “Abrupt Onset and Termination of the African Humid Period: Rapid Climate Responses to Gradual Insolation Forcing,” *Quaternary Science Reviews* 19 (2000), 347–361; Robert Kunzig, “Memories of a Lush Sahara,” *U. S. News & World Report* (October 13, 2003).

(4) Martin Claussen, “On Multiple Solutions of the Atmosphere-Vegetation System in Present-Day Climate,” *Global Change Bioligy* 4 (1998), 540–559.

(5) De Menocal et al., “Abrupt Onset and Termination of the African Humid Period.”

(6) Claussen, “On Multiple Solutions of the Atmosphere-Vegetation System in Present-Day Climate.”

(7) Martin Claussen et al., “Simulation of an Abrupt Change in Saharan Vegetation in the Mid-Holocene,” *Geophysical Research Letters* 26 (1999), 2037–2040.

(8) この記述は、レクシス・ネクシス新聞記事データベースの詳細サーチで、ニュースの分類は「一般ニュース」、掲載元は「主要紙」、検索項目は “Martin Claussen” か “green w/2 Sahara” で検索した結果に基づいている。いくつかの重複記事とアフリカのサハラ砂漠に関係のない記事は除いてある。

(9) この記述は、レクシス・ネクシス新聞記事データベースの詳細サーチで、ニュースの分類は「一般ニュース」、掲載元は「主要紙」、検索項目は “last w/2 ice age” か “past w/2 ice age” で検索した結果に基づいている。

(10) Michael Williams, *Deforesting the Earth : From Prehistory to Global Crisis* (Chicago, Ill.: University of Chicago Press, 2003).

(11) Greenpeace, *The Cause ;* http://www.greenpeace.org/international_en/campaigns/intro?campaign_id=3993.（2004 年 7 月 12 日に参照）

(12) Claussen et al., “Simulation of an Abrupt Change in Saharan Vegetation in the Mid-Holocene.”

(13) Robert Kunzig, “Exit from Eden (How the Sahara Became a Desert),” *Discover,* (January 2000); Fred Pearce, “Violent Future,” *New Scientist* (July 21, 2001), 44.

(14) Martin Claussen et al., “Climate Change in Northern Africa: The Past Is Not the Future,” *Climatic Change* 57 (2003), 99–118.

(15) Claussen, quoted Charles Arthur, “Tilt of Earth's Axis Turned Sahara into a Desert,” *Independent* (September 8, 1999), 10.

(16) Sid Perkins, “Global Vineyard,” *Science News* 165 (2004), 347–349.

(17) Anthea Maton, *Ecology : Earth's Living Resources* (Englewood Cliffs, N.J.: Prentice Hall, 1993).

(18) Lynn Margulis, *Symbiotic Planet : A New Look at Evolution* (New York: Basic Books, 1998).（リン・マーギュリス『共生生命体の 30 億年』中村桂子訳　草思社　2000 年）

(19) マッキントッシュ用マイクロソフト・ワード 2001 で利用できる辞書には、共生に関してふたつの定義が載っている。（1）常にとは限らないが、たいていは相互に利益をもたらす、動物ないし植物の緊密な結びつき（2）ふたりの人間ないしふたつの集団のあいだの、相互に利益をもたらす協力関係。*The New Oxford American Dictionary* は、共生を、緊密な物理的関係の中で生きているふたつの異なる有機体間の相互作用で、通常は双方に利点をもたらすものと定義している。

(20) 共生という概念——異なる種の生命体が、少なくとも一方の生存に必要不可欠なやりかたで相互作用を行なうこと——は、1868 年に、アルベルト・ベルンハルトとハインリッヒ・アントン・ド・バリーがそれぞれ独自に発展させた。Elizabeth Pennisi, “Fast Friends, Sworn Enemies,” *Science* 302 (2003), 774–775.

(21) 種としてのつながりがないふたつの単細胞生命体について、その体内の分子と相互作用の詳細な図表が規定された。686の節点を持つ酵母菌と、424の節点を持つ人間の大腸菌だ。現在まで、脳の完全な構成は、ひとつの種においてのみ規定されたにすぎない。それは、252の神経節点を持つ、土壌の中にいる長さ1ミリの虫だ。ネットワーク図は、陸上生息地と水中生息地の両方を含む7つの別個の生態系に対して規定された。R. Miloet al., "Network Motifs: Simple Building Blocks of Complex Networks," *Science* 298 (2002), 824-827.

第12章

(1) *Oxford English Dictionary,* 2nd ed. (1989); http://www.oup.co.uk/ep/prodsupp/ref/oed2v3/.（2004年3月12日に参照）

(2) 実際に突然変異が起こる割合は、遺伝子の領域ごとに、1000個体に1個体という高いものから100万個体に1個体という低いものまで大きく異なる。

(3) Stephen Jay Gould, *The Structure of Evolutionary Theory* (Cambridge, Mass.: Belknap Press of Harvard University Press, 2002), 122; Richard C. Lewontin, "The Politics of Science," *New York Review of Books* (May 9, 2002).

(4) 利己的な遺伝子という用語は、ハミルトンがもたらした概念の優れた比喩になっているが、ドーキンスをはじめとする進化遺伝学者は、遺伝情報のいかなる単位も――調節因子や遺伝子断片も含めて――同じように扱うことができることを理解している。

(5) 社会性アリの遺伝学的特殊性のために、母と娘が50%しか遺伝的つながりがないのに、働きアリの姉妹は75%もの遺伝的つながりを持つ。だから、個々のアリの体内にあるひとつの遺伝子は、姉妹の生産を促す場合は75%の確率で新しい個体に複製されるのに対し、娘の生産を促す場合は50%の確率でしか複製されない。

(6) Robert L. Trivers, "The Evolution of Reciprocal Altruism," *Quarterly Review of Biology* 46 (1971), 35-57.

(7) "共通の利害"という定義語句は、*The American Heritage Dictionary of the English Language,* 4th ed. と *Merriam-Webster Dictionary* の両方で使われている。*Oxford English Dictionary* 2nd ed. によると、"共同体"という言葉が最も早く使われたのは1375年で、その当時は「共通のあるいは平等な権利を持つ人々の集団」を意味していた。

(8) この調査の対象となった335名の学生は、性別（男性152名、女性155名）と専攻分野（自然科学118名、人文科学83名、社会科学84名、その他50名）によって分類された。この複数生命体の統一的霊魂に関する特定の質問に対する答えでは、男女ともに16%が「はい」と答え、男性の23%と女性の35%が「わからない」と答えた。

(9) Kathryn Brown, "A Compromise on Floral Traits," *Science* 298 (2002), 45-46.

(10) Diane Davidson et al., "Explaining the Abudance of Ants in Lowland Tropical Rainforest Canopies," *Science* 300 (2002), 969-971.

(11) Brown, "A Compromise on Floral Traits."

(12) Pennisi, "Fast Friends, Sworn Enemies."

第 13 章

(1) Lois Swirsky Gold, Thomas H. Slone, Bonnie R. Stern, Neela B. Manley, and Bruce N. Ames, "Rodent Carcinogens: Setting Priorities," *Science* 258 (1992), 261-265.

(2) ICM リサーチが実施し、ICM/ エコロジストが 2001 年 3 月 20 日に公表した調査による。

(3) ノーベル化学賞受賞講演 *Nobel Lectures in Chemistry* (Amsterdam: Elsevier, 1996).

(4) *Encyclopedia Britannica,* "Fertilizer"; http://www.search.eb.com/ebi/article?eu=296176（『ブリタニカ百科事典』2004 年版）"Fertilizer" の項目参照（2004 年 7 月 6 日に参照）。M. D. Fryzuk, "Inorganic Chemistry: Ammonia Transformed," *Nature* 427, (2004), 498-499.

(5) Fryzuk, "Inorganic Chemistry."

(6) Biodynamic Farming and Gardening Association, *Rudolf Steiner: A Biographical Introduction for Farmers by Himar Moore,* Originally Published in *Biodynamics* no.214, November/December 1997 http://www.biodynamics.com.（2004 年 7 月 7 日に参照）

(7) Johannes Hemleben, *Rudolf Steiner: An Illustrated Biography* (Dornach: Rudolf Steiner Press, 2001).（ヨハネス・ヘムレーベン『シュタイナー入門』川合増太郎、定方明夫訳　ぱる出版　2001 年）

(8) Sven Ove Hansson, "Is Anthroposophy Science?" *Conceptus* 25 (1991), 37-49.

(9) Rudolf Steiner, *An Outline of Occult Science* (Chicago, Ill.: Anthroposophical Literature Concern, 1922), 17.（ルドルフ・シュタイナー『神秘学概論』高橋巌訳　ちくま学芸文庫　1998 年）

(10) Rudolf Steiner, *Agriculture: Reprint of 1924 Publication* (Dornach: Rudolf Steiner Press, 2003), 203-204.

(11) *Adherents.com;* http://www.adherents.com.（2005 年 4 月 1 日に参照）

(12) Biodynamic Farming and Gardening Association, *Rudolf Steiner.*

(13) Steiner, *Agriculture,* 58–59.

(14) *Home——Demeter USA;* http://www.demeter-usa.org/.（2004 年 7 月 7 日に参照）

(15) 列挙された国々には、それぞれデメテル傘下の Biodynamic® 認定団体と、有機農業運動国際連合の会員がいる（2004 年の名簿による）。

(16) Biodynamics, *Planting and Cultural Advisory: Recommendations for Working with Crops, Sequential Spraying, and Ashing (for U.S.A.);* http://www.biodynamics.com/advisory.html.（2004 年 7 月 7 日に参照）

(17) *Home——Demeter USA.*

(18) *Josephine Porter Institute for Applied Biodynamics;* http://www.jpibiodynamics.org/index_set.html.（2004 年 7 月 13 日に参照）

(19) Café Altura, *Organic Coffee;* http://www.cafealtura.com（2004 年 7 月 13 日に参照）Sckoon, *Organic Egyptian Cotton;* http://www.sckoon.com（2004 年 7 月 13 日に参照）Frey Vineyards, *Organic and Biodynamic Wine;* http://www.freywine.com/freywine/.（2004 年 7 月 13 日に参照）

(20) Steiner, *Agriculture,* 107,11.

(21) Steiner, *Agriculture,* 45–46.

(22) Peter Tompkins and Christopher Bird, *The Secret Life of Plants* (New York: HarperCollins, 1973), 285.（ピーター・トムプキンズ、クリストファー・バード『植物の神秘生活：緑の賢者たちの新しい博物誌』新井昭廣訳　工作舎　1987 年）

(23) Gary Zukav, *The Seat of the Soul* (New York: Simon & Schuster, 1990), 97.（ゲーリー・ズーカフ『カルマは踊る』松浦俊輔、大島保彦訳　青土社　1992 年）

(24) "The Right Names Make the Game," *Publishers Weekly* (March 19, 2001), 37.

(25) *Oxford English Dictionary.*

(26) Steiner, *Agriculture,* 117–118.

(27) Severin Carrell and Sheera Frenke, "How British Vegetarians Have Become Unwitting Consumers of GM Food," *Independent* (July 13, 2003).

(28) 真菌類とバクテリアの中には、レンネットに似ているが、まったく同じではないタンパク質を作るものがある。これらの生物は、チーズに似ているが同じではない凝固乳製品を作るのに使用できる。

(29) Bruce N. Ames et al., "Carcinogens Are Mutagens: A Simple Test System Combining Liver Homogenates for Activation and Bacteria for Detection," *Proceedings of the National Academy of Sciences (U.S.A.)* 70 (1973), 2281–

2285.

(30) Bruce N. Ames, Margie Profet, and Lois Swirsky Gold, "Dietary Pesticides (99.99% All Natural)," *Proceedings of the National Academy of Sciences (U. S. A.)* 87 (1990), 7777-7781.

(31) B. N. Ames, "Dietary Carcinogens and Anti-Carcinogens," *Journal of Toxicology Clinical Toxicology* 22 (1984), 291-301.

(32) Lois Swirsky Gold et al., "Rodent Carcinogens: Setting Priorities," *Science* 258 (1992), 261-265.

(33) B. N. Ames, M. Profet, and L. S. Gold, "Nature's Chemicals and Synthetic Chemicals: Comparative Toxicology," *Proceedings of the National Academy of Sciences (U. S. A.)* 87 (1990), 7782-7786; Bruce N. Ames and Lois Swirsky Gold, "Chemical Carcinogenesis: Too Many Rodent Carcinogens," *Proceedings of the National Academy of Sciences (U. S. A.)* 87 (1990), 7772-7776; Ames, Profet, and Gold, "Dietary Pesticides."

(34) Ames, Profet, and Gold, "Dietary Pesticides."

(35) Anna Carr, *Rodale's Chemical-Free Yard & Garden: The Ultimate Authority on Successful Organic Gardening* (Emmaus, Pa.: Rodale Press, 1991); Donald R. German and Joan German-Grapes, *Make Your Own Convenience Foods: How to Make Chemical-Free Foods That Are Fast, Simple, and Economical* (New York: Macmillan, 1978); Allan Magaziner, Linda Bonvie, and Anthony Zolezzi, *Chemical-Free Kids: How to Safeguard Your Child's Diet and Environment* (New York: Kensington, 2003).

(36) A. C. Edwards and P. J. A. Withers, "Soil Phosphorus Management and Water Quality: A UK Perspective," *Soil Use & Management* 14 (supplement, 1998), 124-130.

(37) S. P. Golovan et al., "Transgenic Mice Expressing Bacterial Phytase as a Model for Phosphorus Pollution Control," *Nature Biotechnology* 19 (2001), 429-433.

(38) S. P. Golovan et al., "Pigs Expressing Salivary Phytase Produce Low-Phosphorus Manure," *Nature Biotechnology* 19 (2001), 741-745.

(39) Carina Dennis, "Vaccine Targets Gut Reaction to Calm Livestock Wind," *Nature* 429 (2002), 119.

(40) Europa, *What It Organic Farming?;* http://europa.eu.int/comm/agriculture/qual/organic/def/index_en.htm.（2004年7月12日に参照）

第 14 章

(1) 『アメリカ医学会ジャーナル』に発表された臨床研究によると、減量効果は限定的で（月に1キロ）、短期間しか続かない。P. B. Fontanarosa, D. Rennie, and C. D. DeAngelis, "The Need for Regulation of Dietary Supplements——Lessons from Ephedra," *Journal of the American Medical Association (JAMA)* 289 (2003), 1568-1580.

(2) B. J. Gurley, S. F. Gardner, and M. A. Hubbard, "Content Versus Label Claims in Ephedra-Containing Dietary Supplements," *American Journal of Health System Pharmacy* 57 (2000), 963-969.

(3) Paul Richter, "U.S. Intends to Ban Diet Aid Ephedra," *Los Angeles Times* (December 31, 2003).

(4) Penni Crabtree, "Kickbacks Also Paid, Affidavit Alleges," *San Diego Union-Tribune,* (December 3, 2003); Seth Hettena, "Metabolife and Founder Charged with Lying to FDA about Ephedra," Associated Press (July 22, 2004).

(5) S. Bent and R. Ko, "Commonly Used Herbal Medicines in the United States: A Review," *American Journal of Medicine* 116 (2004), 478-485.

(6) Tod Cooperman et al., *ConsumerLab.com's Guide to Buying Vitamins & Supplements: What's Really in the Bottle?* (White Plains, N.Y.: ConsumerLab.com LLC, 2003).

(7) Gurley, Gardner, and Hubbard, "Content Versus Label Claims in Ephedra-Containing Dietary Supplements."

(8) Paul R. Solomon et al., "Ginkgo for Memory Enhancement: A Randomized Controlled Trial," *Journal of the American Medical Association (JAMA)* 288 (2002), 835-840; Survey of ginkgo usage by *Prevention Magazine,* January 4, 2002.

(9) R. B. Turner et al., "An evaluation of Echinacea," *New England Journal of Medicine* 353 (2005), 341-348.

(10) Cooperman et al., *ConsumerLab.Com's Guide to Buying Vitamins & Supplements.*

(11) 米国食品医薬品局、「エフェドリン・アルカロイド（エフェドラ）を含む補助剤の販売差し止めについて」。http://www.fda.gov/oc/initiatives/ephedra/february2004.（2004 年 7 月 13 日に参照）

(12) 米国食品医薬品局、「エフェドリン・アルカロイドを含む栄養補助食品に関する FDA の決定についての質問と回答」。http://www.fda.gov/oc/initiatives/ephedra/february2004/qa_020604.html.（2004 年 7 月 13 日に参照）

(13) Dan Hurley, "As Ephedra Ban Nears, a Race to Sell the Last Supplies," *New York Times* (April 11, 2004), A23.

(14) マザーネイチャー・コムは、2004年4月24日現在、ここに記載された製品を販売していた。ConsumerReports.org, *Twelve Supplements You Should Avoid;* http://www.consumerreports.org/main/content/display_report.jsp?FOLDER%3C%3Efolder_id=419341&ASSORTMENT%3C%3East_id=333141&bmUID=1081804352021 (2004年4月13日に参照), MotherNature.com; http://www.mothernature.com/index_last.cfm/.（2004年4月24日に参照）

(15) Microsoft® Encarta® Online Encyclopedia（『マイクロソフト・エンカルタ・オンライン百科事典2004年版』）"Scurvy"の項目参照。http://encarta.msn.com.（2004年7月13日に参照）

(16) E. V. McCollum and Cornelia Kennedy, "The Dietary Factors Operating in the Production of Polyneuritis," *Journal of Biological Chemistry* 24 (1916), 491-502.

(17) William F. Williams, ed., *Encyclopedia of Pseudosience* (New York: Book Builders, 2000), 212.

(18) Rima D. Apple, *Vitamania* (New Brunswick, N.J.: Rutgers University Press, 1996), 13.

(19) McCollum and Kennedy, "The Dietary Factors Operating in the Production of Polyneuritis."

(20) Lubert Stryer, *Biochemistry,* 2nd ed. (San Francisco: W. H. Freeman, 1981), 248.

(21) Kumaravel Rajakumar, "Pellagra in the United States: A Historical Perspective," *Southern Medical Journal* 93 (2000), 272-277.

(22) その結果は、すべてのデータが集められるまで、被験者も実験者も誰がどちらの錠剤を飲んでいるか知らない場合のみ、有効である。

(23) 損傷を持つ胎児のほとんどは、じゅうぶんに発育しないか流産するが、残りの胎児は新生児全体の0.1%に見られる欠陥の原因となる。James L. Mills and Lucinda England, "Food Fortification to Prevent Neural Tube Defects: Is It Working?" *JAMA* 285 (2001), 3022-3023; S. P. Rothenberg et al., "Autoantibodies against Folate Receptors in Women with a Pregnancy Complicated by a Neural-Tube Defect," *New England Journal of Medicine* 350 (2004), 134-142.

(24) Rothenberg et al., "Autoantibodies against Folate Receptors."

(25) Mills and England, "Food Fortification to Prevent Neural Tube Defects: Is It Working?"; James L. Mills and Caroline C. Signore, "Folic Acid and the Prevention of Neural-Tube Defects," *New England Journal of Medicine* 350 (2004), 2209.

(26)『ブリタニカ百科事典』"Samuel Hahnemann" の項目参照。http://www.search.eb.com/eb/article?eu=39590.（2004 年 6 月 5 日に参照）

(27) Samuel Hahnemann and Wenda Brewster O'Reilly, *Organon of the Medical Art* (Redmond, Wash.: Birdcage Books, 1996). ここに引用した格言は、それぞれ、288、269、12 である。

第 15 章

(1) この規定は、絶対的なものではない。ある低レベルの技術的発見の文化的伝達は、高等霊長類や鳥の種でも起こりうる。例えば、ボノボやチンパンジーの中には、アリの穴を探って少しずつ食べ物を得るために棒を使う方法を発見するものがいる。類人猿の若い個体は、この巧みな技を年長者から学ぶ。順応性のある文化遺産の典型例は、1950 年代にイギリスで起こった。当時、顧客の玄関先に早朝届けられるミルクの瓶はアルミニウムのふたで密閉されていた。アオガラという種類の鳥の中で、少数の非凡な個体が、くちばしを使ってふたに穴をあけたら瓶の中のミルクを飲めるということに気づいた。数年で、この情報はイギリスのアオガラの個体群全体――数百万羽――に伝えられた。しかし、きわめて現実的な見かたをすると、人間以外の動物に観察される非遺伝的文化順応の程度が限定的なことは、人間の脳の進化とともに可能になった文化順応の規模が飛躍的に大きいものであることを際立たせている。

(2) 絶滅したヒト科の動物の一部ないしすべてを "人間" と呼ぶか否かは、意味論の問題だ。科学者は現在のところ、これらの動物の知的能力やコミュニケーション技能について、わたしたちの社会の中で権利と責任を有した個人として機能できたかどうかを予測できるほどよく知っているわけではない。わたしたちにとっては幸運なことに、ヒト科の種がわたしたち自身以外はすべて絶滅したことから、安心してそのような倫理的ジレンマを逃れることができる。

(3) Brian M. Fagan, *World Prehistory: A Brief Introduction,* 3rd ed. (New York: HarperCollins College Publishers, 1996), 120.

(4) Grahame Clark, *World Prehistory in New Perspective,* 3d ed., Illus. (Cambridge Eng., and New York: Cambridge University Press, 1977), 362.

(5) Bruford, Bradley, and Luikart, "DNA Markers Reveal the Complexity of Livestock Domestication," *Nature Reviews Genetics* 4 (2003), 900-910; B. D. Smith, "The Initial Domestication of Curcurbita Pepo in the Americas 10,000 Years Ago," *Science* 276 (1997); Bruce D. Smith, "Documenting Plant Domestication: The Consilience of Biological and Archaeological Approaches," *Proceedings of the National Academy of Sciences (U.S.A.)* 98 (2001), 1324-1326.

(6) Smith, "The Initial Domestication of Curcurbita."

(7) N. V. Fedoroff, "Agriculture. Prehistoric GM Corn," *Science* 302 (2003), 1158-1159.

(8) A. Badr et al., "On the Origin and Domestication History of Barley (Hordeum Vulgare)," *Molecular and Biological Evolution* 17 (2000), 499-510; M. Heun et al., "Site of Einkorn Wheat Domestication Identified by DNA Fingerprinting," *Science* 278 (1997); H. Ozkan et al., "AFLP Analysis of a Collection of Tetraploid Wheats Indicates the Origin of Emmer and Hard Wheat Domestication in Southeast Turkey," *Molecular and Biological Evolution* 19 (2002), 1797-1801.

(9) Badr et al., "On the Origin and Domestication History of Barley (Hordeum Vulgare)."; Heun et al., "Site of Einkorn Wheat Domestication Identified by DNA Fingerprinting."; Ozkan et al., "AFLP Analysis of a Collection of Tetraploid Wheats."

(10) Devinder Sharma, "GM Foods: Towards Apocalypse," *GeneWatch* (July-August 2003), 14-15.

(11) シベリアでのキツネ飼育実験の詳細については次を参照。Lyudmila N. Trut, "Early Canid Domestication: The Farm-Fox Experiment," *American Scientist* 87 (1999), 160-169.

(12) P. Savolainen et al., "Genetic Evidence for an East Asian Origin of Domestic Dogs," *Science* 298 (2002), 1610-1613.

(13) Brian Hare et al., "The Domestication of Social Cognition in Dogs," *Science* 298 (2002), 1634-1636.

(14) Heidi G. Parker et al., "Genetic Structure of the Purebred Domestic Dog," *Science* 304 (2004), 1160-1164.

(15) A. Beja-Pereira et al., "Gene-Culture Coevolution between Cattle Milk Protein Genes and Human Lactase Genes," *Nature Genetics* 35 (2003), 311-313.

(16) J. M. Kijas and L. Andersson, "A Phylogenetic Study of the Origin of the Domestic Pig Estimated from the Near-Complete MtDNA Genome," *Journal of Molecular Evolution* 52 (2001), 302-308.

(17) J. Diamond and P. Bellwood, "Farmers and Their Languages: The First Expansions," *Science* 300 (2003), 597-603.

(18) Robert J. Braidwood, *The Near East and the Foundations of Civilization* (Eugene: Oregon State System of Higher Education, 1952).

(19) Paul Ehrlich, *The Population Bomb* (New York: Sierra Club-Ballantine, 1968).（ポール・R・エーリック『人口爆弾』宮川毅訳　河出書房新社　1974年）

(20) Gurdev S. Khush, "Green Revolution: The Way Forward," *Nature Reviews Genetics* 2 (2001), 815-822.

(21) John Ross, "The Organic Farmer's Story," *Scotsman* (March 10, 2001).

(22) A. S. Van Laere et al., "A Regulatory Mutation in IGF2 Causes a Major QTL Effect on Muscle Growth in the Pig," *Nature* 425 (2003), 832-836.

(23) Y. Kuroiwa et al., "Cloned Transchromosomic Calves Producing Human Immunoglobulin," *Nature Biotechnology* 20 (2002), 889-894.

(24) Y. Echelard and H. Meade, "Toward a New Cash Cow," *Nature Biotechnology* 20 (2002), 881-882.

(25) David Cyranoski, "Koreans Rustle up Madness-Resistant Cows," *Nature* 426 (2003), 743.

(26) B. Brophy et al., "Cloned Transgenic Cattle Produce Milk with Higher Levels of Beta-Casein and Kappa-Casein," *Nature Biotechnology* 21 (2003), 157-162.

(27) C. N. Karatzas, "Designer Milk from Transgenic Clones," *Nature Biotechnology* 21 (2003), 138-139.

(28) Henry Nicholls, *Milking Goats for Malaria Vaccine,* http://gateways.bmn.com/news/story?day=040115&story=1.（2004年1月15日に参照）

(29) Nicholas Smirnoff, "Vitamin C Booster," *Nature Biotechnology* 21 (2003), 134.

(30) Andrew Pollack, "Gene Jugglers Take to Fields for Food Allergy Vanishing Act," *New York Times* (October 15, 2002), F2.

(31) リロイ・フッドとその思い出についての情報は、個人的会話に基づくものだ。

(32) 情報という語は、1948年、ノーバート・ウィーナーとC・E・シャノンがそれぞれ独自に、数学用語で定義した。正式な定義によると、情報とは、無秩序の尺度となるエントロピーの正反対のものとされる。生命を定義するうえでの形もしくは情報の重要性に関するジョン・ティンダルの論文は、1872年に書かれ、*Fragments of Science,* Part2, Vol.6 (New York: Collier, 1902), 56に発表された。ティンダルの正課外の活動については、著書*Mountaineering in 1861. A Vacation Tour.* (London: Longman, Green, Longman, and Roberts, 1862)に詳しく書かれている。

(33) これは、電子生物が有機生物と同一の行動を取るということを意味しているわけではない。行動は、あるひとつのシステムが瞬間瞬間に実際に繰り出すアウトプットだ。カオス理論から、同一の環境に置かれた遺伝的に同一のふたつの細胞でさえ、詳細な行動においては相違を示すことがわかっている。しかし、正確な電子モデルなら、ある有機生物の個性の正確な説明を提示するはずだ。それぞれの個体について予言するわけではないが、個性は、どのような行動が可能かについて限界を課し、確率を定める。

(34) David Baltimore, "NPR: Talk of the Nation/Science Friday" (February 28, 2003).

(35) 数字は2002年現在のものだ。バイオテクノロジー産業機構(BIO)発表;http://www.bio.org.(2004年1月8日に参照)

(36) Paul Smaglik, "For My Next Trick," *Nature* 407 (2000), 828-829.

(37) 本物の生き物のコンピュータ・モデルを、部品のリストと相互作用のリストを組み合わせるだけで作り出すことは、まだできていない。ひとつの問題は、複雑な生物学的システムのいかなる分析も、システムの機能全体に関わる成分や相互作用を必ず見落としてしまうということだ。そういう欠けた一片を発掘するため、フッドは部下の科学者に、実在の生物体で成し遂げられているような物理的・化学的微調整に匹敵するバーチャルな微調整を行なうコンピュータ上の"生命プログラム"を実行させる。生命プログラムが生物学上の生物体と同じ個性で反応することができないとき、その失敗は、生体分子の欠けているか誤解釈されている相互作用の手がかりを得るために分析される。これらの手がかりは、生命プログラムの調節と、生物体そのものの中にある欠けているリンクを探すための自動機械への指示との両方にフィードバックされる。生命からコードへ、コードから生命へと送られるこのフィードバック過程は何度も何度も繰り返され、それにつれて生命プログラムは命あるシステムをますます正確に表現するようになる。Trey Ideker, Timothy Galitski, and Leroy Hood, "A New Approach to Decoding Life: Systems Biology," *Annual Review of Genomics and Human Genetics* 2 (2001), 343-372.

(38) Christian von Mering et al., "Comparative Assessment of Large-Scale Data Sets of Protein-Protein Interactions," *Nature* 417 (2002), 399-403.

(39) コンピュータ科学者であり、発明家であるレイ・カーツワイルは、1999年に出版した著書『スピリチュアル・マシーン:コンピュータに魂が宿るとき』(田中三彦、田中茂彦訳　翔泳社　2001年)で、これはたやすいことだろうと主張した。Ray Kurzweil, *The Age of Spiritual Machines: When Computers Exceed Human Intelligence* (New York: Viking, 1999). しかし、カーツワイルは、植物の形態を取っていても意識を持つ形態を取っていても、有機生命が複雑であることをまったく理解しておらず、生命ないし意識がどのようにすればうまく電子的にシミュレートできるかをまったく説明していなかった。これに対して、フッドは、生物過程を電子過程に置き換えるという作業を、誰もそれが可能だと考えていなかったときに成し遂げた実績を有している。

第16章

(1) Food and Agricultural Organization of the United Nations, *The State of Food and Agriculture 2003-2004: Agricultural Biotechnology, Meeting the Needs of the Poor?* (Rome: FAO, 2004), 3.

(2) 英国皇太子の評論より。*Seed of Disaster* (1998); http://www.princeofwales.gov.uk/

speeches/agriculture_08061998.html（2004年1月23日に参照）; HRH, "Seeds of Disaster."

(3) Craig Gilbert, "Bush Challenges Concordia Graduates," *Milwaukee Journal Sentinel* (May 15, 2004).

(4) Agbios Database, *Mon-Øø81ø-6 (Mon810)* (2001); http://www.agbios.com/dbase.php?action=ShowProd&data=MON810&frmat=LONG.（2004年7月30日に参照）

(5) Seven Springs Farm, *Summer/Fall 2004 Catalog;* http://www.7springsfarm.com/catalog.html#PestMan.（2004年7月22日に参照）

(6) Agbios Database (2001); http://www.agbios.com/dbase.php.（2004年7月30日に参照）

(7) 〈http://www.agbios.com/cstudies.php?book=ESA&ev=MON810&chapter=Expressed〉

(8) Andrew Pollack, "U.S. Finds No Allergies to Altered Corn," *New York Times* (June 14, 2001), C4.

(9) Prasad Venugopal, "The Science and Politics of Genetic Engineering," *Political Affairs* 80 (2001), 20.

(10) Carol Kaesuk Yoon, "Altered Corn May Imperil Butterfly, Researchers Say," *New York Times* (May 20, 1999), A1.

(11) Mark K. Sears et al., "Impact of BT Corn Pollen on Monarch Butterfly Populations: A Risk Assessment," *Proceedings of the National Academy of Science (U.S.A.)* 98 (2001), 11937-11942; Agricultural Research Service, BT Corn and Monarch Butterflies (2001); http://www.ars.usda.gov/is/br/btcorn/.（2004年7月20日に参照）

(12) Andrew Pollack, "Data on Genetically Modified Corn," *New York Times* (September 8, 2001), C1; Andrew Pollack, "New Research Fuels Debate over Genetic Food Altering," *New York Times* (September 9, 2001), A25.

(13) Ehsan Masood, "Food Scientist in GMO Row Defends Premature Warning," *Nature* 398 (1999), 98.

(14) Stanley. W. B Ewen and Arpad Pusztai, "Effect of Diets Containing Genetically Modified Potatoes Expressing Galanthus Nivalis Lectin on Rat Small Intestine," *Lancet* 354 (1999), 1353-1354.

(15) Martin Enserink, "Transgenic Food Debate: The *Lancet* Scolded over Pusztai Paper," *Science* 286 (1999), 656; Harry A Kuiper, Hub P. J. M. Noteborn, and Ad

A. C. M. Peijnenburg, “Adequacy of Methods for Testing the Safety of Genetically Modified Foods,” *Lancet* 354 (1999), 1315-1316.

(16) Martin Enserink, “Bioengineering: Preliminary Data Touch Off Genetic Food Fight,” *Science* 283 (1999), 1094-1095.

(17) Pollack, “New Research Fuels Debate over Genetic Food Altering.”

(18) Kathy A. Svitil, “Biologist Lord Robert May: He Brings Order to Chaos,” *Discover* (October 2002).

(19) H. Daniell, “Molecular Strategies for Gene Containment in Transgenic Crops,” *Nature Biotechnology* 20 (2002), 581-586.

(20) スチュアート・ニューマンは、ミネソタ州セントポールで1999年に開かれた遺伝学・法律・社会会議での口頭発表を書面にしたものの中で、この発言を行なった。これは以下のウェブサイトで2004年1月14日に公開された。Stewart Newman, *Almost Human―― and Patentable, Too* (1999); http://speakout.com/activism/opinions/4023-1.html; http://www.intelliwareint.com/Info1c2.html. (2004年1月14日に参照)

(21) The U.S. Patent Act of February 21, 1793, 1 Stat. 318.

(22) U.S. Congress, House Committee on Patents, Plant Patents, 10 April 1930, House Report 1129, pp.16-17. Quoted in Daniel J. Kevles and European Group on Ethics in Science and New Technologies to the European Commission, *A History of Patenting Life in the United States with Comparative Attention to Europe and Canada: A Report to the European Group on Ethics in Science and New Technologies* (Luxembourg: Office for Official Publications of the European Commission, 2002).

(23) U.S. Congress, Senate Report no.1979, 82nd Congress, 2nd session (1952), 5.

(24) *Diamond, Commissioner of Patents and Trademarks V. Chakrabarty No.79-136,* Warren Burger, Chief Justice (1980).

(25) 付与されたアメリカ特許番号は4,259,444。

(26) Keith Schneider, “Harvard Gets Mouse Patent, a World First,” *New York Times* (April 13, 1988).

(27) この数値は、アメリカ特許商標局データベースで、“transgenic mice”や“transgenic mouse”、“transgenic animal”という語を包含する特許すべてを探した結果に基づいている。

(28) Turning Point Project, *Ad 1: Who Plays God in the Twenty-First Century?* (1999); http://www.turnpoint.org/geneng.html. この広告のコピーは、著者のウェブサイトで閲覧できる。〈http://www.leemsilver.net〉

(29) *ActivistCash.Com* (2004); http://www.activistcash.com/.（2004年7月4日に参照）

(30) David Remnick, "Gadfly of the Gene Scene: Jeremy Rifkin: Throwing a Wrench into Bioengineering," *Washington Post* (May 18, 1984).

(31) リフキンはウォートン・ビジネススクールから経済学の学士号を、タフト大学から国際関係論の修士号を授与されている。Jeremy Rifkin, *Foundation on Economic Trends* (2004); http://www.foet.org/JeremyRifkin.htm.（2004年7月14日に参照）

(32) Stephen Jay Gould, "On the Origin of Specious Critics," *Discover* (January 1985), 34-42.

(33) Marilyn Chase, "Jeremy Rifkin Usually Infuriates —— and Often Bests —— Biotech Industry," *Wall Street Journal* (May 2, 1986); Jim McCarter, "Biotechnology in Agriculture Seminar: 'Fear of the Unknown'," *Advertiser* (September 30, 1986).

(34) Ted Rose, "Jeremy Rifkin: Agent Provocateur," *Industry Standard* (March 20, 2000).

(35) Franz Xaver Perrez, "Taking Consumers Seriously: The Swiss Regulatory Approach to Genetically Modified Food," *N.Y. U. Environmental Law Journal* 8 (2000), 585-604.

(36) B. Bovenkerk, F. W. A. Borm, and B. J. van den Bergh, "Brave New Birds: The Use of 'Animal Integrity' in Animal Ethics," *Hastings Center Report* 32 (2002), 16-22.

(37) Darwin, *The Origin of Species: Complete and Fully Illustrated,* 271.

(38) Bruford, Bradley, and Luikart, "DNA Markers Reveal the Complexity of Livestock Domestication."

(39) Darwin, *The Origin of Species: Complete and Fully Illustrated,* 107, 271.

(40) The Roper Center for Public Opinion Research (August 6, 2001); Pew Research Center for the People and the Press (June 3, 2003); ABC News poll (July 15, 2003); Eurobarometer poll (December 2001).

(41) Pew Research Center for the People and the Press (June 3, 2003).

(42) *Prevention* magazine poll (January 4, 2002).

(43) Editors, "The Fear Factor," *Nature Biotechnology* 20 (2002), 957.

(44) Food and Agricultural Organization of the United Nations, *The State of Food and Agriculture 2003-2004: Agricultural Biotechnology, Meeting the Needs of the Poor;* Food and Agricultural Organization of the United Nations, *Green Revolution Vs. Gene Revolution* (2004); http://www.fao.org/newsroom/en/focus/2004/41655/article_41667en.html.（2004年7月4日に参照）

第 17 章

(1) O. Malm, Y. Uryu, I. Thornton, I. Payne, D. Cleary, "Mercury Contamination of Fish and Its Implications for Other Wildlife of the Tapajos Basin, Brazilian Amazon," *Conservation Biology* 15 (2001), 438-446.

(2) Lars Peter Kvist and Gustav Nebel, "A Review of Peruvian Flood Plain Forests: Ecosystems, Inhabitants and Resource Use," *Forest Ecology and Management* 150 (2001), 3-26.

(3) Quoted in Williams, *Deforesting the Earth: From Prehistory to Global Crisis* (Chicago: University of Chicago Press, 2003), 20.

(4) William M. Denevan, "The Pristine Myth: The Landscape of the Americas in 1492," *Annals, Association of American Geographers* 82 (1992), 369-385.

(5) Quoted in Williams, *Deforesting the Earth: From Prehistory to Global Crisis,* 20.

(6) R. N. Holdaway and C. Jacomb, "Rapid Extinction of the Moas (Aves: Dinornithiformes): Model, Test, and Implications," *Science* 287 (2000), 2250-2254.

(7) Williams, *Deforesting the Earth: From Prehistory to Global Crisis,* 21.

(8) Fred Pearce, "Built to Last," *Independent,* London (December 1, 1996).

(9) A. C. Roosevelt et al., "Paleoindian Cave Dwellers in the Amazon: The Peopling of the Americas," *Science* 272 (1996), 373-384.

(10) Charles C. Mann, "Archaeology: Earthmovers of the Amazon," *Science* 287 (2000), 786-789.

(11) Clive Ponting, *A Green History of the World: The Environment and the Collapse of Great Civilizations,* 1st U.S. ed. (New York: St. Martin's Press, 1992), 1.（クライブ・ポンティング『緑の世界史（上・下）』石弘之、京都大学環境史研究会訳　朝日新聞社 1994 年）

(12) Ponting, 5.（前掲書『緑の世界史（上・下）』）

(13) Jeremy B. C. Jackson, "What Was Natural in the Coastal Oceans?" *Proceedings of the National Academy of Science (U.S.A.)* 98 (2001), 5411-5418.

(14)『ブリタニカ百科事典』の "Volcano" の項目参照；http://www.search.eb.com/eb/article?eu=115698).（2004 年 5 月 19 日に参照）

(15) Tom Paulson, "Mountain's Surprising Recovery Teaches Rich Lessons," *Seattle*

Post-intelligencer Reporter (May 10, 2000).

(16) Charles M. Crisafulli and Charles P. Hawkins, "Ecosystem Recovery Following a Catastrophic Disturbance: Lessons Learned from Mount St. Helens," U.S. Geological Survey (USGS) Biological Resources Division (1998).

(17) Ross A. Alford and Stephen J. Richards, "Global Amphibian Declines: A Problem in Applied Ecology," *Annual Review of Ecology and Systematics* 30 (1999), 133-165; Crisafulli and Hawkins, "Ecosystem Recovery Following a Catastrophic Disturbance: Lessons Learned from Mount St. Helens."

(18) Darwin, *The Origin of Species: Complete and Fully Illustrated,* 123.

(19) Robert M. May, "The Future of Biological Diversity in a Crowded World," *Current Science* 82 (2002), 1325-1331.

(20) Global State of the Environment Report 1997, United Nations Environment Program, *Global Environment Outlook-1* (1997); http://www.grida.no/geo1/ch/ch4_9.htm.（2004年7月13日に参照）

(21) Radford, "Countdown to Extinction for World's Great Apes."

(22) Tim Radford, "Goodbye Cruel World," *Guardian* (October 2, 2003).

(23) David S. Woodruff, "Declines of Biomes and Biotas and the Future of Evolution," *Proceedings of the National Academy of Science (U.S.A.)* 98 (2001), 5471-5476.

(24) Peter Singer, *Practical Ethics,* 2nd ed. (Cambridge, Eng., and New York: Cambridge University Press, 1993), 61.（ピーター・シンガー『実践の倫理』新版　山内友三郎、塚崎智監訳　昭和堂　1999年）

(25) San Diego Zoo.org, Bonobos in Gorilla Tropics; http://www.sandiegozoo.org/zoo/pygmy_chimps.html.（2004年7月13日に参照）

(26) わたしがサンディエゴ動物園を訪れたのは、1999年9月24日だった。

(27) May, "The Future of Biological Diversity in a Crowded World."

(28) Geoff Clarke, *Love a Bug——before It Dissappears* (2001); http://www.csiro.au/index.asp?type=mediaRelease&id=Loveabug&stylesheet=mediaRelease.（2004年7月4日に参照）

(29) M. A. Huston et al., "No Consistent Effect of Plant Diversity on Productivity," *Science* 289 (2000), 1255a.

(30) Woodruff, "Declines of Biomes and Biotas and the Future of Evolution"; Peter D. Moore, "Plant Ecology: Favoured Aliens for the Future," *Nature* 427 (2004), 594.

(31) Quoted in Svitil, "Biologist Lord Robert May: He Brings Order to Chaos," *Discover* (October, 2002).

(32) May, "The Future of Biological Diversity in a Crowded World."

(33) M. Palmer et al., "Ecology for a Crowded Planet," *Science* 304 (2004), 1251-1252.

(34) Woodruff, "Declines of Biomes and Biotas and the Future of Evolution."

(35) Malcolm W. Browne, "In New Spielberg Film a Dim View of Science," *New York Times* (May 11, 1993).

(36) Andrew Skolnick, *"Jurrasic Park," Journal of the American Medical Association* 270 (1993), 1252-1253.

(37) Browne, "In New Spielberg Film a Dim View of Science."

(38) Rob DeSalle and David Lindley, *The Science of* Jurassic Park *and the Lost World* (New York: HarperPerennial, 1997), 9.（ロブ・デサール、デヴィッド・リンドレー『恐竜の再生法教えます：ジュラシック・パークを科学する』加藤珪、鴨志田千枝子共訳　同朋舎　1997 年）

(39) Philip Cohen, "Monsters in Our Midst," *New Scientist* (July 21, 2001), 30.

(40) S. I. Agulnik et al., "Evolution of Mouse T-Box Genes to Tandem Duplication and Cluster Dispersion," *Genetics* 144 (1996), 249-254; J. J. Gibson-Brown et al., "Evidence of a Role for T-Box Genes in the Evolution of Limb Morphogenesis and the Specification of Forelimb/Hindlimb Identity," *Mechanisms of Development* 56 (1996), 93-101.

(41) Sydney Brenner, *My Life in Science (as told by Lewis Wolper)* (London: BioMed Central, 2001).（シドニー・ブレナー『エレガンスに魅せられて：シドニー・ブレナー自伝：ルイス・ウオルパートに語る』丸田浩、丸山一郎、丸山李紗共訳　琉球新報社　2005 年）

第 18 章

(1) J. Richard Gott, "Implications of the Copernican Principle for Our Future Prospects," *Nature* 363 (1993), 315-319.

(2) この分析は、ドルのような現代の通貨単位がインフレによって将来どのくらいの価値を持つかという例と似ている。価値の下落の年率を r、現在からの全年数を n とすると、将来の割引率は $1/(1+r)^n$ という式で計算される。

(3) 世界の人口は 2075 年までに 5 億人減少するおそれがある。“Global Baby Bust,” *Wall Street Journal* (January 24, 2003).

(4) Henry C. Harpending et al., “Genetic Traces of Ancient Demography,” *Proceedings of the National Academy of Science (U.S.A.)* 95 (1998), 1961–1967.

(5) “ROP Zone,” *Seattle Times* (September 3, 2003), A12.

(6) “Long Odds for Huge Asteroid Impact,” *Guardian* (September 2, 2003).

(7) Henry Fountain, “Armageddon Can Wait: Stopping Killer Asteroids,” *New York Times* (November 19, 2002).

(8) Robert Wright, *Nonzero: The Logic of Human Destiny* (New York: Pantheon Books, 2000).

(9) Karl Marx and Friedrich Engels, *The Communist Manifesto* (New York: Washington Square Press, 1964), 64–65.（カール・マルクス、フリードリッヒ・エンゲルス『共産党宣言・共産主義の諸原理』服部文男訳　新日本出版社　1998 年ほか）

(10) Ashley Montagu, *Human Heredity* (Cleveland, Ohio: World, 1959), 52.

(11) 『ハーパーズ』の世論調査は、1997 年 10 月 29 日から 11 月 2 日にかけて行なわれた。18 歳以上の男女 1002 名を対象にした。誤差はプラスマイナス 3%だ。

(12) Michael J. Sandel, “The Case against Perfecion,” *Atlantic* (April 2004), 50–62.

(13) Edgar Dahl, “Procreative Liberty: The Case for Preconception Sex Selection,” *Reproductive BioMedicine Online* 7 (2003), 380–384.

(14) J. B. S. Haldane, *“Daedalus or Science and the Future”: A Paper Read to the Heretics, Cambridge, on February. 4, 1923* (New York: E. P. Dutton, 1924).

(15) Transcript of PBS documentary PBS documentary, *Faith and Reason;* http://www.pbs.org/faithandreason/transcript/margaret-body.html.（2004 年 6 月 14 日に参照）

(16) M. S. Frankel, “Inheritable Genetic Modification and a Brave New World: Did Huxley Have It Wrong?” *Hastings Center Report* 33 (2003), 31–36.

(17) Bill McKibben, *The End of Nature* (New York: Random House, 1989).（ビル・マッキベン『自然の終焉：環境破壊の現在と近未来』鈴木主悦訳　河出書房新社　1990 年）; Bill McKibben, *Enough: Staying Human in an Engineered Age* (New York: Audio Renaissance, 2003)（同『人間の終焉：テクノロジーは、もう十分だ！』山下篤子訳　河出書房新社　2005 年）

(18) Gregory Stock and John Campbell, *Engineering the Human Germline* (New York: Oxford University Press, 2000), 47.

(19) Rifkin, *The Biotech Century: Harnessing the Gene and Remaking the World,* 146.（前掲書『バイテク・センチュリー』）

(20) 現在の人口は 62 億人だ。この数から 95%減らすと、3 億 1 千万人になる。西暦 1 年の全人口は推計 1 億 7 千万人。

(21) Christy Campbell, *Phylloxera: How Wine Was Saved for the World* (New York: HarperCollins, 2004).

(22) Theodosius Grigorievich Dobzhansky, *Mankind Evolving: The Evolution of the Human Species* (New Haven: Yale University Press, 1962), 349.

(23) Jacques Monod, *Chance and Necessity* (New York: Knopf, 1974); original publication in French in 1970.（前掲書『偶然と必然』）

第 19 章

(1) David Baltimore, "Our Genome Unveiled," *Nature* 409 (2001), 814-816.

(2) Chiharu Shioiri et al., "Base Composition and Exon/Gene Structural Differences between Human, Chimpanzee and Other Animals" (paper presented at the HGM2003 conference held in Cancún, Mexico, April 27, 2003); http://hgm2003.hgu.mrc.ac.uk/Abstracts/Publish/WorkshopPosters/WorkshopPoster/g/hgm345.html

(3) わずかな例外として、メイナード・オルソン、エドウィン・H・マッコンキー、アジット・ヴァルキーがいた。Edwin H. McConkey and Ajit Varki, "A Primate Genome Project Deserves High Priority," *Science* 289 (2000), 1295-1296.

(4) Peter Hartcher, "Australia's Gene Dream," *Australian Financial Review* (August 19, 2000).

(5) David Cyranoski, "Japan's Ape Sequencing Effort Set to Unravel the Brain's Secrets," *Nature* 409 (2001), 743.

(6) Robert Triendl, "Study Compares Chimps and People," *Nature* 406 (2000), 4.

(7) Committee on Long-Term Care of Chimpanzees National Research Council, *Chimpanzees in Research: Strategies for Their Ethical Care, Management, and Use* (Washington, D.C.: National Academy Press, 1997).

(8) H. Watanabe et al., "DNA Sequence and Comparative Analysis of Chimpanzee Chromosome 22," *Nature* 429 (2004), 382-388.

(9) Jean Weissenbach, "Genome Sequencing: Differences with the Relatives," *Nature*

429 (2004), 353-355.

(10) Joseph W. Thornton, "Resurrecting Ancient Genes: Experimental Analysis of Extinct Molecules," *Nature Reviews Genetics* 5 (2004), 366.

(11) J. Cohen et al., "Birth of Infant after Transfer of Anucleate Donor Oocyte Cytoplasm into Recipient Eggs," *Lancet* 350 (1997), 186-187.

(12) Rachel Levy, Kay Elder, and Yves Menezo, "Cytoplasmic Transfer in Oocytes: Biochemical Aspects," *Human Reproduction Update* 10 (2004), 241-250.

(13) Rick Weiss, "Donor Fluid Used in Successful Pregnancy: Mother's Egg Injected with Cytoplasm from Another Woman," *Washington Post* (July 18, 1997), A4; Faye Flam, "Method Rejuvenates Women's Eggs: Clone Research Aids Infertile," *Times-Picayune* (August 3, 1997), A35.

(14) Jason A. Barritt et al., "Mitochondria in Human Offspring Derived from Ooplasmic Transplantation: Brief Communication," *Human Reproduction* 16 (2001), 513-516.

(15) S. M. Hawes, C. Sapienza, and K. E. Latham, "Ooplasmic Donation in Humans——the Potential for Epigenic Modifications," *Human Reproduction* 17 (2002), 850-852.

(16) G. P. Schatten, "Safeguarding ART," *Nature Medicine* 8 (2002), 19-22.

(17) U.S. Food and Drug Administration (FDA), *Letter to Sponsors/Researchers: Human Cells Used in Therapy Involving the Transfer of Genetic Material by Means Other than the Union of Gamete Nuclei* (2001); http://www.fda.gov/cber/ltr/cytotrans070601.htm.（2004年7月14日に参照）

(18) Nicholas Wade, "Scientist at Work, Brigid Hogan," *New York Times* (September 28, 1999), F1.

(19) Allen A. Mitchell, "Infertility Treatment——More Risks and Challenges," *New England Journal of Medicine* 346 (2002), 769-770.

(20) Robert G. Edwards and Michael Ludwig, "Are Major Defects in Children Conceived in Vitro Due to Innate Problems in Patients or to Induced Genetic Damage?" *Reproductive Biomedicine Online* 7 (2003), 131-138.

(21) 28%という数字は、嚢胞性線維症の危険性とほかの重大な先天性欠損症の危険性を考え合わせて導き出されている（嚢胞性線維症の危険性が24%、ほかの重大な問題が生じる危険性が3%、両者が同時に生じる危険性が1%だ）。

(22) Leslie Pray, "A Cheap Personal Genome?" *Scientist* (October 4, 2002). "パーソナルゲノム・プロジェクト"は、個人のゲノム・プロファイルを得るための安価な方法を開発す

るテクノロジーを共同管理していこうとする科学者間の共同作業だ。http://arep.med.harvard.edu/PGP/ 参照。

(23) Jay Shendure et al., "Advanced Sequencing Technologies: Methods and Goals," *Nature Reviews Genetics* no. 5 (2004), 335-344.

(24) Peter Mitchell, "UK Launches Ambitious Tissue/Data Bank Project," *Nature Biotechnology* 20 (2002), 529.

(25) Thomas J. Lynch et al., "Activating Mutations in the Epidermal Growth Factor Receptor Underlying Responsiveness of Non-Small-Cell Lung Cancer to Gefitinib," *New England Journal of Medicine* 350 (2004), 2129-2139.

(26) S. M. Elbashir, "Duplexes of 21-Nucleotide RNAs Mediate RNA Interference in Cultured Mammalian Cells," *Nature* 411, 494-498 (2001).

第20章

(1) Leon Kass, *Toward a More Natural Science: Biology and Human Affairs* (New York: Free Press, 1985), 273.

著者――リー・M・シルヴァー　Lee M. Silver

分子生物学者、進化生物学者。遺伝子工学とバイオテクノロジー研究の権威として世界的に知られる。米国プリンストン大学で分子生物学教授を務めるかたわら、ニューヨーク・タイムズ、ワシントン・ポスト、タイム、ニューズウィークなどのメディアに寄稿する。米国国立衛生研究所（ＮＩＨ）から遺伝子研究における優れた業績についてＭＥＲＩＴ賞を授与されている。クローン技術の人間への応用を論じた前著、『複製されるヒト』（東江一紀、渡会圭子、真喜志順子訳　翔泳社　一九九八年）はアメリカのみならず、世界各国で翻訳され議論を巻き起こした。

訳者――楡井浩一（にれい　こういち）

一九五一年生まれ。ノンフィクション翻訳家。近年の訳書に、ジャレド・ダイアモンド『文明崩壊』、エリック・シュローサー『ファストフードが世界を食いつくす』（以上、草思社）、ビル・クリントン『マイライフ』（朝日新聞社）、ジョセフ・Ｅ・スティグリッツ『世界に格差をバラ撒いたグローバリズムを正す』（徳間書店）、ビル・ブライソン『人類が知っていることすべての短い歴史』（ＮＨＫ出版）などがある。

編集協力――吉田省子（北海道大学大学院農学研究院学術研究員）
伊藤伸子

校正――（株）白鳳社　酒井清一
日方麻理子

人類最後のタブー
バイオテクノロジーが直面する生命倫理とは

2007(平成19)年　3月30日　第1刷発行

著　者✢　リー・M・シルヴァー
訳　者✢　楡井浩一
発行者✢　大橋晴夫
発行所✢　日本放送出版協会
〒150-8081　東京都渋谷区宇田川町41-1
電話　03-3780-3319(編集)
　　　048-480-4030(販売)
振替　00110-1-49701
http://www.nhk-book.co.jp

印　刷✢　亨有堂／大熊整美堂
製　本✢　田中製本

定価はカバーに表示してあります。
乱丁・落丁本はお取り替えいたします。

Printed in Japan
ISBN 978-4-14-081186-3 C0040